U0323291

总主编 伍 江 副总主编 雷星晖

朱碧堂 杨 敏 著

土体的极限抗力与侧向受荷桩性状

Limiting Force Profile and Response of Laterally Loaded Piles

内 容 提 要

本书基于统一极限抗力分布模型，讨论了现有极限抗力分布模式，介绍了一种基于该极限统一极限抗力分布模式的弹塑性理论解答和程序 GASLFP，并推导了基于这种分布模式的有限差分解统一格式，编制了相应的程序 FDLLP。

本书适合土木工程专业的研究人员和高校师生参考使用。

图书在版编目(CIP)数据

土体的极限抗力与侧向受荷桩性状 / 朱碧堂等著
.—上海：同济大学出版社，2018.12
(同济博士论丛/伍江总主编)
ISBN 978-7-5608-8231-4

Ⅰ. ①土… Ⅱ. ①朱… Ⅲ. ①土体—极限—抗力—研究②桩基础—侧向力—载荷—研究 Ⅳ. ①TU432
②TU473.1

中国版本图书馆 CIP 数据核字(2018)第 257466 号

土体的极限抗力与侧向受荷桩性状

朱碧堂 杨 敏 著

出 品 人 华春荣 责任编辑 司徒妙龄 蒋卓文
责任校对 徐春莲 封面设计 陈益平

出版发行 同济大学出版社 www.tongjipress.com.cn
(地址：上海市四平路 1239 号 邮编：200092 电话：021-65985622)
经 销 全国各地新华书店
排版制作 南京展望文化发展有限公司
印 刷 浙江广育爱多印务有限公司
开 本 787 mm×1092 mm 1/16
印 张 19.5
字 数 390 000
版 次 2018 年 12 月第 1 版 2018 年 12 月第 1 次印刷
书 号 ISBN 978-7-5608-8231-4

定 价 90.00 元

“同济博士论丛”编写领导小组

“同济博士论丛”编辑委员会

总 序

在同济大学110周年华诞之际，喜闻“同济博士论丛”将正式出版发行，倍感欣慰。记得在100周年校庆时，我曾以《百年同济，大学对社会的承诺》为题作了演讲，如今看到付梓的“同济博士论丛”，我想这就是大学对社会承诺的一种体现。这110部学术著作不仅包含了同济大学近10年100多位优秀博士研究生的学术科研成果，也展现了同济大学围绕国家战略开展学科建设、发展自我特色，向建设世界一流大学的目标迈出的坚实步伐。

坐落于东海之滨的同济大学，历经110年历史风云，承古续今、汇聚东西，秉持“与祖国同行、以科教济世”的理念，发扬自强不息、追求卓越的精神，在复兴中华的征程中同舟共济、砥砺前行，谱写了一幅幅辉煌壮美的篇章。创校至今，同济大学培养了数十万工作在祖国各条战线上的人才，包括人们常提到的贝时璋、李国豪、裘法祖、吴孟超等一批著名教授。正是这些专家学者培养了一代又一代的博士研究生，薪火相传，将同济大学的科学研究和学科建设一步步推向高峰。

大学有其社会责任，她的社会责任就是融入国家的创新体系之中，成为国家创新战略的实践者。党的十八大以来，以习近平同志为核心的党中央高度重视科技创新，对实施创新驱动发展战略作出一系列重大决策部署。党的十八届五中全会把创新发展作为五大发展理念之首，强调创新是引领发展的第一动力，要求充分发挥科技创新在全面创新中的引领作用。要把创新驱动发展作为国家的优先战略，以科技创新为核心带动全面创新，以体制机制改革激发创新活力，以高效率的创新体系支撑高水平的创新型国家建设。作为人才培养和科技创新的重要平台，大学是国家创新体系的重要组成部分。同济大学理当围绕国家战略目标的实现，作出更大的贡献。

大学的根本任务是培养人才，同济大学走出了一条特色鲜明的道路。无论是本科教育、研究生教育，还是这些年摸索总结出的导师制、人才培养特区，“卓越人才培养”的做法取得了很好的成绩。聚焦创新驱动转型发展战略，同济大学推进科研管理体系改革和重大科研基地平台建设。以贯穿人才培养全过程的一流创新创业教育助力创新驱动发展战略，实现创新创业教育的全覆盖，培养具有一流创新力、组织力和行动力的卓越人才。“同济博士论丛”的出版不仅是对同济大学人才培养成果的集中展示，更将进一步推动同济大学围绕国家战略开展学科建设、发展自我特色、明确大学定位、培养创新人才。

面对新形势、新任务、新挑战，我们必须增强忧患意识，扎根中国大地，朝着建设世界一流大学的目标，深化改革，勠力前行！

万　钢

2017年5月

论丛前言

承古续今，汇聚东西，百年同济秉持“与祖国同行、以科教济世”的理念，注重人才培养、科学研究、社会服务、文化传承创新和国际合作交流，自强不息，追求卓越。特别是近20年来，同济大学坚持把论文写在祖国的大地上，各学科都培养了一大批博士优秀人才，发表了数以千计的学术研究论文。这些论文不但反映了同济大学培养人才能力和学术研究的水平，而且也促进了学科的发展和国家的建设。多年来，我一直希望能有机会将我们同济大学的优秀博士论文集中整理，分类出版，让更多的读者获得分享。值此同济大学110周年校庆之际，在学校的支持下，“同济博士论丛”得以顺利出版。

“同济博士论丛”的出版组织工作启动于2016年9月，计划在同济大学110周年校庆之际出版110部同济大学的优秀博士论文。我们在数千篇博士论文中，聚焦于2005—2016年十多年间的优秀博士学位论文430余篇，经各院系征询，导师和博士积极响应并同意，遴选出近170篇，涵盖了同济的大部分学科：土木工程、城乡规划学（含建筑、风景园林）、海洋科学、交通运输工程、车辆工程、环境科学与工程、数学、材料工程、测绘科学与工程、机械工程、计算机科学与技术、医学、工程管理、哲学等。作为“同济博士论丛”出版工程的开端，在校庆之际首批集中出版110余部，其余也将陆续出版。

博士学位论文是反映博士研究生培养质量的重要方面。同济大学一直将立德树人作为根本任务，把培养高素质人才摆在首位，认真探索全面提高博士研究生质量的有效途径和机制。因此，“同济博士论丛”的出版集中展示同济大学博士研究生培养与科研成果，体现对同济大学学术文化的传承。

“同济博士论丛”作为重要的科研文献资源，系统、全面、具体地反映了同济大学各学科专业前沿领域的科研成果和发展状况。它的出版是扩大传播同济科研成果和学术影响力的重要途径。博士论文的研究对象中不少是“国家自然科学基金”等科研基金资助的项目，具有明确的创新性和学术性，具有极高的学术价值，对我国的经济、文化、社会发展具有一定的理论和实践指导意义。

“同济博士论丛”的出版，将会调动同济广大科研人员的积极性，促进多学科学术交流、加速人才的发掘和人才的成长，有助于提高同济在国内外的竞争力，为实现同济大学扎根中国大地，建设世界一流大学的目标愿景做好基础性工作。

虽然同济已经发展成为一所特色鲜明、具有国际影响力的综合性、研究型大学，但与世界一流大学之间仍然存在着一定差距。“同济博士论丛”所反映的学术水平需要不断提高，同时在很短的时间内编辑出版 110 余部著作，必然存在一些不足之处，恳请广大学者，特别是有关专家提出批评，为提高同济人才培养质量和同济的学科建设提供宝贵意见。

最后感谢研究生院、出版社以及各院系的协作与支持。希望“同济博士论丛”能持续出版，并借助新媒体以电子书、知识库等多种方式呈现，以期成为展现同济学术成果、服务社会的一个可持续的出版品牌。为继续扎根中国大地，培育卓越英才，建设世界一流大学服务。

伍　江

2017 年 5 月

前 言

对于侧向受荷桩的分析，国外广泛采用非线性弹性地基梁，即 p-y 曲线法(p 为桩身某点处的土体抗力，y 为研究点处桩的局部侧向变形)。侧向受荷桩的性状主要由上部 $5d$(d 为桩径)深度内土体抗力 p 的极限值(即土体极限抗力)控制。只要能准确确定浅层土体极限抗力的分布模式，就能较准确预测桩基的所有性状。然而，由于土体条件的多样性、桩基结构和施工扰动以及不同的加载条件，目前还没有一种普遍适用的极限抗力理论解答。不过，通过三个参数 N_g，α_0 和 n，几乎所有的极限抗力都可以表达为一种统一的形式。

基于这种统一极限抗力分布模型，本书讨论了现有极限抗力分布模式，介绍了一种基于该极限统一极限抗力分布模式的弹塑性理论解答和程序 GASLFP，并推导了基于这种分布模式的有限差分解统一格式，编制了相应的程序 FDLLP。采用 GASLFP 和 FDLLP，本书主要对如下问题进行了研究：

(1) 统一抗力分布模式相应参数的选取；

(2) 侧向受荷桩性状的影响参数分析；

(3) 侧向受荷单桩的线性和非线性分析，并给出了土体和岩石中侧向受荷桩分析数据库；

(4) 对群桩中各单桩的性状进行了初步研究，讨论了群桩效应；

(5) 最后，对特殊海洋砂土中单桩的静力和循环特性进行了讨论。

上述分析表明：

(1) 采用统一极限抗力分布不仅能包括或近似拟合现有的极限抗力分布，而且通过选择合适的 N_g，α_0 和 n 组合值，还能够反映不同的土体、桩基和加载条件，如分层土体、循环荷载作用下桩土间隙形成、群桩效应等；

(2) 极限抗力参数对于同一种土体，变化范围较小，如对于均质砂土，一般有 $\alpha_0 = 0$，$n = 1.7$ 和 $N_g = (0.4 \sim 2.5)K_p^2$（$K_p$ 为被动土压力系数）；对于均质黏土，一般 $\alpha_0 = 0 \sim 0.3$，$n = 0.7$ 和 $N_g = 0.8 \sim 3.2$；

(3) 侧向受荷桩的性状主要集中于上部 $10d$ 深度内，特别是受上部 $5d$ 深度内的土体极限抗力控制；

(4) 如果桩基为钻孔桩或其他钢筋混凝土桩，桩的结构非线性可以得到准确的预测；

(5) 在群桩中，各桩的性状与其位置有紧密的关系。一般前排桩的性状如同单桩。因此，如果能够准确预测单桩的性状，群桩的性状也可得到较准确的预测；

(6) 对于海洋砂土中桩的静载特性，除了其特有的胶结特性外，其他分析过程和参数选取与一般土体中的桩基相似。在循环荷载作用下，由于桩土界面裂隙和土体软化效应，其土体极限抗力为静载时的 56%～64%。

结合本文基于统一极限抗力分布模式的弹塑性解答，上述结论推荐应用于侧向受荷桩的设计。

目 录

第1章 绪论

1.1 研究课题的提出

1998年1月10日清晨6时55分,建造十多年的上海宝钢炼钢渣处理厂房的屋顶系统在绵绵冬雨中轰然倒塌了。图1-1,图1-2,图1-3清楚地记录了当时厂房破坏和结构受损的情况。

图1-1 某厂房屋顶坍塌时的情况

图1-2 厂房屋顶坍塌中心

该厂房屋顶系统的倒塌看似偶然,实际上有其必然性的一面。该厂房由日本专家设计,多以日方厂房为样板,未对特殊的软土地基在设计选型和局部构造处理上进行较为完善的考虑。经过十多年来的生产运作和生产负荷的一再扩大,在地基基础和厂房结构设计方面的缺陷和不足日益显现,部分厂房行车频繁啃轨,最终导致厂房坍塌。

从该厂房破坏特征看(图1-4),①—⑤轴线之间的屋盖系统全部坍塌,塌落中心位于②—③轴线的中间地带,即从①轴线记起为第四榀的正下方部位。①—⑤轴线之间的屋架全部变形、扭曲、撕裂、拉断或压屈,塌落在地面上,屋架

图 1-3　厂房屋顶刚架节点破坏图

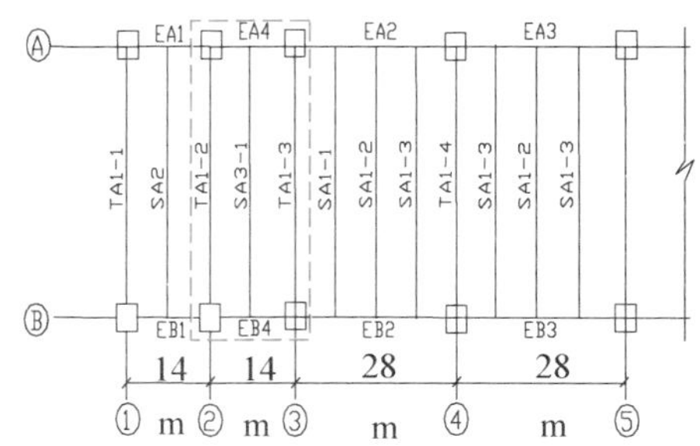

图 1-4　厂房破坏区域及塌落中心位置

上部的天窗架也随之砸落在屋架上，支承屋架的上柱一致向坍塌中心弯扭，屋架及天窗的檩条因连接固定螺栓的崩断而脱落，屋面板和墙皮板被撕落交错在一起，因而造成全线停产。

在坍塌事故发生后，因抢修和事故现场清理同时进行，事故现场的保护比较差，给工程事故的分析造成了一定的困难。为了查清事故发生的原因，对破坏厂房附近另一座受力和运行条件相似的一炼整脱模厂房进行了检测，结果发现柱子发生了较大的侧移(图 1-5)。该场地属于典型的上海软土层(图 1-6)。因此，炼钢渣处理厂房的破坏很可能是堆载引起软土的侧向位移，导致过量桩基变形和上部结构次生应力的结果。

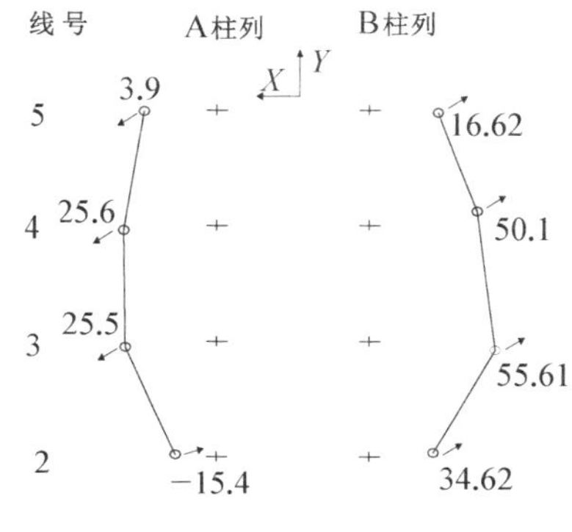

图 1-5　柱子侧移图/mm

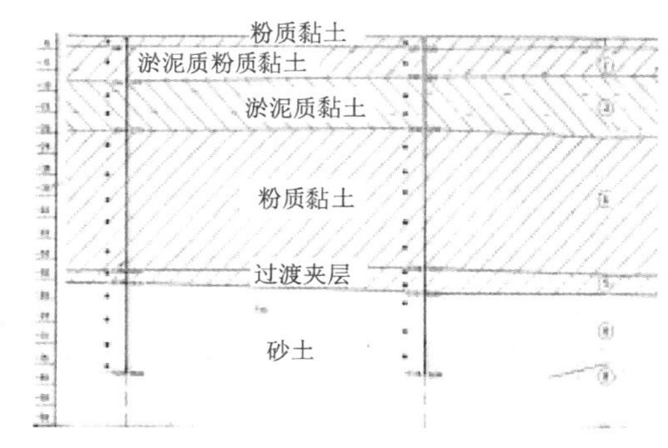

图 1-6　厂区地层条件

宝钢炼钢渣处理厂房的坍塌引起了宝钢决策层的高度重视，为了对宝钢其他厂房的安全性进行检测，防患于未然，上海宝山钢铁总公司委托同济大学土木工程学院对“超载条件下工业厂房结构可靠性监控的研究”的课题进行立项研究。长期反复堆载对邻近桩基的影响为其中的一个子项目。

结合上述课题，我们对反复堆载邻近的桩基，即被动桩，进行了比较系统的探讨，提出了反复加卸载作用下的黏土本构模型（未发表）、堆载作用下桩土相互作用模型并进行了数值模拟分析（杨敏等，2002；杨敏和朱碧堂，2002，2003a，2003b）。因此，最初将论文的标题确定为“长期反复堆载作用下邻近桩基的分析”。

然而，随着对被动桩研究的深入，我们发现，首先对被动桩的性状进行研究，犹如先进行上部结构施工再进行地基基础施工一样，因为被动桩与主动桩总是同时存在的，并且主动桩扮演了被动桩基础的角色。如图1－7(a)和图1－7(b)所示两种被动桩的受力模式（De Beer，1977），整个桩由上部受土体位移作用的被动部分和下部受荷载作用的主动部分组成。被动部分承受由堆载侧土体位移引起的压力，而主动部分则提供嵌固稳定作用。主动部分的变形和承载特性决定了整个桩的变形和邻近堆载的稳定。

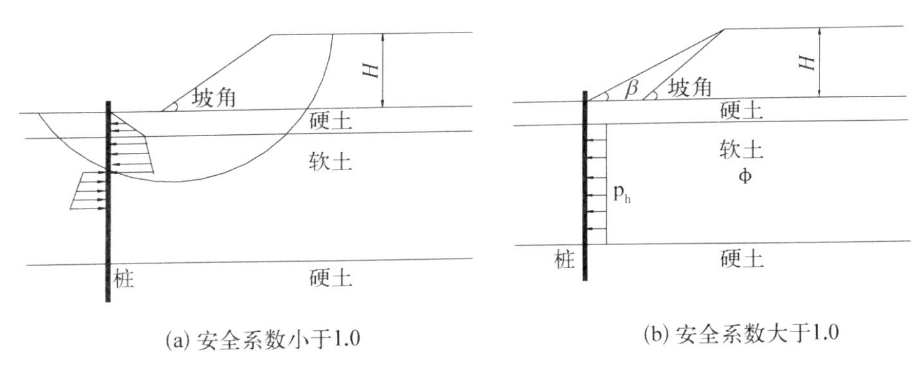

图1－7 堆载作用下邻近桩基的侧向受力模式（De Beer，1977）

2003年，作者幸运地以访问学者的身份赴澳大利亚格丽菲斯大学（Griffith University）工程学院进行深造学习，参与了W. D. Guo博士主持的、由澳大利亚科研委员会资助的发现工程项目——杆系结构受轴向荷载和侧向位移作用性状的研究。随着课题研究的深入，作者进一步意识到，主动桩研究对准确预测被动桩性状的必要性。因此，本书将对主动桩，即通常所称的侧向（或水平）受荷桩，进行理论研究和应用分析。

1.2 侧向受荷桩的应用

除了上述工业厂房由于堆载引起土体位移对桩施加侧向荷载外，其他土工建(构)筑物，如桩基挡土墙(图 1-8(a))、开挖支护(图 1-8(b))和抗滑桩(图 1-8(c))等，也会受到不同形式的侧向土体压力。

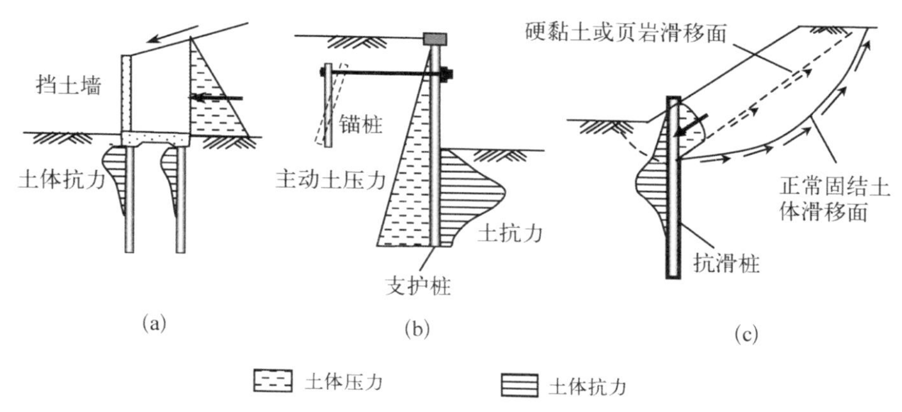

图 1-8 受土体引起侧向荷载的侧向受荷桩应用实例

除了土体对桩施加侧向荷载作用外，桩基承受的侧向荷载还常常表现为如下形式：

(1) 由高层建筑传递的侧向荷载(如风力，地震荷载)；

(2) 由电力传输塔传递的侧向荷载(如输电线对电力传输塔施加的侧向拉力)；

(3) 由桥梁墩台传递的交通荷载(如车辆和刹车引起的冲击力)；

(4) 由靠岸、港口结构物传递的侧向荷载(如系泊船只对码头、港口结构的拉力或撞击力)；

(5) 由海洋平台、水闸等传递的波浪力或水流施加的侧向荷载。

另外，地埋管线、横向受荷锚杆等地埋杆系结构也表现出与侧向受荷桩相似的性质。侧向受荷的分析方法和理论可以直接或修正后应用于这些结构的分析。

因此，侧向受荷桩的研究不仅具有工程应用价值(侧向受荷桩设计)，而且具有重要的理论意义(扩展应用于其他地埋杆件的分析)。

1.3 侧向受荷桩的研究现状

对侧向受荷桩的分析主要分为两类,即桩的变形分析和极限荷载设计。对于桩的变形分析,一般存在弹性分析(如 Hetenyi,1946;Matlock & Reese,1960;Poulos,1971a;Banerjee & Davies,1978;Baguelin 等,1977;Kuhlemeyer,1979a,1979b;Randolph,1981;Sun,1994;Guo & Lee,2001)和弹塑性分析(如 McClelland & Focht,1958;Kubo,1965;Matlock,1970;Reese 等,1974;Reese 等,1975;Kishida & Nakai,1977;Guo,2002,2004)。在弹性分析方法中,尽管存在不同的理论解答,如弹性地基梁法、弹性有限元法和弹性边界元法,但它们预测的桩基性状比较一致(Poulos,1982;Poulos & Hull,1989),然而却很难准确预测较大荷载水平作用下桩的实际性状(Budhu & Davies,1988;Poulos & Hull,1989;Guo,2002)。

在较大荷载水平作用下,采用弹塑性分析模型比较合理,其中,$p-y$ 曲线法(p 为研究点处的土体抗力,y 为研究点处桩的局部侧向变形)在学术界和工程界广为应用。McClelland & Focht(1958)首先提出了 $p-y$ 曲线法,随后 Matlock(1970),Reese 等(1974),Reese 等(1975)分别提出了桩在软黏土、砂土和硬黏土中,$p-y$ 曲线的具体表现形式。在随后的 30 年里,$p-y$ 曲线法得到了极大的推广与应用。然而越来越多的工程实例表明,对于不同的土体条件、桩基结构和施工方法以及荷载类型,$p-y$ 曲线法预测的准确度参差不齐,$p-y$ 曲线的函数形式各不相同(如 Steven & Audibert,1979;Allen & Reese,1980;Dunnavant & O'Neill,1989)。而且,一种特定的 $p-y$ 曲线模式很难准确预测桩基的所有性状,如荷载—变形曲线、荷载—最大弯矩曲线、最大弯矩发生深度等(Guo,2002)。因此,需要对 $p-y$ 曲线的本质(或关键影响因素)进行更深入的研究。

侧向受荷桩的弹性分析表明,桩前地表附近的土体发生的侧向应力、水平应变都比深层土体大很多倍(Poulos,1971a;Randolph,1977;Trochanis 等,1991b)。因此,实际土体在较小的荷载作用下就会发生塑性屈服(Poulos,1971;Guo,2002)。在较大的荷载水平下,塑性区往往能够发展到地面下 $5d$(d 为桩径)的深度。通常地,如果塑性区深度大于 $2d$,那么塑性区内的土体极限抗力分布将控制桩的侧向受荷性状(Guo & Zhu,2004)。因此,只要能准确确定浅层土体极限抗力的分布模式，就能准确预测桩基的性状。然而，土体组成、桩基结构和施工条件以及加载类型不同，极限抗力的分布模式可能并不相同。

对于桩基的极限承载力(或荷载)，一般通过假定浅层土体极限抗力的分布模式，根据桩的弯矩和力的平衡条件进行确定(如 Hansen，1961；Broms，1964a，1964b；Meyerhof & Ranjan，1972)。然而，假定的浅层土体极限抗力分布不同，将得出不同的桩基极限荷载。目前，还没有普遍接受的极限抗力分布模式。

综上所述，无论对于桩基的变形分析，还是极限承载力设计，关键在于浅层土体极限抗力的选取是否合理。

1.4 研究目的

根据上述侧向受荷桩的工程应用和研究现状，本书将重点讨论以下问题：

(1) 对侧向受荷桩基本方程的推导方法、理论分析过程和参数选取的现状进行回顾与讨论；

(2) 验证基于统一极限抗力分布模式的侧向受荷桩封闭理论解，并推导基于统一极限抗力分布模式的侧向受荷桩差分法求解的统一计算格式。根据这些解答，讨论影响侧向受荷桩性状的主要参数；

(3) 由于侧向受荷桩的性状主要由浅层土体极限抗力控制，本书将对现有土体极限抗力分布模式进行讨论，提出统一极限抗力分布中相应参数的选取方法和取值范围；

(4) 对侧向受荷单桩的性状进行线性和非线性分析。通过大量的实例分析，重点讨论侧向受荷桩的分析参数(包括地基反力模量、统一极限抗力分布模式)，从而为侧向受荷桩的分析和设计提供参数选取的数据库；

(5) 初步研究群桩性状和单桩的循环荷载特性。将单桩的分析过程和参数选取的方法推广应用于群桩、循环荷载作用单桩的分析；

(6) 探讨侧向受荷桩理论推广应用于被动桩研究、管线分析以及基坑支护分析的可能性，并提供一定的理论基础和参数选取方法。

1.5　主要研究内容

为此，本书将主要进行如下工作：

(1) 推导侧向受荷桩的基本方程及考虑各种荷载作用条件下的简化基本方程。结合对基本方程的求解，回顾 Winkler 地基梁模型的弹性和弹塑性解答（$p-y$曲线法）。重点讨论地基反力模量的经验值、关系式，并提出计算地基反力模量的理论公式。最后将理论公式的计算结果与现有的经验值、关系式进行对比分析（第 2 章）；

(2) 第 3 章对现有极限抗力分布模式进行对比分析，并建议采用能够包含现有极限抗力分布模式，而且能够考虑各种效应（如土体分层、群桩效应、桩土开裂等）的统一抗力分布模式。将桩视为沿深度方向上连续分布的“单元锚碇板”，根据锚碇板极限承载力的试验研究和上下限极限分析结果，初步讨论统一抗力分布模式中相应参数的选取，作为第五章、第六章中单桩线性和非线性分析参数选取的依据；

(3) 第 4 章介绍基于统一极限抗力分布模式的侧向受荷桩弹塑性理论解及其分析程序 GASLFP(Guo，2002，2004)，并推导基于统一极限抗力分布模式的有限差分法统一计算格式、编制相应的分析程序 FDLLP。基于这些解答，对影响侧向受荷桩性状的主要参数（地基反力模量和土体极限抗力）进行分析；

(4) 采用程序 GASLFP 和 FDLLP 对侧向受荷单桩进行结构线性（第 5 章）和非线性（第 6 章）分析。根据大量的实例分析，给出确定统一极限抗力分布模式的参数选取范围及考虑桩身结构非线性的分析方法；

(5) 基于单桩的分析结果和分析参数，第 7 章对群桩中各单桩的性状进行初步研究，重点讨论各桩的土体极限抗力和群桩效应；

(6) 作为侧向受荷桩当前最热门的应用领域，第 8 章将分析和讨论海洋钙质砂土中单桩的静力和循环特性，以及循环荷载作用对土体极限抗力的影响；

(7) 最后，第 9 章对本书所做的研究进行总结，提出了进一步研究的方向。

第2章 侧向受荷桩基本方程与荷载传递暨文献综述

2.1 侧向受荷桩(梁)的基本方程

2.1.1 侧向受荷桩描述参量

对于侧向受荷桩的研究，除了将桩土作为连续介质系统进行有限元(如 Randolph，1977；Kuhlemeyer，1979a，1979b；Trochanis 等，1991a，1991b)或边界元(如 Banerjee & Davies，1978；Poulos，1971a)分析外，将桩视为 Winkler 地基上的梁，按梁的方程进行分析求解已被广泛应用于学术界(如 Hetenyi，1946；Matlock，1970；Reese 等，1975；Reese 等，1974；Sun，1994；Guo & Lee，2001)和工程界(如美国 API 规范、FHWA 手册和英国 CIRIA 规范)。本书将着重讨论求解侧向受荷桩的 Winkler 地基梁法。

为便于对桩(梁)基本方程及其解的讨论，表 2-1 给出了侧向受荷桩常用参量及其定义，其中，F 表示力，L 表示长度。

表 2-1 侧向受荷桩常用参量与定义

描　述	符　号	定　义	量　纲
桩径或桩宽	d		L
桩的嵌入长度	L		L
截面抗弯刚度	EI 或 $E_p I_p$		$F-L^2$
截面惯性矩	I_p		L^4
等效弹性模量	E_p	$EI(\pi d^4/64)$	F/L^2
有效桩长	L_{cr}		L

续　表

描　述	符　号	定　义	量　纲
桩身变形	y		L
桩头变形	y_t		L
桩身弯矩	M	$EI\mathrm{d}^2y/\mathrm{d}x^2$	F—L
桩身最大弯矩	$M_{\max}$		F—L
桩身剪力	V	$EI\mathrm{d}^3y/\mathrm{d}x^3$	F
桩身转角	θ	$\mathrm{d}y/\mathrm{d}x$	(弧度)
地面处桩的转角	θ_0		(弧度)
地面处桩的变形	y_0		L
单位长度土体抗力	p	$EI\mathrm{d}^4y/\mathrm{d}x^4$	F/L
土体极限抗力	p_{u}		F/L
地基反力模量	k	$k=-p/y$	$\mathrm{F/L^2}$
地基反力系数	k_h	$k_h=k/d$	$\mathrm{F/L^3}$
地基反力常数	n_h		$\mathrm{F/L^3}$
桩的特征长度的倒数	λ	$(k/4EI)^{0.25}$	1/L
桩头作用荷载	P_t		F
桩头作用弯矩	M_t		F—L
桩身分布荷载	q		F/L
荷载偏心高度	e		L

2.1.2　侧向受荷桩(梁)的基本方程

以直径为 d,嵌入长度为 L 的桩头自由桩(桩头可自由平移和转动)为例,假定桩在地面处受到侧向荷载 P_t,弯矩 M_t($M_t=P_te$,e 为 P_t 作用在地面上的高度)和轴向荷载 Q 作用,并选定如图 2-1 所示的坐标系(纵轴为深度 x,横轴为桩的侧向变形 y,坐标原点位于地面)。由于轴向荷载通常对桩的侧向受荷性状影响较小,假定 Q 沿桩长相等。考虑桩身 x 处的单元厚度 $\mathrm{d}x$,受力如图 2-2 所示。

假设桩关于 xy 平面对称,荷载作用于 xy 平面内,桩的变形只发生在 y 轴方向上,即没有平面外的变形,并且忽略桩的剪切变形。以 O 点为转动中心,由弯矩平衡可得:

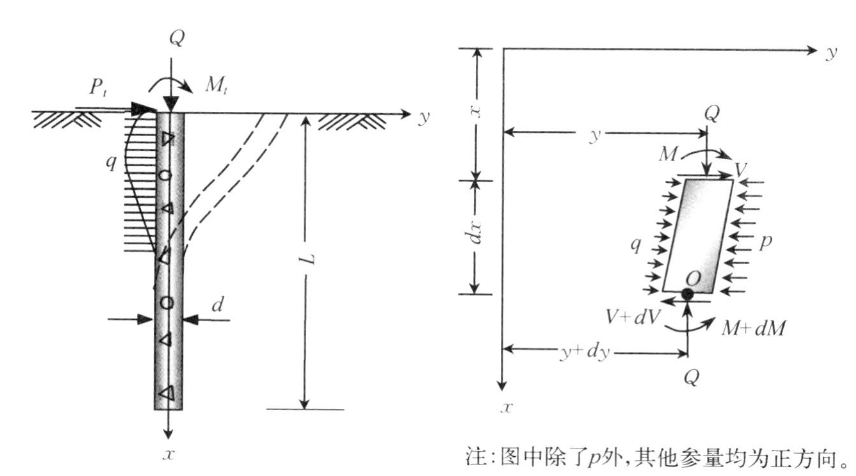

图 2－1　侧向受荷桩示意图

图 2－2　侧向受荷桩单元体受力模型（修改自 Hetenyi，1946）

$$(M+\mathrm{d}M)-M+Q\mathrm{d}y-V\mathrm{d}x-(q+p)\mathrm{d}x\,\frac{\mathrm{d}x}{2}=0 \tag{2-1}$$

式中，q 为桩身分布荷载（FL^{-1}）（如由土体位移、开挖或邻近地面荷载引起的土压力等）；其余参量见表 2－1。忽略高次微分项（即 $\mathrm{d}x^2$），式（2－1）可改写为：

$$\frac{\mathrm{d}M}{\mathrm{d}x}+Q\,\frac{\mathrm{d}y}{\mathrm{d}x}-V=0 \tag{2-2}$$

将式（2－2）对 x 进行再次微分，可得：

$$\frac{\mathrm{d}^2M}{\mathrm{d}x^2}+Q\,\frac{\mathrm{d}^2y}{\mathrm{d}x^2}-\frac{\mathrm{d}V}{\mathrm{d}x}=0 \tag{2-3}$$

根据图 2－2、材料力学知识和 Winkler 地基梁假定，有：

$$\frac{\mathrm{d}^2M}{\mathrm{d}x^2}=EI\,\frac{\mathrm{d}^4y}{\mathrm{d}x^4} \tag{2-4}$$

$$\frac{\mathrm{d}V}{\mathrm{d}x}=q+p \tag{2-5}$$

$$p=-ky \tag{2-6}$$

将式（2－4）—式（2－6）代入式（2－3），可得：

$$EI\frac{d^4y}{dx^4}+Q\frac{d^2y}{dx^2}+ky-q=0 \tag{2-7}$$

式(2-7)即为侧向受荷桩的变形控制方程。在特定条件下,式(2-7)可简化如下:

(1) 对于地面上桩段,此时,$ky=0$,即有

$$EI\frac{d^4y}{dx^4}+Q\frac{d^2y}{dx^2}-q=0 \tag{2-8}$$

此时,q 为地面上作用分布荷载,如由水流或波浪引起的侧向力。

(2) 如果分布荷载 q 为零,式(2-7)可简化为:

$$EI\frac{d^4y}{dx^4}+Q\frac{d^2y}{dx^2}+ky=0 \tag{2-9}$$

对于均质弹性地基(k 值沿深度为常数),如果 Q 沿桩长不发生变化,Hetenyi(1946)给出了各种桩端约束条件下式(2-9)的理论解答。对于桩头自由的弹性长桩(即半无限长梁),桩的变形解答为:

$$y=\frac{P_t}{\alpha k}\frac{2\lambda^2}{3\beta^2-\alpha^2}e^{-\beta x}[2\alpha\beta\cos\alpha x+(\beta^2-\alpha^2)\sin\alpha x] \tag{2-10}$$

$$\alpha=\sqrt{\sqrt{\frac{k}{4EI}}+\frac{Q}{4EI}},\ \beta=\sqrt{\sqrt{\frac{k}{4EI}}-\frac{Q}{4EI}}$$

如果 y 值无限大时,表明桩发生了压缩屈曲,此时,轴向荷载定义为屈曲荷载 Q_{cr}。根据式(2-10),可由 $3\beta^2-\alpha^2=0$ 得屈曲荷载:

$$Q_{cr}=2(kEI)^{1/2} \tag{2-11}$$

另外,对于两端位移自由度固定的有限长桩,屈曲荷载小于或等于(Hetenyi,1946)

$$Q_{cr}=4\pi^2EI/L^2+2(kEI)^{1/2} \tag{2-12}$$

对于其他桩头条件的弹性桩(如桩头固定弹性长桩,桩头弯矩作用弹性长桩),屈曲荷载介于式(2-11)和式(2-12)确定的值之间。

对于常见的侧向受荷桩土系统,桩的轴向承载力或桩头轴向荷载(为了防止桩顶材料应力过高)远比式(2-11)和式(2-12)得到的值小。式(2-10)中的

$Q/4EI$ 项对桩的变形影响有限，所以通常可不考虑轴向荷载对侧向受荷桩性状的影响。此时，式(2－7)可进一步简化为

$$EI\frac{d^4M}{dx^4}+ky=0 \tag{2-13}$$

如果 k 沿深度为常数或线性变化，式(2－13)的求解相对比较简单(如 Matlock & Reese，1960)。

(3) 同样的，如果不考虑轴向荷载的影响，式(2－7)可简化为

$$EI\frac{d^4y}{dx^4}+ky-q=0 \tag{2-14}$$

式(2－7)、式(2－8)和式(2－14)一般通过数值方法，如差分法(如 Gleser，1984；Reese & Van Impe，2001)或有限杆单元法(McVay 等，1996)进行求解。

需要指出的是，对于土体引起的分布荷载 q，一般可视为 ky 项的一部分。如在 $p-y$ 曲线法中，土体抗力 p 包含土体作用荷载(如主动土压力)和土体对桩施加的反力。因此，在下面的论述中，如果没有特别说明，一般假定 $q=0$。

2.1.3 桩土相互作用性状的描述

在侧向荷载作用下，桩身产生抗弯应力，从而引起桩的侧向变形 y、转角 θ、弯矩 M 和剪力 V。同时在桩基变形方向上，土体将对桩产生反方向的抗力 p。这些参量之间存在如下关系：

$$\theta=\frac{dy}{dx} \tag{2-15}$$

$$M=EI\frac{d^2y}{dx^2} \tag{2-16}$$

$$V=EI\frac{d^3y}{dx^3} \tag{2-17}$$

$$p=EI\frac{d^4y}{dx^4} \tag{2-18}$$

对于桩头自由和桩头固定(转动约束但可自由平移)的柔性桩(定义将在下面进行讨论)，这些参量分别如图 2－3 和图 2－4 所示。侧向受荷桩的性状应包括上述五要素。不过，对于工程设计而言，工程师们往往关心的是桩头变形、桩

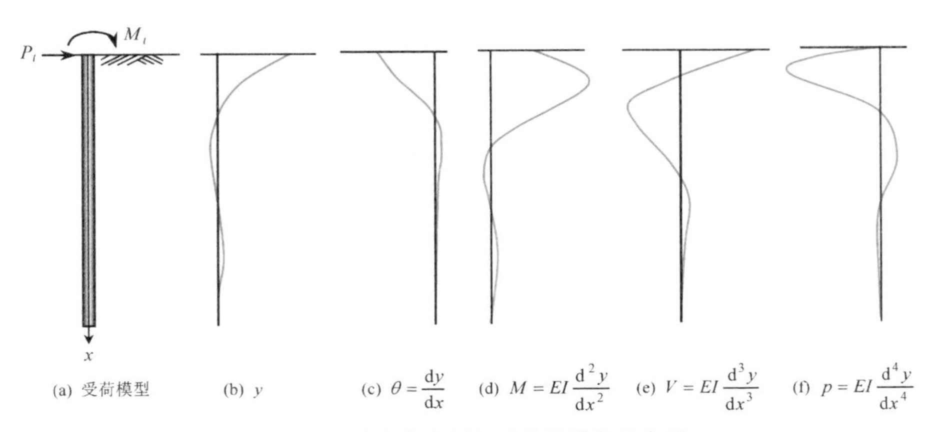

图 2-3　桩头自由侧向受荷桩性状示意图

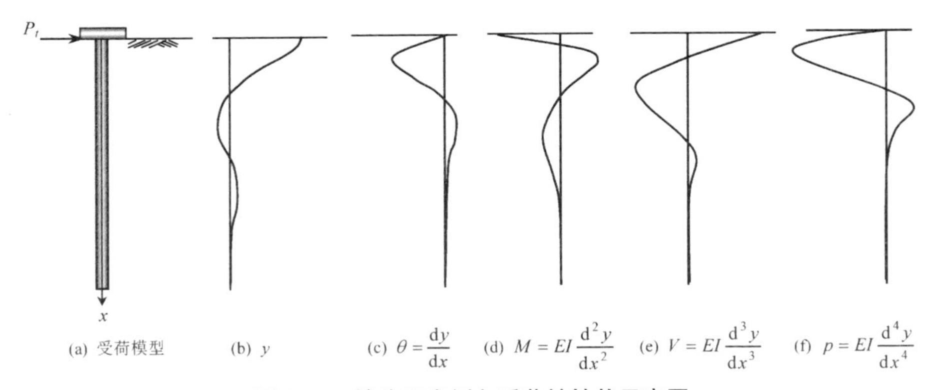

图 2-4　桩头固定侧向受荷桩性状示意图

身最大弯矩和地面处桩的转角。

2.2　有效桩长与侧向受荷桩的分类

根据桩长对侧向受荷桩性状的影响，侧向受荷桩可分为刚性桩（或短桩）和柔性桩（或长桩）。如果桩的埋置深度小于有效桩长，为刚性桩；反之，为柔性桩。有效桩长定义为：超过有效桩长的部分对桩顶的性状不产生或产生可忽略的影响。有效桩长的确定往往根据经验方法或通过数值模拟得到半经验半理论的解答，典型的确定方法如表 2-2 所示。

表 2-2 有效桩长的计算

方 法	参考文献	表达式	参数说明
M1	Vesic(1961)	$2.25/\lambda$	E_s 为土体杨氏模量，G_s 为土体剪切模量，$G^*=G_s(1+0.75\nu_s)$，ν_s 为土体泊松比，其他参数见表 2-1。
M2	Broms(1964a)	$2.5/\lambda$	
M3	Randolph(1981)	$d(E_p/G^*)^{2/7}$	
M4	O'Neill & Gazioglue(1984)	$3d(EI/E_s d^4)^{0.286}$	
M5	Davies & Budhu(1986)	$0.50d(E_p/E_s)^{4/11}$	
M6	Guo(2002)	$1.05d(E_p/G_s)^{0.25}$	

计算分析表明，对于常见的桩基，除了 M5 确定的有效桩长偏小外，其他方法给出的结果差别不是太大。通常在 M1，M2 和 M6 确定的有效桩长以下，桩的变形已可忽略不计而桩身弯矩还存在一定的值；而在 M3 和 M4 确定的有效桩长以下，桩的变形和弯矩都可忽略不计。因此，本文采用方法 M3 计算有效桩长，即

$$L_{cr}=d(E_p/G^*)^{2/7} \tag{2-19}$$

对于常见的侧向受荷桩，桩的等效模量 E_p 为 $10^4\sim10^5$ MPa。土体剪切模量 G_s 值为 1～100 MPa，泊松比为 0.2～0.4，则根据式(2-19)，L_{cr} 为 4～25 倍的桩径。黏土越软或砂土越松而桩的刚度越大，L_{cr} 值越大；反之，L_{cr} 值越小。对于一般的岩石，G_s 值的数量级为 $10^2\sim10^4$ MPa，泊松比为 0.1～0.35，则 L_{cr} 为1～7 倍的桩径。靠近岩面的岩石越软或风化程度越高而桩的刚度越大，L_{cr} 值就越大。

因此，在侧向受荷桩的分析过程中，主要讨论 L_{cr} 深度内的土体参数。当然，L_{cr} 值又与选取的土体模量有关。这可通过简单地试算确定，即先选取一定深度内(如对于土体取 $10d$，对于岩石取 $6d$)的平均 G_s 值，计算 L_{cr} 值；若 L_{cr} 值与选取的深度相差较大，可再选取该步所得 L_{cr} 深度内的平均 G_s 值，重新计算新的 L_{cr} 值；重复该过程直至平均 G_s 值对应的深度与计算得到的 L_{cr} 值接近为止。

柔性桩和刚性桩往往表现出不同的破坏模式(Fleming 等，1992；Broms，1964a，1964b)。对于桩头自由的刚性短桩，如图 2-5 所示，桩的破坏将以地面下桩身某点为中心，整体发生转动，转动中心离地面的高度一般为 70%～80% 的桩基嵌入长度(Fleming 等，1992)。对于桩头自由的柔性长桩，如图 2-6 所示，其破坏模式主要表现为土体破坏或在最大弯矩发生深度(或剪力为零)$x_{\max}$ 处出现塑性铰破坏(如果桩截面沿深度不变)。对于桩头固定的侧向受荷桩，如

图2-7所示，随桩长的不同，主要表现为三种破坏模式，即短桩整体平移，长桩双塑性铰(分别发生在桩头最大负弯矩和桩身最大正弯矩处)破坏，以及介于二者之间的中间破坏模式，即桩头首先出现塑性铰，随后桩绕某深度处发生整体转动。

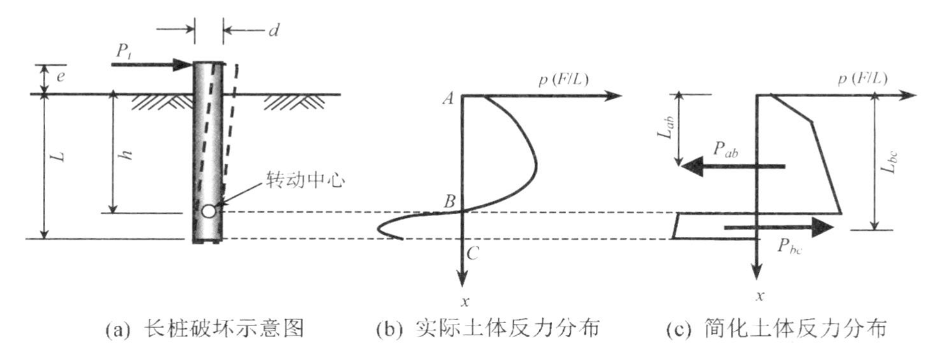

刚性短桩发生刚体转动破坏：(1) 力的平衡：$P_t = P_{ab} - P_{bc}$；(2) 弯矩平衡：$P_t e = -P_{ab}L_{ab} + P_{bc}L_{bc}$

图 2-5　桩头自由刚性短桩破坏机理(Fleming 等，1992；Broms，1964a，1964b)

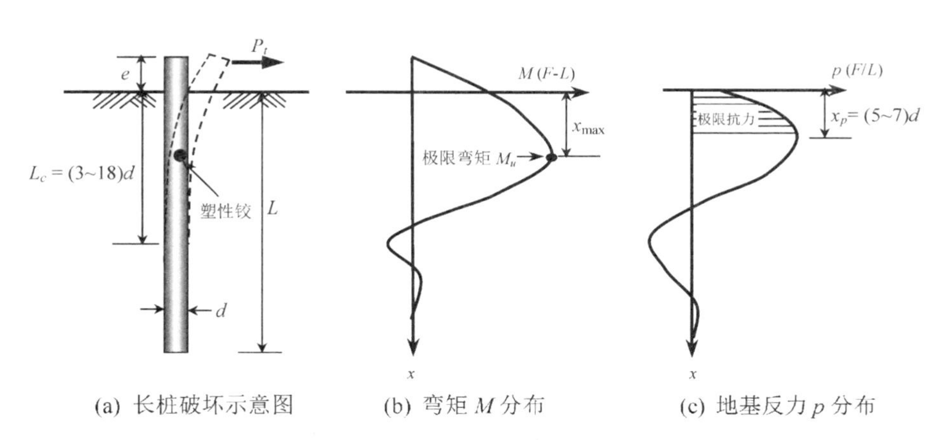

图 2-6　桩头自由柔性长桩的破坏机理(修改自 Fleming 等，1992；Broms，1964a，1964b)

对于刚性桩的设计，主要采用传统的极限荷载法(如 Broms，1964a，1964b；桩基工程手册，1995)确定极限承载力。如图 2-5 所示，假定土体极限抗力的分布，根据力和弯矩的平衡，即可确定桩顶的极限荷载。对于柔性长桩极限承载力的计算，一般假定塑性铰以上的土体抗力(塑性铰以下的土体抗力自相平衡)，根据力和弯矩的平衡确定桩顶的极限荷载。然而，目前常用的土体抗力分布模式

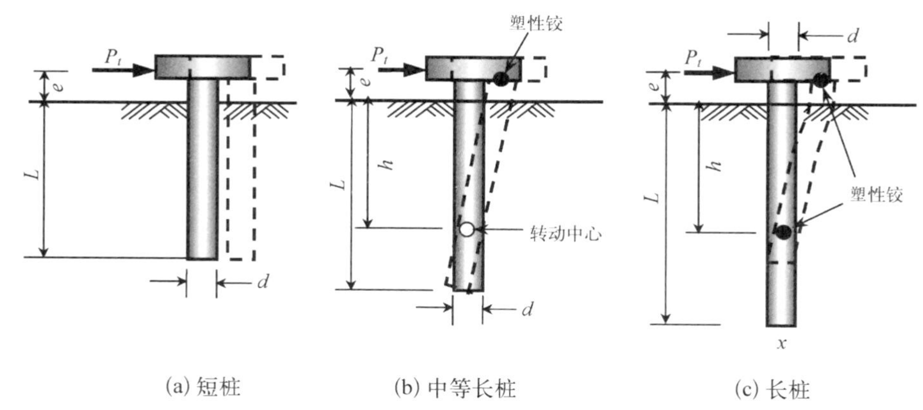

图 2-7　桩头固定桩的破坏机理(Fleming 等,1992;Broms,1964a,1964b)

(Broms,1964a,1964b)并没有得到理论和实践的论证。并且,除了允许大变形桩或相对短桩外,侧向受荷桩的设计往往由桩的侧向变形控制(Poulos & Hull,1989)。通常情况下,在水平荷载还没有达到极限承载力时,桩的变形可能已超过了允许变形。因此,桩的极限承载力通常定义为一定的桩顶变形(如10%d或20%d)对应的侧向荷载,而不是真正达到塑性破坏时的荷载大小。另外,对于柔性长桩,极限承载力也只有通过考虑土体的荷载传递规律,才能准确地确定最大弯矩的发生位置以及该深度内的土体抗力分布,进而确定相应的最大弯矩。

因此,变形分析和极限荷载设计本质上是统一的,后者只是前者的"塑性极限"状态。然而,现有的设计方法往往将二者分开考虑(如 Fleming 等,1992),前者大多采用弹性 Winkler 地基梁法,而后者基于假定的土体极限抗力分布,由力的平衡法确定。因此,有必要发展侧向受荷桩的弹塑性解答,不仅要准确预测变形,而且能够准确确定桩的最大弯矩和极限承载力。

2.3　线性荷载传递模型

需要说明的是,式(2-7)中的 ky 项取决于桩土相互作用弹簧模型。如果 k 值与桩身变形无关,则为线性荷载传递模型;如果 k 值为桩身变形的函数,则为非线性荷载传递模型,一般称为 $p-y$ 模型。本节主要对线性荷载传递模型的分析参数-地基反力模量 k 进行讨论。

2.3.1　与地基反力参数相关的土体参数

在侧向受荷桩研究中，主要有两个土体参量，即地基反力模量和土体极限抗力。前者与土体的压缩性指标有关，而后者与土体强度特性有关。便于工程应用，二者一般可表达为相关土体特性参数的经验关系。对于无黏性土，表 2－3 给出了衡量土体压缩性和强度的相关指标及其变化范围。

表 2－3　无黏性土的分类与指标(Teng，1962)

压缩性分类	相对密度 D_r	标贯击数 N_{SPT}/0.305 m	内摩擦角 ϕ	土体容度/(kN/m³)	
				湿土	水下
特松砂	0～15%	0～4	<28°	<15.7	<9.4
松　砂	16%～35%	5～10	28°～30°	14.9～19.6	8.6～10.2
中密砂	36%～65%	11～30	31°～36°	17.3～20.4	9.4～11.0
密　砂	66%～85%	31～50	37°～41°	17.3～22.0	10.2～13.4
特密砂	86%～100%	>51	>41°	>20.4	>11.8

根据表 2－3，相对密度 D_r 与内摩擦角 ϕ 在分类边界值处存在如下关系：

$$D_r = \tan^2\phi \tag{2-20}$$

将式(2－20)的分析结果绘于 Schmertmann(1978)建议的均质无黏性土内摩擦角与相对密度关系图(图 2－8)上。可以看出，在相对密度约大于 50%情况时，

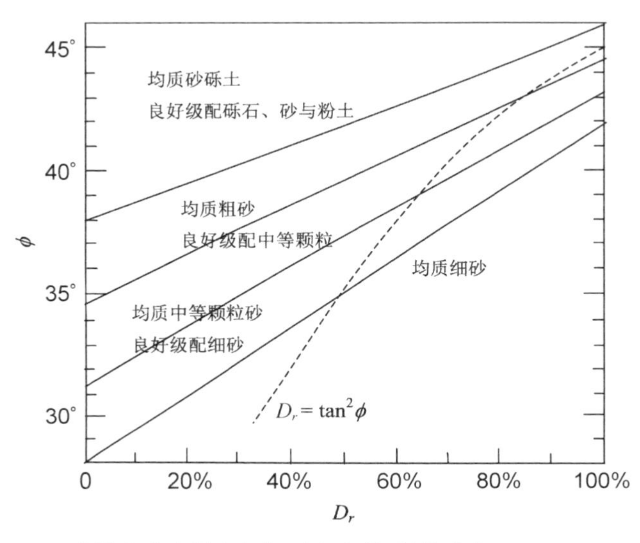

图 2－8　无黏性土内摩擦角与相对密度关系(修改自 Schmertmann，1978)

随着相对密度的增长，式(2-20)给出的ϕ值从均质细砂的ϕ值增加到均质砂砾土的ϕ值。在实际条件下，大多数土体可能由多种颗粒组成。因此，在没有实测资料情况下，式(2-20)可用来近似确定ϕ值的大小。

对于黏土中的侧向受荷桩，地基反力模量和土体极限抗力常表达为土体不排水剪强度的经验关系式。对于不同的黏性土体，不排水剪强度可参照表2-4。

表2-4　黏土不排水剪强度(Terzaghi & Peck，1948)

黏土分类	标贯击数 N_{SPT}/(击数/0.305 m)	S_u/P_a^*
特软黏土	0—2	$<1/8$
软黏土	2—4	1/8—1/4
中等硬黏土	4—8	1/4—1/2
硬黏土	8—15	1/2—1
特硬黏土	15—30	1—2
坚硬土	>30	>2

P_a^*——一个大气压，约为100 kPa。

除了不排水剪强度外，为描述土体的变形性状，常常还采用如下参量：(a)杨氏模量E_s；(b)剪切模量G_s；(c)泊松比ν_s。在没有特别说明时，E_s和G_s为所研究应力水平的割线模量，在工作荷载条件下，一般取50%破坏荷载条件下的割线模量。土体杨氏模量可分为排水杨氏模量E_s和不排水杨氏模量E_u。然而，由于土体中的液体一般认为不能提供剪切抗力，剪切模量在排水和不排水条件下相同。因此，采用剪切模量比杨氏模量更方便。在不排水条件下，$G_s=E_u/3$；在排水条件下，$G_s=E_s/2(1+\nu_s)$，其中，ν_s值一般为0.2～0.4，在缺少资料条件下，可取$\nu_s=0.3$，则$G_s=E_s/2.6$。这对侧向受荷桩性状的影响不是很明显(Poulos & Hull，1989)。

G_s(或E_s)一般需要通过试验测定的应力应变关系确定。然而，由于侧向受荷桩与室内试验应力路径的不同，以及试验的费时费力，一般在重要工程中才得到应用。在工程实践中，往往建立G_s(或E_s)与其他土体基本指标或现场试验指标的经验关系，最常见的就是刚性指数I_r。对于黏性土，刚性指数定义为

$$I_r = G_s/S_u \tag{2-21}$$

从刚性指数的定义，可知其物理意义，即土体极限剪切应变(S_u/G_s)的倒数。

I_r一般可由土工构筑物的实测变形性状反分析得到。表2-5列出了不同研究者给出的I_r经验值和变化范围。

表2-5　黏性土I_r的经验值

参考文献	I_r	计算理论	工程来源
Broms(1964a)	6～37	弹性地基梁法	侧向受荷桩
D'Appolonia等(1971)	380～580	分层总和法沉降计算	浅基础沉降计算，中等灵敏土
Poulos(1975)	70～154	非线性边界元法	侧向受荷群桩，软黏土
Simons(1976)	15～1 150	——	室内土工试验
Jamiolkowski & Garassino(1977)	115～231	Winkler地基梁	侧向受荷桩
Kishida & Nakai(1977)	108～154	Winkler地基梁	侧向受荷桩，硬黏土
Banerjee & Davies(1978)	40～70	线性边界元法	侧向受荷桩，软黏土
Randolph(1983)	150～200	轴向荷载传递法	轴向受荷桩
Randolph(1983)	75～100	弹性有限元法	侧向受荷桩
Budhu and Davies(1988)	380～580	非线性Winkler地基梁	侧向受荷桩
Poulos and Hull(1989)	80～310	非线性边界元法	侧向受荷桩，软黏土
Guo(2002)	50～340	双参数法	侧向受荷桩

另外，Duncan和Buchignani(1976)还绘制了土体不排水杨氏模量与超固结比OCR以及塑性指数PI的统计图表。将不排水杨氏模量换算为剪切模量($G_s = E_u/3$)，则可得I_r与OCR和PI的统计图表，如图(2-9)所示。可以发现，I_r值随OCR和PI值增长而降低。对于正常固结黏土(OCR=1)，I_r=40～500；当OCR=10时，I_r=16～150。比较表(2-5)和图(2-9)可以发现，表(2-5)给出的I_r值基本上都落在由图(2-9)所确

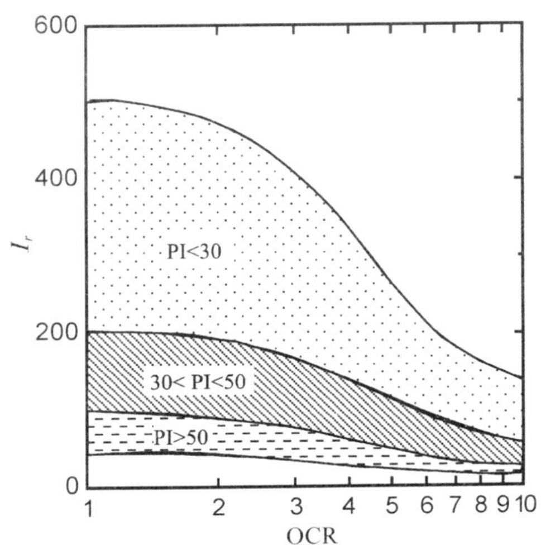

图2-9　黏土刚性指数I_r与OCR和PI的关系(修改自Duncan & Buchignani,1976)

定的 I_r 值范围内。因此，如果已知黏土的超固结比 OCR 和塑性指数 PI，可根据图(2-9)初步确定土体的刚性系数，进而确定剪切模量 G_s。

2.3.2 弹性地基反力模量 k 的经验值

在侧向受荷桩的弹性解答中，一个重要参量就是地基反力模量 k(modulus of subgrade reaction，FL^{-2})，其定义为桩身某点处单位长度土体抗力 p 与局部桩身变形 y 的比值，即 $k=-p/y$，负号表示土体抗力与桩身变形方向相反。k 通常可表达为

$$k = k_h/d \tag{2-22}$$

式中，k_h 为地基反力系数(coefficient of subgrade reaction，FL^{-3})，定义为研究点处地基压力与桩身局部变形的比值，即 $k_h=-(p/d)/y$。对于'均质'地基模型，如硬质黏土，k 或 k_h 沿深度不变，为一常数；对于"Gibson"地基模型，如软黏土和砂土，地基反力模量或系数常常随深度线性增长，可表达为

$$k = k_0 + n_h x \tag{2-23}$$

式中，n_h 为地基反力常数(constant or factor of subgrade reaction，FL^{-3})。

不同研究者或规范给出了上述表征地基反力模量的参数(k，k_h，n_h)与不同土体分类指标的经验数值、关系式或图表。其中，地基反力模量常简单表达为土体杨氏模量的经验关系：$k=\alpha_1 E_s$，式中 α_1 为地基反力模量参数，典型值如表 2-6。

表 2-6　α_1 值(黏性土与无黏性土)

参考文献	α	确定 k 的理论或方法
Terzaghi(1955)	0.74	弹性层压缩理论
Menard(1962)	3.3～5	旁压仪试验
Broms(1964a)	1.67	弹性地基梁法反分析
Matlock(1970)	1.8	$p-y$ 曲线初始段
Poulos(1971)	0.82	弹性连续体理论($\nu_s=0.5$)
CIRIA(1984)	0.8～2.5	旁压仪试验、弹性连续体理论和 SPT 试验
Bowles(1988)	0.8～1.3	文献综述

2.3.3　k_h 的经验数值与计算式

对于水平或竖直梁，Bowles(1988)给出了计算地基反力模量的统一表达式：

$$k = \bar{A} + \bar{B}x^n \tag{2-24}$$

式中，$\bar{A}$, $\bar{B}$ 为地基反力模量计算常数；x 为水平梁埋置深度或竖直梁地面下研究点的深度。因此，对于地面上宽为 B 的梁，竖向地基反力系数 k_v 由连续基础的极限承载力(q_{ult})得

$$k_v = q_{ult}/y \tag{2-25}$$

假定极限承载力对应的梁的变形为 $y=25.4$ mm，则

$$k_v = 39.4q_{ult} = 39.4N_c c + 39.4N_q \gamma_s x + 19.7\gamma_s N_\gamma B \quad (\mathrm{kN/m^3}) \tag{2-26}$$

对于无黏性土，$c=0$，则

$$k_v = 19.7\gamma_s N_\gamma B + 39.4N_q \gamma_s x \ (\mathrm{kN/m^3}) \tag{2-27}$$

比较式(2-24)和式(2-27)，可得：

$$\bar{A} = 19.7\gamma_s B N_\gamma,\ \bar{B} = 39.4\gamma_s N_q \text{ 和 } n = 1 \tag{2-28}$$

采用 $\bar{A}$, $\bar{B}$ 和 n，可以得到变形为 25.4 mm 对应的竖向地基反力系数 k_v。根据 Francis(1964)的建议，考虑侧向剪切阻力的影响，侧向地基反力模量可取竖向地基反力模量的两倍，因此：

$$k_h = 39.4\gamma_s B N_\gamma + 78.8\gamma_s x N_q \quad (\mathrm{kN/m^3}) \tag{2-29}$$

式中，k_h 为侧向地基反力系数。

采用与 Bowles 相似的方法，Audibert & Nyman(1977)建议采用下式计算侧向受荷桩的地基反力系数：

$$k_h = \sigma_x N_q / y \tag{2-30}$$

式中，σ_x 为深度 x 处的上覆压力；N_q 为承载力系数，由下式确定：

$$N_q = (A + \sqrt{x/d}) \tag{2-31}$$

式中，A 为与内摩擦角、给定位移有关的常数；d 为桩径。根据试验资料，当内摩擦角为 30°时，A 值如表 2-7 所列。在较大变形条件下，N_q 趋近于一个极限值。

表 2-7　A 值(Audibert & Nyman, 1977)

内摩擦角	30°			
y(mm)	2.54	6.35	12.7	25.4
A	5	9	12	15

以 $x/d=1$ 为例，由表 2-7 和式(2-31)可得，$k_h(y=2.54\text{ mm})=6\sigma_x/y$ 和 $k_h(y=25.4\text{ mm})=16\sigma_x/y$，后者是前者的 2.7 倍。值得注意的是，$k_h(y=12.7\text{ mm})$ 并不接近于 $k_h(y=2.54\text{ mm})$ 和 $k_h(y=25.4\text{ mm})$ 的平均值，而是接近于 $k_h(y=25.4\text{ mm})$。这说明较小的变形增量将导致地基反力系数(或模量)较大幅度的降低。

因此，当采用弹性地基梁法分析侧向受荷桩时，由于桩的侧向变形沿深度降低，应将桩分为若干部分，每部分将赋予与变形水平相对应的 k_h 值，即上部对应于变形较大值的 k_h 值，而下部对应于较小变形对应的 k_h 值。因此，采用沿深度增长的地基反力模量(Davisson & Gill, 1963; Randolph, 1977)或与变形相关的地基反力模量(如 kubo, 1965; Matlock, 1970; Reese 等, 1974)比采用常数 k 更合理。

2.3.4　n_h 的经验数值与计算式

当采用沿深度线性增长的地基反力模量时，必须确定地基反力常数 n_h。Terzaghi(1955)较早提出 $n_h=2A\gamma_s/1.35(\text{MN/m}^3)$，$A$ 为常数。对于砂土，n_h 的典型值如表 2-8 所列。除了密砂外，美国海军设计手册(NAVFAC-DM7.2, 1982)推荐的 n_h 值接近于 Terzaghi 的建议值(表 2-8)。Reese 等(1975)根据饱和砂土中桩的静力和循环荷载载荷试验，反分析得到的 n_h 值是 Terzaghi 建议值的几倍(表 2-8)。这是由于 Reese 等给出的是弹性阶段、较小变形对应的 n_h 值。

表 2-8　砂土 n_h 值/(MN/m³)

参考文献	砂土相对密度					
	潮湿砂土			水下砂土		
	松砂	中密砂	密砂	松砂	中密砂	密砂
	$N_{SPT}=4\sim10$	10～30	30～50	4～10	10～30	30～50
Terzaghi(1955)	2.199	6.598	17.594	1.257	4.399	10.682
NAVFAC-DM7.2(1982)	1.881	6.898	12.542	—	—	—
Reese 等(1974)	6.790	24.430	61.000	5.430	16.300	33.900

美国石油研究所(American Petroleum Institute,API)和美国陆军工程师手册(U. S. Army Corps Engineers 或 U. S. ACE,1994)给出了 n_h 与砂土相对密度 D_r 的关系图表(图 2-10)。根据表 2-3 中标贯击数 N_{SPT} 与相对密度之间对应关系可知,API 和 U. S. ACE 推荐的 n_h 值是对 Terzaghi 建议值的扩展,提出了 n_h 值与无黏性土相对密度之间的变化关系。对粗粒土,从松砂到密砂,n_h 值为 2～21 MN/m³。

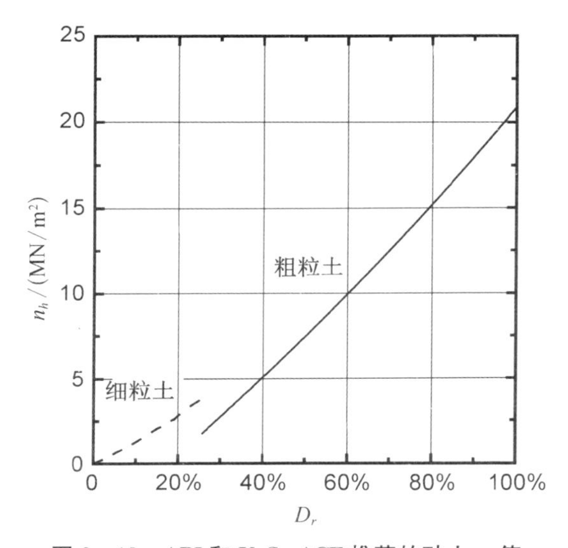

图 2-10 API 和 U. S. ACE 推荐的砂土 n_h 值

上述 n_h 值仅与土体相对密度有关,但大量试验结果表明,n_h 值也与荷载水平(或变形大小)相关。Alizadeh & Davisson(1970)根据一系列坝基桩基现场载荷试验,认为 n_h 是桩基变形的函数:在变形小于 12.7 mm 时,n_h 急剧降低;在较大变形条件下,n_h 接近常数。Alizadeh & Davisson 报道的 n_h 值是 Terzaghi(1955)推荐值的许多倍。另外,Bhushan & Askari(1984)报道了砂土中 7 个桩径为 0.61～1.22 m 短桩的现场试验。根据试验结果,$y/d=0.01\%\sim15\%$ 时,n_h 与变形和土体相对密度(用标贯击数 N_{SPT} 度量)存在如下关系:

$$\log n_h = 0.82 + \log N_{SPT} - 0.62\log(y/d) \tag{2-32}$$

式中,y/d 为百分数;n_h 单位为 lb/in.³,1 lb/in.³ = 271.5 kN/m³。表 2-9 列出了 $y/d=0.1\%\sim15\%$ 对应的 n_h 值,可以发现,n_h 值随桩的变形增长而显著降低,随 N_{SPT} 的增长而显著增加。这也表明,沿桩长方向上取 n_h 值为常数也是不合适的，因为对于某一荷载水平，桩的侧向变形总是沿深度不断降低。

表 2-9　采用 Bhushan & Askari 经验公式计算 n_h 值/(MN/m³)

y/d	N_{SPT}		
	10	30	50
0.1%	74.777 31	224.331 9	373.886 5
0.5%	27.568 2	82.704 6	137.841
1%	17.937 83	53.813 48	89.689 14
5%	6.613 151	19.839 45	33.065 75
10%	4.302 985	12.908 96	21.514 93
15%	3.346 519	10.039 56	16.732 59

2.3.5　k 值的理论计算

对于桩的基本微分式(2-13)，如果采用弹性地基梁法求解，则解答与地基反力模量相关；如果采用弹性连续体法求解，则其解答与土体的弹性模量有关。通过比较两者的解答，可建立地基反力模量与弹性模量之间的理论关系。

Biot(1937)推导了三维弹性半空间上无限梁在梁中集中荷载作用下的解答。他发现，如果令弹性连续体理论与弹性 Winkler 地基梁理论产生的最大弯矩相等，得到 k 和 E_s 如下关系：

$$k=\frac{0.95E_s}{(1-\nu^2)}\left[\frac{d^4E_s}{(1-\nu^2)EI}\right]^{0.108} \tag{2-33}$$

Vesic(1961)将 Biot 的解答扩展应用于三维弹性半空间上无限梁在梁中受集中荷载和集中弯矩的情况，并令弹性连续体理论与弹性 Winkler 地基梁理论产生的转角相等，得到 k 和 E_s 如下关系：

$$k=\frac{0.65E_s}{(1-\nu^2)}\sqrt[12]{\frac{d^4E_s}{EI}} \tag{2-34}$$

因此，选定的比较标准不同(最大弯矩或转角)，将得到不同的 k 值。另外，由式(2-33)和式(2-34)可以发现，对于圆形或方形桩，k 值与桩的尺寸无关(Terzaghi，1955；Watkins & Spangler，1958)。

由式(2－33)和式(2－34)的推导过程可知，弹性 Winkler 地基梁理论与弹性连续体理论只满足选定的比较标准(最大弯矩或转角)，并不能保证土体内的应力和变形相一致。Guo & Lee(2001)假定桩周土体位移场的分布形式与弹性有限元法分析得到的位移场一致，采用变分法推导了均质、各向同性土体的地基反力模量 k 为

$$k=\frac{3\pi G_s}{2}\left(2\gamma\frac{K_1(\gamma)}{K_0(\gamma)}-\gamma^2\left(\left(\frac{K_1(\gamma)}{K_0(\gamma)}\right)^2-1\right)\right) \tag{2-35}$$

$$\gamma=k_1(E_p/G^*)^{k_2}(2L/d)^{k_3}$$

式中，γ 为荷载传递系数；E_p 为等效实心桩杨氏模量，$EI/(\pi d^4/64)$；G^* 为 等效剪切模量，$=(1+0.75\nu_s)G_s$；ν_s，G_s 分别为土体泊松比和剪切模量；k_1，k_2，k_3 为计算常数，与桩型、桩头荷载、桩头和桩端约束有关，如表 2－10 所列。

表 2－10　荷载传递系数 γ 的参数(Guo & Lee，2001)

桩　型	长　桩			短　桩*		
	k_1	k_2	k_3	k_1	k_2	k_3
FeHCP(P)**	1.0	−0.25	0	1.9	0	−1.0
FeHFP(P)	1.0	−0.25	0	2.14	0	−1.0
FeHCP(M_0)	2.0	−0.25	0	2.38	−0.04	−0.84
FeHFP(M_0)	2.0	−0.25	0	3.8	0	−1.0
FxHCP(P)	0.65	−0.25	−0.04	1.5	−0.01	−0.96
FxHFP(P)	0.65	−0.25	−0.04	0.76	0.06	−1.24

*：如果 $E_p/G^*\leqslant(E_p/G^*)_c$，则为长桩，否则为短桩。对于 FeHCP($M_0$)和 FxHFP($P$)，临界刚度 $(E_p/G^*)_c$ 应替换为 $4(E_p/G^*)_c$。

**：FeH＝桩头自由桩，CP(P)或 CP(M_0)＝水平荷载 P 或弯矩 M_0 作用桩端嵌固桩；FP(P)＝水平荷载 P 或弯矩 M_0 作用摩擦桩；FxH＝桩头固定桩。

式中，$K_i(\gamma)$ 为改进第 i 次第二类 Bessel 函数($i=0，1$)，可近似表达为

$$K_0(\gamma)=-\left(\ln\left(\frac{\gamma}{2}\right)+0.5772\right)+\sum_{s=1}^{\infty}\left(\frac{\gamma}{2}\right)^{2s}$$

$$\frac{1}{(s!)^2}\left[\sum_{s=1}^{s}\frac{1}{s}-\left(\ln\left(\frac{\gamma}{2}\right)+0.5772\right)\right] \tag{2-36}$$

$$K_1(\gamma)=\left(\frac{1}{\gamma}\right)+\sum_{s=1}^{\infty}\left(\frac{\gamma}{2}\right)^{2s-1}\frac{1}{(s!)^2}\left[\frac{1}{2}+s\left(\ln\left(\frac{\gamma}{2}\right)+0.5772-\sum_{s=1}^{s}\frac{1}{s}\right)\right] \tag{2-37}$$

一般的，上式中的前三项就可以给出足够准确的结果。Guo 和 Lee 在推导弹性地基反力模量过程中，不仅满足桩土交界面处的位移条件，而且还满足土体内的应力条件。

另外，通过比较弹性地基梁解答与弹性有限元分析结果，也可得到地基反力模量与土体剪切模量之间的关系。Randolph(1977)采用有限元方法结合傅立叶级数技术，对侧向受荷桩进行了弹性分析。在该方法中，桩土系统离散为轴对称环形单元，而不对称荷载可采用傅立叶级数转化为对称荷载和反对称荷载。具体的分析过程可参见相应的文献。由于该方法能够准确地模拟圆形桩，往往能够得到比偏微分方程积分法更准确的解答(Randolph，1977)。Randolph(1977)采用该方法得到均质弹性土体中柔性桩(包括桩顶自由和桩顶固支)的性状，并得到了偏微分方程积分法(Poulos，1971a)和其他有限元方法(Kuhlemeyer，1979a，1979b)的验证，计算精度在 10%以内(Randolph，1981)。根据大量的参数研究，桩顶变形和转角可采用代数表达式拟合如下(Randolph，1981)：

$$y_0=0.25\frac{P_t}{G^*r_0}(E_p/G^*)^{-1/7}+0.27\frac{M_t}{G^*r_0^2}(E_p/G^*)^{-3/7} \tag{2-38}$$

$$\theta_0=0.27\frac{P_t}{G^*r_0^2}(E_p/G^*)^{-3/7}+0.8\frac{M_t}{G^*r_0^3}(E_p/G^*)^{-5/7} \tag{2-39}$$

式中，r_0 为桩半径(对于空心桩，则为外径)；并且桩的有效长度可表达为

$$l_{cr}=2r_0(E_p/G^*)^{2/7} \tag{2-40}$$

如果采用弹性地基梁法求解式(2-13)，Hetenyi(1946)给出了地面处受侧向荷载 P_t 和弯矩 M_t 作用、k 为常数的柔性桩桩头位移和转角：

$$y_0=\sqrt{2}\frac{P_t}{k}\left(\frac{l'_{cr}}{4}\right)^{-1}+\frac{M_t}{k}\left(\frac{l'_{cr}}{4}\right)^{-2} \tag{2-41}$$

$$\theta_0=\frac{P_t}{k}\left(\frac{l'_{cr}}{4}\right)^{-2}+\sqrt{2}\frac{M_t}{k}\left(\frac{l'_{cr}}{4}\right)^{-3} \tag{2-42}$$

式中，桩的有效长度为

$$l'_{cr}=4(EI/k)^{0.25} \tag{2-43}$$

如果令式(2-38)和式(2-41)产生的桩顶位移或式(2-39)和式(2-42)产生的桩顶转角相等,可得到地基反力模量与土体剪切模量之间的关系。分析过程如下:

(1) 假定由式(2-40)和式(2-43)得到的有效长度相等,即 $l'_{cr}=l_{cr}$,则可用式(2-40)代替式(2-43),采用式(2-41)计算桩顶位移。在只有水平荷载 P_t 作用,令式(2-38)和式(2-41)得到的桩顶位移相等,可得到地基反力模量 k 与土体等效剪切模量 G^* 存在如下关系:

$$k=11.314G^*(E_p/G^*)^{-1/7} \tag{2-44}$$

将式(2-44)代入式(2-41),结合式(2-40),可得 $l'_{cr}=1.0266l_{cr}$。该值与假定的 $l'_{cr}=l_{cr}$ 不一致。重新假定 $l'_{cr}=1.0266l_{cr}$,按上述方法可得 $k=11.02G^*(E_p/G^*)^{-1/7}$ 和 $l'_{cr}=1.0334l_{cr}$。该值与假定的 $l'_{cr}=1.0266l_{cr}$ 仍有一定的差别。重复上述过程,迭代计算直到假定的和计算的 l'_{cr} 与 l_{cr} 关系一致,即有 $l'_{cr}=1.0356l_{cr}$,此时有:

$$k=10.925G^*(E_p/G^*)^{-1/7} \tag{2-45}$$

(2) 同样,假定 $l'_{cr}=l_{cr}$,如果只有弯矩 M_t 作用,令式(2-38)和式(2-41)得到的桩顶位移相等或只有 P_t 作用,令式(2-39)和式(2-42)得到的桩顶转角相等,可得 $k=14.815G^*(E_p/G^*)^{-1/7}$,比较式(2-43)和式(2-40)得 $l'_{cr}=0.96l_{cr}$。重复上述过程,迭代计算直到假定的和计算的 l'_{cr} 与 l_{cr} 关系一致,即有 $l'_{cr}=0.921l_{cr}$,此时有:

$$k=16.086G^*(E_p/G^*)^{-1/7} \tag{2-46}$$

(3) 在只有弯矩 M_t 作用下,比较由式(2-39)和式(2-42)分别得到的桩顶转角,重复上述分析过程,可得

$$k=16.684G^*(E_p/G^*)^{-1/7} \tag{2-47}$$

式(2-46)和式(2-47)计算的 k 值非常接近,分别为式(2-45)所得 k 值的1.47和1.53倍。考虑只有弯矩 M_t 作用下 k 值的唯一性,式(2-46)和式(2-47)得到的 k 值应该相等,因此在弯矩作用下可取式(2-46)和式(2-47)的平均值,即

$$k = 16.385G^{*}(E_p/G^{*})^{-1/7} \tag{2-48}$$

因此，只有弯矩作用下的地基反力模量约为只有水平荷载作用下地基模反力模量的 1.5 倍。在图 2－1 中，如果只有水平荷载作用在地面高度时，采用式(2－45)计算地基反力模量；当只有弯矩作用时，采用式(2－48)计算地基反力模量；当水平荷载作用在地面上一定高度时，地基反力模量为式(2－45)计算值的 1～1.5 倍。上述计算 k 值的方法简称“本文方法”。

对于常见的桩土相对刚度，即 $E_p/G^{*} = 10^2 \sim 10^5$，则由式(2－45)可得到 $k/G_s = 7.4 \sim 2.4$。相应的，由式(2－48)得到 $k/G_s = 11 \sim 3.6$。由 $k/G_s = 2.4 \sim 11$，可进一步得到 $k/E_s \approx 0.8 \sim 4.6$。$k/E_s$ 值基本上覆盖了表 2－6 给出的 α 经验值。由于桩土相对刚度越大，k/G_s 值越小，表 2－6 中 α 较大值适用于桩土相对刚度较小(柔性桩)的情况，反之亦然。同理，对于文献报道的 k，k_h 或 n_h 经验值，较大值可能适用于柔性桩，而较小值适用于相对刚性桩。值得注意的是，尽管上述 k 值的计算公式由均质土体分析得到，但对于分层土体或土体剪切模量沿深度发生变化的土体，可近似采用各层土体的剪切模量按本文方法计算各层土体的地基反力模量。对于黏性土，刚性系数 $I_r = 16 \sim 500$(图 2－9)，则 k/S_u 为 38～5 500；对于砂土，$G_s \approx (0.2 \sim 0.64)N_{SPT}$(MPa)，$N_{SPT}$ 为标准贯入击数，可得 $k \approx (0.5 \sim 7)N_{SPT}$(MPa)。

以桩的长径比为 25，土体泊松比为 0.5 为例，比较式(2－33)、式(2－34)、式(2－35)、式(2－45)和式(2－48)得到的地基反力模量，如图 2－11。其中，P 表示在地面处只有侧向受荷作用，M 表示只有桩头弯矩作用。
根据图 2－11，可得到如下结论：

(1) 只有弯矩作用时(如 Guo(M)或本文(M))的地基反力模量是只有侧向受荷作用时(Guo(P)或本文(P))的地基反力模量的 1.1～1.5 倍。

(2) 对于相对柔性桩，k 值较大；对于相对刚性桩，k 值较低。k 值随桩土相对刚度的增长而不断降低，但降低的幅度逐渐减小，并最终趋于常数。

(3) 与 Guo & Lee 法比较，Biot 和 Vesic 法给出的 k 值偏低，而本文方法得到的 k 值偏高。本文方法偏高的原因主要是由于有限元分析过程中采用轴对称环向单元(未考虑桩与桩后土体之间的拉裂)，导致土体刚度的增加。

因此，在侧向受荷桩的分析中，可采用式(2－35)确定地基反力模量。当采用本文方法确定地基反力模量时，应除以系数 1～1.5。对于桩土相对刚度较大的侧向受荷桩，除以较小的系数；对于桩土相对刚度较小的桩，则除以较大的系

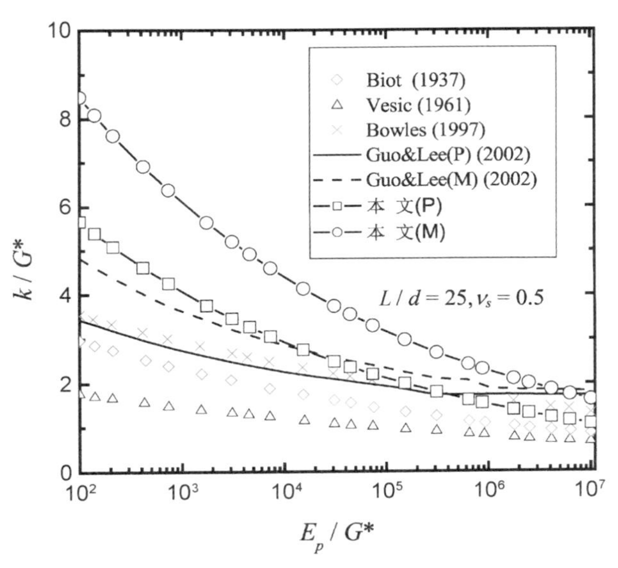

图 2-11　不同地基反力模量公式的比较

数。这样，上述两种方法将给出非常一致的结果。采用 Guo & Lee 法比较准确，但采用本文方法可以直接手算，避免采用 Bessel 函数。对于常见的侧向受荷长桩，即 $E_p/G^* = 10^3 \sim 10^4$，可将本文(P)的计算结果除以系数约 1.3 得到 k 值。

2.4　线性模型理论解

目前，在桩基设计中，只有少数国家仍推荐采用弹性分析方法，如中国、日本等。在该方法中，首先给定桩基的允许位移(如 6～12 mm)，限定桩基的变形性状主要位于弹性范围内。然而，在实际工作条件下，一般的桩基变形都比上述值大。同时，上述允许桩顶位移未考虑土体的软硬程度、桩的大小和类型的影响，往往造成工程设计的浪费或潜在的不安全。尽管如此，在完整的弹塑性分析中，仍有必要讨论较低荷载水平条件下的弹性解答。

2.4.1　Hetenyi(1946)

Hetenyi(1946)给出了 Winkler 弹性地基上、多种加载条件下弹性长梁的三角级数解答。对于长梁，加载条件包括：① 集中荷载作用无限或半无限长梁；② 集中弯矩作用无限或半无限长梁；③ 均匀分布荷载作用无限长梁；④ 三角形分布荷载无限长梁；⑤ 任意荷载下无限或半无限长梁。另外，他还给出了一些特殊加载或约束条件下(如两端自由，两端铰支和两端固定)有限长梁的显式理论解答。

如果将侧向受荷桩视为竖向放置的弹性地基梁，对于轴向压缩荷载 Q 沿桩长不发生变化、桩头自由的弹性长桩(半无限长梁)，在侧向荷载 P_t 作用下，式(2-9)的解答为：

$$y=\frac{P_t}{\alpha k}\frac{2\lambda^2}{3\beta^2-\alpha^2}e^{-\beta x}[2\alpha\beta\cos\alpha x+(\beta^2-\alpha^2)\sin\alpha x] \tag{2-49.1}$$

$$\theta=\frac{P_t}{EI}\frac{1}{3\beta^2-\alpha^2}\frac{1}{\alpha}e^{-\beta x}[\alpha\cos\alpha x+\beta\sin\alpha x] \tag{2-49.2}$$

$$M=-\frac{P_t}{\alpha}\frac{2\lambda^2}{3\beta^2-\alpha^2}e^{-\beta x}\sin\alpha x \tag{2-49.3}$$

$$V=-\frac{Pt}{\alpha}\frac{1}{3\beta^2-\alpha^2}e^{-\beta x}[(3\beta^2-\alpha^2)\alpha\cos\alpha x-(3\alpha^2-\beta^2)\beta\sin\alpha x] \tag{2-49.4}$$

$$\alpha=\sqrt{\sqrt{\frac{k}{4EI}}+\frac{Q}{4EI}},\ \beta=\sqrt{\sqrt{\frac{k}{4EI}}-\frac{Q}{4EI}}$$

在只有桩头弯矩 M_t 作用下，桩的变形、转角、弯矩和剪力为：

$$y=-\frac{M_t}{EI}\frac{1}{3\beta^2-\alpha^2}\frac{e^{-\beta x}}{\alpha}[\alpha\cos\alpha x-\beta\sin\alpha x] \tag{2-50.1}$$

$$\theta=\frac{M_t}{EI}\frac{1}{3\beta^2-\alpha^2}\frac{1}{\alpha}e^{-\beta x}[2\alpha\beta\cos\alpha x-(\beta^2-\alpha^2)\sin\alpha x] \tag{2-50.2}$$

$$M=\frac{M_t}{3\beta^2-\alpha^2}\frac{1}{\alpha}e^{-\beta x}[(3\beta^2-\alpha^2)\alpha\sin\alpha x-(\beta^2-3\alpha^2)\beta\sin\alpha x] \tag{2-50.3}$$

$$V=\frac{M_t}{3\beta^2-\alpha^2}\frac{1}{\alpha}e^{-\beta x}[-4(\beta^2-\alpha^2)\alpha\beta\cos\alpha x+(\beta^4-6\alpha^2\beta^2+\alpha^4)\sin\alpha x]+Q\theta \tag{2-50.4}$$

对于桩头转角固定的情况，可由式(2-49)和式(2-50)按叠加原理计算桩的性状，即首先由式(2-49.2)和式(2-50.2)得到桩头转角之和为零，确定桩头弯矩 M_t；然后将 M_t 代入式(2-50)得到变形、转角、弯矩和剪力，并与式(2-49)求得的变形、转角、弯矩和剪力叠加得到总的变形、转角、弯矩和剪力。

对于地基反力模量为 $k = k_0 + n_h x$ 线性分布的情况，Hetenyi(1946)给出了各种桩端约束条件下，式(2-9)的级数解。

2.4.2　Matlock & Reese(1960)

Matlock & Reese(1960)给出了地基反力模量沿深度任意变化式(2-13)无量纲解答的统一形式：

$$y = \frac{P_t \lambda^3}{EI} A_y(X) + \frac{M_t \lambda^2}{EI} B_y(X) \tag{2-51.1}$$

$$\theta = \frac{P_t \lambda^2}{EI} A_\theta(X) + \frac{M_t \lambda}{EI} B_\theta(X) \tag{2-51.2}$$

$$M = P_t \lambda A_m(X) + \frac{M_t \lambda}{EI} B_m(X) \tag{2-51.3}$$

$$V = P_t A_v(X) + \frac{M_t}{\lambda} B_v(X) \tag{2-51.4}$$

式中，$X = \lambda' x$，λ' 为桩的特征长度的倒数，反映桩土相对刚度的常数；A，B 为荷载和弯矩引起的变形、转角、弯矩和剪力系数，取决于桩端约束条件和地基反力模量分布模式。对于给定的地基反力模量分布模式，可采用差分方程法求解。Matlock & Reese(1960)给出了地基反力模量 $k = n_h x^n (n = 0.5, 1, 2)$ 条件下的 A，B 计算图表，此时，$\lambda' = \sqrt[n+4]{\frac{k}{EI}}$（与表 2-1 定义的桩的特征长度的倒数稍有差别）。

2.4.3　Sun(1994)

基于 Vlasov 双参数模型(Vallabhan & Das，1988，1991a，1991b)，Sun(1994)提出了将土体视为各向同性弹性连续体的侧向受荷桩解答。对于长为 L，半径为 R，抗弯刚度为 EI 的圆形桩，如图 2-12 所示，桩周土体假定为理想均质、各向同性、线弹性材料，杨氏模量为 E_s，泊松比为 ν_s。土体不受桩的影响，并且桩土界面之间不发生滑移。忽略由于侧向荷载引起的土体竖向位移 w_s，土体的侧向位移 u_s 和 ν_s 可表达为

$$u_s(r,\ \theta,\ z) = u(z)\phi(r)\cos\theta \tag{2-52.1}$$

$$\nu_s(r,\ \theta,\ z) = -u(z)\phi(r)\sin\theta \tag{2-52.2}$$

$$w_s(r,\ \theta,\ z) = 0 \tag{2-52.3}$$

式中，$u(z)$ 为桩的侧向变形；$\phi(r)$ 为无量纲函数，反映土体位移沿径向的变化。

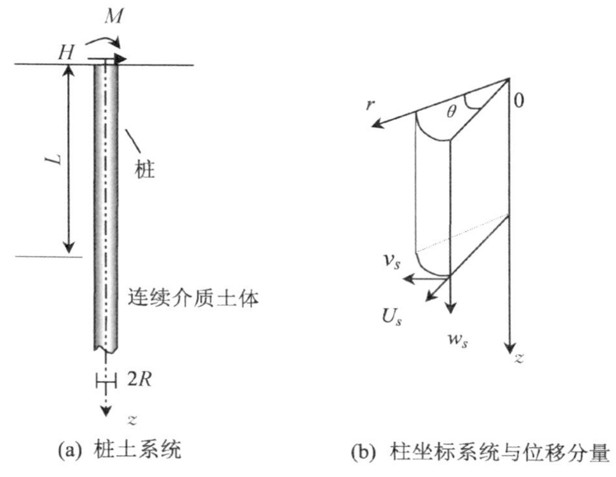

(a) 桩土系统　　(b) 柱坐标系统与位移分量

图 2-12　桩与位移及应力柱坐标系统(Sun, 1994)

以桩土系统作为研究对象，根据虚功原理，可推导得桩的变形控制方程为

$$\frac{\mathrm{d}^4\bar{u}}{\mathrm{d}\bar{z}^4} - 2t\frac{\mathrm{d}^2\bar{u}}{\mathrm{d}\bar{z}^2} + k\bar{u} = 0 \quad (0 \leqslant \bar{z} \leqslant 1 \text{ 和 } r = 0) \tag{2-53}$$

$$t = \frac{2\xi\beta\psi^2}{1+\nu_s}$$

$$k = \frac{2(3-4\nu_s)\eta\beta\psi^2}{(1+\nu_s)(1-2\nu_s)}$$

式中，$\beta = E_s/E_p$；$\psi = L/R$；$\bar{z} = z/L$，$\bar{u} = u/L$；ξ 和 η 与土体径向位移函数 $\phi(r)$ 有关；$\phi(r)$ 由求解土体径向位移控制方程(由虚功原理得到)：

$$r\frac{\mathrm{d}^2\phi}{\mathrm{d}r^2} + \frac{\mathrm{d}\phi}{\mathrm{d}r} - \left(\frac{\gamma}{R}\right)^2 r\phi = 0 \quad (R \leqslant r < \infty) \tag{2-54}$$

$$\gamma^2 = \frac{2(1-2\nu_s)}{(3-4\nu_s)\psi} \frac{\sqrt{8tk}\int_0^1 \left(\frac{\mathrm{d}\bar{u}}{\mathrm{d}\bar{z}}\right)^2 \mathrm{d}\bar{z} + k\psi\bar{u}^2(1)}{\psi\sqrt{8tk}\int_0^1 \bar{u}^2 \mathrm{d}\bar{z} + 2t\bar{u}^2(1)} \tag{2-55}$$

得：

$$\phi(r) = \frac{K_0(\gamma r/R)}{K_0(\gamma)} \tag{2-56}$$

则 ξ 和 η 可表达为：

$$\xi = \frac{1}{2[K_0(\gamma)]^2}\{[K_1(\gamma)]^2 - [K_0(\gamma)]^2\}$$

$$\eta = \frac{1}{2[K_0(\gamma)]^2}\{[K_1(\gamma) + \gamma K_0(\gamma)]^2 - (\gamma^2+1)[K_1(\gamma)]^2\}$$

式中，$K_i(\gamma)(i=0,1)$为第二类 i 次 Bessel 修正函数。

结合桩的约束条件(桩头自由或固定，桩端自由或嵌固)，Sun(1994)给出了式(2-53)的解 $\bar{u}$。不过，$\bar{u}$ 与参数 γ 有关。同时由式(2-55)可知，参数 γ 亦为 $\bar{u}$ 的函数。因此，必须通过迭代过程求解参数 γ，$\phi(r)$ 及 $\bar{u}$。该迭代过程可参见 Vallabhan & Das(1988)对双参数弹性地基梁求解方法的讨论。

与弹性地基梁法(将土体描述为离散的弹簧)比较，基于 Vlasov 模型的双参数法，能够考虑土体的连续性和弹簧间的相互作用。

2.4.4　Guo & Lee(2001)

在 Sun 的研究基础上，Guo & Lee(2001)对双参数法作了进一步完善。对于均质、各向同性、线弹性土体(剪切模量为 G_s，泊松比为 ν_s)中长为 L，半径为 r_0 的侧向受荷圆形桩(图 2-13)，采用柱坐标 r，θ 和 z，忽略侧向荷载引起的竖向位移 w，土体径向位移 u 和环向位移 v 可表达为傅立叶级数形式：

$$u = \sum_{n=0}^{n} y_n(z)\phi_n(r)\cos n\theta \tag{2-57.1}$$

$$v = -\sum_{n=0}^{n} y_n(z)\phi_n(r)\sin n\theta \tag{2-57.2}$$

$$w = 0 \tag{2-57.3}$$

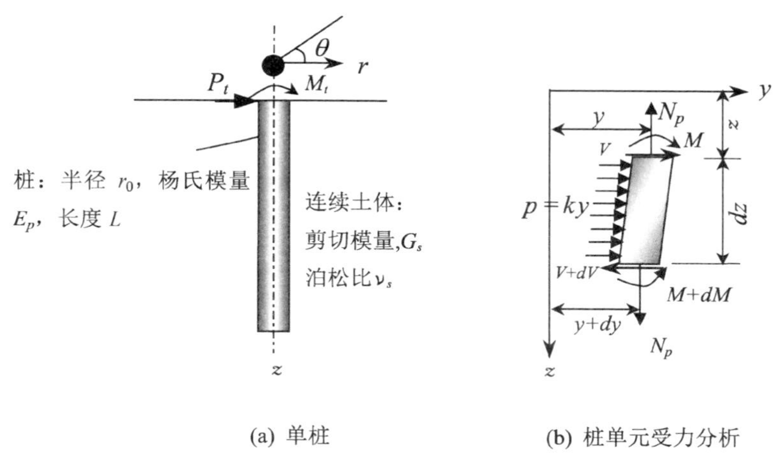

(a) 单桩　　　　(b) 桩单元受力分析

图 2-13　桩土相互作用系统(Guo & Lee,2001)

式中，$y_n(z)$为深度 z 处桩身变形的第 n 个分量，发生在第 n 个荷载作用方向上；$\phi_n(r)$为离桩轴径向距离为 r 处土体位移消减函数；θ 为桩截面中心与研究点连线与第 n 个荷载作用方向的夹角。对于只有荷载 P_t 和弯矩 M_t 作用条件下，$n=1$。如果考虑在不同的"θ"方向上施加荷载和弯矩作用，就需要考虑其他项(如 $n=2,3$)，此时，位移和应力计算符合叠加原理。

对于侧向受荷桩，由于土体泊松比 ν_s 影响较小(Poulos，1971a)，Guo & Lee(2001)采用等效剪切模量 $G^*=G_s(1+0.75\nu_s)$(Randolph，1981)代替实际的剪切模量 G_s 和 ν_s。对于 $n=1$ 的情况，取 $\nu_s=0$，桩周土体应力场可表达为：

$$\sigma_r=2G_s y\frac{\mathrm{d}\phi}{\mathrm{d}r}\cos\theta\quad \sigma_\theta=\sigma_z=0 \tag{2-58.1}$$

$$\tau_{r\theta}=-G_s y\frac{\mathrm{d}\phi}{\mathrm{d}r}\sin\theta\quad \tau_{\theta z}=-G_s y\frac{\mathrm{d}y}{\mathrm{d}z}\phi\sin\theta$$

$$\tau_{zr}=G_s y\frac{\mathrm{d}y}{\mathrm{d}z}\phi\cos\theta \tag{2-58.2}$$

以桩土相互作用系统为研究对象，根据虚功原理，得到与式(2-9)相似的桩基变形控制方程：

$$EI\frac{\mathrm{d}^4y}{\mathrm{d}z^4}-N_p\frac{\mathrm{d}^2y}{\mathrm{d}z^2}+ky=0\quad(0\leqslant z\leqslant L) \tag{2-59}$$

和土体径向位移消减函数控制式(2-54)，式中，k 等效为 Winkler 地基模型的地基反力模量；N_p 为弹簧间(虚拟膜)传递的轴向拉力。k 和 N_p 可表达为：

$$k = \frac{3\pi G_s}{2}\left(2\gamma\frac{K_1(\gamma)}{K_0(\gamma)} - \gamma^2\left(\left(\frac{K_1(\gamma)}{K_0(\gamma)}\right)^2 - 1\right)\right) \tag{2-35}$$

$$N_p = \frac{\pi d^2}{4}G_s\left(\left(\frac{K_1(\gamma)}{K_0(\gamma)}\right)^2 - 1\right) \tag{2-60}$$

其中，γ 为荷载传递系数，$\gamma = k_1(E_p/G^*)^{k_2}(L/r_0)^{k_3}$，$k_1$，$k_2$ 和 k_3 如表 2 - 10 所列。

对于 $N_p < 2\sqrt{kEI}$，Guo & Lee(2001)结合式(2 - 54)，推导了式(2 - 59)的统一解答：

$$y(z) = \frac{P}{EI\delta}\left(H(z) + \frac{\sqrt{kN_p}}{EI}B(z)\right) + \frac{M_0}{EI\delta}\left(I(z) + \frac{\sqrt{kN_p}}{EI}C(z)\right) \tag{2-61}$$

式中，$H(z)$和 $I(z)$为反映桩头约束条件的函数；$B(z)$和 $C(z)$为反映桩端约束条件的函数；对于给定的桩端约束条件，$H(z)$，$I(z)$，$B(z)$，$C(z)$和系数 δ 可表达为$\alpha = \sqrt{\sqrt{\frac{k}{4EI}} + \frac{N_p}{4EI}}$ 和$\beta = \sqrt{\sqrt{\frac{k}{4EI}} - \frac{N_p}{4EI}}$ 的函数，详见 Guo & Lee (2001)。对于桩身转角、弯矩、剪力和土体抗力可通过式(2 - 15)—式(2 - 18)确定。

与 Sun 的解答比较，Guo & Lee 不仅解决了较大 ν_s 值时解答的奇异性，而且给出了桩基性状的代数表达式，不需迭代求解。

上述四种解答，基本上覆盖了基于弹性地基梁法和双参数法的侧向受荷桩所有解答。

2.4.5　其他理论解答

上述各理论解答可以直接计算桩的变形、转角($x=0$)和最大弯矩(剪力为零处)沿深度分布。另外，一些研究者基于连续体方法，如有限元法(如 Randolph，1981)和边界元法(如 Poulos & Hull，1989)，根据大量的参数研究提出了桩头变形、转角和最大弯矩的半经验半理论计算式。这些计算式可统一表达如下：

桩头自由

$$y_t = P_t f_{yP} + M_t f_{yM} \tag{2-62.1}$$

$$\theta_t = P_t f_{\theta P} + M_t f_{\theta M} \tag{2-62.2}$$

$$M_{max} = P_t d I_{MP} \tag{2-62.3}$$

桩头固定

$$y_t = P_t f_{yF} \tag{2-63.1}$$

$$\theta_t = 0 \tag{2-63.2}$$

$$M_{max} = P_t d I_{MF} \tag{2-63.3}$$

表 2-11 和表 2-12 分别给出了均质地基(k 为沿深度不变)和 Gibson 地基(k 沿深度线性增长)桩头自由桩的计算系数。对于桩头固定的情况,可以令式(2-62.2)中转角为零,计算桩头最大弯矩 M_t,即得式(2-63.3)的最大弯矩 M_{max}或系数 I_{MF};然后将 M_t代入式(2-62.1)可得桩头固定时的桩头变形 y_t或式(2-63.1)中的系数 f_{yF}。

表 2-11 均质地基桩头自由桩弹性解答无量纲系数

文献	Hetenyi (1946)	Randolph (1981)	Davies & Budhu (1986)	Poulos & Hull (1989)
L_c/d	$4(EI/k)^{0.25}/d$	$(E_p/G^*)^{2/7}$	$0.5K^{0.36}$	$2.09K^{0.25}$
f_{yP}	$\sqrt{2}(L_c/4)^{-1}/k$	$0.5(L_c/d)^{-0.5}/(G^* d)$	$1.3K^{-0.18}/(E_s d)$	$(1.65+3.40e)/E_sL_c$
f_{yM}	$(L_c/4)^{-2}/k$	$1.08(L_c/d)^{-1.5}/(G^* d^2)$	$2.2K^{-0.45}/E_s d^2$	$(5.52+9.08e)/E_sL_c^2$
$f_{\theta P}$	$(L_c/4)^{-2}/k$	$1.08(L_c/d)^{-1.5}/(G^* d^2)$	$2.2K^{-0.45}/E_s d^2$	$(5.52+9.08e)/E_sL_c^2$
$f_{\theta M}$	$\sqrt{2}(L_c/4)^{-3}/k$	$6.4(L_c/d)^{-2.5}/(G^* d^3)$	$9.2K^{-0.73}/E_s d^3$	$(64.98+37.95e)/E_sL_c^3$
I_{MP}			αK^b, $\alpha = 0.12+0.24f+0.1f^2$ $b = e^{-1.3-0.34f}$	
$L_{M\max}$			$0.4L_c$	
参量说明			$K = E_p/E_s$, $f = M_t/dP_t$	$K = E_p/E_s$, $e = \log_{10}(L_c/d)$

表 2-12 Gibson 地基桩头自由桩弹性解答无量纲系数

文献	Davies & Budhu (1986)	Poulos & Hull(1989) $L \geqslant L_c$(长桩)	Randolph (1981)
L_c/d	$1.3K^{0.222}$	$1.81K^{0.20}$	$4(EI/n_h)^{1/5}$
f_{yP}	$3.2K^{-0.333}/md^2$	$(13.10+11.09e)/mL_c^2$	$2.43(L_c/4)^{-2}/n_h$
f_{yM}	$5.0K^{-0.556}/md^3$	$(34.63+11.09e)/mL_c^3$	$1.62(L_c/4)^{-3}/n_h$
$f_{\theta P}$	$5.0K^{-0.556}/md^3$	$(34.63+11.09e)/mL_c^3$	$1.62(L_c/4)^{-3}/n_h$
$f_{\theta M}$	$13.6K^{-0.778}/md^4$	$(156.1+37.14e)/mL_c^4$	$1.73(L_c/4)^{-4}/n_h$
I_{MP}	$\alpha K^b(\leqslant 8)$, $\alpha=0.6f$ $b=0.17f^{0.3}$		
$L_{M\max}$	$0.41L_c$		
参量说明	$E_s=mx$, $K=E_p/md$, $f=M_t/dP_t$	$E_s=mx$, $K=E_p/md$, $f=M_t/dP_t$, $e=\log(L_c/d)$	$k=n_hx$

2.5 非线性荷载传递模型($p-y$ 曲线法)

采用 $p-y$ 曲线方法对桩土系统进行非线性分析,最早由 McClelland & Focht(1958)提出。在该方法中,沿桩身每一点,连续土体简化为一系列离散的非线性弹簧。弹簧受荷性状由 $p-y$ 曲线进行描述,其中 p 为单位长度上土体抗力(FL^{-1}),y 为与土体抗力在同一平面内的桩身变形或土体压缩量(L),p 与 y 的曲线形式代表了桩土的相互作用关系。由于 $p-y$ 曲线法将桩周土体描述为非线性弹簧而非连续体,往往为学术界所诟病。然而,土体弹簧性质一般由现场试验得到,弹簧间的相互作用实际已包括在 $p-y$ 曲线内(Reese & Van Impe,2001),并且该方法简单,分析结果比较准确,从而在学术界,特别是工程界(如 API,CIRIA,FHWA 等设计规范)得到了广泛的应用。

图 2-14 为桩周土体在受荷前后的应力变化(Reese & Van Impe,2001)。以地面下深度 x 处单元体为例(图 2-14(a)),在加载前,桩周土体法向应力环向均匀分布(图 2-14(b))。当加载后桩单元发生侧向变形 y,桩周土体应力如图 2-14(c)所示,桩前土体法向应力上升,而桩后土体法向应力下降。求

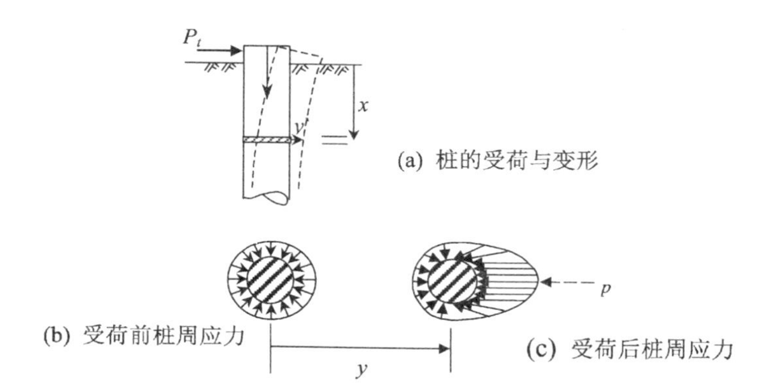

图 2-14　土体应力在桩受荷前后的变化(Reese & Van Impe, 2001)

和该深度处单位厚度桩周土体应力，将得到与变形 y 方向相反的土体净抗力 p(单位长度土体抗力，F/L^{-2})。图 2-15 所示为典型的 $p-y$ 变形曲线，则其割线斜率即为地基反力模量。对于某一级荷载，桩的变形随深度而降低(图 2-15(a))，而地基反力模量则沿深度不断增长(图 2-15(b))。因此，地基反力模量只是反映桩土相互作用特性的参数，而不是土体的本质特性。采用 $p-y$ 曲线求解桩的性状时，必须首先确定地面下各深度处的 $p-y$ 曲线，即 k 随桩基变形的变化关系。

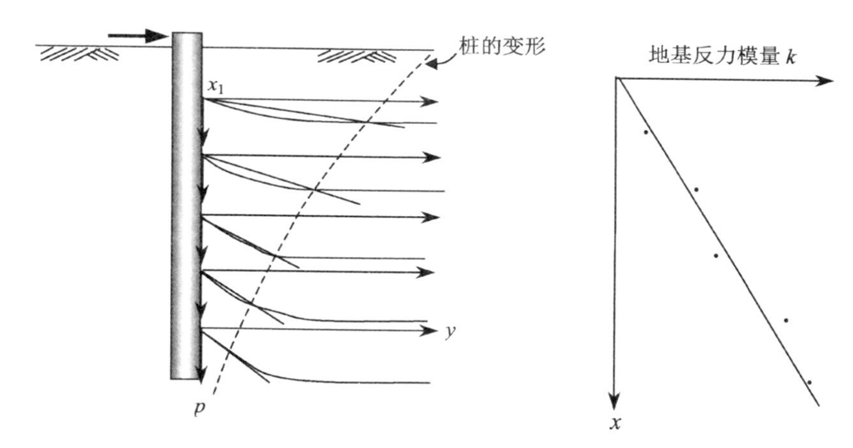

图 2-15　侧向受荷桩各深度处 $p-y$ 曲线与地基反力模量示意图 (Reese & Cox, 1969)

2.5.1　$p-y$ 曲线的试验测定

自从 Focht & McClelland 提出 $p-y$ 曲线法(1958)以来，大量研究者根据

现场桩基试验，反分析了对应于不同桩基条件、土体类型、加载形式和施工方法的 $p-y$ 曲线（如 Matlock，1970；Reese 等，1974；Reese 等，1975；O'Neill & Murchison，1983；O'Neill & Gazioglu，1984）。采用桩的现场载荷试验确定 $p-y$ 曲线的方法可简述如下。

根据 Euler - Bernoulli 梁理论，任一截面内某点的应变 ε 为

$$\varepsilon = \theta \times z_1 \tag{2-64}$$

式中，z_1 为研究点离中性轴的距离；θ 为梁的曲率。根据截面刚度的定义，截面内弯矩与曲率存在如下关系：

$$M = EI \times \theta \tag{2-65}$$

根据式(2-64)，在同一截面内采用应变计测定中性轴两侧(A 和 B 侧)的应变分别为：$\varepsilon_a = \theta \times z_a$ 和 $\varepsilon_b = \theta \times z_b$。因此

$$\theta = (\varepsilon_a - \varepsilon_b)/(z_a - z_b) \tag{2-66}$$

ε_a，ε_b，z_a，z_b 由试验测定，则由式(2-66)得该截面内的曲率，然后采用式(2-65)计算该截面的弯矩 M。如果测定的截面个数足够多，就可以得到沿桩长方向上的弯矩变化。对于某一级荷载，采用曲线拟合方法得到弯矩沿桩长方向上的连续函数。然后，分别由下式确定桩的变形 y 和土体抗力 p：

$$\int\left[\int \frac{M}{EI}\mathrm{d}x\right]\mathrm{d}x = y \tag{2-67}$$

$$\frac{\mathrm{d}^2 M}{\mathrm{d}x^2} = p \tag{2-68}$$

最后，对于每一深度处，绘制不同荷载水平下的 $p-y$ 关系曲线。

2.5.2 试验 $p-y$ 曲线模型

根据上述过程，一些研究者给出了不同土体的 $p-y$ 曲线，如表 2-13 所列。这些 $p-y$ 曲线一般包括如下三部分：① 初始线性段(弹性段)；② 极限抗力平直段(塑性段)；③ 线性段与极限抗力段之间的过渡段。对于不同的土体或由不同的桩基现场试验，反分析得到的 $p-y$ 曲线形式不同。

表 2-13　典型 $p-y$ 曲线模型

模型编号与文献	静力 $p-y$ 曲线	循环 $p-y$ 曲线	来源与评论
SPY1（Reese 等，1974）（S 表示砂土）	p；p_u；u；m；k_{mn}；k；$p=Cy^{1/n}$；k_0；p (F/L)；O；$d/60$；$3d/80$；$y(L)$	p；p_u；u；m；k_{mn}；k；$p=Cy^{1/n}$；k_0；p (F/L)；O；$d/60$；$3d/80$；$y(L)$	砂土中 610 mm 打入钢管桩 整个 $p-y$ 曲线由弹性、塑性和弹塑性过渡区共三段组成。p_u 表达式见第 3 章，达到 p_u 的变形为 $3d/80$
SPY2（Murchison & O'Neill 1984）	p；nAp_u；10；5；$\frac{kx}{nAp_u}=1.0$；O；$y(L)$	与静力 $p-y$ 曲线相同，即：$p/p_u = nA\tanh\left(\dfrac{kxy}{nAp_u}\right)$ n=形状系数，渐变截面桩为 1.5，棱柱形截面桩为 1.0；对于静载，$A = 3 - 0.8(x/d) < 0.9$，对于循环荷载，$A = 0.9$	采用一个函数表达 SPY1 模型中弹性和弹塑性过渡区。p_u 与 SPY1 模型相同，但达到 p_u 的变形是变化的
CPY1（Matlock，1970）（C 表示黏土）	p；p_u；$0.5p_u$；$\frac{p}{p_u}=0.5(\frac{y}{y_{50}})^{1/3}$；$O$；0；1；8；$y/y_{50}$ 其中，$y_{50} = 2.5\varepsilon_{50}d$	p；$x>x_r$；$0.72p_u$；$0.5p_u$；$\frac{p}{p_u}=0.5(\frac{y}{y_{50}})^{1/3}$；$0.72\frac{x}{x_r}p_u$；$O$；0；1；3；15；$y/y_{50}$ 其中，$x_r = 6S_u d/(\gamma_s d + JS_u)$，$J = 0.25 \sim 3$	水下软黏土（$S_u = 38.3$ kPa，$\varepsilon_{50} = 0.012$）中 324 mm 钢管桩 p_u 表达式见第 3 章，对于软黏土，$J = 0.25 \sim 0.5$
CPY2（Reese 等，1975）	p；$\frac{p}{p_c}=0.5(\frac{y}{y_{50}})^{0.5}$；$\frac{p}{p_c}=0.055(\frac{y-A_s y_{50}}{A_s y_{50}})^{1.25}$；$p_u=A_s p_c$；$0.5p_c$；$k_1=-\frac{0.0625p_c}{y_{50}}$；$k$；$O$；$A_s$；1；$6A_s$；$18A_s$；$y/y_{50}$ 其中，$y_{50} = \varepsilon_{50}d$，$A_s$ 和 p_c 将在第 3 章中讨论	p；$p=A_c p_c(1-[\frac{y-0.45y_p}{0.45y_p}]^{2.5})$；$p_u=A_c p_c$；$k_1=-\frac{0.085p_c}{y_{50}}$；$k$；$O$；$0.45y_p$；$0.6y_p$；$18y_p$；$y/y_{50}$ 其中，$y_p = 4.1A_c y_{50}$，A_c 值见第 3 章	水下硬黏土（$S_u = 70$—1 100 kPa，$\varepsilon_{50} = 0.004 \sim 0.007$）中 610 mm 钢管桩 p_u 与 CPY1 模型表达式相同，但 J=2.83

续 表

模型编号与文献	静力 p-y 曲线	循环 p-y 曲线	来源与评论
CPY3 (Reese & Welch, 1975)	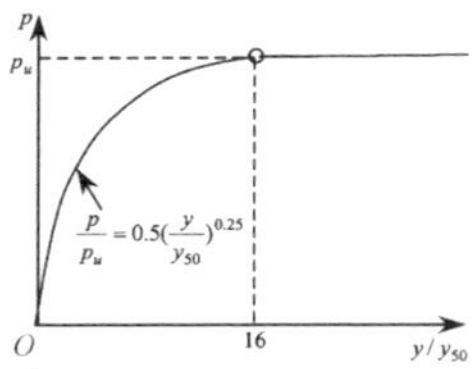 p, p_u, $\dfrac{p}{p_u} = 0.5\left(\dfrac{y}{y_{50}}\right)^{0.25}$, O, 16, y/y_{50} 其中，$y_{50} = 2.5\varepsilon_{50} d$	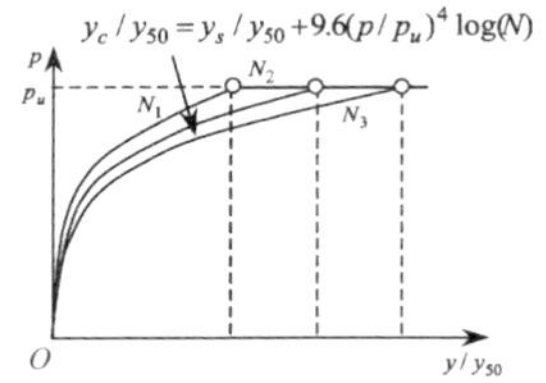 $y_c/y_{50} = y_s/y_{50} + 9.6(p/p_u)^4 \log(N)$ p, p_u, N_1, N_2, N_3, O, y/y_{50} 其中，y_s 为静载或初始循环变形，N_1，N_2 和 N_3 为荷载循环次数	无地下水硬黏土(S_u = 75 — 163 kPa，ε_{50} = 0.005)中 760 mm 钢筋混凝土灌注桩。 p_u 与 CPY1 模型相同
CPY4 (Sullivan 等, 1980)	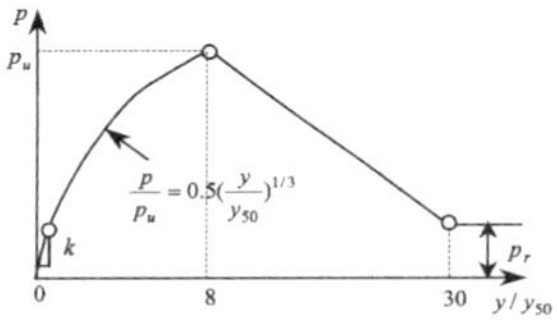 p, p_u, $\dfrac{p}{p_u} = 0.5\left(\dfrac{y}{y_{50}}\right)^{1/3}$, k, p_r, 0, 8, 30, y/y_{50} $y_{50} = A\varepsilon_{50} d$，$\dfrac{p_r}{p_u} = \min\left[p_u, F + (1-F)\dfrac{x}{12d}\right]$，式中，$F$ 为与土体应力应变关系有关的常数	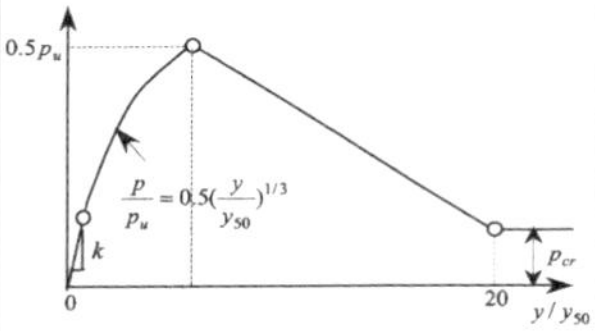 $0.5p_u$, $\dfrac{p}{p_u} = 0.5\left(\dfrac{y}{y_{50}}\right)^{1/3}$, k, p_{cr}, 0, 20, y/y_{50} 其中 $\dfrac{p_{cr}}{p_u} = \min\left(0.5p_u, 0.5\dfrac{x}{12d}\right)$	综合 CPY1 和 CPY2 模型
CPY5 (O'Neill & Gazioglu, 1984)	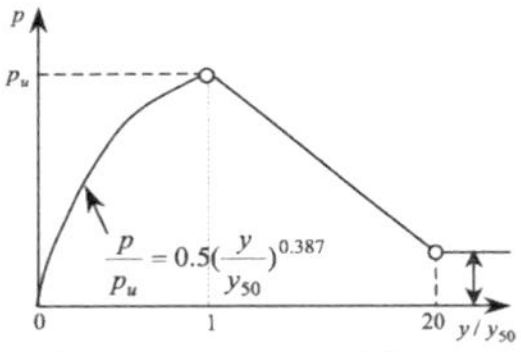 p, p_u, $\dfrac{p}{p_u} = 0.5\left(\dfrac{y}{y_{50}}\right)^{0.387}$, 0, 1, 20, y/y_{50} 其中，$y = 0.8\varepsilon_{50} d^{0.5} (EI/E_s)^{0.125}$	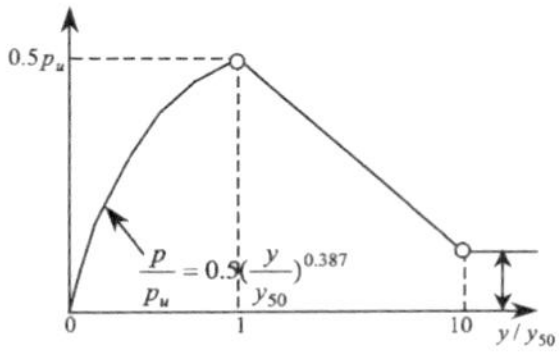 $0.5p_u$, $\dfrac{p}{p_u} = 0.5\left(\dfrac{y}{y_{50}}\right)^{0.387}$, 0, 1, 10, y/y_{50}	采用一个函数表达上述黏土 p-y 模型中弹性和弹塑性过渡区
CPY6 (Dunnavant & O'Neill, 1989)	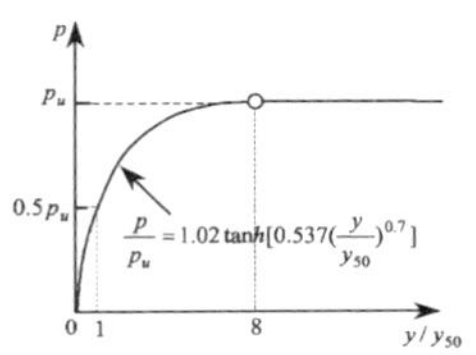 p, p_u, $0.5p_u$, $\dfrac{p}{p_u} = 1.02\tanh\left[0.537\left(\dfrac{y}{y_{50}}\right)^{0.7}\right]$, 0, 1, 8, y/y_{50} 其中，$y_{50} = 0.0063\varepsilon_{50} d (EI/E_s L_{cr}^4)^{-0.875}$	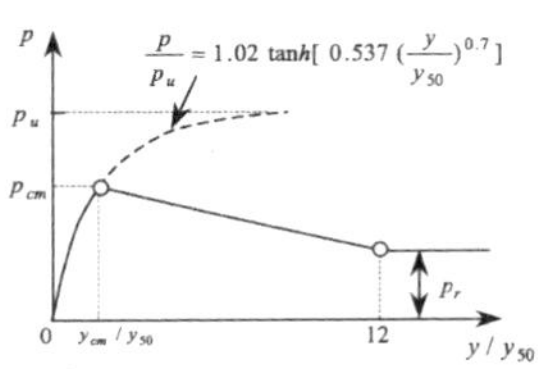 p, $\dfrac{p}{p_u} = 1.02\tanh\left[0.537\left(\dfrac{y}{y_{50}}\right)^{0.7}\right]$, p_u, p_{cm}, p_r, 0, y_{cm}/y_{50}, 12, y/y_{50} 图中，p_u，p_{cm}，p_r，y_{cm} 见相应的文献	水下超固结黏土中 2 钢管桩 (0.273 和 1.22 m) 和 1 灌注桩 (1.83 m)。 采用一个函数表达弹性和弹塑性过渡区。 p_u 与 CPY1 模型表达式相同，但 J = 0.4

2.5.3 试验 $p-y$ 曲线的局限性

在确定 $p-y$ 曲线时，由于土体抗力 p 由离散的弯矩点两次微分得到，p 值对试验误差十分敏感。对于同一组弯矩试验点，若采用不同的函数进行拟合，则可能给出差别很大的 p 值。所以，如果单纯由实测弯矩确定 $p-y$ 曲线，往往并不是唯一的。

在上述黏土 $p-y$ 曲线模型(CPY1—CPY6)中，每点的 $p-y$ 曲线与土体1/2极限强度对应的应变 ε_{50} 有关。然而，ε_{50} 沿深度并不是常数，在工程实践中也不可能准确得到每一深度对应的 ε_{50} 值。因此，基于 ε_{50} 值的参考变形 y_{50} 也没有统一的标准，如 Matlock(1970)采用 $2.5\varepsilon_{50}d$，Reese 等(1975)采用 $\varepsilon_{50}d$，O'Neill & Gazioglu(1984)采用 $0.8\varepsilon_{50}d(EI/E_sd^4)^{0.125}$，Dunnavant & O'Neill(1989)采用 $0.0063\varepsilon_{50}d(EI/E_sL_{cr}^4)^{-0.875}$，而 Stevens & Audibert(1979)则建议采用 $y_{50}=8.9\varepsilon_{50}d^{0.5}$($y_{50}$ 和 d 的单位为英寸，1 英寸= 25.4 mm)。

因此，采用不同的函数形式，不同的参考变形 y_{50}，可能得到不同的 $p-y$ 曲线模型。另外，由于现场试验的昂贵和侧向受荷桩试验数据库的局限性，采用现场试验确定 $p-y$ 曲线时，一般都没有考虑如下因素：

(1) 分层土体。上述 $p-y$ 曲线都由相对均质土体中侧向受荷桩的载荷试验反分析得到的。因此，采用这些 $p-y$ 曲线，有时并不能给出满意的桩基性状。如上硬下软分层土中的桩，在较大的荷载水平下，桩的变形从上部硬土层延伸到下部软土层后导致预测的结果偏小(Allen & Reese，1980)。

(2) 桩的施工效应。由于桩基施工的扰动，如砂土的加密效应，灌注桩和打入桩的 $p-y$ 曲线可能并不相同(如 Dyson & Randolph，2001)。

(3) 桩的尺寸效应。目前提出 $p-y$ 曲线的现场试验基本上都是小尺寸桩现场载荷试验。对于同一场地，很少进行桩的尺寸效应研究。而将现有的 $p-y$ 曲线用于大直径桩或小直径桩时，往往低估或超估了桩的性状。如对于分层土中的小直径桩，弯矩误差可达到 20%～30%，而计算的变形可达到实测值的 150%～200%(Allen & Reese，1980)；对于大直径桩，Steven & Audibert(1979)基于软黏土中 1.5 m 直径打入桩的研究发现，预测的桩基变形比实测值大，而预测的弯矩比实测值低。

(4) 桩头约束影响。在现场试验中，很难控制桩头为完全固定条件。因此上述 $p-y$ 曲线都基于桩头自由桩的现场试验，而 Ashour & Norris(2000)分析表明，桩头约束条件不同，$p-y$ 曲线可能并不相同。

(5) 桩身刚度影响。对于钻孔桩或其他钢筋混凝土桩，桩截面抗弯刚度随着混凝土的开裂而急剧降低，而上述 $p-y$ 曲线一般都通过钢管桩现场试验确定，没有考虑刚度变化的影响。Ashour & Norris(2000)认为桩的刚度对 $p-y$ 曲线存在一定的影响。

(6) 荷载类型。对于循环荷载或重复荷载作用下的 $p-y$ 曲线讨论较少。并且在这种荷载作用下，$p-y$ 不仅与土体和桩的特性有关，还与加载频率、荷载组合有关。

(7) 群桩效应。上述 $p-y$ 曲线都是单桩试验的结果，应用于紧密间距群桩分析时，必须考虑桩-土-桩之间的相互作用。

因此，采用 $p-y$ 曲线法分析侧向受荷桩的性状时，很难获得适合特定土体条件、桩基特性(大小、施工方法、刚度等)和加载类型的 $p-y$ 曲线。

2.6　非线性 $p-y$ 模型的求解

采用 $p-y$ 曲线法分析侧向受荷桩的性状时，一般采用差分法(Reese，1977；Gleser，1984；Reese & Van Impe，2001)或有限杆单元法(McVay 等，1996)进行求解。相应的程序有 COM624P(Wang & Reese，1993)，LPILE Plus(Reese & Wang，1997)和 FLPier(McVay 等，1996)等。

对于简化的弹塑性 $p-y$ 曲线模型(图 2-16)，Dawson(1980)给出了 k 为常数、$p_u = Nd(a+bx)$ 线性变化的理论解。尽管该解答包含了土体极限抗力沿深度为常数的解答(如 Hsiung，2003)，但与一般的 $p-y$ 曲线法一样，很难反映土体分层、桩基施工效应和加载类型的影响。

另外，Ashour 等(1998)、Ashour & Norris(2000)提出采用应变楔体法求解桩的性状，可避免人为输入 $p-y$ 曲线，但必须假定桩前破坏楔体的大小、桩土界

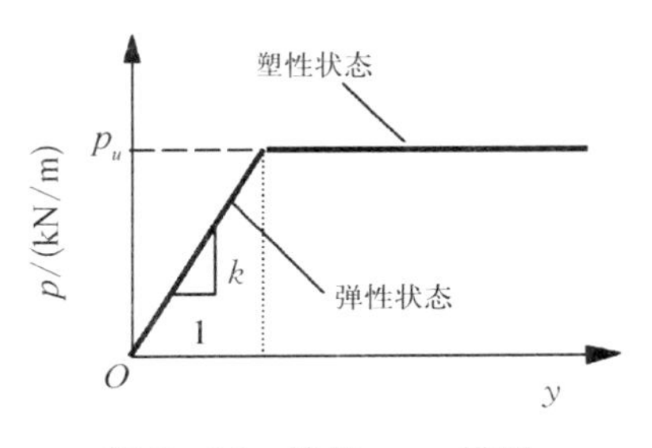

图 2-16　简化 $p-y$ 模型

面处应力应变关系以及采用反复迭代过程求解每一点的变形。分析过程比较复杂，很难在设计中推广应用。

2.7 本章小结

本章结合侧向受荷桩的基本方程，回顾了侧向受荷桩的弹性和弹塑性求解方法，重点讨论了地基反力模量 k 的取值范围和计算方法。分析表明：

(1) 侧向受荷桩的性状主要集中于有效桩长范围内，即上部(4～25)d(土体)或(1～7)d(岩石)深度内。土体(或岩石)越软而桩的刚度越大，该值有效桩长越大。在确定土体弹性参数时，可初步选定 $10d$(土体)或 $6d$ 深度内的平均值。

(2) 弹性地基反力模量 k 可由方程 Guo & Lee 法或本书方法理论计算。当采用本书方法计算时，应除以系数 1～1.5。由上述两种方法计算的地基反力模量与现有报道的 k 值十分一致，几乎包含了所有当前报道的地基反力模量经验值、经验关系式。对于相对柔性桩，k 值较大；对于相对刚性桩，k 值较低。k 值随桩土相对刚度的增长而不断降低，但降低的幅度逐渐减小。

(3) 侧向受荷桩的弹性解相对比较完善，但不能反映实际工作条件，因为一般的桩基变形都比限定的允许弹性位移大。现有设计方法将变形分析和极限荷载设计分开考虑，并不能反映桩土系统真实的相互作用过程。本质上，两者是统一的，后者只是前者在荷载或桩的变形达到一定水平时的状态。因此，有必要发展适用于从弹性直到破坏阶段的侧向受荷桩弹塑性解答。

(4) 在国外，大量的设计规范和标准都推荐基于弹塑性地基梁模型的 $p-y$ 曲线法。然而，对于不同的土体，桩端约束条件、桩基施工方法和荷载类型，统一的 $p-y$ 曲线并不存在。因此，将一种由甲地(或工程)得到的 $p-y$ 曲线应用到乙地(或工程)时，往往产生不准确甚至错误的桩基性状预测，会导致潜在的不安全或浪费。

(5) 采用 $p-y$ 曲线法分析侧向受荷桩的性状时，很难获得适合特定土体条件、桩基特性(大小、施工方法、刚度等)和加载类型的 $p-y$ 曲线。

第3章 土体的统一极限抗力分布

3.1 引　言

在分析侧向受荷桩时，无论是采用弹性地基梁法还是 $p-y$ 曲线法，要准确确定地基反力模量，都必须了解桩周土体的性状。为此，许多研究者对桩土相互作用进行了数值模拟(如 Randolph，1977；Trochanis 等，1991a，1991b)。图 3-1 给出了典型的由弹性、弹塑性有限元分析给出的桩周土体侧向应力分布(Trochanis 等，1991b)，其中，桩轴线右侧为桩前土体，左侧为桩后土体。由图可见，无论是弹性分析还是塑性分析，是三维实体有限元分析还是一维杆单元分析，桩前地表附近的土体远比深层土体的侧向应力大，地表附近的土体比深层土体的侧向变形也大许多倍。Randolph(1977)认为在 1/3 或 1/2 桩长范围内，土体应变沿深度以一个数量级的幅度降低。

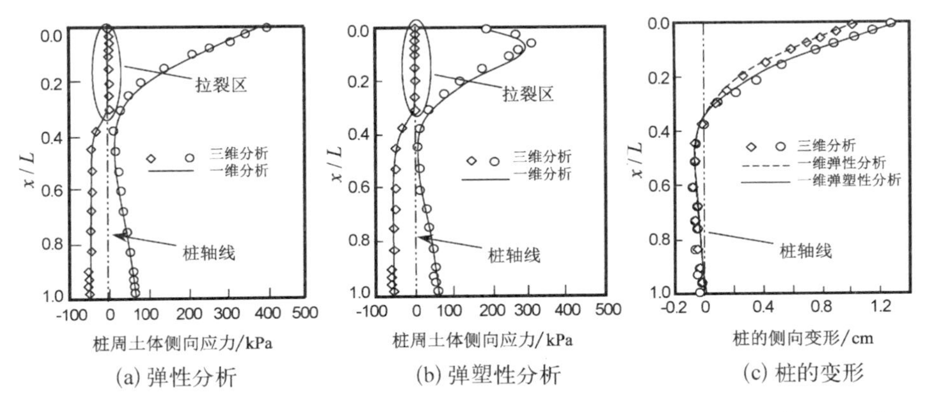

图 3-1　弹性、弹塑性有限元分析得到的桩周侧向应力分布(Trochanis 等，1991b)

除了数值模拟分析外，Kishida 等（1985）采用 X 光摄像技术对桩和桩周土体的变形进行了试验研究，如图 3-2 所示。在侧向荷载作用下，桩前土体发生明显的隆起。由于临空面的存在，地面附近的土体极限抗力比深层土体的极限抗力小，该区域内的土体在较小的荷载水平下可能已达到屈服或极限状态（Poulos，1971a；Poulos & Hull，1989；Guo，2002）。最重要的事实是，对于无黏性土，只要施加荷载，地表处土体由于极限抗力为零而发生屈服。

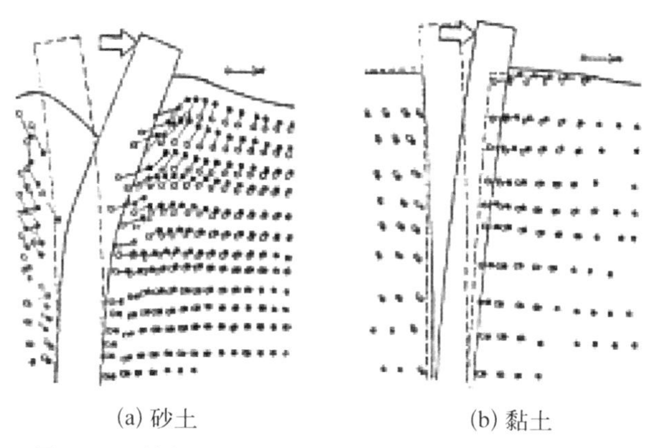

(a) 砂土　　(b) 黏土

图 3-2　桩与桩周土体的变形模式（Kishida 等，1985）

根据上述桩周土体的应力和变形性状，在较大荷载水平作用下，土体可能发生如图 3-3 所示的破坏模式，即浅层土体楔体破坏（图 3-3(b)）和深层土体绕流破坏（图 3-3(c)）（Randolph & Houlsby，1984），以及桩后可能发生的拉裂破坏（图 3-3(a)）。

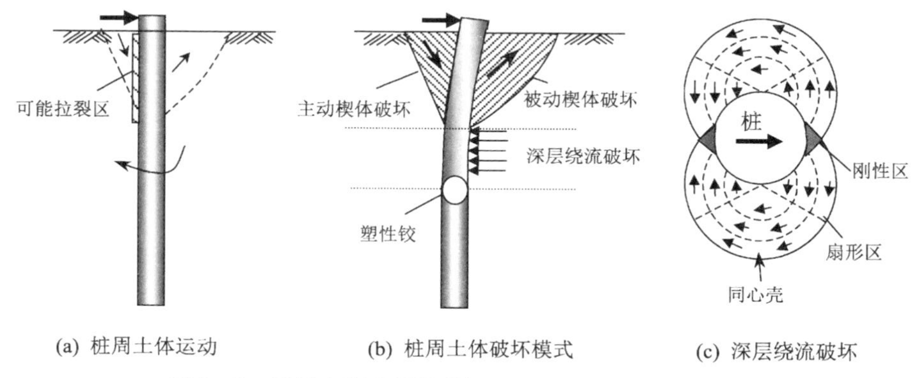

(a) 桩周土体运动　　(b) 桩周土体破坏模式　　(c) 深层绕流破坏

图 3-3　桩周土体破坏机理（Randolph & Houlsby，1984）

与上述土体破坏模式相对应，桩基一般表现出如图3-4所示的性状（以桩头自由桩为例）。桩的侧向变形和弯矩分别主要发生在上部$(5\sim15)d$和$(7\sim20)d$深度内，最大弯矩发生深度一般在$(3\sim10)d$深度处，而达到极限抗力的土体深度为$(2\sim7)d$。总的来说，桩基的性状主要由$(5\sim15)d$深度内的土体性质，特别是$(2\sim7)d$深度内的土体极限抗力控制（Guo，2002；Guo & Zhu，2004）。

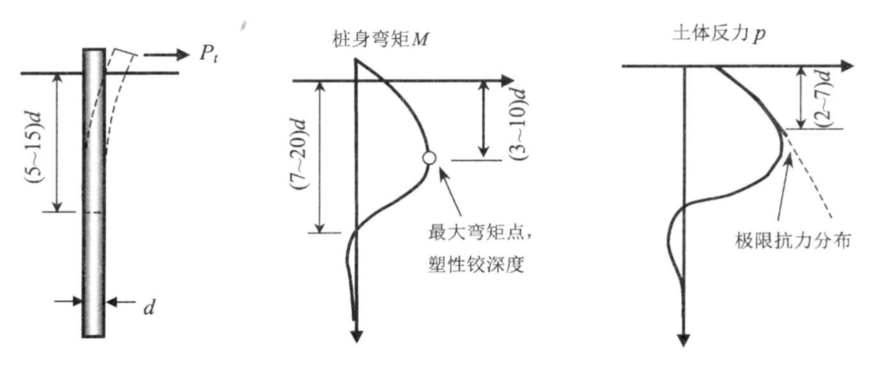

图3-4　极限状态时侧向受荷桩的性状

对于深层绕流破坏，许多研究者（如Broms，1964a；Randolph & Housby，1984）给出了黏土极限抗力比较一致的塑性极限分析解答。考虑不同的桩体表面粗糙程度，有：

$$P_u=(9\sim11.9)dS_u\quad（圆形截面桩）\tag{3-1}$$

或

$$P_u=(8.28\sim12.56)dS_u\quad（棱柱形截面桩）\tag{3-2}$$

尽管茜平一和刘祖德（1996）推导的深层黏性土极限抗力塑性滑移线解只有Broms（1964a）建议值的一半或更小，但滑移线上假定的极限状态应力场值得进一步探讨。

对于浅层楔体破坏和砂土中的深层绕流破坏，目前还没有普遍接受的理论或经验解答。由于在工作荷载作用下土体达到极限抗力的深度仅为$(2\sim7)d$，所以，桩周土体主要发生浅层破坏。下面主要对浅层土体的极限抗力分布进行分析。

3.2 现有土体极限抗力分布(LFP)

表3-1,表3-2和表3-3分别列出了不同研究者提出的砂土、S_u-黏性土(土体强度采用不排水抗剪强度S_u表征)和$c-\phi$土体的极限抗力分布模式(以下简称LFP,Limiting Force Profile)。上述LFP可分为三类:① 基于桩基现场试验资料得出的经验公式,如Broms(1964)和Barton(1982);② 基于理论模型,再根据现场桩基载荷试验引入修正系数得到的半经验半理论公式,如Matlock(1970);Reese等(1974)和Reese等(1975);③ 根据桩周土体破坏模型得到的理论公式,如Hansen(1961)和Gluskov(1977)。

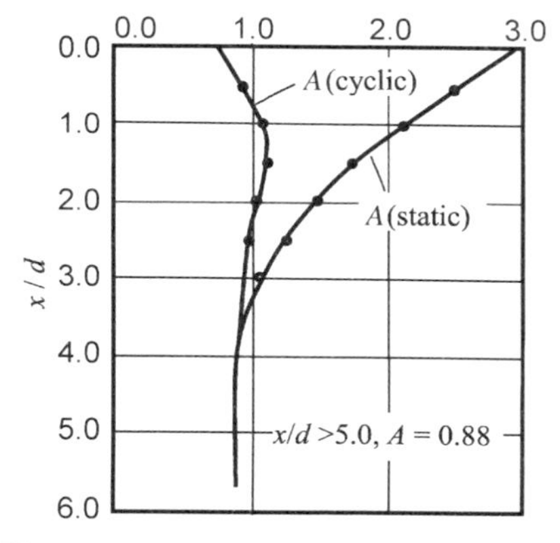

图3-5 R-S LFP极限抗力折减系数A

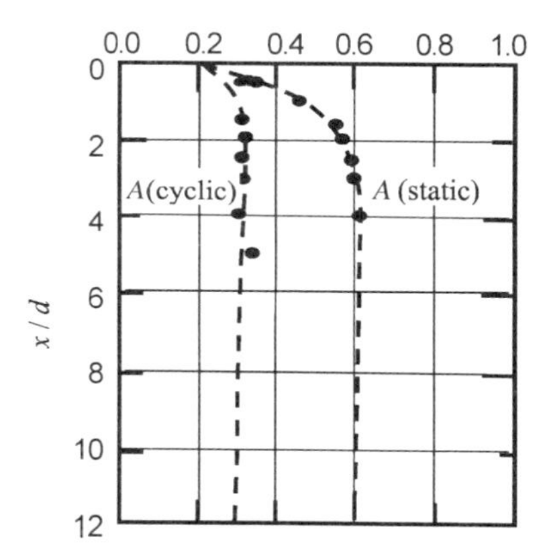

图3-6 R-C LFP极限抗力折减系数A

当砂土的内摩擦角ϕ分别为25°,30°和40°时,砂土的LFP比较如图3-7所示。由图可见:① 归一化极限抗力$p_u/\gamma_s d^2$随ϕ的增长而显著增加。因此桩的施工、加密效应对LFP的影响不容忽视;② 在$2d$深度内,Hansen LFP最小,Gluskov LFP最大;③ 当$\phi=25°$时,在$3d$深度下,Gluskov最小,Barton LFP次之,Broms和Reese LFP较大;④ 当$\phi=30°$时,在$3d$深度下,Gluskov最小,Barton与Barton LFP相同,Reese LFP最大;⑤ 当$\phi=40°$时,在$3d$深度下,Broms和Gluskov LFP较小,Reese LFP较大。总体而言,Reese LFP最大,而Gluskov LFP最小。然而值得说明的是,表3-1和表3-2中的经验公式和半经验半理论公式都得到了一定数量的桩基现场试验验证,而Gluskov LFP的应用尚未见诸报道。因此,对于砂土中的LFP,主要对Broms LFP、Barton LFP

表 3-1　现有砂土的极限抗力

文　献	简　称	表　达　式	参　数　说　明	评　述
Broms (1964b)	Broms LFP	$p_u = 3K_p\gamma_s d x$	$K_p = \tan^2(45+\phi/2)$	基于现场侧向受荷桩试验的经验公式
Reese 等 (1974)	R-S LFP	$p_u = A\min(p_{u1}, p_{u2})$ $p_{u1} = \gamma_s x[d(K_p - K_a) + x(K_p - K_0)\sqrt{K_p}\tan\alpha + xK_0\sqrt{K_p}(1/\cos\alpha + 1)]\tan\phi\sin\beta$ （浅层楔体破坏） $p_{u2} = \gamma_s x d(K_p^3 + K_0 K_p^2\tan\phi - K_a)$ （深层绕流破坏）	$K_p = \tan^2(45+\phi/2)$ $K_a = \tan^2(45-\phi/2)$ $K_0 = 1-\sin\phi$, $\alpha = \phi/2$, $\beta = 45^\circ + \phi/2$ A 为修正系数，见图 3-5 min()—表示取其中的较小值。	理论公式＋现场侧向受荷桩试验反分析修正（乘以修正系数 A） 半理论半经验公式
Bogard & Matlock (1980)	B-M LFP	$p_u = \min(p_{u1}, p_{u2})$ $p_{u1} = (C_1 x + C_2 d)\gamma_s x$ （浅层楔体破坏） $p_{u2} = C_3 d\gamma_s x$ （深层绕流破坏）	$C_1 = \dfrac{K_0\tan\phi\sin\beta}{\tan(\beta-\phi)\cos\phi/2} + \dfrac{\tan^2\beta\tan\phi/2}{\tan(\beta-\phi)} + K_0\tan\beta(\tan\phi\sin\beta - \tan\phi/2)$ $C_2 = \dfrac{\tan\beta}{\tan(\beta-\phi)} - \tan^2(45-\phi/2)$ $C_3 = K_0\tan\phi\tan^4\beta + \tan^2(45-\phi/2)(\tan^8\beta - 1)$	不考虑 Reese LFP 理论公式中影响较小的项，简化而得。故与 Reese LFP 理论计算差别不大。 半理论半经验公式
Barton (1982)	Barton LFP	$p_u = K_p^2\gamma_s d x$	$K_p = \tan^2(45+\phi/2)$	Broms LFP 和 Reese LFP 分别与 K_p 和 K_p^3 相关，Barton 根据离心机试验结果对上述两个 LFP 的修正经验公式

表 3-2　现有 S_u—黏土的极限抗力

文　献	简　称	表　达　式	参　数　说　明	评　　述
Matlock (1970)	Matlock LFP	$p_u = \min(p_{u1}, p_{u2})$ $p_{u1} = \left(3+\frac{\gamma_s}{s_u}x+\frac{J}{d}x\right)S_u d$ (浅层楔体破坏) $p_{u2} = 9S_u d$　(深层绕流破坏)	S_u—土体不排水剪强度 J=极限抗力沿深度增长系数，0.25～2.83	理论公式+现场侧向受荷桩试验反分析修正(引入修正系数 J) 半理论半经验公式
Reese 等 (1975)	R-C LFP	$p_u = A\cdot\min(p_{u1}, p_{u2})$ $p_{u1} = \left(2+\frac{\gamma_s}{s_u}x+2.83\frac{x}{d}\right)S_u d$ (浅层楔体破坏) $p_{u2} = 11S_u d$　(深层绕流破坏)	A 为修正系数,见图 3-6	理论公式+现场侧向受荷桩试验反分析修正(乘以修正系数 A) 半理论半经验公式
Sullivan 等 (1980)	RS-C LFP	$p_u = \min(p_{u1}, p_{u2})$ $p_{u1} = \left(2+\frac{\gamma_s}{s_u}x+0.833\frac{x}{d}\right)S_u d$ (浅层楔体破坏) $p_{u2} = \left(3+0.5\frac{x}{d}\right)S_u d$ (深层绕流破坏)		综合 Matlock LFP 和 R-C LFP 得出的统一模型 半理论半经验公式
O'Neill & Gazioglu (1984)	O-G LFP	$p_u = FN_pS_ud$	$N_p = 3+6\frac{x}{x_{cr}}\leqslant 9$, $x_{cr} = L_{cr}/4$,为浅层楔体破坏发生深度,极限抗力折减系数 F 见表 3-4	修正 Matlock LFP 和 R-C LFP 得出的简化模型 半理论半经验公式

表3-3　现有 c-ϕ 土体的极限抗力

文　献	简　称	表　达　式	参　数　说　明	评　述
Hansen (1961)	Hansen LFP	$p_u = qK_q + cK_c$ $K_q = \dfrac{K_q^0 + K_q^{\infty}\alpha_q \dfrac{x}{d}}{1+\alpha_q \dfrac{x}{d}}$, $K_c = \dfrac{K_c^0 + K_c^{\infty}\alpha_c \dfrac{x}{d}}{1+\alpha_c \dfrac{x}{d}}$ $K_q^0 = e^{(\pi/2+\phi)\tan\phi}\cos\phi\tan(45^\circ+\phi/2) -$ $e^{-(\pi/2-\phi)\tan\phi}\cos\phi\tan(45^\circ-\phi/2)$ $K_c^0 = [e^{(\pi/2+\phi)\tan\phi}\cos\phi\tan(45^\circ+\phi/2) - 1]/\tan\phi$ $K_q^{\infty} = K_c^{\infty} K_0 \tan\phi$ $K_c^{\infty} = N_c d_c^{\infty}$ $d_c^{\infty} = 1.58 + 4.09\tan^4\phi$	$N_c = [e^{\pi\tan\phi}\tan^2(45^\circ+\phi/2) - 1]/\tan\phi$ $\alpha_q = \dfrac{K_q^0}{K_q^{\infty} - K_q^0} \dfrac{K_0\sin\phi}{\sin(45^\circ+\phi/2)}$ $\alpha_c = \dfrac{K_c^0}{K_c^{\infty} - K_c^0} 2\sin(45^\circ+\phi/2)$ $K_0 = 1 - \sin\phi$	浅层土压力理论+深层极限承载力理论+中间过渡区理论公式
Gluskov (1977)	Gluskov LFP	$p_u = \min(p_{u1}, p_{u2})$ $p_{u1} = \dfrac{\pi x}{2}\left(\dfrac{\gamma_s x\tan\phi}{2} + c\right)\eta_1 + d\left(\gamma_s x + \dfrac{c}{\tan\phi}\right)\eta_2 - c\left(\dfrac{d}{\tan\phi} + x\tan\phi\right)$ （浅层楔体破坏） $p_{u2} = d\lfloor N_q \gamma_s x\tan^2(45^\circ-\phi/2) + N_c c \rfloor$ （深层滑移破坏）	$N_c = [e^{\pi\tan\phi}\tan^2(45^\circ+\phi/2)]/\tan\phi$ $\tan(\theta+\phi) = \dfrac{\sin 2\phi}{\cos 2\phi - 0.5}$ η_1，η_2—与 ϕ 有关的系数，见表3-5	浅层楔体破坏模型+深层极限承载力理论 理论公式

表 3-4 O-G LFP 折减系数(O'Neill & Gazioglu,1984)

折减系数	加载条件	UU 三轴试验破坏应变		
		<0.02	0.02~0.06	>0.06
F_s	静力	0.50	0.75	1.00
F_c	循环	0.33	0.67	1.00

表 3-5 Gluskov LFP 折减系数(Gluskov,1977)

ϕ/(°)	η_1	η_2	θ/(°)	ϕ/(°)	η_1	η_2	θ/(°)
10	0.87	1.64	28	30	5.2	3	60
15	1.47	1.82	39	35	7.75	3.7	64.5
20	2.29	2.1	47.5	40	11.8	4.65	68.5
25	3.5	2.5	54.5				

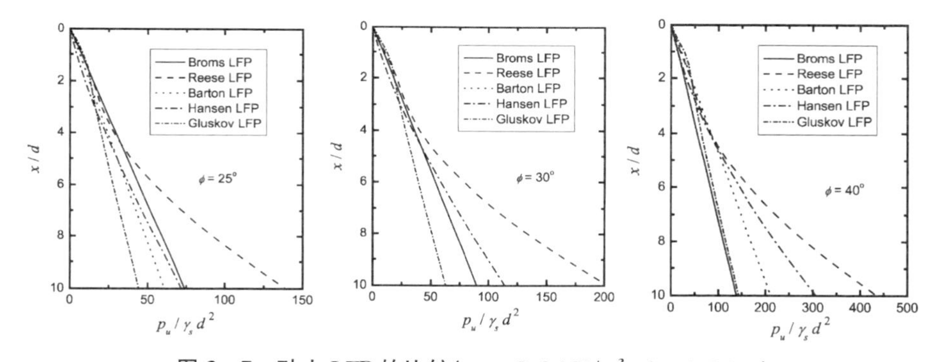

图 3-7 砂土 LFP 的比较(γ_s= 8.0 kN/m³,d= 0.36 m)

和 Reese LFP 进行讨论。对于常见的砂土,内摩擦角 ϕ=30°~40°,在上述三个 LFP 中,Broms LFP 最小,Reese LFP 最大。

当土体不排水剪强度 S_u = 25 kPa,50 kPa,100 kPa 时,10d 深度内 Matlock LFP (J = 0.5)和 R-C LFP 的极限抗力分布如图 3-8 所示。同时,选取合适的土体 c 和 ϕ 值,使 Hansen LFP 接近 Matlock LFP(J = 0.5),并采用相同的 c 和 ϕ 值所得 Gluskov LFP,也绘于图 3-8 中。由图可见:① 不同的破坏模式确定的极限抗力分布不同;② 在 2d 深度内,各 LFP 给出的土体极限抗力差别很大。如在地面处,Matlock LFP 和 R-C LFP 给出的 p_u/S_ud 值分别为 3 和 0.4,而 Hansen 和 Gluskov LFP 给出的 p_u/S_ud 值随 S_u 值的不同而发生变化;③ R-

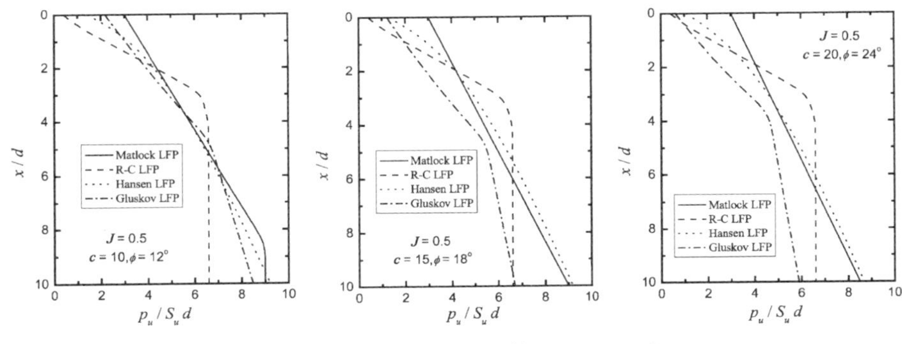

图 3-8　黏土 LFP 的比较(d= 0.5 m)

C LFP 的归一化极限抗力 p_u/S_ud 几乎不随 S_u 的变化而变化，而其他 LFP 的 p_u/S_ud 值则与 S_u 有关。

无论对于砂土还是黏土，假设不同的破坏模式，将会得到不同的极限抗力分布。由于上部(2～7)d 深度内的极限抗力对桩的性状影响显著，采用不同的 LFP 势必得到不同的桩基性状。这将在第 4 章中，根据侧向受荷桩的弹塑性解答作进一步分析。

在实际工程中，如下因素将影响极限抗力分布：① 分层土体；② 表层裂隙硬黏土的存在；③ 由于地下水的存在，浅层土体发生冲刷效应(Reese & Van Impe, 2001)；④ 桩的施工扰动对表层土体的影响(Mayne 等, 1995)；⑤ 桩身的粗糙程度(Mayne 等, 1995)；⑥ 循环荷载作用下，桩土界面间裂隙的形成或土体强度的软化(Randolph 等, 1988)，等。然而，现有 LFP 都是基于相对均质土体、有限数量的小尺寸桩基现场试验结果，因此，在采用任何一种 LFP 时都应论证现场的土体、桩基和加载条件是否与推导该 LFP 的现场试验是否一致(Stevens & Audibert, 1979; Guo & Zhu, 2004)。

3.3　统一极限抗力分布

3.3.1　极限抗力统一表达式

Guo(2002)建议采用如下 LFP 表达式：

$$p_u = A_L(\alpha_0 + x)^n \tag{3-3}$$

$$A_L = N_g(\gamma_s d \text{ 或 } S_u \text{ 或 } q_{ur})d^{1-n}$$

式中，p_u为单位长度土体极限抗力[FL^{-1}]；A_L为 LFP 的斜率[FL^{-1-n}]，反映 LFP 的大小；α_0为反映地表处土体极限抗力大小的常数或等效土体深度[L]；x为地面下深度[L]；n为α_0与x之和的指数，反映 LFP 的形状；N_g为极限抗力系数。对于砂土、黏土和岩石，分别采用括号中 1d 深度处的上覆压力$\gamma_s d$、不排水剪强度S_u和岩石的单轴抗压强度q_{ur}计算A_L。式(3-3)也可采用无量纲参数表达为

$$A_L = N_g(S_u \text{ 或 } \gamma_s d \text{ 或 } q_{ur})d^{1-n} \quad \alpha_0 = (N_{g0}/N_g)^{1/n}d \tag{3-4}$$

其中，N_{g0}为反映地表处土体极限抗力的无量纲系数。

对于无黏性土，$\alpha_0 = N_{g0} = 0$。根据室内离心机试验(Barton，1982)和桩基现场试验的反分析以及压力测试(Zhang 等，2005)，N_g可表达为K_p^2的线性函数。对于黏性土，由于粘聚力的存在，α_0和N_{g0}通常大于零。

3.3.2 现有 LFP 的 N_g，α_0 和 n 值

通过选取合适的N_g，α_0和n组合值，式(3-3)可包含或近似拟合现有的 LFP，因此将由式(3-3)确定的 LFP 称为统一极限抗力分布，或简称 Guo LFP。对于常用的砂土(Broms LFP，Reese LFP 和 Barton LFP)和黏土(Matlock LFP 和 R-C LFP)的 LFP，表 3-6 给出了相应的N_g，α_0和n值。

表 3-6 现有 LFP 对应的 N_g，α_0 和 n 值

LFP		α_0	n	N_g	备 注
砂土	Broms LFP	0	1.0	$3K_p$	整个深度
	Reese LFP	0	1.7	$(0.4 \sim 0.55)K_p^2$	近似拟合 5d 深度内 LFP
	Barton LFP	0	1.0	K_p^2	整个深度
黏土	Matlock LFP ($J = 0.5$)	1.4～1.5	0.7～0.75	1.35～1.4	近似拟合 5d 深度内 LFP
	R-C LFP	0.02～0.2	0.7～0.8	2.2～2.5	近似拟合 5d 深度内 LFP，$d = 0.1 \sim 2$ m

对于砂土，$\alpha_0 = 0$是一致的，但 Broms LFP，Reese LFP 和 Barton LFP 对应的N_g和n值不同。对于黏性土，Matlock 和 R-C LFP 的n值比较一致，即$n = 0.7 \sim 0.8$，而相应的α_0和N_g值存在较大的差别。如前所述，这些极限抗力分布

模式并不能适用于所有的土体、桩基和加载条件。真实的 N_g，α_0 和 n 值往往需要通过实测的桩基性状(Guo，2002)进行反分析。

3.4 砂土中 n 与 α_0 值的初步确定

水平拉拔锚锭板是承受土体被动抗力的结构单元。土木工程中的许多地埋结构，如锚杆、输变线塔的地埋基础、挡土墙和地埋管线等都可理想化为地埋锚锭板(Rowe & Davis，1982a，1982b)。同地埋管线一样，侧向受荷桩也可视为由深度方向上连续的“单元锚锭板”组成。每一个“单元锚锭板”的性状，除了相邻单元锚锭板之间的相互作用之外，可由实际侧向受荷竖向锚锭板近似模拟。

3.4.1 锚锭板的荷载-变形曲线与极限拉拔力

根据砂土中锚锭板(图 3－9(a))的室内试验结果，Neely 等(1973)给出了典型的、不同锚锭板尺寸和埋置条件的荷载-变形关系曲线和相应的极限拉拔力 P_u 取值标准，如图 3－9(b)所示。对于 $b/h<2$ 的浅埋锚锭板，极限拉拔力为 P_{u1}；对于 $b/h<2$ 的深埋锚锭板，极限拉拔力为 P_{u2}；对于 $b/h>2$ 的锚锭板，极限拉拔力为 P_{u3}。其中，区别浅埋和深埋锚锭板的标准如下：$H/h\leqslant4$ 为浅埋锚锭

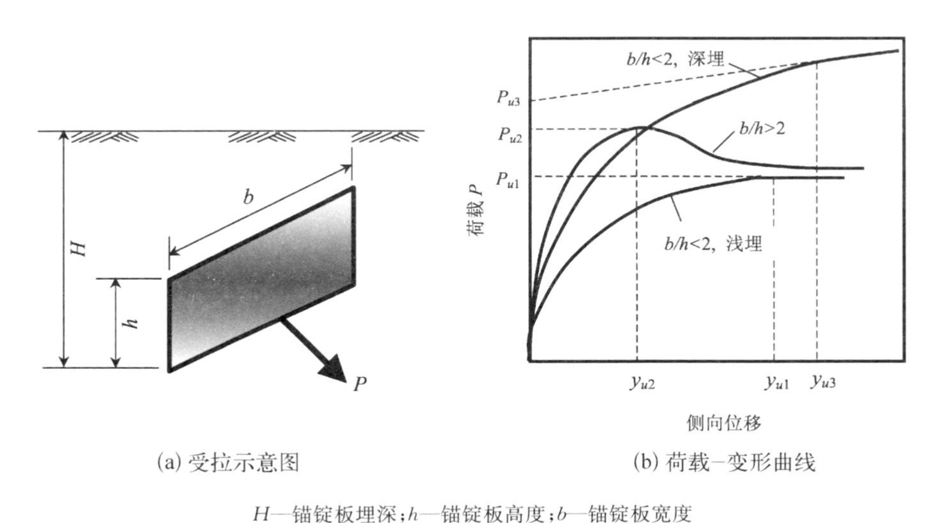

(a) 受拉示意图　　(b) 荷载-变形曲线

H—锚锭板埋深；h—锚锭板高度；b—锚锭板宽度

图 3－9　典型的锚锭板荷载-变形曲线(修改自 Neely 等，1973)

板，$4<H/h<7$ 为中等埋深锚锭板，$H/h\geqslant 7$ 为深埋锚锭板(Dickin & Leung，1985)。

数值分析结果(Rowe & Davis，1982a，1982b)表明，浅埋锚锭板主要发生楔体破坏，而深埋锚锭板主要发生局部绕流(Dickin & Leung，1985)。这与侧向受荷桩的破坏模式(图 3-3)是一致的。不过，由于侧向受荷桩上部“单元锚锭板”对下部“单元锚锭板”的影响，可认为在 $7d$ 深度内主要发生浅层破坏。而在 $7d$ 深度下，由于桩的变形很小，一般很难达到破坏状态。

比较第 2 章表 2-13 中各 $p-y$ 曲线模型中土体极限抗力的取值，可以发现，P_{u1} 和 P_{u2} 与相应的 p_u 取值标准相同，而 P_{u3} 的取值标准稍有差别。考虑到对应于 P_{u2} 的锚锭板荷载变形曲线和桩土相互作用曲线(如 SPY1 模型)在弹塑性阶段荷载增长一般比较平缓，不同的取值标准对应的 P_{u3} 或 p_u 差别不是太大。因此，锚锭板极限拉拔力与桩土相互作用中土体极限抗力取值标准是基本一致的。所以，可采用锚锭板极限拉拔力的研究成果初步确定统一土体极限抗力分布中各参数的取值范围。

3.4.2 锚锭板极限拉拔力经验公式

表 3-7 总结了 113 个侧向受荷竖直锚锭板试验的土体特性和锚锭板的几何参数。在这些试验中，砂土为中密到密砂，锚锭板具有不同的形状(方形、矩形和圆形)、宽高比和埋置深度，埋深比 H/h 不大于 5。根据锚锭板的分类，上述试验能够反映砂土中浅埋锚锭板的性状。

根据报道的锚锭板极限拉拔力 P_u，可绘制无量纲极限拉拔力($P_u/\gamma_s K_p^2 AH$)和几何形状参数(H^2/A)的关系曲线(点)，如图 3-10 所示，其中 A 为锚锭板面积($=b\times h$)。对各研究者报道的试验点，可采用函数 $y=ax^m$ 分别拟合，相应的 a 和 m 值也列入表 3-7。可见，$a=0.3\sim0.6$，$m=0.3\sim0.5$，二者的变化区域很小。这表明采用上述极限拉拔力和几何形状归一化参数是合适的。

若将所有报道的数据作为研究整体，除了 Dickin & Leung(1983)报道的部分试验点外，其他数据点都位于式(3-5)和式(3-6)包围的变化域内。平均条件下，可采用式(3-7)近似拟合。尽管采用式(3-7)进行最小二乘法拟合得到的误差不是最小，但它能够更好地拟合 $H^2/A<15$ 的数据点，从而能更好地拟合浅层锚锭板的极限拉拔力。

$$\frac{P_u}{\gamma_s AHK_p^2}=0.78\left(\frac{H^2}{A}\right)^{0.4}\quad\text{(上限)}\tag{3-5}$$

表 3-7　砂土中侧向受拉锚碇板试验数据库

参考文献	γ_s/(kN/m^3)	ϕ/(°)	h/cm	b/h	H/h	试验次数	试验类型	a	m
Dickin & Leung(1983)	—	36	100	1, 2, 5	1, 2, 3, 4	15	离心机试验	0.570	0.429
Dickin & Leung(1983)	16.00	36	2.5, 5.0	1, 2, 5	1, 2, 3, 4	12	室内模型试验	0.502	0.354
Akinmusuru(1978)	15.55	35	5.1	1, 2	1, 2, 3, 4, 5	8			
Akinmusuru(1978)	15.55	35	3.8	圆板	1, 2, 3, 4, 5	5			
Das(1975)	15.92	34	3.8, 5.1, 6.4, 7.6	1	2, 3, 4, 5	16		0.532	0.401
Das(1975)	15.92	34	3.8, 5.1, 6.4, 7.6	圆板	2, 3, 4, 5	16		0.470	0.388
Das & Seeley(1975)	15.80	34	5.1	1, 3, 5	1, 2, 3, 4	12		0.531	0.301
Neely 等(1973)	13.82	35	5.1	1, 2, 5	1, 1.5, 2, 2.75, 3, 3.5, 4, 5	20		0.324	0.492
Smith(1962)	15.90	38.5	91.5	1.25, 5	1, 1.5, 1.75, 2, 2.35, 3, 3.5, 4.5	9	现场试验	0.398	0.379

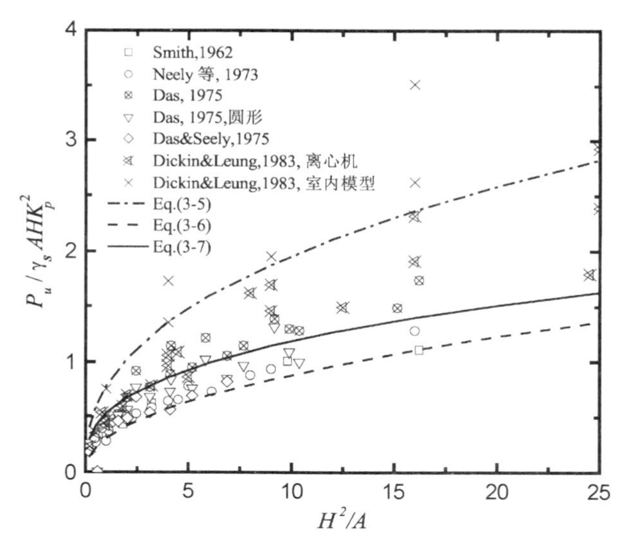

图 3-10　砂土中锚锭板 $P_u/\gamma_s AHK_p^2$ 与 H^2/A 的试验与拟合曲线

$$\frac{P_u}{\gamma_s AHK_p^2}=0.3\left(\frac{H^2}{A}\right)^{0.47}\quad(\text{下限})\tag{3-6}$$

$$\frac{P_u}{\gamma_s AHK_p^2}=0.53\left(\frac{H^2}{A}\right)^{0.35}\quad(\text{平均})\tag{3-7}$$

式(3-7)可改写为沿深度方向上单位长度极限拉拔力，即：

$$p_u=\frac{P_u}{h}=0.53\left(\frac{b}{h}\right)^{0.35}\gamma_s K_p^2 b^{0.3}H^{1.7}\tag{3-8}$$

考虑到砂土表面处土体极限抗力为零，可将式(3-8)中的 H 直接替换为深度 x，则单位长度极限拉拔力沿深度变化可表达为：

$$p_u=N_c\gamma_s b^{0.3}x^{1.7}\tag{3-9}$$

$$N_c=0.53\left(\frac{b}{h}\right)^{0.35}K_p^2\tag{3-10}$$

式中，$(b/h)^{0.35}$ 项反映了锚锭板的尺寸效应。

3.4.3　砂土中侧向受荷桩与锚锭板的比较

若将桩看作沿深度方向上连续分布的、若干参考高度 $h_{ref}=1$ 的“单元”锚锭板组成，则“单元”锚锭板的宽度 b 与桩径 d 相同。令式(3-3)与式(3-9)相等，则有：

(1) $\alpha_0 = 0, n = 1.7$；

(2) $N_g = N_c = 0.53K_p^2 d^{0.35}$。因此，在其他条件相同条件下，$N_g$ 值随桩径的增长而增加(Stevens & Audibert, 1979)。然而不同于独立的单个锚锭板，由连续“单元”锚锭板组成的桩，各单元板之间存在相互作用，同时下部“单元”锚锭板达到极限状态之前，上部单元锚锭板已经达到了极限状态，导致下部锚锭板对应的破坏楔体减小，N_g 应比 N_c 值低。另一方面，由于桩的施工效应(打入与钻孔桩)、桩与锚锭板刚度的差异等都可能影响 N_g 值的大小。所以，真实的 N_g 值需要根据现场土体、桩基和施工条件确定。

以砂土 Reese LFP 为例，比较上述讨论与表 3-6 中 Reese LFP 的拟合参数 N_g，α_0 和 n 值，可以发现，n 和 α_0 值是相同的。考虑到 Reese LFP 是砂土中直径为 0.61 m 打入开口钢管桩现场试验的反分析结果，计算得：宽为 0.61 m 锚锭板的 N_c 值为 $0.45K_p^2$。该值与表 3-6 中 $N_g = (0.4 \sim 0.55)K_p^2$ 比较接近。此时，桩的连续体效应(单元板间相互影响)和施工加密效应可能相互抵消。因此，在开口桩或钻孔灌注桩的分析中，可取 $\alpha_0 = 0, n = 1.7$，而 N_g 值可初步采用 $0.53K_p^2 d^{0.35}$。

对于打入钢筋混凝土桩或闭口钢管桩，假设砂土楔体破坏模式与钻孔桩相同，则仍可选取 $\alpha_0 = 0$ 和 $n = 1.7$。但由于桩的施工引起的砂土加密效应(一般引起 γ_s 和 ϕ 的增长)，可能导致 N_g 值的大幅增长。

3.5　黏土中 n 与 α_0 值的初步确定

3.5.1　由锚锭板极限拉拔强度上下限解确定

(1) 锚锭板极限拉拔强度上下限解

对于非均质黏土，土体不排水剪强度 S_u 可假定沿深度线性变化，即

$$S_{u(x)} = S_{u0} + \rho x \tag{3-11}$$

式中，S_{u0} 为地表处土体不排水剪强度；x 为地面下土体深度；ρ 为不排水强度沿深度增长的斜率(F/L^3)。对于非均质土体中的平面锚锭板，如图 3-11 所示，其侧向抗拉强度 q_u 可表达为(Merifield 等，2001)：

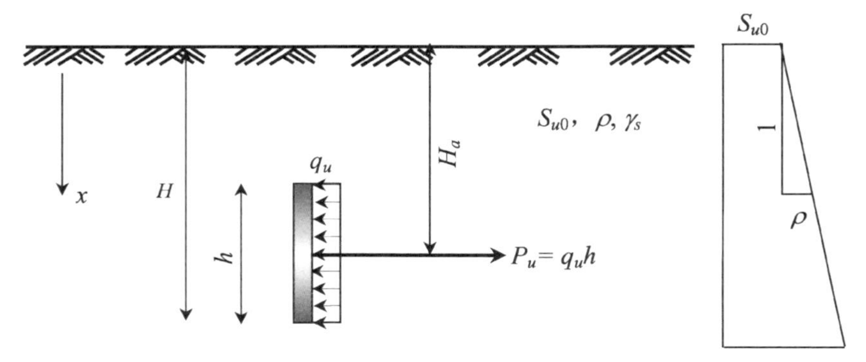

图 3-11　黏土中侧向受拉锚锭板平面分析模型(Merifield 等,2001)

$$q_u = N_c S_u \tag{3-12}$$

其中,对于均质土体,即 $\rho = 0$, $S_u = S_{u0}$,

$$N_c = \left(\frac{q_u}{S_u}\right)_{\gamma_s \neq 0,\ \rho = 0} = N_{c0} + \frac{\gamma_s H_a}{S_u} \tag{3-13}$$

式中,N_{c0}为不考虑 γ_s时的极限拉拔强度系数。对于非均质土体,即 $\rho \neq 0$,

$$N_c = \left(\frac{q_u}{S_u}\right)_{\gamma_s \neq 0,\ \rho \neq 0} = N_{c0\rho} + \frac{\gamma_s H_a}{S_{u0}} \tag{3-14}$$

式中,$N_{c0\rho}$定义为

$$N_{c0\rho} = \left(\frac{q_u}{S_{u0}}\right)_{\gamma_s = 0,\ \rho \neq 0} \tag{3-15}$$

注意此时应将式(3-12)中的 S_u修改为 S_{u0}。

采用土体极限分析中的有限单元上下限解法(Sloan 等,1988;Sloan & Kleeman,1995),Merifield 等(2001)通过参数研究,给出了 N_{c0}的拟合表达式:

$$N_{c0} = 2.46\log_e(2H/h) + 0.89 \quad (下限解) \tag{3-16}$$

$$N_{c0} = 2.58\log_e(2H/h) + 0.98 \quad (上限解) \tag{3-17}$$

和 $N_{c0\rho}$的拟合表达式:

$$N_{c0\rho} = N_{c0}\left[1 + 0.383\,\frac{\rho h}{S_{u0}}(2H/h - 1)\right] \tag{3-18}$$

(2) 不考虑 γ_s 影响时 n 与 α_0 值

如果不考虑 γ_s 对锚锭板受拉强度的影响，将式(3-18)和式(3-14)代入式(3-11)，得

$$q_u = N_{c0\rho}S_{u0} = N_{c0}S_{u0}\left[1 + 0.383\,\frac{\rho h}{S_{u0}}(2H/h - 1)\right] \tag{3-19}$$

由于在侧向受荷桩的分析中，黏土的不排水剪强度一般采用 $5d$ 深度内的平均值 $\overline{S}_u$，而不是地面处的不排水剪强度 S_{u0}。因此，将式(3-19)中的 S_{u0} 替换为 $5h$ 深度内的平均不排水剪强度 $\overline{S}_u$，则有：

$$q_u = N_{c0}\,\frac{S_{u0}}{\overline{S}_u}\left[1 + 0.383\,\frac{\rho h}{S_{u0}}(2H/h - 1)\right]\overline{S}_u = \overline{N}_c\overline{S}_u \tag{3-20}$$

$$\overline{N}_c = N_{c0}\,\frac{S_{u0}}{\overline{S}_u}\left[1 + 0.383\,\frac{\rho h}{S_{u0}}(2H/h - 1)\right]$$

其中，$S_{u0}/\overline{S}_u = 1/(1 + 2.5\rho h/S_{u0})$。式(3-20)可采用与桩的统一极限抗力式(3-3)相似的形式，即

$$q_u = A_q(\beta_0 + H_a/h)^n\overline{S}_u \tag{3-21a}$$

或

$$q_u = A_q(\beta_0 h + H_a)^n\, h^{-n}\overline{S}_u \tag{3-21b}$$

进行拟合，其中 A_q = 锚锭板极限拉拔强度系数；β_0 = 反映锚锭板在地面高度处极限拉拔强度大小的常数。对于 $\rho h/S_{u0} = 0 \sim 1.0$，拟合参数 A_q，β_0 和 n 值如表3-8。图3-12给出了 $\rho h/S_{u0} = 0$，0.5 和 1.0 时上、下限解的拟合曲线

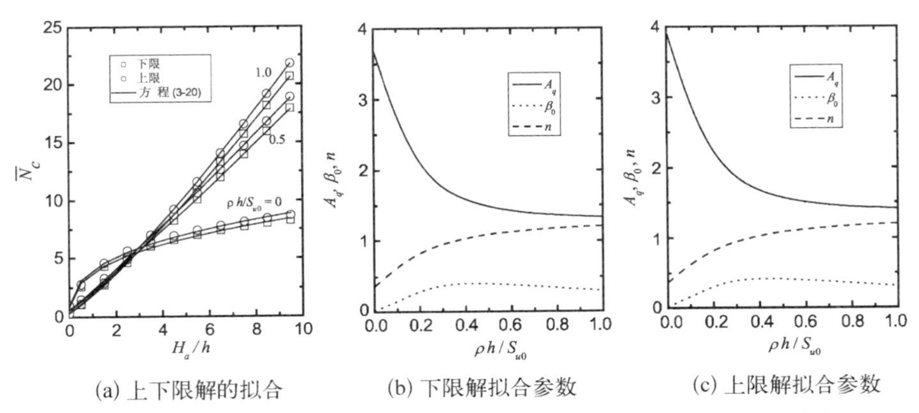

(a) 上下限解的拟合　(b) 下限解拟合参数　(c) 上限解拟合参数

图3-12　不考虑 γ_s 时上、下限解的拟合及其参数 A_q，β_0 和 n 与 $\rho h/S_{u0}$ 的关系

(图 3-12(a))及相应的 A_q，β_0 和 n 值与 $\rho h/S_{u0}$ 的变化关系(图 3-12(b),(c))。

值得指出的是，对于 $\rho h/S_{u0}=0\sim1.0$：① 在地表处 $\overline{N}_c=0.28\sim0.98$，并随 $\rho h/S_{u0}$ 值的增加而降低；② 在 $5d$ 深度下，$\overline{N}_c$ 可能大于深层绕流极限抗力系数(如式(3-1)中 9～11.9)，这是由于当 $\rho h/S_{u0}>0$ 时，S_u 沿深度增长，而本文仅采用 $5d$ 深度内平均不排水剪强度 $\overline{S}_u$ 的缘故。

表 3-8　不考虑 γ_s 影响时锚锭板极限抗力的拟合参数

$\rho h/S_{u0}$	$S_{u0}/\overline{S}_u$	有限单元下限解			有限单元上限解		
		A_q	β_0	n	A_q	β_0	n
0	1.0	3.70	0.018 6	0.365	3.93	0.020	0.363
0.1	0.800	2.71	0.146	0.641	2.86	0.155	0.639
0.2	0.667	2.07	0.303	0.833	2.19	0.317	0.833
0.3	0.571	1.74	0.382	0.956	1.84	0.396	0.956
0.4	0.500	1.58	0.405	1.03	1.66	0.417	1.03
0.5	0.444	1.48	0.40	1.09	1.56	0.412	1.09
0.6	0.400	1.42	0.384	1.12	1.50	0.395	1.12
0.7	0.364	1.38	0.363	1.15	1.46	0.373	1.15
0.8	0.333	1.36	0.340	1.17	1.43	0.350	1.17
0.9	0.308	1.34	0.318	1.19	1.42	0.327	1.19
1.0	0.286	1.33	0.297	1.20	1.41	0.305	1.20

由图 3-12(a)可见，对于上限和下限解，A_q，β_0 和 n 值的差别非常小，因此，该上、下限解可给出锚锭板极限拉拔强度较准确的解答。对于下限解，存在如下特性：① A_q 值从 $\rho h/S_{u0}=0$ 时的 3.7 陡降至 $\rho h/S_{u0}=0.4$ 时的 1.58，然后缓慢降低至 $\rho h/S_{u0}=1.0$ 时的 1.33；② n 从 $\rho h/S_{u0}=0$ 时的 0.365 增长到 $\rho h/S_{u0}=0.4$ 时的 1.03，然后十分缓慢地增长至 $\rho h/S_{u0}=1.0$ 时的 1.2；③ β_0 从 $\rho h/S_{u0}=0$ 时的 0.02 增长至 $\rho h/S_{u0}=0.4$ 时的 0.405，然后逐渐降低至 $\rho h/S_{u0}=1.0$ 时的 0.297。因此，$\rho h/S_{u0}=0.4$ 可能存在比较特殊的意义。我们认为，在 $\rho h/S_{u0}$ 小于 0.4 时，锚锭板的破坏模式主要受 S_{u0} 控制，此时 n 小于 1.0；而 $\rho h/S_{u0}$ 大于 0.4 后，ρx 项控制锚锭板的破坏模式，表现出与砂土(锚锭板强度由 $\gamma_s x$ 决定)相似的特性，因此 n 大于 1.0。对于上限解，也表现出同样的特性，其中，$A_q=1.41\sim3.93$，$n=0.363\sim1.20$，$\beta_0=0.02\sim0.417$。

对于低到中等塑性指数的黏土，Jamiolkowski 等(1985)建议：

$$(S_u/\gamma_s x)_{oc} = (0.23 \pm 0.04) OCR^{0.8} \tag{3-22}$$

式中，OCR 为超固结比。由式(3－10)和式(3－22)得

$$\frac{\rho h}{S_{u0}} = (0.23 \pm 0.04) OCR^{0.8} \frac{\gamma_s h}{S_{u0}} - 1 \quad (\rho \geqslant 0) \tag{3-23}$$

如果已知 OCR，γ_s，S_{u0} 以及 h，即可通过表 3－8 或图 3－12 得到相应的 A_q，β_0 和 n 值。由于 h 值一般不是太大，对于常见的黏性土体，$\dfrac{\gamma_s h}{S_{u0}}$ 可能小于 1，$OCR = 1 \sim 10$(注意 OCR 大时，$\dfrac{\gamma_s h}{S_{u0}}$ 值可能小，尽管二者没有确定的关系)，则 $\rho h/S_{u0}$ 通常小于 0.4。在 $\rho h/S_{u0} = 0 \sim 0.4$ 时，$A_q = 1.58 \sim 3.93$，$\beta_0 = 0.02 \sim 0.42$ 和 $n = 0.36 \sim 1.0$，相应的平均值近似为 2.8，0.22 和 0.7。

(3) 考虑 γ_s 影响时的 n 与 α_0 值

如果考虑 γ_s 对锚锭板受拉强度的影响，式(3－12)可表达为

$$q_u = \left(N_{c0\rho} + \frac{\gamma_s H_a}{S_{u0}}\right) S_{u0} = \left\{ N_{c0}\left[1 + 0.383 \frac{\rho h}{S_{u0}}(2H/h - 1)\right] + \frac{\gamma_s H_a}{S_{u0}} \right\} S_{u0} \tag{3-24}$$

采用 $5h$ 深度内的平均不排水剪强度 $\bar{S}_u$，将式(3－24)改写为

$$q_u = \left\{ N_{c0} \frac{S_{u0}}{\bar{S}_u}\left[1 + 0.383 \frac{\rho h}{S_{u0}}(2H/h - 1)\right] + \frac{\gamma_s H_a}{\bar{S}_u} \right\} \bar{S}_u = \bar{N}_c \bar{S}_u \tag{3-25}$$

$$\bar{N}_c = N_{c0} \frac{S_{u0}}{\bar{S}_u}\left[1 + 0.383 \frac{\rho h}{S_{u0}}(2H/h - 1)\right] + \frac{\gamma_s H_a}{\bar{S}_u}$$

其中，$S_{u0}/\bar{S}_u = 1/(1 + 2.5\rho h/S_{u0})$。同样地，式(3－25)可采用式(3－21)进行拟合。由于上下限解非常接近，表 3－9 只给出了 $\rho h/S_{u0} = 0 \sim 0.5$ 时下限解的拟合参数 A_q，β_0 和 n 值。A_q，β_0 和 n 与 $\rho h/S_{u0}$ 的变化曲线如图 3－13 所示。

由图 3－13 可见，对于 $\rho h/S_{u0} = 0 \sim 0.5$：① A_q 值为 1.49～4.98，随 $\rho h/S_{u0}$ 和 $S_{u0}/\gamma_s h$ 的增加而降低；② β_0 值为 0.02～0.4，随 $\rho h/S_{u0}$ 的增加而增长；③ 在

表 3-9 考虑 γ_s 时土体锚锭板极限抗力下限解的拟合参数

$S_{u0}/\gamma_s h$	$\rho h/S_{u0}=0$			0.1			0.2			0.3			0.4			0.5		
	A_q	β_0	n	A_q	β_0	n	A_q	β_0	n	A_q	β_0	n	A_q	β_0	n	A_q	β_0	n
0.5	4.982	0.117	0.748	3.930	0.172	0.845	3.288	0.210	0.919	2.871	0.233	0.976	2.587	0.244	1.019	2.384	0.248	1.054
1	4.27	0.087	0.629	3.255	0.181	0.781	2.661	0.252	0.891	2.306	0.290	0.968	2.081	0.305	1.025	1.932	0.306	1.066
2	3.978	0.056	0.524	2.958	0.174	0.726	2.360	0.277	0.868	2.025	0.330	0.963	1.828	0.348	1.029	1.704	0.347	1.075
4	3.842	0.037	0.453	2.827	0.164	0.688	2.214	0.290	0.852	1.885	0.354	0.960	1.700	0.374	1.031	1.590	0.372	1.081
8	3.774	0.028	0.412	2.768	0.156	0.666	2.143	0.297	0.843	1.815	0.367	0.958	1.637	0.389	1.032	1.533	0.386	1.084
16	3.738	0.023	0.389	2.740	0.151	0.654	2.108	0.300	0.838	1.780	0.375	0.957	1.605	0.397	1.033	1.505	0.393	1.085
32	3.72	0.02	0.377	2.726	0.149	0.647	2.091	0.302	0.836	1.763	0.378	0.956	1.589	0.401	1.034	1.490	0.397	1.086

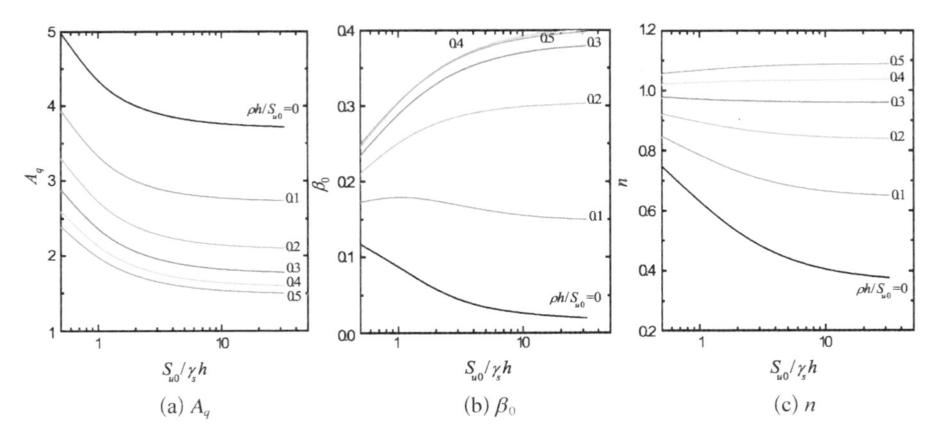

图 3-13　考虑 γ_s 时下限解的拟合参数 A_q，β_0 和 n 值与 $\rho h/S_{u0}$ 的关系

$\rho h/S_{u0} \leqslant 0.1$ 时，β_0 值随 $S_{u0}/\gamma_s h$ 的增加而降低；当 $\rho h/S_{u0} > 0.1$ 时，β_0 值随 $S_{u0}/\gamma_s h$ 的增加而降低；④ $n = 0.38 \sim 1.09$，并随 $\rho h/S_{u0}$ 的增加而增长。在 $\rho h/S_{u0} \leqslant 0.3$ 时，n 值随 $S_{u0}/\gamma_s h$ 的增加而降低；当 $\rho h/S_{u0} > 0.3$ 时，n 值随 $S_{u0}/\gamma_s h$ 的增加而缓慢增长；当 $\rho h/S_{u0} = 0.3$ 时，n 值几乎不发生变化，近似为 0.96。对于上限解，也表现出同样的特性，这里不再论述。

如果已知 OCR，γ_s，S_{u0} 以及 h，即可通过表 3-9 或图 3-13 确定相应的 A_q，β_0 和 n 值。值得注意的是，由式(3-21)可知，在 OCR 值一定的条件下，$\rho h/S_{u0}$ 和 $S_{u0}/\gamma_s h$ 是相互制约的。当 $S_{u0}/\gamma_s h$ 值较大时，$\rho h/S_{u0}$ 较小，反之亦然。

对于 $\rho h/S_{u0} = 0 \sim 0.4$，$A_q = 1.59 \sim 4.98$，$\beta_0 = 0.02 \sim 0.4$ 和 $n = 0.38 \sim 1.03$，相应的平均值约为 3.3，0.21 和 0.7。除了 A_q 较大外，β_0 和 n 平均值与不考虑 γ_s 时的结果十分接近。

黏土中侧向受荷桩与锚锭板的比较

对于黏性土，由于地面处土体极限抗力不为零，可将 H_a 视为深度 x，则式(3-21)即为锚锭板极限拉拔强度沿深度的变化方程。

假定侧向受荷桩“单元锚锭板”(参考高度 $h_{ref} = 1$，宽为桩径 d) 的极限压力与相同尺寸的实际锚锭板极限拉拔强度相等，即 $p_u/d = q_u$，比较式(3-3)和式(3-20)，则有相同的 n 值，并且 $N_g = A_q d^n$ 和 $\alpha_0 = \beta_0(L)$。因此，在其他条件相同的条件下，桩径越大，N_g 值越大(Stevens & Audibert，1979)。

综合上述在考虑和不考虑 γ_s 条件下对锚锭板拉拔强度的分析，当 $\rho h/S_{u0} = 0 \sim 0.4$ 时，$n = 0.36 \sim 1.03$，$A_q = 1.33 \sim 4.98$ 和 $\beta_0 = 0.02 \sim 0.42$。相应的平均值可取 0.7，3 和 0.2。因此，对于黏土中的侧向受荷桩，可初步选

取 $\alpha_0 = 0.2$，$n = 0.7$ 和 $N_g = 3d^n$。考虑到沿深度方向上连续“单元”锚锭板之间的相互影响，N_g 值应比 $3d^{0.7}$ 低。同时，由于施工扰动、表层裂隙黏土以及自由水的冲刷效应等，实际 α_0 值也可能小于 0.2。另外，应指出的是，上述锚锭板拉拔强度是通过锚锭板的平面极限分析得到的，而桩是三维结构，由于空间效应的存在，α_0 和 N_g 值也可能比上述值大。总之，α_0 和 N_g 值与特定的土体、桩基尺寸与施工方法、地下水埋藏深度等有关，不应也不可能给出一个固定的值。

另外，由锚锭板的极限拉拔强度分析可知，当 $\rho h/S_{u0} = 0 \sim 1.0$ 时，在地表处 $\overline{N}_c = 0.28 \sim 0.98$，并随 $\rho h/S_{u0}$ 值的增加而降低。因此，对于黏性土中侧向受荷桩的 LFP，$N_{g0} = 0.28 \sim 0.98$，并随 ρ 值的增长而降低。该 N_{g0} 值比 Matlock LFP 建议的 3 小，而 R－C LFP 建议的 0.4 接近于 $\rho h/S_{u0} = 0.5$ 对应的 N_{g0} 值。

3.5.2 由锚锭板室内试验结果确定

Das 等(1985)进行了四个不同尺寸的室内黏土中锚锭板模型试验。黏土的平均不排水剪强度为 16 kPa，湿容重 $\gamma_s = 19.17$ kN/m^3。锚锭板的尺寸分别为 50.8(h) mm × 50.8(b) mm，50.8 mm × 101.68 mm，50.8 mm × 152.4 mm，50.8 mm × 254 mm，即锚锭板的宽高比 b/h 分别为 1，2，3 和 5。

图 3－14 绘制了归一化拉拔极限压力 $P_u/S_u bh$ 与 H_a/h 数据点。采用式(3－21)拟合上述试验结果，也绘于图 3－14 中，相应的拟合参数如表 3－10。假设地表处的土体不排水强度 $S_{u0} =$ 16 kPa，则 $S_{u0}/\gamma_s h \approx 16$。比较表 3－10 中的拟合参数和考虑 γ_s 时土体锚锭板极限抗力下限解的拟合参数(表 3－9)，可以发现，除了 $h/b = 1$ 外，A_q 和 n 值介于表3－9 中 $\rho h/S_{u0} = 0.1$ 和 0.2 对应的值之间。因此，对于正常固结黏土，$\rho h/S_{u0}$ 值可能介于 0.1～0.2 之间。

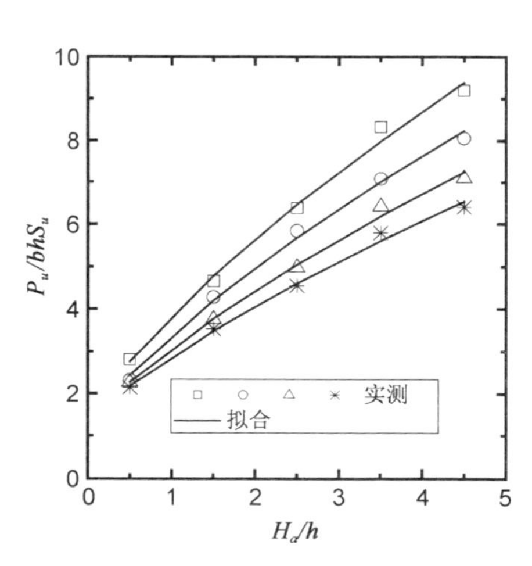

图 3－14　锚锭板极限拉力强度实测与拟合曲线

综合表 3－8 和表 3－9 可见，当 $\rho h/S_{u0} = 0.1 \sim 0.2$ 时，$n = 0.64 \sim 0.9$，$A_q = 2 \sim 4$，$\beta_0 = 0.15 \sim 0.3$，$N_{g0} =$

0.6～0.8。因此，对于正常固结黏土，可初步选取 n，A_q 和 β_0 值分别为 0.7，3 和 0.2。这与上述通过锚锭板极限拉拔强度上下限解的分析结果是一致的。

表 3-10　黏土中锚锭板试验拉拔强度拟合参数

h/b	A_q	β_0	n
1	3.127	0.336	0.7
2	2.726	0.352	0.7
3	2.366	0.445	0.7
5	2.104	0.553	0.7

同样地，将式(3-21)中的 H_a 视为深度 x，对于桩径为 d 的侧向受荷桩(取"单元"锚锭板参考高度 $h_{ref}=1$)，通过比较式(3-3)可初步选取土体的极限抗力参数：$n=0.7$，$\alpha_0=\beta_0=0.2$，$N_g=3d^{0.7}$。其中，$n=0.7$ 与 Matlock 和 R-C LFP 的 n 值(表 3-6)比较一致。考虑到沿深度方向上连续"单元"锚锭板之间的相互影响，实际 N_g 值可能比 $3d^{0.7}$ 小。与前面的讨论相似，由于施工扰动、表层裂隙黏土以及自由水的冲刷效应等，实际 α_0 值也可能比 0.2 低。真实的 α_0 和 N_g 值需考虑特定的土体、桩基尺寸与施工方法、地下水埋藏深度等相关条件。

3.6　本章小结

对侧向受荷桩与土体相互作用的数值分析和试验研究表明，在较大荷载水平作用下，浅层土体发生较大的变形和应力，从而发生屈服甚至破坏，此时土体抗力达到了极限抗力。而现有极限抗力分布模式只反映了一定的土体、桩基和荷载条件下的情况。因此，建议采用由三个参数(N_g，α_0 和 n)确定的统一极限抗力分布。

本章对现有极限抗力分布模式进行了比较，并给出了各自对应的 N_g，α_0 和 n 组合值。因此，统一极限抗力分布能包括或近似拟合现有的极限抗力分布模式。更为重要的是，通过选择合适的 N_g，α_0 和 n 组合值，统一极限抗力分布还能够反映不同的土体、桩基和加载条件，如分层土体、循环荷载作用下桩土间隙形成、群桩效应等。

侧向受荷桩可视为沿深度方向上连续的“单元”锚锭板组成的杆系结构。通过试验资料的统计分析，研究了砂土中锚锭板极限拉拔力的经验公式。通过与锚锭板极限拉拔力的比较，侧向受荷桩的极限抗力分布可初步选取如下参数：$\alpha_0 = 0$ 和 $n = 1.7$。

对于黏土，本章分别通过拟合土体极限分析中有限单元上下限解和室内试验数据，得出了黏土中锚锭板的统一拉拔强度公式。通过与锚锭板极限拉拔强度的比较，侧向受荷桩的极限抗力分布参数如下：$n = 0.36 \sim 1.0$ 和 $\alpha_0 = 0 \sim 0.4$。对于正常固结黏土，可初步选取 $n = 0.7$ 和 $\alpha_0 = 0.2$。

与锚锭板极限拉拔强度比较，侧向受荷桩的 α_0 和 N_g 值可能受桩的连续体效应（各“单元锚锭板”之间的相互作用）、土体组成条件、桩的施工扰动、地下水埋藏条件等影响。真实的 α_0 和 N_g 值只有通过桩的现场试验反分析得到，这将在第 5 章中进行讨论。

第4章 基于统一极限抗力分布的侧向受荷桩弹塑性解答

4.1 引　　言

采用弹性方法(如中国、日本等)分析侧向受荷桩的性状时,往往需要事先给定桩顶的允许位移(如 6～12 mm),限定桩基的变形性状主要位于弹性范围内。然而,大量的分析表明,即使在较小的荷载水平下,地面附近的土体也产生较大的变形(如 Randolph,1977;Trochanis 等,1991)和应力(如 Trochanis 等,1991)而发生屈服,从而达到土体极限抗力(Poulos,1971a;Poulos & Hull,1989;Guo,2002)。因此,采用弹性模型往往很难同时准确地预测桩基的变形和弯矩(Budhu & Davies,1988;Guo,2002)。并且,随着侧向受荷桩在海洋、港口、电力等工程中的应用,桩基往往产生较大的侧向变形,这与设计规范中限定较小的桩顶位移是不相容的。另外,对于容许大位移桩基,承载力的计算本质上是变形分析的一种"极限"状态。因此,有必要发展适用于弹性直到塑性破坏阶段的侧向受荷桩弹塑性解答。

如第 3 章所述,土体的分层、表层裂隙黏土的存在、桩基施工的扰动以及循环荷载作用下桩土界面的开裂,都可能影响土体的极限抗力分布。因此,采用一种固定的极限抗力分布模式很难反映上述土体、桩基和荷载条件。故此,本章将介绍一种基于统一极限抗力分布模式的理论封闭解(Guo,2002,2004)和程序 GASLFP。在此基础上,推导了基于统一极限抗力分布模式有限差分解的统一形式,并编制了相应的程序 FDLLP。最后,采用上述程序对侧向受荷桩的性状进行参数研究。

4.2 基于统一极限抗力分布的理论封闭解 (Guo,2001b,2002,2004)

对于嵌入长度为 L、直径为 d 的桩头自由桩，如图 4-1(a)所示，桩顶受到荷载 P_t作用，荷载作用偏心高度 e，此时，除了土体对桩施加的抗力外，桩头可自由平移和转动。对于桩头固定桩，如图 4-2(a)所示，除了土体对桩作用的抗力外，桩头可自由平移但由于刚性承台约束，不发生转动。除了桩头约束条件不同外，二者都可以采用相同的桩土相互作用物理模型，如图 4-1(b)或图 4-2(b)所示。该模型由弹簧、滑块和虚拟膜组成，弹簧刚度为地基反力模量 $k(\mathrm{FL}^{-2})$，滑块提供单位长度土体极限抗力 $p_u(\mathrm{FL}^{-1})$，而虚拟膜承受相邻弹簧间传递的拉力 $N_p(\mathrm{F})$。相应的荷载传递模型如图 4-1(c)中的 A 线所示，称为理想弹塑性 $p-y$曲线模型。

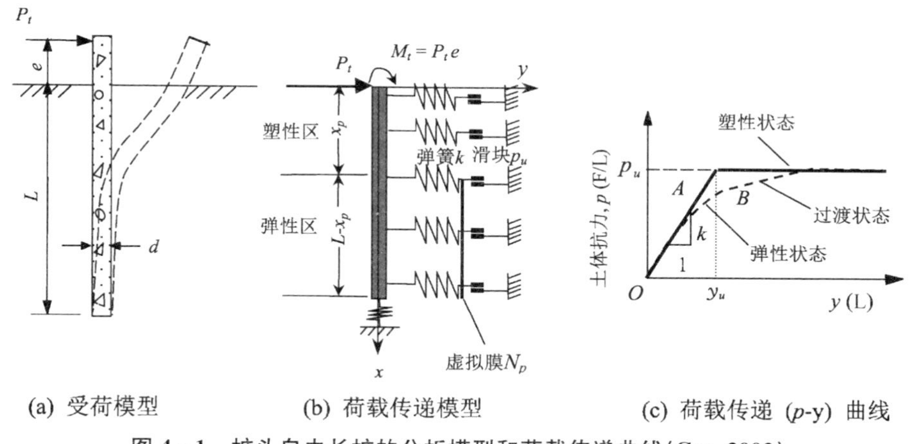

图 4-1 桩头自由长桩的分析模型和荷载传递曲线(Guo,2002)

对于地面下某深度处，当桩的变形小于土体屈服位移 $y_u = p_u/k$ 时，土体处于弹性状态；当桩的变形大于 y_u时，土体达到塑性状态，土体抗力达到了极限抗力 p_u。

土体塑性区一般从地面处开始，在某级荷载水平下，可能发展到一定的深度，称为塑性滑移深度 x_p。因此，在 x_p深度内，土体抗力全部达到了极限抗力，并假设满足由式(3-3)确定的统一极限抗力分布。在 x_p深度下，土体仍处于弹

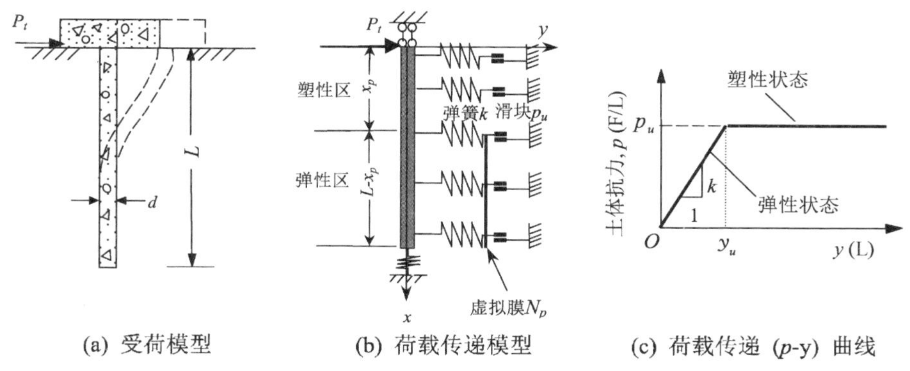

(a) 受荷模型　　(b) 荷载传递模型　　(c) 荷载传递 (p-y) 曲线

图 4-2　桩头固定长桩的分析模型和荷载传递曲线(Guo,2004)

性状态。各弹簧间由虚拟膜联结,传递沿桩轴方向上的拉力 N_p。基于上述桩土相互作用模型,Guo(2001b,2002,2004a)给出了桩头自由和桩头固定条件下的理论解答。

4.2.1　弹性状态

当桩处于弹性状态时,地基反力模量 k 和虚拟拉力 N_p 可表达如下(Guo & Lee,2001)

$$k=\frac{3\pi G_s}{2}\left(2\gamma\frac{K_1(\gamma)}{K_0(\gamma)}-\gamma^2\left(\left(\frac{K_1(\gamma)}{K_0(\gamma)}\right)^2-1\right)\right) \tag{2-35}$$

$$N_p=\frac{\pi d^2}{4}G_s\left(\left(\frac{K_1(\gamma)}{K_0(\gamma)}\right)^2-1\right) \tag{2-60}$$

式中,各变量可参见第 2 章的论述。式(2-35)和式(2-60)可以通过 EXCEL™ 数据表格程序 GASLFP 计算(Guo & Lee,2001)。

4.2.2　弹塑性基本方程

在塑性滑移区内 $(0\leqslant x\leqslant x_p)$,忽略弹簧间的相互作用,即有 $N_p=0$,桩的微分方程为

$$EI\frac{\mathrm{d}^4y}{\mathrm{d}x^4}=-A_L(x+\alpha_0)^n\quad 0\leqslant x\leqslant x_p \tag{4-1}$$

在弹性区内 $(x>x_p)$,对于均质各向同性土体,桩的微分方程可表达为(Hetenyi,1946;Guo & Lee,2001):

$$EI\frac{d^4y}{dz^4}-N_p\frac{d^2y}{dz^2}+ky=0\quad x>x_p \tag{4-2}$$

式中，$z=x-x_p$，即 z 从滑移深度 x_p 处开始度量。Guo(2001b，2002，2004)分别给出了桩头自由(图 4-1)和桩头固定(图 4-2)时，式(4-1)和式(4-2)的封闭理论解。对桩顶自由的情况，相应的解答简述如下。对于桩头固定桩的解答，可参见 Guo(2004)，这里不再论述。

4.2.3 桩头自由桩的封闭解(Guo，2001b，2002)

对于桩顶自由的侧向受荷桩，荷载 P_t 与塑性区滑移深度 x_p 存在如下关系(Guo，2001b，2002)：

$$\frac{P_t\lambda^{n+1}}{A_L}=\frac{G(1,\ 0)(\bar{x}+1)}{\bar{x}+\bar{e}+1}+\frac{(G(2,\ \bar{x})-G(2,\ 0)+G(1,\ \bar{x})+G(0,\ \bar{x})/2)}{\bar{x}+\bar{e}+1} \tag{4-3}$$

式中，$\lambda=\sqrt[4]{k/(4EI)}$，$\bar{x}=\lambda x_p$，$\bar{e}=\lambda e$，$G(m,\ \bar{x})$ 定义如下：

$$G(m,\ \bar{x})=(\bar{x}+\alpha_0\lambda)^{n+m}/\prod_{j=1}^{m}n+j \tag{4-4}$$

其中，$\prod_{j=1}^{m}(n+j)=(n+m)\cdots(n+2)(n+1)$，$m=1\sim4$，当 $m=0$ 时，令 $\prod_{j=1}^{m}(n+j)=1$。

桩头变形可表达为

$$\frac{y_tk\lambda^{n-1}}{A_L}=4(G(4,\ \bar{x})-\bar{x}G(3,\ \bar{x})-G(4,\ 0))+C_{x2}G(2,\ \bar{x})+C_{x1}G(1,\ \bar{x})+C_{x0}G(0,\ \bar{x})+C_{02}G(2,\ 0)+C_{01}G(1,\ 0) \tag{4-5}$$

式中，$C_{x2}=(4\bar{x}^3/3-2\bar{x}+2\bar{x}^2\bar{e})\dfrac{1}{\bar{x}+\bar{e}+1}$，$C_{x1}=2\bar{x}+C_{x2}$，$C_{x0}=1+2\bar{x}+C_{x2}/2$，$C_{02}=2\bar{x}^2-C_{x2}$，$C_{01}=4\bar{x}^3/3-2\bar{x}-(\bar{x}+1)C_{x2}$。

对于上部塑性区，可由式(4-6)—式(4-9)分别得到桩身剪力、弯矩、转角和变形(以下标 A 表示)：

$$-V_A(x)=EIy_A'''(x)=A_L\left(\frac{-(x+\alpha_0)^{n+1}+\alpha_0^{n+1}}{n+1}+\frac{P_t}{A_L}\right) \tag{4-6}$$

$$-M_A(x)=EIy_A'''(x)=A_L\left(\frac{-(x+\alpha_0)^{n+2}+\alpha_0^{n+2}}{\prod_{j=1}^{2}(n+j)}+\left(\frac{\alpha_0^{n+1}}{n+1}+\frac{P_t}{A_L}\right)\frac{P_te}{A_L}\right) \tag{4-7}$$

$$\theta_A(x)=y'(x)=\frac{A_L}{EI}\left(\frac{-(x+\alpha_0)^{n+3}+\alpha_0^{n+2}}{\prod_{j=1}^{3}(n+j)}+\left(\frac{\alpha_0^{n+1}}{n+1}+\frac{P_t}{A_L}\right)\frac{x^2}{2}\right.$$

$$\left.+\left(\frac{\alpha_0^{n+2}}{\prod_{j=1}^{2}(n+j)}+\frac{P_te}{A_L}\right)x\right)+C_3 \tag{4-8}$$

$$y_A(x)=\frac{A_L}{EI}\left(\frac{-(x+\alpha_0)^{n+4}+\alpha_0^{n+1}}{\prod_{j=1}^{4}(n+j)}+\left(\frac{\alpha_0^{n+1}}{n+1}+\frac{P_t}{A_L}\right)\frac{x^3}{6}\right.$$

$$\left.+\left(\frac{\alpha_0^{n+2}}{\prod_{j=1}^{2}(n+j)}+\frac{P_te}{A_L}\right)\frac{x^2}{2}\right)+C_3x+C_4 \tag{4-9}$$

式中,参数由下式确定:

$$\frac{C_3k\lambda^{n-1}}{A_L}=4\bar{x}(G(3,\ \bar{x})-G(2,\ 0)\bar{x})+4\bar{x}(G(2,\ \bar{x})-G(2,\ 0))$$

$$+2\bar{x}G(1,\ \bar{x})-2\bar{x}(1+2\bar{x}+\bar{x}^2)G(1,\ 0)$$

$$-2\bar{x}((1+2\bar{x}+\bar{x}^2)+2(1+\bar{x})\bar{e})\frac{P_t\lambda^{n+1}}{A_L} \tag{4-10}$$

$$\frac{C_4k\lambda^n}{A_L}=4(G(4,\ \bar{x})-G(2,\ 0)\bar{x})+2\bar{x}^2G(2,\ 0)+2\bar{x}G(1,\ \bar{x})$$

$$+(1+2\bar{x})G(0,\ \bar{x})+(4\bar{x}^2/3-2)\bar{x}G(1,\ 0)$$

$$+(4\bar{x}^3/3-2\bar{x}+2\bar{x}^2\bar{e})\frac{P_t\lambda^{n+1}}{A_L} \tag{4-11}$$

对于下部弹性区,可采用式(4-12)—式(4-15)分别得到位移、转角、弯矩和剪力(以下标 B 表示):

$$y_B(z)=e^{-\lambda z}(C_5\cos\lambda z+C_6\sin\lambda z) \tag{4-12}$$

$$\theta_B(z)=y_B'(z)=-e^{-\lambda z}(\lambda(C_5-C_6)\cos\lambda z+\lambda(C_5+C_6)\sin\lambda z) \tag{4-13}$$

$$M_B(z)=EIy_B''(z)=2E_pI_p\lambda^2e^{-\lambda z}(-C_6\cos\lambda z+C_5\sin\lambda z) \tag{4-14}$$

$$V_B(z)=EIy_B'''(z)=2E_pI_p\lambda^3e^{-\lambda z}((C_6+C_5)\cos\lambda z+(C_6-C_5)\sin\lambda z) \tag{4-15}$$

其中

$$C_5=\frac{EI}{k}(2\lambda y_P'''+2\lambda^2y_P'') \tag{4-16}$$

$$C_6=-\frac{EI}{k}2\lambda^2y_P'' \tag{4-17}$$

式中，y_P''和y_P'''分别为$x=x_p$处变形的二次和三次导数，由式(4-7)和式(4-6)确定。

如果最大弯矩发生在x_p深度内$x_{\max}$处，满足$V_A(x_{\max})=0$，由式(4-6)可得：

$$x_{\max}=\sqrt[n+1]{\frac{P_t(n+1)}{A_L}+\alpha_0^{n+1}}-\alpha_0 \quad (x_{\max}\leqslant x_p) \tag{4-18}$$

将$x_{\max}$代入式(4-7)，可得到发生在塑性区内的最大弯矩。

如果最大弯矩发生在塑性滑移深度x_p下$z_{\max}$处，满足$V_B(z_{\max})=0$，由式(4-15)可得：

$$z_{\max}=\tan^{-1}\left(\frac{C_5+C_6}{C_5-C_6}\right)/\lambda \tag{4-19}$$

将式(4-16)和式(4-17)代入式(4-19)，得：

$$z_{\max}=\tan^{-1}\left(\frac{1}{1+2\lambda y_P''/y_P'''}\right)/\lambda \quad (z_{\max}\geqslant 0) \tag{4-20}$$

在计算过程中，如果计算得到的$z_{\max}$大于零，则表明最大弯矩发生在弹性区内，发生深度为$x_p+z_{\max}$；否则，最大弯矩发生在塑性区内，采用式(4-18)计算得最大弯矩发生深度$x_{\max}$。

4.2.4　计算步骤与程序 GASLFP

根据上述计算式，桩的性状分析过程如下：

(1) 由式(2－35)和式(2－60)计算 k 和 N_p。

(2) 在桩顶荷载 P_t 已知条件下，利用式(4－3)迭代计算得到 $\bar{x}$，从而求得塑性滑移深度 x_p。

(3) 将 $\bar{x}$ 分别代入式(4－10)和式(4－11)计算得 C_3 和 C_4，然后根据式(4－5)计算桩顶位移 y_t。

(4) 由式(4－7)和式(4－6)分别得到 x_p 处 y_P'' 和 y_P'''。再将 y_P'' 和 y_P''' 代入式(4－16)和式(4－17)，分别得到积分常数 C_5 和 C_6。

(5) 将上述积分常数代入式(4－6)—式(4－9)、式(4－12)—式(4－15)，计算上部塑性区和下部弹性区内桩身剪力、弯矩、转角和变形。

上述计算过程比较简便，可手算也可采用简单的数据表格程序进行计算。Guo(2002，2004a)将上述过程已编制成数据表格程序 GASLFP。程序 GASLFP 的计算界面参见附录 A。

采用 GASLFP，如果已知土体剪切模量和 LFP，则很容易给出桩的变形、转角、弯矩和剪力；相反，如果已知桩的性状(如实测 P_t-$M_{\max}$、P_t-y_t 关系等)，则可通过比较实测与计算的桩基性状反分析土体剪切模量 G_s，和 LFP 参数 N_g，α_0 和 n。在本书的分析中，如果采用 GASLFP 计算桩的性状，将在图表中表示为 CF。

4.3　基于统一极限抗力分布的差分求解

Guo(2002，2004a)推导的侧向受荷桩理论封闭解，不仅能够考虑各种效应，如土体类型和分布、群桩效应、加载类型(如循环荷载)等，对侧向受荷桩性状的影响，而且可大大简化群桩—承台—上部结构的相互作用分析过程(如果将理论解应用于群桩与上部结构相互作用的边界元分析)。然而，该理论解目前还存在如下局限性：① 只适用于柔性长桩；② 桩头为两种极端的约束条件，即桩头自由和桩头完全固定；③ 对于桩头固定桩，目前只能考虑桩头承台位于地面而不能考虑高承台桩的情况；④ 将桩身分布荷载(如由于土体位移引起的土压力)简化为等效点荷载(Guo，2004b)过程中，等效荷载的大小和作用点值得进一步研究;⑤ 只适用于沿桩长方向上抗弯刚度为常数的情况。

为解决上述问题,必须借助数值分析。对于杆系结构,有限差分法是其中最简单的一种数值方法。为此,本文将推导基于统一极限抗力分布的侧向受荷桩有限差分统一格式。该数值解不仅适用于柔性长桩,也适用于刚性桩;不仅可以考虑桩头自由和桩头固定的情况,而且可以考虑桩头部分固定条件;不仅可以考虑桩头位于地面条件,而且可以考虑桩头高于或低于地面的情况。另外,该数值解答还可以考虑直接作用在桩上的分布荷载,如地面上水流或波浪作用荷载和土体位移或滑坡引起的土体压力。

4.3.1 控制方程

根据第 2 章的论述,不考虑轴向荷载对桩侧向受荷性状的影响,侧向受荷桩的基本方程为

$$E_p I_p \frac{d^4 y}{dx^4} + ky - q = 0 \tag{2-14}$$

并且

$$\frac{dy}{dx} = \theta \tag{2-15}$$

$$E_p I_p \frac{d^2 y}{dx^2} = M \tag{2-16}$$

$$E_p I_p \frac{d^3 y}{dx^3} = V \tag{2-17}$$

$$\frac{dV}{dx} = -ky + q \tag{2-18}$$

一般情况下,可假定分布荷载 q 沿深度分布与变形无关。当采用 $p-y$ 曲线求解桩的方程时,可将式(2-14)的右端($-ky+q$)视为桩周土体总的不平衡力 p。因此,在差分法的推导过程中,假定 $q=0$。

4.3.2 桩的离散与土体反应

下面考虑长为 $L+e$(其中,L 为嵌入长度,e 为地面上桩长)的桩(图 4-3),受到地面上集中荷载 P_1, P_2, …, P_m 作用,作用高度分别为 e_1, e_2, …, e_m。采用

差分法求解时，将桩分为 t 等分，每等分的高度为 $h=(L+e)/t$，编号如图 4-3 所示。在地面下共有 p 等分，因此在地面上有 $t-p$ 等分。为了采用差分法求解，桩顶上($t+1$ 和 $t+2$) 和桩端下(−1 和−2)分别添加两个虚拟等分点。

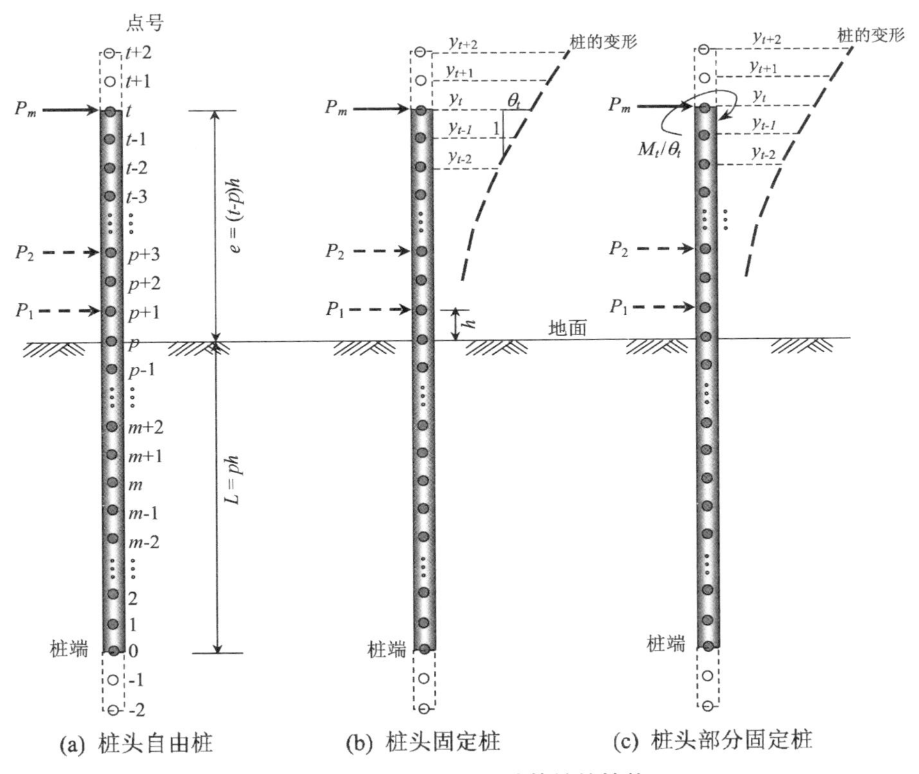

图 4-3　统一差分法计算桩的性状

采用如图 4-1(b)或图 4-2(b)所示的桩土相互作用模型，并不考虑虚拟膜的存在。在弹性状态时，地基反力模量为 k；达到塑性状态时，土体极限抗力由统一极限抗力分布模式确定。以 $x=x_{m+2}$，x_{m+1}，x_m，x_{m-1} 和 x_{m-2}5 点为例，各点的变形和 $p-y$ 曲线如图 4-4(b)所示。图中每一条 $p-y$ 曲线描述了某点处的桩土相互作用性状。并且每条 $p-y$ 曲线似乎只与所在深度有关，但实际上，通过选取考虑土体连续性的地基反力模量(如式(2-35)和式(2-45))可以一定程度上考虑邻近土体对考察点处 $p-y$ 曲线的影响。并且，试验还表明，某一点处的地基反力主要与该截面处桩的变形大小有关(Reese，1977)。因此，在理论分析时，可以用图 4-4(b)中的 $p-y$ 曲线代替连续的土体。值得说明的是，在采用差分法求解时，每一点的地基反力模量 k 和极限抗力可以采用与图 4-1

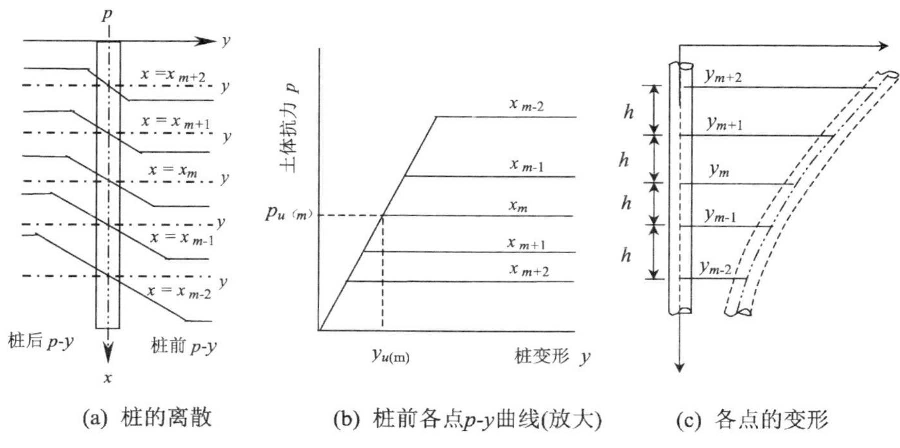

(a) 桩的离散　　(b) 桩前各点p-y曲线(放大)　　(c) 各点的变形

图 4-4　桩的离散和各点处的理想弹塑性 $p-y$ 曲线

(b)或图4-2(b)所示模型不同的值，从而更准确地考虑分层土体和其他效应的影响。

4.3.3　差分求解统一格式

(1) 微分方程的差分格式

采用 Taylor 级数展开桩的侧向变形函数 y，可以得到 $x=x_{m+1}$ 和 x_{m-1} 深度处的变形 y_{m+1} 和 y_{m-1} 如下：

$$y_{m+1}=y_m+h\frac{\partial y}{\partial x}+\frac{h^2}{2!}\frac{\partial^2 y}{\partial x^2}+\frac{h^3}{3!}\frac{\partial^3 y}{\partial x^3}+\cdots \tag{4-21}$$

$$y_{m-1}=y_m-h\frac{\partial y}{\partial x}+\frac{h^2}{2!}\frac{\partial^2 y}{\partial x^2}-\frac{h^3}{3!}\frac{\partial^3 y}{\partial x^3}+\cdots \tag{4-22}$$

式中，h 为选定的桩身增量长度。如果忽略上式中的高次项(3 次以上)，可以得到一次和二次导数中心差分的近似结果：

$$\frac{\partial y}{\partial x}\approx\frac{y_{m+1}-y_{m-1}}{2h} \tag{4-23}$$

$$\frac{\partial^2 y}{\partial x^2}\approx\frac{y_{m+1}-2y_m+y_{m-1}}{h^2} \tag{4-24}$$

因此，这些表达式具有 2 次精度，要比采用“向前”或“向后”差分(1 次精度)准确，即如果将桩身增量长度缩小一半，误差将近似降低 4 倍。因此，分段数量

越多或 h 越小，解的精度就越高。由式(4 - 24)可进一步得到 3 次和 4 次微分的差分表达式：

$$(d^3y/dx^3)_m = \Delta^3(y_m) = (y_{m+2} - 2y_{m+1} + 2y_{m-1} - y_{m-2})/2h^3 \quad (4-25)$$

$$(d^4y/dx^4)_m = \Delta^4(y_m) = (y_{m+2} - 4y_{m+1} + 6y_m - 4y_{m-1} + y_{m-2})/h^4 \quad (4-26)$$

如果点 m(深度 x_m)处变形为 y_m，惯性矩为 I_m，桩身材料弹性模量为 E_m，根据式(2 - 15)—式(2 - 18)，则 m 点处的转角、弯矩、剪力和土体抗力为：

$$\theta_m = (dy/dx)_m \quad (4-23.1)$$

$$M_m = E_m I_m(d^2y/dx^2)_m \quad (4-24.1)$$

$$V_m = -E_m I_m(d^3y/dx^3)_m \quad (4-25.1)$$

$$P_m = -E_m I_m(d^4y/dx^4)_m \quad (4-26.1)$$

利用表达式(4 - 23.0)—式(4 - 26.0)，式(4 - 23.1)—式(4 - 26.1)可表达为

$$y_{m+1} - y_{m-1} = 2h\theta_m \quad (4-23.2)$$

$$y_{m+1} - 2y_m + y_{m-1} = h^2M_m/E_m I_m = \xi_m M_m \quad (4-24.2)$$

式中，$\xi_m = h^2/E_mI_m$。

$$y_{m+2} - 2y_{m+1} + 2y_{m-1} - y_{m-2} = -2h^3V_m/E_mI_m = \psi_mV_m \quad (4-25.2)$$

式中，$\psi_m = -2h^3/E_mI_m$。

$$y_{m+2} - 4y_{m+1} + 6y_m - 4y_{m-1} + y_{m-2} = -h^4p_m/E_mI_m = \zeta_mp_m \quad (4-26.2)$$

式中，$\zeta_m = -h^4/E_mI_m$。

参照 Gleser(1984)对侧向受荷桩差分方法的描述，从桩端开始($m = 0$)，可以得到桩头自由、完全固定或部分固定的差分方程，见表 4 - 1。表 4 - 1 中包含 $t+4$ 个方程，有 $t+5$ 个未知数。第 $t+5$ 个方程则可由桩头约束条件确定。

对于桩头自由桩(图 4 - 3(a))，桩头弯矩为零，则有：

$$y_{t+1} - 2y_t + y_{t-1} = 0 \quad \text{(桩头自由)} \quad (4-25.3'(t))$$

对于桩头固定桩(图 4 - 3b)，桩头转角为常数 θ_t，即有：

表 4-1　侧向受荷桩差分法统一方程(Gleser,1984)

方　　程	说　　明
4-24.3(0)：$y_1 - 2y_0 + y_{-1} = 0$	桩端处弯矩为零
4-25.3(0)：$y_2 - 2y_1 + 2y_{-1} - y_{-2} = 0$	桩端剪力为零
4-26.3(0)：$y_2 - 4y_1 + 6y_0 - 4y_{-1} + y_{-2} = \zeta_0 p_0$	桩端土体抗力乘以系数 ζ_0
4-26.3(1)：$y_3 - 4y_2 + 6y_1 - 4y_0 + y_{-1} = \zeta_1 p_1$	点 1 处土体抗力乘以系数 ζ_1
4-26.3 (m)：$y_{m+2} - 4y_{m+1} + 6y_m - 4y_{m-1} + y_{m-2} = \zeta_m p_m$	点 m 处土体抗力乘以系数 ζ_m
4-26.3 (p)：$y_{p+2} - 4y_{p+1} + 6y_p - 4y_{p-1} + y_{p-2} = \zeta_p p_p$	点 p 处土体抗力乘以系数 ζ_p
4-25.3 (p)：$y_{p+2} - 2y_{p+1} + 2y_{p-1} - y_{p-2} = \psi_p \sum_p$，式中，$\sum_p$ = 地面上所有荷载之和	地面处剪力乘以 ψ_p
4-25.3(p)：$y_{t+2-r} - 2y_{t+1-r} + 2y_{t-1-r} - y_{t-2-r} = \psi_p \sum_p$	4-25.3 (p) 表达为点 t 的形式，即 $p = t - r$
4-25.3($p+a$)：$y_{t+2-r+a} - 2y_{t+1-r+a} + 2y_{t-1-r+a} - y_{t-2-r+a} = \psi_{p+a} \sum_{p+a}$	点 $p+a$ 处剪力乘以 ψ_{p+a}
4-25.3(t)：$y_{t+2} - 2y_{t+1} + 2y_{t-1} - y_{t-2} = \psi_t \sum_t$	桩头 t 处剪力乘以 ψ_t

$$y_{t+1} - y_{t-1} = 2h\theta_t = s_t \quad (\text{桩头完全固定}) \qquad (4-24.3'(t))$$

如果桩头部分固定(图 4-3(c))，即上部结构对桩头转动施加一定的约束 M_t/θ_t(M_t = 桩对上部结构施加的弯矩，θ_t = M_t 引起上部结构的转角)(Reese & Van Impe,2001)已知，则有

$$\frac{y_{t+1} - 2y_t + y_{t-1}}{y_{t+1} - y_{t-1}} = R_t \quad (\text{桩头部分固定}) \qquad (4-27)$$

式中，$R_t = \dfrac{\xi_t}{2h}\dfrac{M_t}{\theta_t}$。桩头部分固定条件可以模拟刚性承台的转动或桩与承台接合处发生开裂后的桩基特性。

(2) 土体抗力

由于采用理想弹塑性模型，土体抗力可表达为

$$p_m = k_m y_m \quad (\text{弹性状态}) \tag{4-28.0}$$

$$p_m = k_m y_{u(m)} \quad (\text{塑性性状}) \tag{4-28.1}$$

式中，$k_m = m$ 点处的地基反力模量；$y_{u(m)} = m$ 点处土体的屈服变形，等于 $p_{u(m)}/k_m$，$p_{u(m)}$ 为 m 点处土体极限抗力。如果将式(4-26.3(m))右侧统一表达为

$$\zeta_m p_m = -(h^4/E_m I_m) p_m = U_m + W_m y_m \tag{4-29.0}$$

则有

$$\zeta_m p_m = U_m + W_m Y_m = 0 + \zeta_m k_m y_m \quad (\text{弹性状态}) \tag{4-29.1}$$

$$\zeta_m p_m = U_m + W_m Y_m = \zeta_m k_m y_{u(m)} + 0 \quad (\text{塑性性状}) \tag{4-29.2}$$

(3) 差分方程的解

根据式(4-24.3(0))，式(4-25.3(0))和式(4-26.3(0))，消除 y_{-1} 和 y_{-2}，并将 y_0 表达为 y_1 和 y_2 的函数，有

$$y_0 = -A_0 - B_0 y_2 + C_0 y_1 \tag{4-30(0)}$$

式中

$$B_0 = 2/(2 - W_0)$$

$$A_0 = -B_0 U_0 / 2$$

$$C_0 = 2B_0$$

同样的，采用式(4-24.3(0))，式(4-26.3(1))和式(4-30(0))，可得

$$y_1 = -A_1 - B_1 y_3 + C_1 y_2 \tag{4-30(1)}$$

式中

$$B_1 = 1/(5 - W_1 - 2C_0)$$

$$A_1 = B_1/(-U_1 + 2A_0)$$

$$C_1 = 2B_1(2 - B_0) = B_1(4 - C_0)$$

采用式(4-26.3(2))，式(4-30(0))和式(4-30(1))，可得

$$y_2 = -A_2 - B_2 y_4 + C_2 y_3 \tag{4-30(2)}$$

式中

$$B_2 = 1/[6 - W_2 - B_0 - C_1(4 - C_0)]$$

$$A_2 = B_2[-U_2 - A_0 + A_1(4 - C_0)]$$

$$C_2 = B_2[4 - B_1(4 - C_0)] = B_2(4 - C_1)$$

采用式(4-26.3(3)),式(4-30(1))和式(4-30(2)),可得

$$y_3 = -A_3 - B_3 y_5 + C_3 y_4 \tag{4-30(3)}$$

式中

$$B_3 = 1/[6 - W_3 - B_1 - C_2(4 - C_0)]$$

$$A_3 = B_3[-U_3 - A_1 + A_2(4 - C_1)]$$

$$C_3 = B_3[4 - B_2(4 - C_1)] = B_3(4 - C_2)$$

对于 $p \geqslant m \geqslant 3$ 时,按同样的方法,可得统一表达式:

$$y_m = -A_m - B_m y_{m+2} + C_m y_{m+1} \quad (m = 3 \sim p) \tag{4-30(m)}$$

式中

$$B_m = 1/[6 - W_m - B_{m-2} - C_{m-1}(4 - C_{m-2})]$$

$$A_m = B_m[-U_m - A_{m-2} + A_{m-1}(4 - C_{m-2})]$$

$$C_m = B_m[4 - B_{m-1}(4 - C_{m-2})] = B_m(4 - C_{m-1})$$

再将式(4-30(p)),式(4-30($p-1$))和式(4-30($p-2$))代入式(4-25.3(p)),得

$$y_{p+1} = F_1 - G_1 y_{p+2} \tag{4-31(1)}$$

式中

$$F_1 = [-\psi_p \sum\nolimits_p - (2 - C_{p-2})(A_{p-1} + A_p C_{p-1}) + A_{p-2} - A_p B_{p-2}]/D_1$$

$$G_1 = \{-B_p[C_{p-1}(2 - C_{p-2}) + B_{p-2}] - 1\}/D_1$$

$$D_1 = [(2 - C_{p-2})(B_{p-1} - C_{p-1} C_p] + 2 - B_{p-2} C_p。$$

采用上述同样的方法,将式(4-30(p)),式(4-30($p-1$))和式(4-31(1))代入式(4-25.3($p+1$)),可得:

$$y_{p+2} = F_2 - G_2 y_{p+3} \tag{4-31(2)}$$

式中

$$F_2 = -G_2[-\psi_{p+1}\sum\nolimits_{p+1} + B_{p-1}F_1 + A_{p-1} + (2-C_{p-1})(C_p F_1 - A_p)]$$

$$G_2 = -1/D_2$$

$$D_2 = 2 + B_{p-1}G_1 + (2-C_{p-1})(B_p + C_p G_1)$$

再由式(4-25.3($p+1$)),式(4-30(p)),式(4-31(1))和式(4-31(2)),可整理得:

$$y_{p+3} = F_3 - G_3 y_{p+4} \tag{4-31(3)}$$

式中

$$F_3 = -G_3[A_p + B_p F_2 - \psi_{p+2}\sum\nolimits_{p+2} - (2-C_p)(G_1 F_2 - F_1)]$$

$$G_3 = -1/D_3$$

$$D_3 = 2 - G_2[G_1(2-C_p) - B_p]$$

由式(4-25.3($p+3$)),式(4-31(1)),式(4-31(2))和式(4-31(3)),可得:

$$y_{p+4} = F_4 - G_4 y_{p+5} \tag{4-31(4)}$$

式中

$$F_4 = -G_4[-\psi_{p+3}\sum\nolimits_{p+3} - F_1 + (2+G_1)(F_2 - G_2 F_3)]$$

$$G_4 = -1/D_4$$

$$D_4 = 2 - G_2 G_3(2+G_1)$$

依此类推,对于 $p+4$ 到点 t,可得出统一的表达式:

$$y_{p+a+1} = F_{a+1} - G_{a+1} y_{p+a+2} \quad (a = 3 \sim t-p) \tag{4-31(5)}$$

式中

$$F_{a+1} = -G_{a+1}[-\psi_{p+a}\sum\nolimits_{p+a} - F_{a-2} + (2+G_{a-2})(F_{a-1} - G_{a-1}F_a)]$$

$$G_{a+1} = -1/D_{a+1}$$

$$D_{a+1} = 2 - G_a G_{a-1}(2+G_{a-2})$$

值得注意的是,上述方程对桩头自由、桩头固定和桩头部分固定的桩是相同的。三者的区别在于第 $t+5$ 个方程,即约束方程不同。对于桩头自由桩,采用式(4-25.3′(t));对于桩头固定桩,采用式(4-24.3′(t));对于桩头部分约束的桩，采用式(4－27)。这些方程也可以表达为与 y_{p+r+1}，y_{p+r} 和 y_{p+r-1} 的关系，其中，$t = p + r$。

参照 Gleser(1984)相似的方法，首先推导 $r = 0$，1 和 2 时桩顶约束条件的差分表达式，然后得出 r 为任意值的桩顶约束条件差分表达式。

① 如果 $r = 0$

桩头自由

$$y_{p+2} = y_{t+2} = [F_1(1 - B_{p-1}) + (2 - C_{p-1})(A_p - C_p F_1) - A_{p-1}] \div [G_1(1 - B_{p-1}) - (2 - C_{p-1})(B_p + C_p G_1)] \tag{4-32.0}$$

桩头固定

$$y_{p+2} = y_{t+2} = [F_1(1 + B_{p-1}) + C_{p-1}(A_p - C_p F_1) - s_p + A_{p-1}] \div [G_1(1 + B_{p-1}) - C_{p-1}(C_p G_1 + B_p)] \tag{4-33.0}$$

桩头部分固定

$$y_{p+2} = y_{t+2} = \{F_1[B_{p-1}(R_t + 1) + R_t - 1] + (C_p F_1 - A_p)(2 - C_{p-1}) + (R_t + 1)A_{p-1}\} \div \{G_1[B_{p-1}(R_t + 1) + R_t - 1] + (C_p G_1 + B_p)(2 - C_{p-1})\} \tag{4-34.0}$$

② 如果 $r = 1$

桩头自由

$$y_{p+3} = y_{t+2} = [F_2(1 - B_p) - A_p + (2 - C_p)(F_2 G_1 - F_1)] \div \{G_2[(1 - B_p) + G_1(2 - C_p)]\} \tag{4-32.1}$$

桩头固定

$$y_{p+3} = y_{t+2} = [-s_{p+1} + F_2(1 + B_p + C_p G_1) - C_p F_1 + A_p] \div [G_2(1 + B_p + C_p G_1)] \tag{4-33.1}$$

桩头部分固定

$$y_{p+3} = y_{t+2} = \{F_2[(G_1 C_p + B_p)(R_t + 1) + R_t - 1 - 2G_1] + F_1(R_t + 1)(A_p - C_p F_1) + 2F_1\} \div \{G_2[(G_1 C_p + B_p)(R_t + 1) + R_t - 1 - 2G_1]\} \tag{4-34.1}$$

③ 如果 $r = 2$

桩头自由

$$y_{p+4} = y_{t+2} = \{F_3[1 + G_2(2 + G_1)] - F_2(2 + G_1) + F_1]$$
$$\div [G_3(1 + G_2)(2 + G_1)]\} \quad (4-32.2)$$

桩头固定

$$y_{p+4} = y_{t+2} = \{F_3[(1 - G_1G_2)] + G_1F_2 - F_1 - s_{p+2}\}$$
$$\div [G_3(1 - G_1G_2)] \quad (4-33.2)$$

桩头部分固定

$$y_{p+4} = y_{t+2} = \{F_3[R_t - 1 - G_2G_1(R_t + 1) - 2G_2]$$
$$+ F_2[(R_t + 1)G_1 + 2] + F_1(R_t + 1)\}$$
$$\div \{G_3[R_t - 1 - G_2G_1(R_t + 1) - 2G_2]\} \quad (4-34.2)$$

④ 如果 $r = r$

桩头自由

$$y_{p+r+2} = y_{t+2} = \{F_{r+1}[1 + G_r(2 + G_{r-1})] - F_r(2 + G_{r-1}) + F_{r-1}\}$$
$$\div \{G_{r+1}[1 + G_r(2 + G_{r-1})]\} \quad (4-32.r)$$

桩头固定

$$y_{p+r+2} = y_{t+2} = [F_{r+1}(1 - G_rG_{r-1}) + G_{r-1}F_r - F_{r-1} + s_{p+r}]$$
$$\div [G_{r+1}(1 - G_rG_{r-1})] \quad (4-33.r)$$

桩头部分固定

$$y_{p+r+2} = y_{t+2} = \{F_{r+1}[R_t - 1 - G_rG_{r-1}(R_t + 1) - 2G_r]$$
$$+ F_r[(R_t + 1)G_{r-1} + 2] + F_{r-1}(R_t + 1)\}$$
$$\div \{G_{r+1}[R_t - 1 - G_rG_{r-1}(R_t + 1) - 2G_r]\} \quad (4-34.r)$$

根据荷载大小、桩和土体参数，采用式(4－32. r)或式(4－33. r)或式(4－34. r)($r \geqslant 0$)计算得到 y_{t+2} 后，可以根据式(4－31(5))计算地面上各点的位移 $y_{p+a+1}(0 \leqslant a \leqslant r)$，即

$$y_{p+a+1} = F_{a+1} - G_{a+1}y_{p+a+2} \quad (4-31(5))$$

随后，采用地面上各点的位移与式(4－30(m))($3 \leqslant m \leqslant p$)计算第 3 点与地面之间各点的位移，即

$$y_m = -A_m - B_m y_{m+2} + C_m y_{m+1} \quad (3 \leqslant m \leqslant p) \qquad (4-30(m))$$

然后，根据式(4－30(2))，式(4－30(1))和式(4－30(0))，分别计算第2，1和0点的位移。再将y_2，y_1，y_0代入式(4－24.2(0))，可得到y_{-1}：

$$y_{-1} = 2y_0 - y_1 \qquad (4-35)$$

最后将y_2，y_1，y_{-1}代入式(4－25.3(0))，得到y_{-2}：

$$y_{-2} = y_2 - 2y_1 + 2y_{-1} \qquad (4-36)$$

在得到沿桩身各点的位移后，根据式(4－23.2)—式(4－26.2)分别计算各点的转角、弯矩、剪力和土体反力。

需要说明的是，如果在地面下一定深度内，存在与变形无关、沿深度分布的荷载q(如土体位移引起的极限土压力等)，则可将该深度内的$p-y$曲线直接修改为$(p—q)-y$曲线。从而采用上述差分法统一求解。

4.3.4 计算步骤和迭代求解

在求解之前，需要输入以下桩与土体参数：

(1) 桩参数：桩长L，桩头约束条件，荷载大小与离地面高度，每点处桩身抗弯刚度(桩身材料弹性模量E_m，惯性矩I_m)；

(2) 土体参数：地基反力模量k_m(由土体剪切模量G_s、泊松比ν_s按式(2－35)或式(2－45)确定)，n，α_0，N_g(确定土体极限抗力)。

由上述输入的参数，按下述步骤确定桩的性状：

(1) 假定沿桩的埋置深度内的每一点土体处于弹性状态，即在每一点m处，$U_m = 0$和$W_m = -h^4 k_m / E_m I_m$；

(2) 确定每一深度处土体屈服位移$y_{u(m)}(= p_{u(m)}/k_m)$，并由式(4－30(0))—式(4－30(p))确定地面下每一点的计算系数A，B，C；

(3) 根据地面上的作用荷载，按式(4－31(1))—式(4－31(5))确定地面上每一点的计算系数F和G；

(4) 由式(4－32.r)(桩头自由)或式(4－33.r)(桩头完全固定)或式(4－34.r)(桩头部分固定)计算y_{t+2}；

(5) 根据式(4－31(5))—式(4－31(1))计算地面上每一点处的变形y_{t+1}到y_{p+1}；

(6) 由式(4－30(p))—式(4－30(0))计算地面和地面下每一点的变形y_m

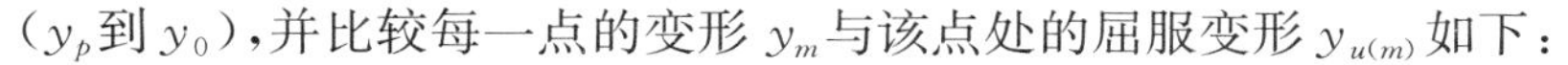

(y_p到 y_0)，并比较每一点的变形 y_m与该点处的屈服变形 $y_{u(m)}$如下：

a. 如果 $y_m \leqslant y_{u(m)}$，继续计算下一点的变形；

b. 如果 $y_m > y_{u(m)}$，该点 U_m 替换为 $-h^4 k_m y_{u(m)}/E_m I_m$ 和 $W_m = 0$，并继续计算下一点的变形；

(7) 采用修正后的 U_m和 W_m值，重复步骤(2)—(6)，直到下一个循环后 U_m和 W_m值不再发生变化，迭代过程终止；

(8) 得到桩身每一点的变形 y_m，然后按式(4-23.1)—式(4-26.1)计算每一点处的转角、弯矩、剪力和土体抗力等；

(9) 重复步骤(2)—(8)，计算下一级荷载作用下桩身的变形和其他性状。需要指出的是，随着荷载的增加，可以直接采用上一级荷载作用下的 U_m和 W_m值作为初值进行迭代计算。

上述计算过程已编制成 EXCEL2000 数据表格计算程序 FDLLP。FDLLP 的计算界面参见附录 B。如果本书采用程序 FDLLP 计算桩的性状，在图表中将表示为 FDLLP。

4.4　GASLFP，FDLLP 与 COM624P

COM624P 是美国高速公路局(FHWA，1993)推荐使用的侧向受荷桩分析程序。该程序存在如下特性：① 地基反力模量随深度线性增长，$k=n_h x$；② 采用一系列分段 $p-y$ 曲线，如图 4-1(c)中的曲线 B，能够考虑弹性与塑性之间的过渡区；③ 采用砂土 Reese LFP，黏土 Matlock LFP 和 R-C LFP；④ 差分法求解。COM624P 与 GASLFP 和 FDLLP 的对比见表 4-2。下面用一个假想的实例对三者的分析结果进行比较。

表 4-2　GASLFP，FDLLP 与 COM624P 程序的区别

比较项目	COM624P (FHWA，1993)	GASLFP (Guo，2003)	FDLLP (本文)
分析模型	离散弹簧模型	耦合弹簧模型	离散弹簧模型
地基反力模量	k 随深度线性增长($k=n_h x$)	k 沿深度为常数，可由理论公式计算	k 沿深度为常数，可由理论公式计算；也可输入任意 k 沿深度的变化

续 表

比较项目	COM624P (FHWA,1993)	GASLFP (Guo,2003)	FDLLP (本文)
极限抗力	固定的极限抗力分布	统一极限抗力分布模式,可考虑桩的施工效应、分层土体、群桩效应等	统一极限抗力分布模式,可考虑桩的施工效应、分层土体、群桩效应等
$p-y$ 曲线	分段曲线(见第 2 章)	理想弹塑性曲线	理想弹塑性曲线
解的形式	差分方法	显式方程	差分方法
计算手段	数值分析	数据表格程序或手算	数据表格程序

假想实例的桩基和土体特性如下：一钢管桩，长 15.2 m，桩外径 0.373 m，壁厚 22.5 mm，桩截面惯性矩为 8.0845×10^{-4} m^4，抗弯刚度 $EI=80.0$ MN·m^2，则 $E_p=EI/(\pi d^4/64)=2.40\times10^4$ MPa；土体为均匀级配中密细砂，内摩擦角为 35°，浮容重为 9.9 kN/m^3，泊松比为 0.3。荷载作用在地面处。

采用 COM624P 分析时，参数如下：地基反力常数 $n_h=16.3$ MN/m^3；采用缺省的极限抗力分布 LFP，即砂土 Reese LFP。并在表 4-3 和图 4-5 中表示为'COM624P'。

采用 GASLFP 分析时，选取 $G_s=11.2$ MPa，此时由式(2-35)计算得 $k=30.4$ MN/m^2，该值与采用 COM624P 分析时，$10d$ 深度内 k 的平均值相等(由 $n_h=16.3$ MN/m^3 计算得到)。极限抗力分布(LFP)由 $\alpha_0=0$，$n=1.7$ 和 $N_g=0.45K_p^2$ 确定，相应的 LFP 与 Reese LFP(COM624P 缺省采用)几乎一致，如图 4-5(a)所示。相应的预测结果表示为'CF, Case III'。

采用 FDLLP 分析时，取 $G_s=11.2$ MPa，采用式(2-45)计算得：$k=43.1$ MN/m^2，忽略弹性状态时弹簧间的耦合效应，即 $N_p=0$；并采用与 GASLFP 相同的 LFP。在表 4-3 和图 4-5 中表示为"FDLLP"。

图 4-5(b)给出了深度分别为 1.0 m 和 3.0 m 深度处 COM624P 和 GASLFP 采用的荷载传递 $p-y$ 曲线。FDLLP 与 GASLFP 采用的 $p-y$ 曲线相似，但弹性阶段的斜率(地基反力模量 k)稍有不同。可见，COM624P 和 GASLFP 采用的 $p-y$ 曲线是不同的：COM624P 采用的 $p-y$ 曲线考虑了弹塑性过渡区，并且弹性地基反力模量随深度线性增长，而 GASLFP 或 FDLLP 采用的 $p-y$ 曲线是理想弹塑性模型，未考虑弹塑性过渡区，并且弹性地基反力模量沿深度不变。但三者采用的极限抗力是比较接近的。

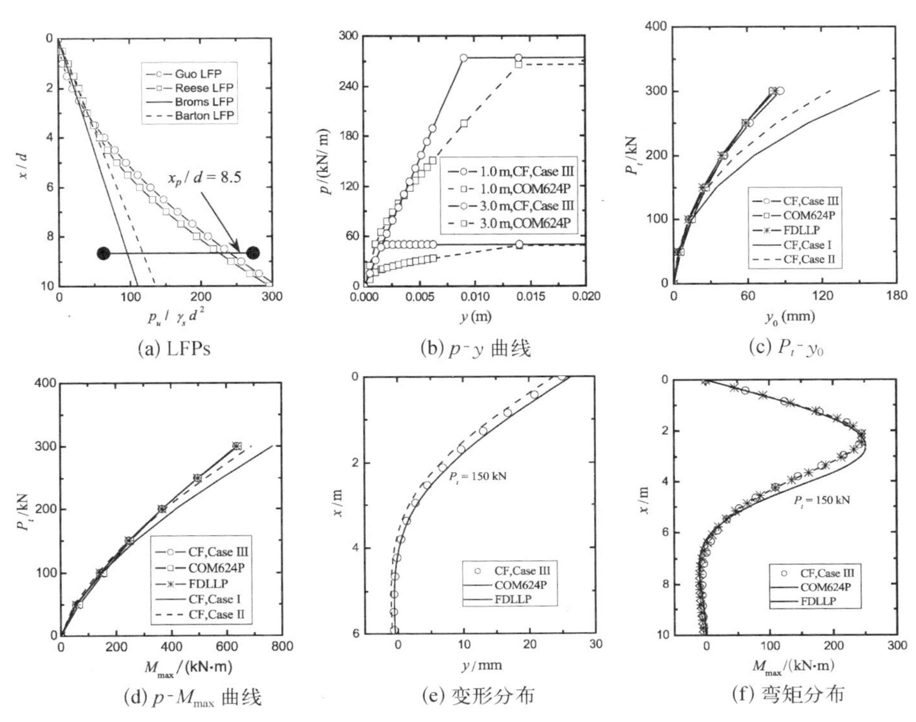

(a) LFPs　(b) $p-y$ 曲线　(c) P_t-y_0

(d) $p-M_{\max}$ 曲线　(e) 变形分布　(f) 弯矩分布

图 4-5　极限抗力分布与不同计算模型对桩基性状的影响

表 4-3　分析假想实例时采用的不同 LFP

计算条件	求 解 程 序	极限抗力分布参数			
		α_0	n	N_g	文　献
CF，case I	CF(Guo,2003)	0	1.0	$3K_p$	Broms(1964)
CF，case II	CF(Guo,2003)	0	1.0	K_p^2	Barton(1982)
CF，case III	CF(Guo,2003)	0	1.7	$0.45K_p^2$	Guo(2002)
FDLLP	FDLLP	0	1.7	$0.45K_p^2$	本文
COM624P	COM624P(FHWA,1993)	Reese LFP			Reese et al.(1974)

图 4-5(c)—(f)分别给出了采用上述计算条件得到的 P_t-y_0，$P_t-M_{\max}$ 关系曲线以及 $P_t=150$ kN 时变形和弯矩沿深度分布。可以发现：

(1) 尽管 $p-y$ 不同(LFP 相似,k 不同,弹塑性过渡区不同),但 CF，Case III 与 COM624P 预测的结果十分吻合。由于二者分别采用了两种极端的地基反力模量分布模式(一般的地基反力模量分布介于沿深度线性增长和常数之间),因此,桩基的性状主要由 LFP 控制,而不是弹性地基反力模量或弹塑性过渡区。

(2) CF, Case III 与 FDLLP 预测的桩基性状相当一致。因此,在一般条件下,弹簧间的耦合效应对桩的性状影响可忽略不计。

(3) 在最大荷载 $P_t=300$ kN 时,塑性滑移深度 $x_p=3.19$ m (8.5d), $M_{max}=637.9$ kN·m, $y_0=86.8$ mm≈23.3%d。y_0值大于一般的桩基设计标准(如 10%d 或 20%d)。因此,结论(1)和(2)不仅适用于较小荷载水平,也适用于设计直到破坏荷载水平。

为了进一步研究 LFP 对桩基性状的影响,采用程序 GASLFP 和 Broms LFP(Broms,1964)和 Barton LFP(Barton,1982),对上述桩基性状进行了分析,分别表示为 CF, Case I 和 Case II。在这两种计算条件下,G_s值与 CF, Case III 的G_s值相同。从图 4-5 可见,CF, Case I 远大于 CF, Case III 预测的桩顶变形。在 $P_t=300$ kN 时,CF, Cases I 预测的 $y_0=167.0$ mm 和 $M_{max}=766.2$ kN-m,分别达到了 CF, Cases III 预测结果的 1.9 倍和 1.2 倍。由于 CF, Cases II 的 LFP 较接近于 CF, Cases III 的 LFP,CF, Cases II 比 CF, Cases I 更接近于 CF, Cases III 的预测结果。因此,不同的 LFP,将给出不同的桩基的性状。

为比较地基反力模量和 LFP 对桩基性状的影响,以上述 FDLLP 计算实例为基准,采用程序 FDLLP 计算,当G_s和N_g值分别增加和降低 50%后,桩头变形和最大弯矩的比较如图 4-6 所示。为此,可以得出如下结论:

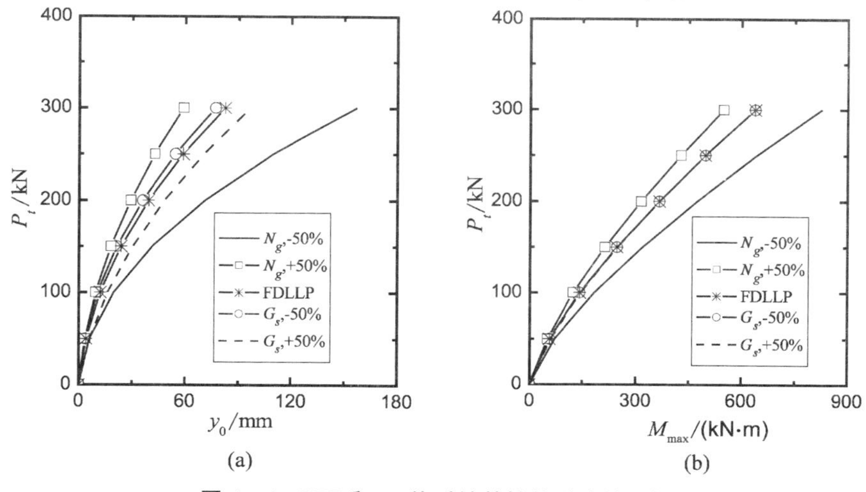

图 4-6 LFP 和 G_s 值对桩基性状影响的比较

(1) 桩头侧向变形随 N_g 和 G_s 值的增长而降低(图 4-6(a))。

(2) 桩头侧向变形对 N_g 值的变化远比 G_s 值的变化敏感。如当 $P_t=300$ kN, N_g 值降低 50%时, $y_0=156.6$ mm, 而 G_s 值降低 50%时, $y_0=96.8$ mm。与 G_s 和 N_g 值未发生变化时($y_0=82.6$ mm)比较,分别增长了 90%和 17%。可见,准确选择 N_g 值远比确定 G_s 值对桩头变形重要。

(3) 桩的最大弯矩随 N_g 值的增长而降低,随 G_s 值的变化而几乎不发生变化。如当 $P_t=300$ kN 时, N_g 值降低 50%时, $M_{max}=824.6$ kN·m, 而 G_s 值降低 50%时, $M_{max}=637.9$ kN·m。与初始 G_s 和 N_g 值对应的结果($M_{max}=637.9$ kN·m)比较,分别增长了 29.3%和零。因此,在较大荷载水平下,桩的最大弯矩只取决于土体极限抗力的分布。所以,在确定土体的极限抗力时,优先比较实测和预测的荷载-最大弯矩关系。

(4) 从结论(2)和(3)可进一步发现, N_g 值的变化对桩的变形影响要比对弯矩的影响大。因此,在确定土体的极限抗力时,除了比较实测和预测的荷载-最大弯矩关系,还应比较实测和预测的荷载-变形关系。

(5) 在通过比较较大荷载水平下实测和预测的荷载-最大弯矩和荷载-变形关系准确确定极限抗力分布后,再通过比较整个荷载-变形关系可反分析得到 G_s 值。因此,采用弹塑性解答不仅可以确定土体的极限抗力,也可反分析土体的弹性变形参数。

4.5　桩头约束对桩基性状的影响

采用程序 FDLLP,可对桩头约束条件的影响进行研究。对上述假想的实例,采用与上述 FDLLP 分析相同的计算参数,图 4-7 给出了桩头自由、固定和部分固定(假设 $M_t/\theta_t=1\,000$ kN·m/1) 三种不同的桩头约束条件下的桩基性状。可以看出:

(1) 桩头约束对桩的侧向变形 y_0 影响十分显著(图 4-7(a))。桩头自由时桩的侧向变形最大,桩头固定时变形最小。当 $P_t=300$ kN 时,桩头自由时的 y_0 值是桩头固定时 y_0 值的 5.67 倍,该值比一般的弹性解结果大(采用弹性解时二者的比值一般为 2 倍左右,如 Kubo,1965)。

(2) 桩头约束对桩的最大弯矩 M_{max} 影响比较明显(图 4-7(b))。桩头自由时, M_{max} 最大,部分固定时, M_{max} 最小。因此,采用部分约束的桩基不仅能降低桩

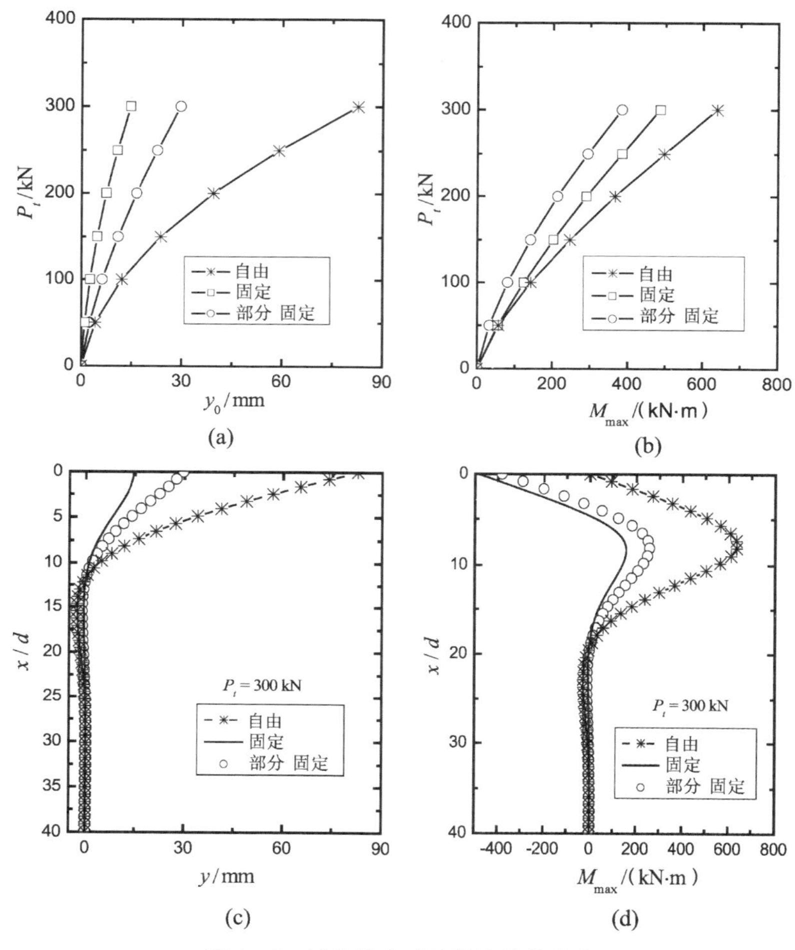

图 4-7 桩头约束对桩基性状的影响

的变形，而且能显著降低桩的最大弯矩。当 P_t = 300 kN 时，桩头自由时的 M_{max} 值是桩头部分固定时 M_{max} 值的 1.66 倍。

(3) 无论哪种约束，桩的侧向变形主要发生在上部 10d 深度内(图 4-7(c))，而弯矩主要发生在上部 15d 深度内(图 4-7(d))。由于弯矩主要受上部土体极限抗力分布影响，所以选取 10d 深度内土体的平均弹性参数(G_s 和 ν_s)，对任何桩顶约束条件都是合适的。

(4) 在任意荷载水平下，桩头固定和部分固定时，最大正弯矩 $+M_{max}$ 和最大负弯矩 $-M_{max}$ 绝对值之和与桩头自由时的最大正弯矩 M_{max} 有一定的差别，但差别不是太大。例如，当 P_t = 300 kN 时，桩头固定和部分固定时，$+M_{max}$ 与

$-M_{max}$绝对值之和分别为 643.7 kN·m 和 640.1 kN·m，而桩头自由时的最大正弯矩 M_{max}为 637.9 kN·m；当 $P_t=$ 100 kN 时，桩头固定和部分固定对应的 $+M_{max\,x}$与$-M_{max}$绝对值之和分别为 155.1 kN·m 和 147.5 kN·m，而桩头自由时的最大正弯矩 M_{max}为 142.0 kN·m。因此，在工程实践中，可近似认为它们是相等的。

另外，如果桩头为部分固定时，桩的性状与 M_t/θ_t的大小有关。对上述实例，图 4-8 给出了 $P_t=$ 300 kN 时桩头变形和最大弯矩随 M_t/θ_t值的变化关系。结果表明：

(1) 随着 M_t/θ_t 的增长，桩顶变形在初始阶段急剧降低，然后趋于平缓(图 4-8(a))；

(2) 随着 M_t/θ_t的增长，在初始阶段，最大负弯矩急剧增长而最大正弯矩急剧降低；随后二者变化逐渐趋缓(图 4-8(b))；

(3) 桩头自由和桩头固定条件并不是 M_t/θ_t值分别为无限小和无限大的情况。当 $M_t/\theta_t\approx$ 1 kN·m/1 时，部分固定条件得到的桩头变形和最大正弯矩与桩头自由条件时对应的值相等；当 M_t/θ_t分别为 2 150 kN·m/1 和 2 780 kN·m/1 时，部分固定条件得到的桩头变形和最大负弯矩分别达到桩头固定时对应的值，两者并不能同时吻合。因此，如果桩的设计由最大弯矩控制，在设计荷载条件下，最大正弯矩与最大负弯矩相等(即图 4-8(b)中$+M_{max}$与$-M_{max}$的交点)对应的 M_t/θ_t值即为最优桩顶约束。

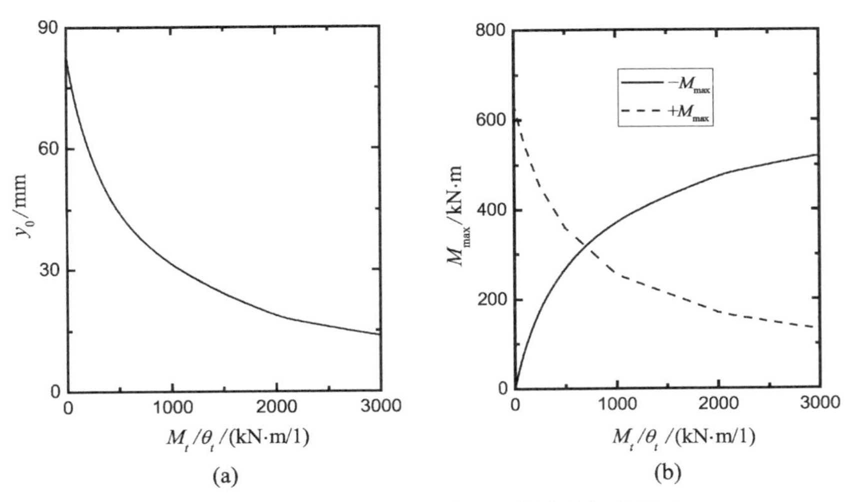

图 4-8　桩头约束对桩头变形和最大弯矩的影响

4.6 本章小结

本章简要介绍了基于统一极限抗力分布模式的理论封闭解和数据表格计算程序 GASLFP。通过选定合适的极限抗力分布参数,该理论封闭解不仅能够考虑各种效应,如土体类型和分布、群桩效应、加载类型(如循环荷载)等,对侧向受荷桩性状的影响,而且可大大简化群桩-承台-上部结构的相互作用分析。

然而上述理论解答一般只适用于荷载作用在桩头、桩头自由或桩头完全固定的柔性长桩,目前还不能准确考虑高承台桩、桩身作用有分布荷载和沿桩长方向上抗弯刚度发生变化的情况。为此,本文推导了基于统一极限抗力分布的侧向受荷桩有限差分解,并编制了相应的数据表格程序 FDLLP。该数值解不仅适用于柔性长桩,也适用于刚性桩;不仅可以考虑桩头自由和桩头固定的情况,而且可以考虑桩头部分固定条件;不仅可以考虑桩头位于地面条件,而且可以考虑桩头高于或低于地面的情况。另外,该数值解答还可以考虑直接作用在桩上的分布荷载,如地面上水流或波浪作用荷载和土体位移或滑坡引起的土体压力。

通过比较 GASLFP,FDLLP 和 COM624P 所采用的分析模型和预测的桩基性状,结果表明,桩基性状主要受 LFP 控制,而不是弹性地基反力模量和荷载传递模型中的弹塑性过渡区。因此,如果能够准确确定极限抗力分布,就能够准确地预测桩基的性状。

采用 GASLFP 或 FDLLP 不仅可以确定土体的 LFP,也可反分析土体的弹性变形参数,如 k 或 G_s 值。在反分析过程中,根据桩基各性状对 LFP 和 G_s 的灵敏度(LFP 既影响桩的变形也影响弯矩,而 G_s 只影响变形不影响弯矩),首先通过调整 N_g,α_0 和 n 值:① 准确拟合计算与实测的荷载 P_t-最大弯矩 M_{max} 曲线;② 准确拟合计算与实测的弯矩 M 分布;③ 准确拟合计算与实测的 P_t-最大弯矩发生深度 x_{max} 曲线;④ 初步拟合计算与实测的 P_t-桩顶变形 y_t 曲线;⑤ 初步拟合计算与实测的 P_t-地面处桩身转角 θ_0 曲线,从而得到准确的 LFP。然后再通过调整 k 或 G_s 值准确拟合计算与实测的 P_t- y_t 和 P_t- θ_0 关系,从而得到准确的 k 或 G_s 值。

采用程序 FDLLP 对影响侧向受荷桩性状的参数研究表明,除了土体极限抗力分布外,桩头的约束条件对桩的性状影响也十分明显。随着 M_t/θ_t 的增长,桩头约束从自由状态过渡到桩头完全固定的情况。在 M_t/θ_t 较小时，桩顶变形急剧降低，然后趋于平缓，最大负弯矩急剧增长而最大正弯矩急剧降低，随后，二者变化逐渐趋缓。因此，如果桩的设计由最大弯矩控制，在设计荷载条件下，最大正弯矩与最大负弯矩相等时对应的 M_t/θ_t 值即为最优桩顶约束。

第5章

N_g 值与侧向受荷桩的静载特性

5.1 引　　言

由第 3 章的分析表明，对于砂土中的侧向受荷桩，土体的 LFP 可选取 $\alpha_0 = 0$ 和 $n = 1.7$；对于正常固结黏土中的侧向受荷桩，$n = 0.36 \sim 1.0$ 和 $\alpha_0 = 0 \sim 0.4$，可初步选取 $n = 0.7$ 和 $\alpha_0 = 0.2$。α_0 和 n 值相对比较固定，但 N_g 值与桩的尺寸、施工条件和载荷类型有关。因此，本章将通过工程实例的实测桩基性状，采用程序 GASLFP 或 FDLLP，主要反分析 N_g 的大小，从而给出 N_g 值的范围。同时，对土体或岩石中侧向受荷桩的性状、极限承载力进行详尽的分析。

在本章的分析和讨论中，桩基均为钢管桩或钢管护壁桩(套管混凝土桩)，因此不考虑桩本身的结构(抗弯刚度)非线性，即桩的截面抗弯刚度 EI 假定为常数。

5.2 侧向受荷桩分析过程与参数选取

根据第 4 章基于统一极限抗力分布的侧向受荷桩弹塑性解答，在分析桩的性状时，需要确定如下参数或遵循如下分析过程：

(1) 确定桩的计算参数：桩径(或宽度) d，桩的嵌入长度 L，抗弯刚度 EI，惯性矩 I_p，并计算等效杨氏模量 $E_p = EI/(\pi d^4/64)$ 和根据桩材确定桩截面极限弯矩 M_{ult} (如果考虑桩发生塑性铰破坏)；

(2) 确定土体或岩石的计算参数：

(a) 砂土：$5d$ 深度内的土体有效重度 γ_s 和内摩擦角 ϕ，$10d$ 深度内的剪切模量G_s和泊松比ν_s。如果缺少试验资料，可近似选取如下：(i) 水上和水下γ_s分别取 18 和 10(kN/m^3)；(ii) $\phi = \tan^{-1}\sqrt{D_r}$(弧度) 或根据表 2-3 插值；(iii) $G_s = \alpha_3 N_{SPT}$，$\alpha_3 = 0.2 \sim 1.0$ (Kulhawy & Manye,1990)；(iv) $\nu_s = 0.3$；

(b) 黏土：5d 深度内的平均不排水剪强度S_u，10d 深度内的剪切模量G_s(可由 10d 深度内的平均S_u确定)和泊松比ν_s。如果缺少试验资料，可采用如下方法选取：(i) 根据S_u与标贯击数N_{SPT}、静力触探贯入阻力q_c或原位先期固结压力的经验关系确定S_u；(ii) $G_s = I_r S_u$，$I_r = 16 \sim 300$；(iii) $\nu_s = 0.3$；

(c) 岩石：3d 深度内的岩石单轴抗压强度q_{ur}，6d 深度内的剪切模量G_m和泊松比ν_m；

(3) 计算桩的有效长度L_{cr}，并检验L_{cr}与 10d(土体)或 6d(岩石)是否一致，并根据L_{cr}值调整剪切模量G_s，使L_{cr}深度内的平均G_s值与所选用的G_s值一致；

(4) 按式(2-35)和式(2-60)计算 k 和 N_p。如果不考虑弹簧间的耦合效应，可直接采用式(2-35)或式(2-45)计算 k 值；

(5) 选取α_0，n 和 N_g 值，采用第 4 章的弹塑性解答及其程序 GASLFP 或 FDLLP，分析桩的性状。

在上述分析过程中，G_s，α_0，n 和 N_g 值的选取将决定了分析结果的准确性。其中，α_0 和 n 值可根据第 3 章的分析初步确定。因此，本章将根据大量的工程实例分析，确定相应的G_s和N_g值，并试图给出G_s和N_g值的确定方法和取值范围。并在桩基变形分析的基础上，给出确定桩基极限承载力的计算方法。

5.3 砂土中侧向受荷桩的性状

5.3.1 分析实例 SS1

Cox 等(1974)报道了两个分别为静力加载和循环加载的开口打入钢管桩试验。桩长 $L = 21$ m、桩径 $d = 610$ mm，截面惯性矩 $I_p = 8.0845 \times 10^{-4}$ m^4，抗弯刚度 $EI = 163$ MN·m^2。计算得 $E_p = EI/(\pi d^4/64) = 2.40 \times 10^4$ MPa，桩的屈服弯矩 $M_y = 640$ kN·m，发生塑性铰破坏时的极限弯矩 $M_{ult} = 828$ kN·m (Reese & Van Impe,2001)。本章主要论述桩的静载特性，因此只对静力载荷试验进行分析。

该试验位于美国得克萨斯州的 Corpus Christi 地区，邻近 Mustang 岛，是推导表 2-13 中 SPY1 模型的现场载荷试验，下称 Mustang 试验。土体为均匀级配细砂，平均相对密度为 0.9，内摩擦角 $\phi=39°$。在试验过程中，自由水面保持在地面上约 150 mm，浮容重 $\gamma_s=10.4\ \text{kN/m}^3$。根据钻孔资料(Cox 等，1974)，在 $10d$ 深度内的平均标准贯入击数 N_{SPT} 约为 18。

根据第 3 章的分析，取 $\alpha_0=0$ m 和 $n=1.7$。假定 $\nu_s=0.3$，采用程序 GASLFP，首先通过准确拟合实测的最大弯矩 M_{max}(图 5-1(c))、弯矩 M 沿深度分布(图 5-1(e))，初步拟合实测的地面处桩的变形(图 5-1(b))和转角(图 5-1(d))，反分析得 $N_g\approx 0.55K_p^2$。然后再通过调整 G_s 值，准确拟合实测地面处桩的变形(图 5-1(b))和转角(图 5-1(d))，反分析得 $G_s\approx 10.5=0.58N_{SPT}$ (MPa)。从图 5-1 可见，采用上述参数计算的桩基性状与实测桩基性状相当吻合。

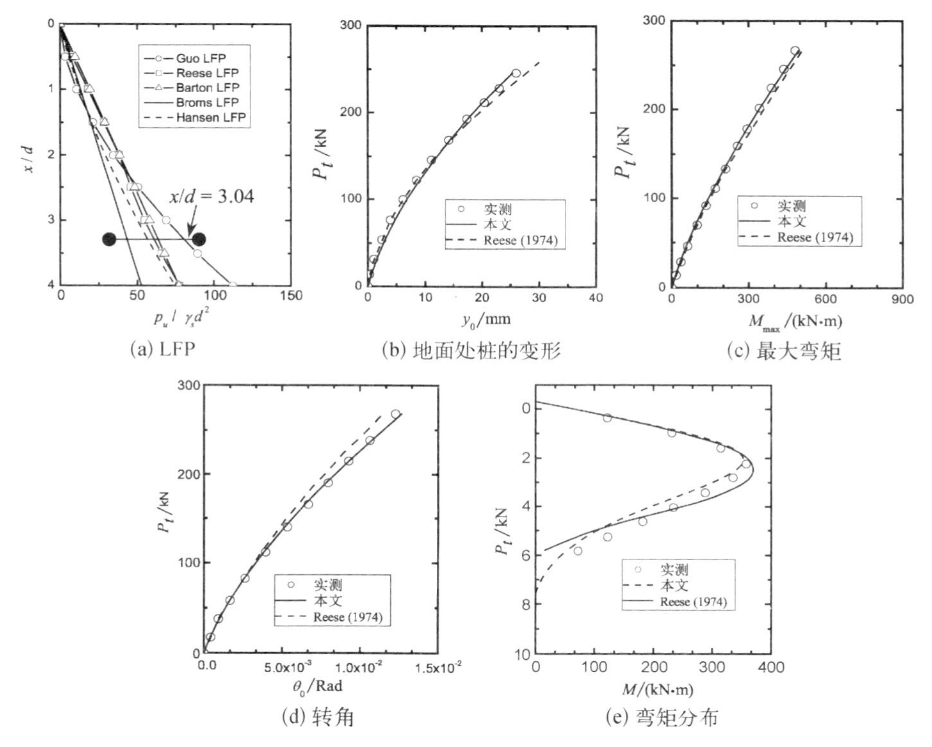

图 5-1 Mustang 试验的 LFP 与桩基性状

在最大荷载约 $P_t=266.8$ kN 时，$M_{max}=494.4$ kN·m($<M_y$)，塑性滑移深度 x_p 为 1.94 m(3.04d)。在该 x_p 深度内，反分析得到的 LFP(即图 5-1 中 Guo LFP)虽然与 Reese LFP 的分布稍有不同(图 5-1(a))，但二者都能给出与实测结果相当吻合的预测，并且二者的极限抗力平均值比较一致。实际上，如果

在最大塑性滑移深度内，形状相似的不同 LFP 如果给出相近的极限抗力平均值，则它们能预测出比较一致的桩基性状（Guo & Zhu，2004）。因此，采用 Broms LFP 时将得到偏大的桩基侧向变形和弯矩（图中未示出）。

将 G_s 和桩的等效杨氏模量 $E_p = 2.40 \times 10^4$ MPa 代入式（2-19），可得桩的有效长度 $L_{cr} = 5.25$ m（$= 8.6d$）。因此，选取 $10d$ 深度内的土体弹性参数是合适的。再将 ν_s，E_p 和 G_s 代入式（2-35）和式（2-45），可分别得到 $k/G_s = 3.55$ 和 $k/G^* = 3.72$。由式（2-45）得到的 k 值约为式（2-35）所得 k 值的 1.28 倍。因此，如第 2 章所述，采用式（2-45）计算 k 值除以系数 1.3 是合适的。

5.3.2 砂土中侧向受荷桩的分析数据库

除了实例 SS1 外，本文还对其他 19 个砂土中的侧向受荷桩性状进行了分析。桩和土体的计算参数分别如表 5-1 和表 5-2。在这些分析实例中（下称数据库），试验荷载水平可能并不一样。有的试验已经达到桩基破坏，有的则没有达到破坏。但在工程设计中，往往将一定的桩基变形或转角对应的荷载作为设计荷载（Kulhawy & Manye，1995）。因此，表 5-3 给出了地面处桩基变形分别为 $10\%d$ 和 $20\%d$ 的如下计算结果：① 归一化桩顶荷载 $P_t/\gamma_s d^3$；② 归一化塑性滑移深度 x_p/d；③ 地面处桩的转角 θ_0；④ 归一化最大弯矩 $M_{max}/\gamma_s d^3$；和 ⑤ 归一化最大弯矩发生深度 x_{max}/d。除注明情况的实例之外，计算桩基性状与相应的实测结果非常吻合，二者的比较可参见附录 C。

在该数据库中，存在如下特性：① 桩径 $d = 0.018\,2 \sim 0.812\,8$ m，内摩擦角 $\phi = 29.6° \sim 43°$；② 包括现场试验、离心机试验和室内模量试验；③ 桩基有开口和闭口钢管桩、增强钢管桩、增强 H 型桩、套管混凝土桩以及铝管模型桩，可不考虑桩身屈服或开裂引起桩身抗弯刚度的衰减；④ 由于侧向受荷桩试验很难控制桩头为完全固定，因此只报道了两个桩头固定的室内模型试验结果，其他均为桩头自由桩。

根据表 5-1、表 5-2 和表 5-3，可以得出如下结论：

（1）由于在上述数据库中，桩径 $d = 0.018\,2 \sim 0.812\,8$ m，内摩擦角 $\phi = 29.6° \sim 43°$。因此，分析结果既适用于微型桩，也可适用于大直径桩；既适用于松砂，也适用于密砂；

（2）$k = (2.38 \sim 3.73)G_s = (0.92 \sim 1.43)E_s$，平均值为 $3.23G_s$ 或 $1.24E_s$。上述结果不仅与表 2-6 所列的 α_1 值比较一致，而且与英国设计规范（CIRIA，1984）推荐的 $k = (0.8 \sim 1.8)E_s$ 非常吻合；

表 5-1 砂土中侧向受荷桩数据库——桩参数

编号	文献	桩号	桩型	桩头约束	L/m	d/mm	e/m	E_p/MPa	EI/(MN·m^2)
SS1	Cox 等,1974	静载	开口钢管桩	自由	21.05	610	0.305	2.40×10^4	163
SS2	Gill,1969	P9	开口钢管桩	自由	5.537	120.6	0.813	5.99×10^4	0.623
SS3	Gill,1969	P10	开口钢管桩	自由	7.315	218.9	0.813	5.52×10^4	6.227
SS4	Gill,1969	P11	开口钢管桩	自由	9.296	323.9	0.813	3.96×10^4	21.408
SS5	Gill,1969	P12	开口钢管桩	自由	9.296	406.4	0.813	3.62×10^4	48.497
SS6	Brown,1988	单桩	套管混凝土桩	自由	13.115	273	0.305	6.90×10^4	18.824
SS7	Rollins 等,2005	单桩	开口钢管桩	自由	11.5	324	0.69	5.29×10^4	28.6
SS8	Kishida & Nakai, 1977	桩 C	闭口钢管桩	自由	23.5	609.6	0.2	2.45×10^4	166.04
SS9	Kishida & Nakai, 1977	桩 D	闭口钢管桩	自由	44.0	812.8	0.6	2.46×10^4	527.4
SS10**	Nakai & Kishida, 1982	桩 A	钢管桩	自由	1.8	60.5	0.12	4.48×10^4	2.943×10^{-2}
SS11	Alizadeh & Davisson, 1970	P16	钢管桩	自由	6.1	406.4	0.0	5.15×10^4	71.225

续 表

编号	文献	桩号	桩型	桩头约束	L/m	d/mm	e/m	E_p/MPa	EI/(MN·m^2)
SS12&	Alizadeh & Davisson, 1970	P2	角钢增强钢管桩	自由	6.1	480.3	0.031	2.67×10^4	69.877
SS13	Alizadeh & Davisson, 1970	P6	角钢增强 H 桩(14BP73)	自由	13.115	444.8	0.031	3.21×10^4	61.698
SS14	Alizadeh & Davisson, 1970	P10	角钢增强钢管桩	自由	6.1	480.3	0.107	2.67×10^4	69.877
SS15	Alizadeh & Davisson, 1970	P13A	钢板增强钢管桩	自由	9.15	434.5	0.153	4.07×10^4	69.016
SS16	McVay 等,1995	单桩离心机试验	开口钢管桩	自由	11.1	430	2.2	4.30×10^4	72.1
SS17	McVay 等,1995	单桩离心机试验	开口钢管桩	自由	11.1	430	2.2	4.30×10^4	72.1
SS18	Gandhi & Selvam, 1997	模型试验	打入铝管	自由	0.5	18.2	0.01	1.60×10^4	8.6×10^{-5}
SS19	Gandhi & Selvam, 1997	模型试验	打入铝管	固定***	0.5	18.2	0.047**	1.60×10^4	8.6×10^{-5}
SS20	Gandhi & Selvam, 1997	模型试验	“钻孔”铝管	固定***	0.5	18.2	0.047**	1.60×10^4	8.6×10^{-5}

桩号：原文报道的试桩编号或试验场地名；SS10*：拟合地面位移和最大弯矩发生深度，实测最大弯矩偏小，很难拟合。

SS12&：分析中采用 Reese&Van Impe(2001)报道的土体参数以及角钢增强后桩宽(480.3 mm)；**：原文未报道 e 值大小，本文假定荷载施加在承台上部；***：采用程序 FDLLP 进行分析。

表 5-2　砂土中侧向受荷桩数据库——土体参数

编　号	土体类型	γ_s/(kN/m^3)	Dr	N_{SPT}	ϕ/(°)	G_s/(MPa)	N_g/K_p^2	G_s/N_{60}/MPa	k/G_s(式(2-35))	k/G^*(式(2-45))
SS1	水下密砂	10.4	90%	18	39	10.5	0.55	0.58	3.55	3.72
SS2	压实粒状土	19.63		29.2	41	18.0	1.5	0.62	3.44	3.53
SS3	压实粒状土	19.63		26.9	41	16.6	0.9	0.62	3.44	3.53
SS4	压实粒状土	19.63		24.9	41	11.5	0.55	0.46	3.43	3.51
SS5	压实粒状土	19.63		24.9	41	11.5	0.75	0.46	3.46	3.56
SS6	中密砂	15.4		35	38.5	16.5	1.0	0.47	2.98	2.73
SS7	水下中密砂	10.3	50%	10	35.3	6.15	1.5	0.62	3.18	3.08
SS8	中密砂	18		12	31.6	3.23	2.5	0.27	3.22	3.14
SS9	松砂	17		9	29.6	4.15	1.1	0.46	3.28	3.25
SS10	中密砂	18			38	10.0	1.2		3.36	3.38
SS11*	水下中密砂	9.87		27	43	9.54	0.78	0.35	3.30	3.29
SS12*	水下中密砂	10.9		27	43	11.8	1.6	0.58	3.56	3.73
SS13*	水下中密砂	9.87		27	43	16.6	0.49	0.62	3.61	3.81
SS14*	水下中密砂	9.87		27	43	16.6	1.6	0.62	3.73	4.02
SS15*	水下中密砂	9.87		27	43	6.65	1.8	0.25	3.27	3.24
SS16	中密砂	15.18	55%		39	6.0	0.65		3.23	3.16
SS17	松砂	14.51	33%		34	3.2	0.8		3.07	2.89
SS18	中密砂	16.22	60%		36.3	0.45	2.0		2.86	2.52
SS19							1.0		2.44	2.52
SS20						0.3	0.4		2.38	2.38
对于所有实例，$n = 1.7$ 和 $\alpha_0 = 0$										

*：由于 N_{SPT} 较大，内摩擦角采用 Reese & Van Impe(2001)报道的平均值 43°而非 Alizadeh & Davisson(1970)给出的 31°～35°。

表 5-3　砂土中侧向受荷桩数据库——桩的计算性状

编号	L_{cr}/d	$y_0/d=10\%$					简化	$y_0/d=20\%$					简化
		$P_t/\gamma_s d^3$	x_p/d	θ_0	$M_{max}/\gamma_s d^4$	x_{max}/d	$M_{max}/\gamma_s d^4$	$P_t/\gamma_s d^3$	x_p/d	θ_0	$M_{max}/\gamma_s d^4$	x_{max}/d	$M_{max}/\gamma_s d^4$
SS1	8.6	180.06	4.07	2.46%	631.52	4.12	631.66	270.20	5.03	4.49%	1 079.44	4.79	1 079.72
SS2	9.6	421.36	4.32	1.90%	3 957.64	3.64	3 959.93	663.21	5.35	3.38%	6 551.48	4.31	6 555.15
SS3	9.6	300.94	4.21	2.03%	1 969.66	3.88	1 970.50	467.81	5.24	3.66%	3 297.04	4.57	3 298.43
SS4	9.7	181.47	3.94	2.15%	966.95	3.86	967.21	281.48	4.93	3.90%	1 639.97	4.54	1 640.37
SS5	9.4	178.56	3.28	2.37%	803.31	3.43	803.39	280.17	4.15	4.34%	1 387.36	4.04	1 387.68
SS6	16.1	327.76	5.18	2.06%	1 535.44	4.89	1 535.85	488.93	6.33	3.71%	2 568.93	5.67	2 569.65
SS7	12.6	345.68	3.66	1.93%	1 767.93	4.17	1 764.79	548.92	5.86	3.58%	3 108.65	4.85	3 108.65
SS8	12.1	119.05	1.63	2.21%	290.41	3.63	168.99	202.65	2.22	4.37%	555.53	3.85	470.97
SS9	11.3	80.63	2.46	2.30%	252.14	3.60	240.15	130.69	3.23	4.39%	462.27	4.01	457.13
SS10	12.5	677.34	6.16	1.74%	4 099.37	5.58	4 100.17	1 011.8	7.50	3.13%	6 782.80	6.47	6 784.58
SS11	11.0	464.60	3.99	2.19%	1 525.90	4.62	1 518.30	707.27	5.02	4.09%	2 704.70	5.26	2 705.08
SS12	8.6	407.05	2.82	2.82%	1 008.01	3.44	993.83	629.05	3.58	5.31%	1 806.40	3.89	1 805.70
SS13	8.2	325.56	4.81	2.43%	1 128.69	4.66	1 129.45	477.16	5.85	4.38%	1 900.67	5.37	1 902.13
SS14	7.4	468.82	3.31	2.95%	1 284.06	3.46	1 284.49	704.99	4.10	5.41%	2 219.89	4.01	2 221.03
SS15	11.4	454.04	2.48	2.28%	1 280.77	3.79	1 184.02	733.51	3.25	4.40%	2 363.43	4.17	2 324.90
SS16	11.9	121.30	3.24	2.00%	916.83	3.35	916.91	197.45	4.16	3.64%	1 587.65	4.01	1 587.91
SS17	14.3	99.86	2.96	1.85%	758.73	3.49	757.37	166.17	3.88	3.41%	1 346.20	4.11	1 346.23
SS18	18.8	772.63	3.35	1.45%	2 901.14	6.10	2 686.52	1 266.58	4.46	2.85%	5 474.73	6.55	5 802.5
SS19	18.8	1 142.9	4.78	0.57%	−7 686.03 (2 112.75)	0 (9.89)		1 882	6.43	1.03%	−13 143.9 (4 045.1)	0 (10.34)	
SS20	21.1	771.8	5.98	0.45%	−5 649.92 (1 584.96)	0 (11.24)		1 245.1	8.09	0.80%	−9 920.68 (2 977.56)	0 (11.99)	

(3) $G_s=(0.25\sim0.62)N_{SPT}$(MPa)，平均值为 $0.50N_{SPT}$(MPa)。相应的土体杨氏模量 $E_s=(0.65\sim1.6)N_{SPT}$(MPa)，平均值为 $1.3N_{SPT}$(MPa)。该结果与大量报道的土体剪切模量或杨氏模量值非常一致，如 Kulhawy & Mayne(1990)总结的 E_s 值为 $(0.5\sim1.5)N_{SPT}$(MPa)，Kishida & Nakai(1977)建议日本砂土 $E_s=(1.4\sim1.8)N_{SPT}$。因此，采用侧向受荷桩试验可以准确反分析土体杨氏(或变形)模量，用于其他地下结构或基础的变形分析；

(4) $N_g=(0.55\sim2.5)K_p^2$，$\alpha_0=0$ m 和 $n=1.7$。对于挤土桩(如闭口钢管桩)和截面加强桩(如 SS11—SS14)，$N_g=(1.0\sim2.5)K_p^2$；对于部分挤土桩和钻孔桩，$N_g=(0.4\sim1.6)K_p^2$；

(5) $L_{cr}/d=7.4\sim16.1$，平均值为 10.3。因此，一般选择 $10d$ 深度内的土体平均弹性参数确定地基反力模量 k 是准确的；

(6) 根据 18 个桩顶自由桩实例(SS1—SS18)，当地面处桩基变形为 $10\%d$ 时，塑性滑移深度 $x_p/d=1.63\sim5.18$，平均值为 3.60；最大弯矩发生深度 $x_{max}/d=3.35\sim6.10$，平均值为 4.07；当地面处桩基变形为 $20\%d$ 时，塑性滑移深度 $x_p/d=2.22\sim6.39$，平均值为 4.61；最大弯矩发生深度 $x_{max}/d=3.85\sim6.55$，平均值为 4.67。因此，对于砂土中的侧向受荷桩，可选取 $5d$ 深度内的土体重度、内摩擦角确定土体的极限抗力；

(7) 根据 18 个桩顶自由桩的实例(SS1—SS18)，地面处桩的变形为 $10\%d$ 和 $20\%d$ 时，对应的地面处桩的转角分别为 1.45%～2.95% 和 2.85%～5.41%，平均值分别为 2.17%和 4.03%。因此，采用地面处转角为 2%或 4%为设计标准与采用地面处桩基变形为 10%和 20%基本上是一致的；

(8) 比较 SS12—SS15(加宽桩径)与 SS11(未加宽桩径)的 N_g 值可知，增大桩宽可提高土体的极限抗力；

(9) 比较 SS18—SS20 的 N_g 值可见，砂土中打入桩比钻孔桩的土体极限抗力大，桩头自由桩的土体极限抗力比桩头固定桩的土体极限抗力大。因此，土体极限抗力不仅与施工条件有关，还与桩头约束条件有关。比较反分析得到的 LFP 与 Reese LFP，Barton LFP 和 Broms LFP 表明(参见附录 C)，实际的 LFP 接近或大于上述三个 LFP。因此，目前常采用的 LFP(Reese LFP，Barton LFP 和 Broms LFP)可能只适用于钻孔桩或少量排土桩；

(10) 分别采用式(2-35)和式(2-45)得到的 k/G_s 和 k/G^* 值非常一致。如第 2 章所述，由于轴对称有限元分析没有考虑桩后土体的拉裂而得到较高的土体刚度，可将式(2-45)中的 G^* 替换为 G_s，或将式(2-45)除以系数 1.3(略大于

$1+0.75\nu_s$)，用于计算 k 值，从而避免采用 Bessel 函数；

(11) 将地面处变形为 $10\%d$ 和 $20\%d$ 对应的 $P_t/\gamma_s d^3$ 和 $M_{max}/\gamma_s d^4$ 与桩径关系分别绘制于图 5-2 和图 5-3。可以看出，在地面变形为 $10\%d$ 时，$P_t/\gamma_s d^3=80\sim800$，$M_{max}/\gamma_s d^4=250\sim4\ 000$；在地面变形为 $20\%d$ 时，$P_t/\gamma_s d^3=130\sim1\ 300$，$M_{max}/\gamma_s d^4=460\sim6\ 550$。并且，$P_t/\gamma_s d^3$ 和 $M_{max}/\gamma_s d^4$ 值随桩径的增长呈降低趋势。

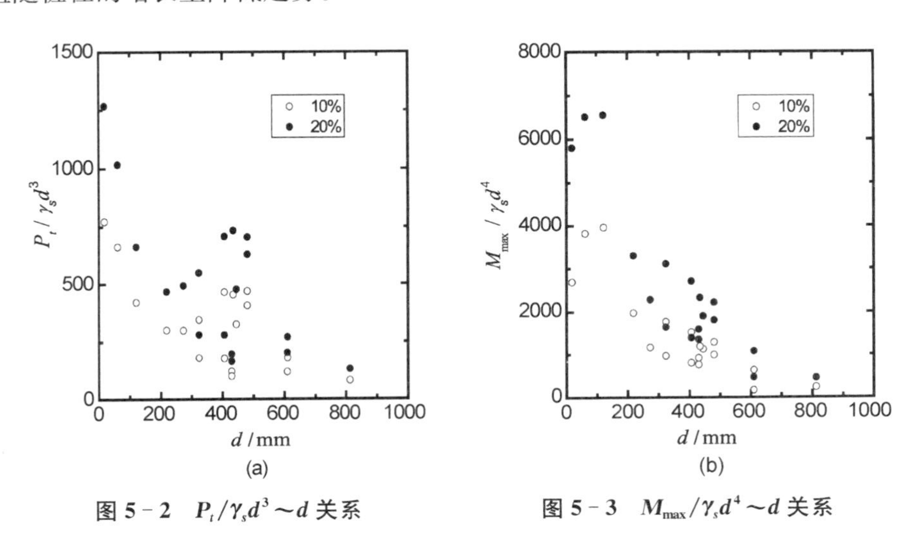

图 5-2 $P_t/\gamma_s d^3\sim d$ 关系　　**图 5-3 $M_{max}/\gamma_s d^4\sim d$ 关系**

值得指出的是，只要最大塑性滑移深度内的极限抗力平均值接近，形状相近的不同 LFP 可以得到比较一致的桩基性状。因此，对于砂土中侧向受荷桩的设计，可选取 $\alpha_0=0$ m 和 $n=1.7$。对于分层土体，$n=1.7$ 与实际 n 值的差别可通过选取合适的 N_g 值得到补偿。

5.3.3 砂土中侧向受荷桩极限荷载的简化计算

(1) 桩头自由长桩

比较地面处桩基变形为 $10\%d$ 或 $20\%d$ 对应的最大弯矩发生深度和塑性滑移深度，最大弯矩发生深度比塑性滑移深度平均值大 $1d$ 以内。考虑到塑性滑移深度下 $1d$ 内的土体实际抗力与极限抗力差别不大，可以近似假定塑性滑移深度与最大弯矩发生深度相等(图 5-4)，从而可对桩的极限荷载进行简化计算。

桩头自由长桩的破坏机理和极限荷载简化计算模型如图 5-4 所示。当桩身最大正弯矩达到极限弯矩 M_{ult} 时，在最大弯矩点处形成塑性铰。假设最大正

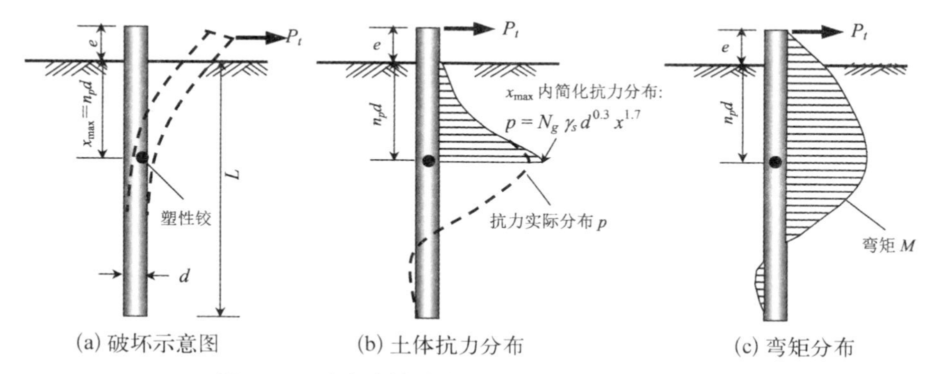

(a) 破坏示意图　　(b) 土体抗力分布　　(c) 弯矩分布

图 5-4　砂土中桩头自由长桩极限荷载简化计算

弯矩发生深度 $x_{max}=n_pd$，在该深度内土体抗力 p 全部达到极限抗力 $p_u=N_g\gamma_s d^{0.3}x^{1.7}$。以最大弯矩点 O 为支点，计算得桩顶自由桩最大弯矩：

$$M_{max}=P_t(e+n_pd)-0.1n_p^{3.7}N_g\gamma_s d^4 \tag{5-1a}$$

或

$$M_{max}/\gamma_s d^4=\frac{P_t}{\gamma_s d^3}\left(\frac{e}{d}+n_p\right)-0.1n_p^{3.7}N_g \tag{5-1b}$$

根据最大弯矩点 O 处剪力为零(即 P_t 与 x_{max} 深度内的土体总抗力相等)，可推导得

$$P_t/\gamma_s d^3=0.37N_g n_p^{2.7} \tag{5-2}$$

或

$$n_p=1.445\left(\frac{P_t}{N_g\gamma_s d^3}\right)^{0.37} \tag{5-3}$$

如果以地面变形为 10%d 或 20%d 为设计标准，将 n_p= 3.35～6.10(平均值 4.06)或 3.85～6.55(平均值 4.64)代入式(5-2)和式(5-1a)，可得到相应的设计荷载和设计最大弯矩。对于上述数据库，采用地面变形为 10%d 或 20%d 对应的 P_t 和最大弯矩发生深度 x_{max}，由式(5-1b)计算得到的 $M_{max}/\gamma_s d^4$ 也列入表 5-3。除了 SS7 和 SS17 由于塑性滑移深度和最大弯矩发生深度差别较大外，由式(5-1b)得到的 $M_{max}/\gamma_s d^4$ 值与采用 GASLFP 的计算结果差别都在 8%以内。

在桩身发生塑性铰破坏时，假定桩顶荷载为极限荷载 P_{ult}，桩身最大弯矩

M_{max}即为极限弯矩 M_{ult}。可将式(5－1a)和式(5－1b)中 M_{max} 和 P_t 直接替换为 M_{ult} 和 P_{ult}。如果已知 N_g 值和 M_{ult}(由桩材强度确定)，则可根据式(5－1a)和式(5－2)试算得到 P_{ult} 值。

图5－5和图5－6分别给出了 $e/d=0$，$N_g=(0.25\sim3.0)K_p^2$ 时，P_t(或 P_{ult})$/\gamma_s d^3\sim n_p$ 半对数以及 P_t(或 P_{ult})$/\gamma_s d^3\sim M_{max}$(或 M_{ult})$/\gamma_s d^4$ 双对数关系曲线。对于其他 e/d 值对应的计算图表，可参见附录D。由图5－5和图5－6可见，$P_t/\gamma_s d^3$ 和 $M_{max}/\gamma_s d^4$ 随 N_g 值增加而增长，但增长速率随 N_g 值增加而递减。在 N_g 值较小时，$P_t/\gamma_s d^3$ 和 $M_{max}/\gamma_s d^4$ 变化比较显著；当 N_g 值大于 $2.5K_p^2$ 时，$P_t/\gamma_s d^3$ 和 $M_{max}/\gamma_s d^4$ 变化比较平缓。因此准确确定 N_g 值对桩基极限承载力设计非常重要。

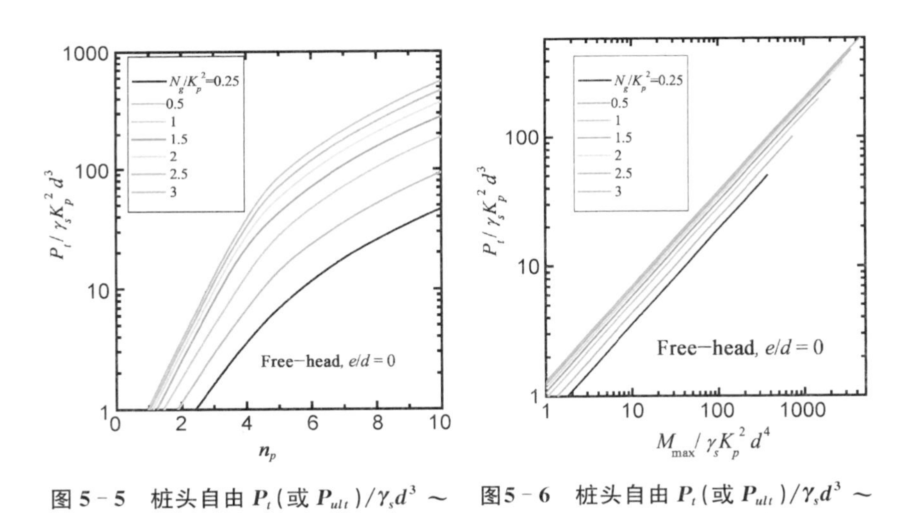

图5－5　桩头自由 P_t(或 P_{ult})$/\gamma_s d^3\sim n_p(e/d=0)$

图5－6　桩头自由 P_t(或 P_{ult})$/\gamma_s d^3\sim M_{max}$(或 M_{ult})$/\gamma_s d^4$

如果已知 N_g 值和 n_p 值，由图5－5和图5－6可分别查得 $P_t/\gamma_s d^3$ 和 $M_{max}/\gamma_s d^4(e/d=0)$。例如，取 $n_p=4.07$(地面处桩的变形为10%d对应的平均值)和 $N_g=1.0K_p^2$，可查图得：$P_t/\gamma_s d^3=16.4$ 和 $M_{max}/\gamma_s d^4=48.7$。反之，如果已知 N_g 值和桩的设计最大弯矩 M_{max} 值，则可直接查图得 $P_t/\gamma_s d^3$ 和 n_p 值。

(2) 桩头固定长桩

桩头固定长桩的破坏机理和极限荷载简化计算模型如图5－7所示。当桩头负弯矩达到极限弯矩 M_{ult} 和桩身最大正弯矩达到 M_{ult} 时，分别在桩头和最大正弯矩处形成塑性铰。假设最大正弯矩发生深度为 $x_{max}=n_p d$，在该深度内土

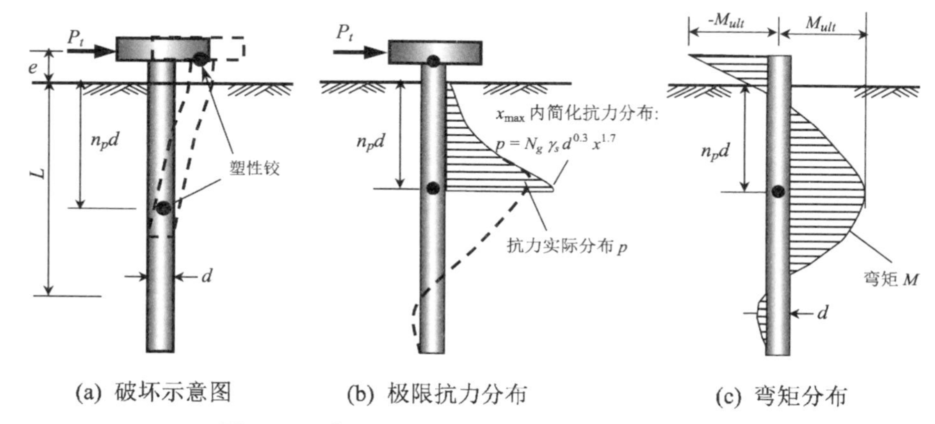

图 5-7　砂土中桩头固定长桩极限荷载简化计算

体抗力全部达到极限抗力 $p_u = N_g\gamma_s d^{0.3} x_{1.7}$。以最大正弯矩点 O 处为支点，计算得桩头固定长桩极限弯矩：

$$M_{ult} = (P_t(e + n_p d) - 0.1n_p^{3.7} N_g \gamma_s d^4)/2 \tag{5-4a}$$

或

$$M_{ult}/\gamma_s d^4 = \frac{P_{ult}}{2\gamma_s d^3}\left(\frac{e}{d} + n_p\right) - 0.05n_p^{3.7} N_g \tag{5-4b}$$

根据最大弯矩深度处剪力为零(即 P_t与 x_{max}深度内的土体总抗力相等)，可得：

$$P_{ult}/\gamma_s d^3 = 0.37N_g n_p^{2.7} \tag{5-5}$$

或

$$n_p = 1.445\left(\frac{P_{ult}}{\gamma_s N_g d^3}\right)^{0.37} \tag{5-6}$$

比较式(5-5)、式(5-6)和式(5-3)、式(5-4)可见：① N_g和P_{ult}对桩头固定长桩和桩头自由长桩相等时，二者的最大正弯矩发生深度是相等的，前者的极限弯矩是后者的一半；② N_g和M_{ult}在桩头固定或自由条件下相等时，前者对应的极限荷载 P_{ult}和最大正弯矩发生深度都比后者大。

图 5-8 和图 5-9 分别给出了 $e/d = 0, N_g = (0.25 \sim 3.0)K_p^2$ 时，$P_{ult}/\gamma_s d^3 \sim n_p$ 半对数以及 $P_{ult}/\gamma_s d^3 \sim M_{ult}/\gamma_s d^4$ 双对数关系曲线。对于其他

e/d对应的计算图表，可参见附录 E。与桩头自由条件相似，$P_t/\gamma_s d^3$ 和 $M_{max}/\gamma_s d^4$ 随 N_g 值增加而增长，但增长速率随 N_g 值增加而递减。在 N_g 值较小时，$P_t/\gamma_s d^3$ 和 $M_{max}/\gamma_s d^4$ 变化比较显著；当 N_g 值大于 $1.5K_p^2$ 时，$P_t/\gamma_s d^3$ 和 $M_{max}/\gamma_s d^4$ 变化比较平缓。

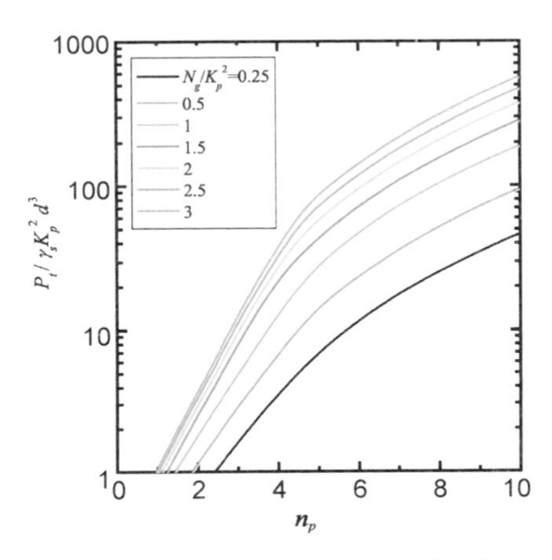

图 5-8 桩头固定 P_t(或 P_{ult})$/\gamma_s d^3$ ~ n_p($e/d=0$)

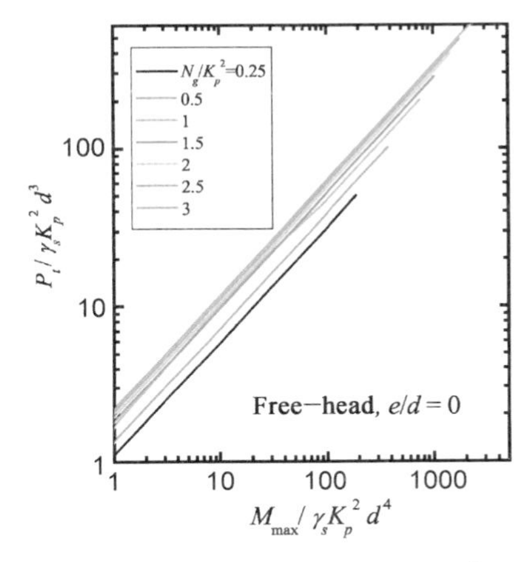

图 5-9 桩头固定 P_t(或 P_{ult})$/\gamma_s d^3$ ~ M_{max}(或 M_{ult})$/\gamma_s d^4$

如果已知 N_g 值和 n_p 值，由图 5-8 和图 5-9 可分别查得 $P_{ult}/\gamma_s d^3$ 和 $M_{ult}/\gamma_s d^4(e/d=0)$。如取 $n_p=4.07$ 和 $N_g=1.0K_p^2$，可查图得：$P_{ult}/\gamma_s d^3=16.4$ 和 $M_{ult}/\gamma_s d^4=24.4$。反之，如果已知 N_g 值和桩的设计最大弯矩 M_{ult} 值，则可直接查图得 $P_{ult}/\gamma_s d^3$ 和 n_p 值。

5.4 黏性土中桩的侧向受荷性状

5.4.1 分析实例

(1) 实例 CS1 相对均质土体

Matlock(1970)报道了一个黏土中钢管桩的侧向静力和循环载荷试验。该桩的桩径为 324 mm，壁厚 12.7 mm，长 12.81 m，抗弯刚度 $EI=31.28$ MN·m²，则 $E_p=EI/(\pi d^4/64)=2.40\times10^4$ MPa。根据桩截面的力学分析，出现塑性铰破坏时的极限弯矩为 304 kN·m(Reese & Van Impe，2001)。本章主要论述桩的静载特性，因此只对静力载荷试验进行分析。

该试验位于美国得克萨斯州 Sabine 地区，是推导表 2－13 中 CPY1 模型的现场载荷试验，下称 Sabine 试验。土体为轻超固结海湘沉积黏土。土体相对均匀，不排水剪强度为 14.4 kPa。在试验过程中，自由水面保持在地面高度。荷载作用在地面上 0.305 m。

根据第 3 章的分析，取 $n=0.7$。假定 $\nu_s=0.3$，采用程序 GASLFP，首先通过准确拟合实测的最大弯矩 M_{max}（图 5－10(c)）、弯矩 M 沿深度分布（图 5－10(d)）和初步拟合实测荷载作用点处桩的变形（图 5－10(b)），反分析得：$\alpha_0=0.15$ m和 $N_g=2.2$。然后再通过调整 G_s 值，准确拟合实测荷载作用点处桩的变形（图 5－10(b)），反分析得 $G_s\approx 1.29$ MPa $=90S_u$。从图 5－10 可见，预测的桩基性状与实测桩基性状相当吻合，并且比 Reese & Van Impe(2001)预测结果更准确。

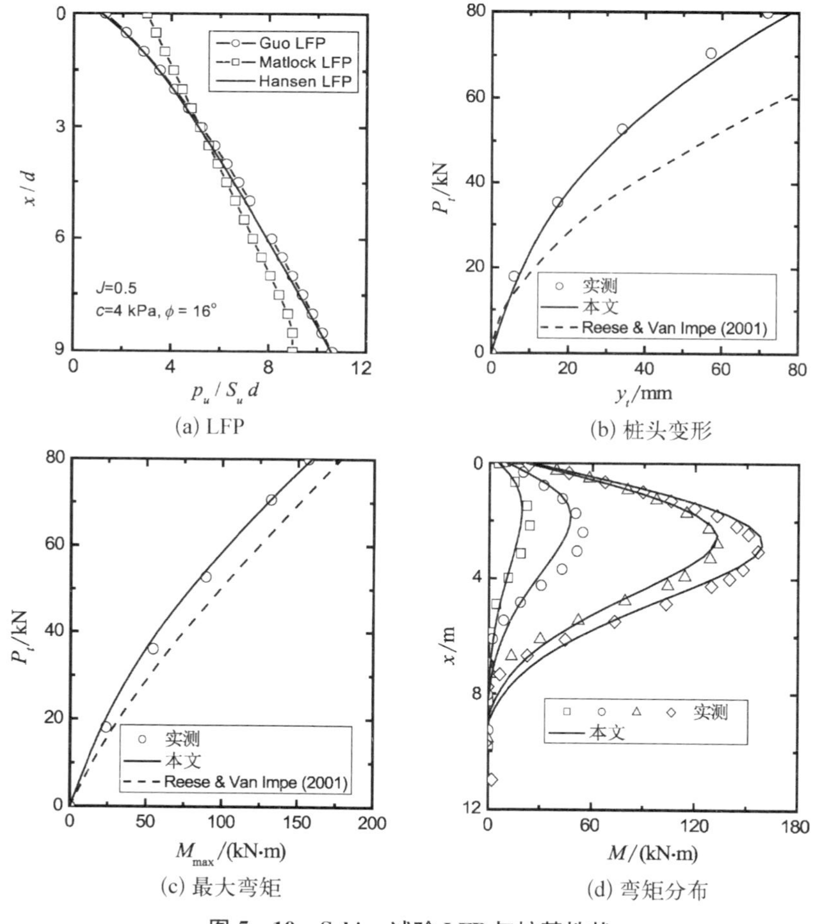

图 5－10　Sabine 试验 LFP 与桩基性状

在最大荷载 $P_t = 80$ kN时，$M_{max} = 158.9$ kN·m($<M_u$)，塑性滑移深度 x_p 为2.86 m (8.83d)。在该 x_p 深度内，LFP与Matlock LFP($J = 0.5$)非常一致(图5-10(a))，并等效于 $c = 4$ kPa 和 $\phi = 16°$ 时的Hansen LFP。

将 G_s 和桩的等效杨氏模量 $E_p = 5.79\times10^4$ MPa代入式(2-19)，可得桩的有效长度 $L_{cr} = 6.54$ m (=20.2d)，该值小于桩长，因此该桩为柔性长桩。再将 ν_s，E_p 和 G_s 代入式(2-35)和式(2-45)，可分别得到 $k/G_s = 2.81$ 和 $k/G^* = 2.43$。

(2) 实例CS2 分层土体

Reese等(1975)报道了两个长15.2 m钢管桩的试验，分别为侧向静力和循环加载试验。桩的上部直径为0.641 m，下部0.610 m。由于侧向受荷桩的性状主要发生在上部，因此计算时采用直径 $d = 0.641$ m。桩截面惯性矩 $I_p = 2.469\times10^{-3}$ m^4，抗弯刚度 $EI = 493.7$ MN·m^2，则 $E_p = EI/(\pi d^4/64) = 5.94\times10^4$ MPa。桩的屈服弯矩 $M_y = 1\ 757$ kN·m，发生塑性铰破坏时的极限弯矩 $M_u = 2\ 322$ kN·m(Reese & Van Impe，2001)。本章主要论述桩的静载特性，因此只对静力载荷试验进行分析。

该试验位于美国得克萨斯州Manor附近。土体由地表附近的软黏土和深层强超固结黏土组成，如表5-4。土体不排水剪强度沿深度显著增长。由于试坑开挖深度约1 m，因此，取坑面下10d深度内 $S_u = 243.0$ kPa用于确定地基反力模量；取坑面下5d深度内 $S_u = 153.0$ kPa用于确定极限抗力分布。在试验过程中，自由水面保持在坑面高度，荷载作用在坑面上0.305 m。

表5-4 Manor现场试验土体组成(Reese & Van Impe，2001)

深度/m	0	0.9	1.52	4.11	6.55	9.14	20.0
含水量/(%)	—	37	27	22	22	19	—
S_u/kPa	25	70	163	333	333	1 100	1 100

取 $\nu_s = 0.3$，采用程序GASLFP，通过比较计算与实测的 P_t-M_{max} 和 P_t-y_0 关系曲线(图5-11)，试算得：$n = 1.7$，$G_s = 76.5$ MPa $= 315S_u$，$N_g = 0.6$ 和 $\alpha_0 = 0.1$ m。从图5-11可见，预测的桩基性状和Reese等采用分层土体 p-y 曲线的预测结果一样，与实测桩基性状相当吻合。

在最大荷载 $P_t = 596$ kN时，$M_{max} = 1\ 242.3$ kN·m($<M_u$)，塑性滑移深度 x_p 为2.72 m(4.24d)。在该 x_p 深度内，LFP与Matlock LFP($J = 0.5$)显著

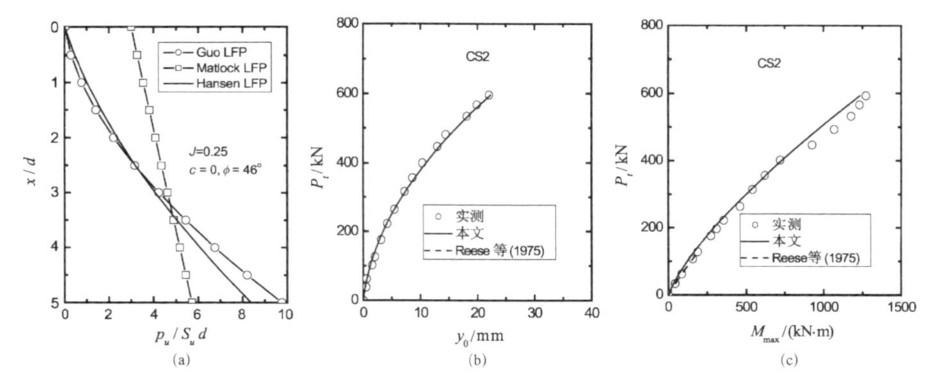

图 5-11　Manor 试验 LFP 与桩基性状

不同(图 5-11(a)),但接近于 $c=0$ kPa 和 $\phi=46°$(特密砂)时的 Hansen LFP。同时比较 n,N_g 和 α_0 与砂土中的相应值,可以发现,除了 $\alpha_0 \neq 0$ 外,LFP 与砂土的 LFP 十分相似。因此,对于不排水强度沿深度显著增长的土体,LFP 接近于砂土的 LFP。综合实例 CS1 和 CS2,结果表明,对于相对均质土体,$n=0.7$;对于分层明显的土体,应合理选择 n 值。一般的,对于上硬下软的分层土体,n 可能小于 0.7;对于上软下硬的分层土体,n 的取值范围在 0.7～1.7 之间。

将 G_s 和 E_p 值代入式(2-19)可得桩的有效长度 $L_{cr}=4.05$ m($=6.3d$),该值小于桩长,因此该桩为柔性长桩。再将 ν_s,E_p 和 G_s 代入式(2-35)和式(2-45),可分别得到 $k/G_s=3.92$ 和 $k/G^*=4.3$。后者得到的 k 值是前者结果的 1.36 倍。如第 2 章所述,由于轴对称有限元分析没有考虑桩后土体的拉裂而得到较高的土体刚度,由式(2-45)计算地基反力模量除以系数 1.3 是合适的,从而避免采用 Bessel 函数。

5.4.2　黏性土中侧向受荷桩分析数据库

对于黏性土,地面处土体极限抗力不为零,因此,$\alpha_0>0$。根据第 3 章的分析,对于相对均质黏土,$\alpha_0=0\sim0.4$ m,$n=0.7$。但对于分层黏土,实例 CS2 的分析表明,n 值可能不等于 0.7。但对于不同的 LFP,如果最大塑性滑移深度内平均值相近,分析结果比较一致,如果各层土体强度差别不大,仍可假定 $n=0.7$,相应的误差可由 N_g 值得到补偿。除了上述实例 CS1 和 CS2,表 5-5 和表 5-6 列出了其他 30 个分析实例的桩和土体参数。除了注明情况的实例外,采用 GASLFP 预测桩基性状与相应的实测结果非常吻合。相应的 LFP 和桩基

表 5-5 黏性土中侧向受荷桩数据库——桩参数

编号	文献	桩号	桩型	L/m	d/mm	e/m	E_p/MPa	EI/(MN·m^2)
CS1	Matlock,1970	Sabine	钢管桩	12.81	324	0.305	5.78×10^4	31.28
CS2	Reese 等,1975	Manor	钢管桩	15.2	641	0.305	5.94×10^4	493.7
CS3	Matlock,1970	Austin	钢管桩	12.81	324	0.063 5	5.79×10^4	31.28
CS4	Gill,1969	P1	开口钢管桩	5.537	114.3	0.813	7.43×10^4	0.623
CS5	Gill,1969	P2	开口钢管桩	6.223	218.9	0.813	4.83×10^4	5.452
CS6	Gill,1969	P3	开口钢管桩	5.08	323.8	0.813	5.79×10^4	31.279
CS7	Gill,1969	P4	开口钢管桩	8.128	406.4	0.813	3.62×10^4	48.497
CS8	Gill,1969	P5	开口钢管桩	5.537	114.3	0.813	7.43×10^4	0.623
CS9	Gill,1969	P6	开口钢管桩	6.223	218.9	0.813	4.83×10^4	5.452
CS10	Gill,1969	P7	开口钢管桩	5.08	323.8	0.813	5.79×10^4	31.279
CS11	Gill,1969	P8	开口钢管桩	8.128	406.4	0.813	3.62×10^4	48.497
CS12	Cappozzoli,1968	St. Gabriel	套管混凝土桩	35.05	254	0.305	5.34×10^4	10.905
CS13	Wu 等,1999	P1	套管混凝土桩	3.43	160	1.17	5.69×10^4	1.83
CS14	Wu 等,1999	P3	套管混凝土桩	3.43	90	0.28	6.05×10^4	0.195
CS15	Wu 等,1999	P13	套管混凝土桩	5.71	200	0.29	7.16×10^4	5.62
CS16	Wu 等,1999	P17	套管混凝土桩	14.0	500	0.72	3.19×10^4	97.9

续 表

编 号	文 献	桩 号	桩 型	L/m	d/mm	e/m	E_p/MPa	EI/(MN·m^2)
CS17	Long 等,2004	P1	套管混凝土桩	15.2	244	0.38	8.10×10^4	14.1
CS18	Long 等,2004	P2a	套管混凝土桩	15.2	244	0.267	8.10×10^4	14.1
CS19	Long 等,2004	P3	套管混凝土桩	15.2	244	0.343	8.10×10^4	14.1
CS20	Long 等,2004	P4	套管混凝土桩	15.2	244	0.356	8.10×10^4	14.1
CS21	Long 等,2004	P5	套管混凝土桩	15.2	244	0.381	8.10×10^4	14.1
CS22	Long 等,2004	P6	套管混凝土桩	15.2	244	0.356	8.10×10^4	14.1
CS23	Long 等,2004	P10	套管混凝土桩	15.2	244	0.381	8.10×10^4	14.1
CS24	Long 等,2004	P11	套管混凝土桩	15.2	244	0.254	8.10×10^4	14.1
CS25	Long 等,2004	PT	套管混凝土桩	15.2	244	0.406	8.10×10^4	14.1
CS26	Brown 等,1987	PS*	钢管桩	13.115	273	0.305	5.15×10^4	14.04
CS27	Price & Wardle,1981	PS*	钢管桩	16.5	406	1.0	3.85×10^4	514.0
CS28	Reese & Van Impe,1965	Japan	钢管桩	5.16	305	0.201	1.62×10^4	686.8
CS29	Nakai & Kishida,1982	桩 B	钢管桩	22.39	1 500	10.0	1.39×10^4	3 459.0
CS30	Nakai & Kishida,1982	桩 C	钢管桩	40.0	2 000	6.77	1.71×10^4	1.339×10^4
CS31	Kishida& Nakai,1977	桩 B	钢管桩	40.4	1 574	0.5	1.59×10^4	4 779.4
CS32	Kishida& Nakai,1977	桩 A	钢管桩	17.5	609.6	0.1	4.32×10^4	292.5

PS*：静载试桩。

表 5－6　黏土中侧向受荷桩数据库——土体参数

编号	土体类型	S_u/kPa	G_s/MPa	α_0	n	N_g	k/G_s	G_s/S_u
CS1	轻超固结软黏土	14.4	1.29	0.15	0.7	2.2	2.81	90
CS2	超固结水上硬黏土	153(243)	76.5	0.1	1.7	0.6	3.92	500(315)
CS3	Austin 软黏土	38.3	1.53	0.05	0.7	1.5	2.81	40
CS4	水下粉质黏土	37.5	0.94	0.1	0.7	0.8	2.70	25
CS5	水下粉质黏土	34.3	1.10	0.1	0.7	1.5	3.10	32
CS6	水下粉质黏土	34.3	1.72	0.1	0.7	0.7	2.87	50
CS7	水上粉质黏土	34.3	1.20	0.1	0.7	1.25	2.89	35
CS8	水上粉质黏土	82.5	2.64	0.1	0.7	1	2.91	32
CS9	水上粉质黏土	66.5	2.33	0.06	0.7	2.5	2.97	35
CS10	水上粉质黏土	64.5	1.93	0.06	0.7	0.8	2.90	30
CS11	水上粉质黏土	64.5	1.93	0.1	0.7	1.2	3.00	30
CS12	软～中硬黏土	28.7	3.16	0.1	0.7	2.2	3.02	110
CS13	上海软黏土	40	2.4	0.2	0.7	2.2	2.95	60
CS14	上海软黏土	40	3.2	0.06	0.7	2.0	3.0	80
CS15	上海软黏土	40	1.6	0.1	0.7	1.6	2.81	40
CS16	上海软黏土	40	4.0	0.15	0.7	2.0	3.20	100
CS17	中等软黏土	43.5	2.61	0.2	0.7	2.1	2.89	60
CS18	中等软黏土	43.5	1.52	0.1	0.7	1.2	2.78	35
CS19	中等软黏土	43.5	2.18	0.1	0.7	2	2.85	50
CS20	中等软黏土	43.5	4.35	0.1	0.7	1.7	3.0	100
CS21	中等软黏土	43.5	2.2	0.2	0.7	2.1	2.85	51
CS22	中等软黏土	43.5	3.48	0.1	0.7	1.9	2.95	80
CS23	中等软黏土	43.5	4.35	0.2	0.7	2.1	3.0	100
CS24	中等软黏土	43.5	4.35	0.1	0.7	1.5	3.0	100
CS25	中等软黏土	43.5	2.61	0.1	0.7	1.4	2.89	60
CS26	硬黏土	73.4	22.02	0.1	0.7	1.8	3.55	300

续 表

编号	土体类型	S_u/kPa	G_s/MPa	α_0	n	N_g	k/G_s	G_s/S_u
CS27	超固结 London 黏土	44.1	11.0	0.1	0.7	2.1	3.43	250
CS28	水下软、高塑性粉质黏土	27.3	2.73	0.05	0.7	1.2	3.28	100
CS29	软黏土	26.0	1.82	0.1	0.7	0.8	3.21	70
CS30	软黏土	41.6	2.91	0.1	0.7	0.8	3.28	70
CS31	软黏土	15.6	4.68	0.1	0.7	1.4	3.39	300
CS32	粉土	16.6	2.17	0.2	0.7	3.2	2.98	131

性状可参见附录 F，其中，J 为 Matlock LFP 参数；c 和 ϕ 为 Hansen LFP 参数，由拟合反分析得到的 LFP 确定。

表 5-7 列出了地面处桩基变形分别为 10%d 和 20%d 的计算结果，包括：① 归一化桩顶荷载 P_t/S_ud^2；② 归一化塑性滑移深度 x_p/d；③ 地面处桩的转角 θ_0；④ 归一化最大弯矩 M_{max}/S_ud^3；⑤ 归一化最大弯矩发生深度 x_{max}/d。

根据表 5-5—表 5-7，可以得出如下结论：

(1) 因为在上述数据库中，桩径 $d=0.09\sim2.0$ m，不排水剪切强度 $S_u=14.4\sim195.6$ kPa，所以，分析结果既适用于微型桩，也可适用于大直径桩；既适用于软黏土，也适用于硬黏土；

(2) $k=(2.7\sim3.92)G_s$，平均值为 $3.04G_s$。结果与砂土中的侧向受荷桩非常一致；

(3) $G_s/S_u=I_r=25\sim315$，平均值为 $95S_u$，这与 Duncan & Buchignani (1976)(图 2-9)建议的 I_r 值变化范围比较吻合；

(4) $N_g=0.7\sim3.2$，$\alpha_0=0.05\sim0.2$ m。考虑地面硬黏土的开裂或水力冲刷效应，α_0 可取零。上述结论适用于钻孔桩，也可适用于打入桩；

(5) 当地面处侧向位移为 10%d 时，塑性滑移深度 $x_p/d=2.5\sim8.06$，平均值为 5.19；最大弯矩发生深度 $x_{max}/d=3.24\sim7.41$，平均值为 5.35；当地面处侧向位移为 20%d 时，塑性滑移深度 $x_p/d=4.06\sim10.06$，平均值为 7.26；最大弯矩发生深度 $x_{max}/d=4.27\sim10.02$，平均值为 6.56。因此，对于黏土中的侧向受荷桩，可选取(5~7)d 深度内的平均不排水强度确定极限抗力；

(6) 对于(5~7)d 深度内相对均质土体，$n=0.7$；对于分层土体，n 值可视土体组成条件而变化，一般而言，对于上软下硬土层，n 值较大，对于上硬下软土

表 5-7 黏土中侧向受荷桩数据库——桩的计算性状

编号	L_{cr}/d	$y_0/d=10\%$					简化	$y_0/d=20\%$					简化
		$P_t/S_u d^2$	x_p/d	θ_0	$M_{max}/S_u d^3$	x_{max}/d	$M_{max}/S_u d^3$	$P_t/S_u d^2$	x_p/d	θ_0	$M_{max}/S_u d^3$	x_{max}/d	$M_{max}/S_u d^3$
CS1	20.2	34.57	5.27	1.37%	170.53	6.76	168.86	49.72	7.76	2.53%	293.83	8.06	294.40
CS2	6.3	16.73	5.66	2.36%	65.84	4.80	65.85	23.99	6.75	4.18%	106.82	5.51	106.82
CS3	19.2	19.37	4.81	1.56%	76.78	6.39	70.41	27.66	7.02	2.90%	133.58	7.48	130.33
CS4	23.7	9.22	4.69	1.20%	92.92	5.04	92.90	13.84	7.22	2.12%	152.49	6.55	152.57
CS5	20.0	13.54	3.87	1.48%	87.77	4.70	87.66	20.24	5.96	2.67%	147.81	5.90	147.80
CS6	18.6	11.88	7.41	1.32%	80.63	6.94	80.29	16.55	10.02	2.31%	128.43	8.49	124.54
CS7	17.8	12.82	4.48	1.56%	66.31	5.26	66.19	18.64	6.57	2.84%	111.73	6.47	111.74
CS8	17.6	7.72	4.08	1.48%	72.11	3.83	72.17	11.47	6.10	2.57%	115.41	5.00	115.46
CS9	16.2	12.27	2.50	1.81%	69.88	3.43	69.54	19.03	4.06	3.29%	120.15	4.27	120.20
CS10	17.9	9.11	5.27	1.48%	54.11	5.56	54.11	13.10	7.48	2.66%	89.00	6.90	89.01
CS11	15.7	9.72	3.91	1.76%	46.01	4.53	45.96	14.17	5.75	3.19%	77.27	5.61	77.32
CS12	15.2	18.55	5.81	1.69%	87.49	5.76	87.48	25.65	7.94	2.98%	141.58	7.04	141.54
CS13	16.8	14.72	3.39	1.59%	134.72	3.24	134.69	22.05	5.28	2.75%	216.04	4.31	216.06
CS14	19.2	20.08	4.81	1.63%	119.08	4.73	119.09	28.63	6.84	2.88%	191.52	5.95	191.47
CS15	19.5	19.29	4.34	1.47%	92.33	5.79	91.43	28.11	6.58	2.73%	159.30	6.94	159.28
CS16	12.3	18.47	5.05	1.95%	80.57	4.78	80.55	25.60	6.84	3.43%	128.78	5.84	128.76

续　表

编号	L_{cr}/d	$y_0/d=10\%$					简化	$y_0/d=20\%$					简化
		$P_t/S_u d^2$	x_p/d	θ_0	$M_{max}/S_u d^3$	x_{max}/d	$M_{max}/S_u d^3$	$P_t/S_u d^2$	x_p/d	θ_0	$M_{max}/S_u d^3$	x_{max}/d	$M_{max}/S_u d^3$
CS17	18.1	24.9	4.36	1.61%	115.17	5.32	114.77	35.67	6.52	2.92%	194.68	6.52	194.65
CS18	21.1	17.13	5.01	1.4%	83.60	6.46	82.88	24.69	7.43	2.59%	143.93	7.73	143.92
CS19	19.1	22.51	4.29	1.53%	104.81	5.58	104.00	32.74	6.44	2.83%	180.21	6.71	180.21
CS20	15.7	23.47	6.24	1.6%	120.56	6.03	120.55	32.41	8.47	2.82%	193.58	7.36	193.56
CS21	19.1	23.85	3.94	1.57%	108.69	5.32	107.64	34.69	6.09	2.89%	186.99	6.42	186.94
CS22	16.7	24.03	5.46	1.61%	118.59	5.72	118.61	33.72	7.64	2.87%	194.66	7.04	194.65
CS23	15.7	27.28	5.45	1.68%	131.33	5.47	131.34	37.82	7.59	2.97%	212.43	6.77	212.43
CS24	15.7	22.94	6.70	1.59%	113.93	6.42	113.92	31.36	8.99	2.8%	182.66	7.79	182.64
CS25	18.1	19.38	5.73	1.49%	103.65	6.06	103.64	27.31	8.06	2.67%	170.50	7.46	170.49
CS26	8.7	19.14	6.62	2%	81.51	5.15	81.53	25.48	8.37	3.44%	124.56	6.16	124.54
CS27	9.7	18.81	6.13	1.84%	101.00	4.73	101.01	25.75	7.88	3.2%	154.53	5.74	154.52
CS28	11.3	13.59	6.22	1.96%	55.67	5.54	55.65	18.34	8.08	3.39%	87.75	6.64	87.76
CS29	12.1	5.76	5.92	1.5%	53.81	4.30	53.86	8.25	7.80	2.6%	82.46	5.33	82.48
CS30	11.3	6.71	5.93	1.7%	42.52	4.72	42.56	9.38	7.75	2.97%	65.67	5.77	65.63
CS31	10.1	19.84	8.06	1.82%	86.29	6.44	86.28	26.17	10.06	3.1%	132.72	7.59	132.74
CS32	15.9	43.15	5.53	1.76%	166.23	6.07	166.12	59.48	7.66	3.16%	277.89	7.32	277.85

层，n 值较小；

(7) $L_{cr}/d=6.3\sim23.1$，平均值为16.1。对于柔性桩(即桩长大于 L_{cr})，一般来说，桩基性状由上部 $10d$ 深度内的土体控制，选择该深度内的土体平均参数确定地基反力模量 k 是准确的；

(8) 由32个桩顶自由实例CS1—CS32，地面处桩基变形为 $10\%d$ 和 $20\%d$ 对应的地面转角分别为1.2%～2.37%(平均值分别为1.63%)和2.12%～4.22%(平均值2.91%)。因此，对于黏土中的侧向受荷桩，采用地面处转角约1.5%或3%为设计标准与采用地面处侧向变形为10%或20%基本上是一致的；

(9) 将地面变形为 $10\%d$ 和 $20\%d$ 对应的 P_t/S_ud^2 和 $M_{\max}/S_ud^3$ 与桩径的关系分别绘制在图5-12和图5-13。在地面变形为 $10\%d$ 时，$P_t/S_ud^2=5.76\sim43.15$，$M_{\max}/S_ud^3=42.52\sim170.53$；在地面变形为 $20\%d$ 时，$P_t/S_ud^2=8.25\sim59.48$，$M_{\max}/S_ud^3=65.67\sim293.83$。从图5-7和图5-8可以发现，$P_t/S_ud^2$ 和 $M_{\max}/S_ud^3$ 值与桩径无关。

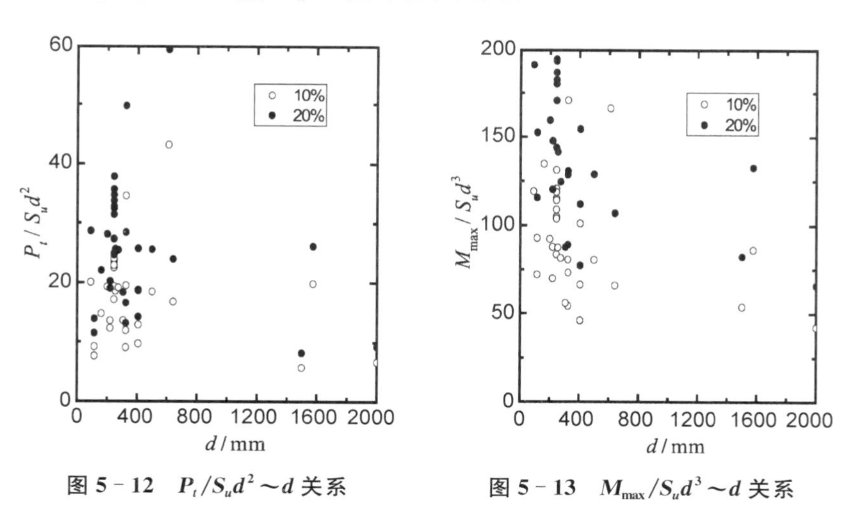

图5-12　$P_t/S_ud^2\sim d$ 关系　　图5-13　$M_{\max}/S_ud^3\sim d$ 关系

5.4.3　黏性土中侧向受荷桩极限荷载的简化计算

(1) 桩头自由长桩

在地面处桩基变形 $10\%d$ 时，最大弯矩发生深度平均值比塑性滑移深度值大 $0.17d$；在地面处桩基变形 $20\%d$ 时，最大弯矩平均发生深度比塑性滑移深度小。因此，可假设最大正弯矩发生深度 $x_{\max}(=n_pd)$ 深度内土体抗力 p 全部达到

极限抗力 $p_u = N_g S_u d^{1-n}(x+\alpha_0)^n$。

当桩身最大正弯矩达到极限弯矩 M_{ult} 时，在最大弯矩点处形成塑性铰，如图 5-14 所示。以最大弯矩点 O 为支点，计算得桩顶自由桩最大弯矩：

$$M_{\max} = P_t(e+n_p d) - \frac{(n_p d+\alpha_0)^{n+2} - \alpha_0^{n+1}[(n+2)n_p d+\alpha_0]}{(n+1)(n+2)} N_g S_u d^{1-n} \tag{5-7a}$$

或

$$M_{\max}/S_u d^3 = \frac{P_t}{S_u d^2}\left\{\frac{e}{d} + n_p - \frac{(n_p+\alpha_0/d) - [\alpha_0/(n_p d+\alpha_0)]^{n+1}[(n+2)n_p + \alpha_0/d]}{(n+2)}\right\} \tag{5-7b}$$

根据最大弯矩点 O 处剪力为零(即 P_t 与 $x_{\max}$ 深度内的土体总抗力相等)，可得

$$P_t/N_g S_u d^2 = \frac{(n_p+\alpha_0/d)^{n+1}}{n+1} \tag{5-8}$$

或

$$n_p = \left(\frac{(n+1)P_t}{S_u N_g d^2}\right)^{1/(n+1)} - \frac{\alpha_0}{d} \tag{5-9}$$

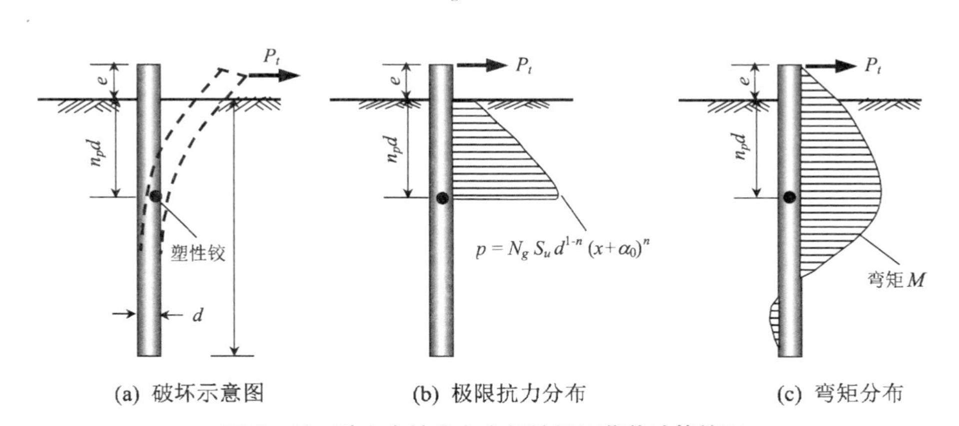

图 5-14　黏土中桩头自由长桩极限荷载计算简图

如果以地面变形为 10%d 或 20%d 为设计标准，将 n_p = 3.24～6.76(平均值 5.28)或 4.27～8.06(平均值 6.45)代入式(5-8)和式(5-7a)，可得到相应的设计荷载和设计最大弯矩。对于上述数据库，采用地面变形为 10%d 或 20%d

对应的 P_t 和最大弯矩发生深度 x_{max}，由式(5-7b)计算的 $M_{max}/S_u d^3$ 也列入表 5-7。结果表明，由式(5-7b)得到的 $M_{max}/S_u d^3$ 与 GASLFP 理论计算的结果差别在 4%以内。因此，在初步设计中，可根据桩材强度计算极限弯矩 M_{ult} 或设计最大弯矩，然后由式(5-7a)和式(5-8)计算桩顶极限荷载 P_{ult} 或设计荷载。

图 5-15 和图 5-16 分别给出了 $n=0.7$，$\alpha_0/d=0.2$，$e/d=0$，$N_g=0.5\sim3.5$ 时，$P_t/S_u d^2\sim n_p$ 半对数以及 $P_t/S_u d^2\sim M_{max}/S_u d^3$ 双对数关系曲线。对于其他 n，α_0/d、e/d 值对应的 P_t（或 P_{ult}）$/S_u d^2$ 与 n_p 以及 M_{max}（或 M_{ult}）$/S_u d^3$ 计算图表，可参见附录 G。由图 5-15 和图 5-16 可见，$P_t/S_u d^2$ 和 $M_{max}/S_u d^3$ 随 N_g 值增加而增长，但增长速率随 N_g 值增加而降低。在 N_g 值较小时，$P_t/S_u d^2$ 和 $M_{max}/S_u d^3$ 变化比较显著；当 N_g 值大于 2.5 时，$P_t/S_u d^2$ 和 $M_{max}/S_u d^3$ 变化比较平缓。

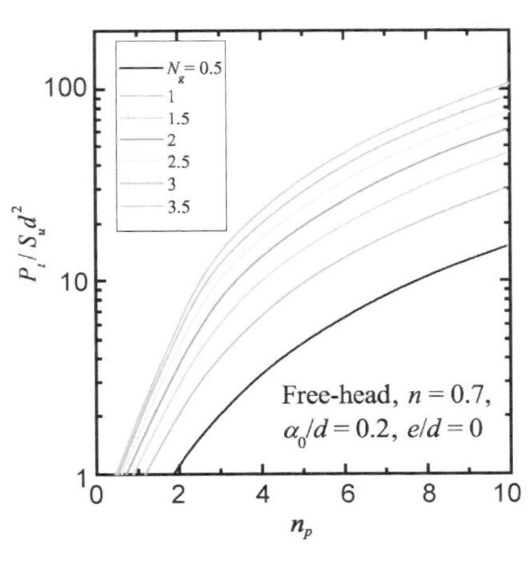

图 5-15　桩头自由 $P_t/S_u d^2\sim n_p(e/d=0)$

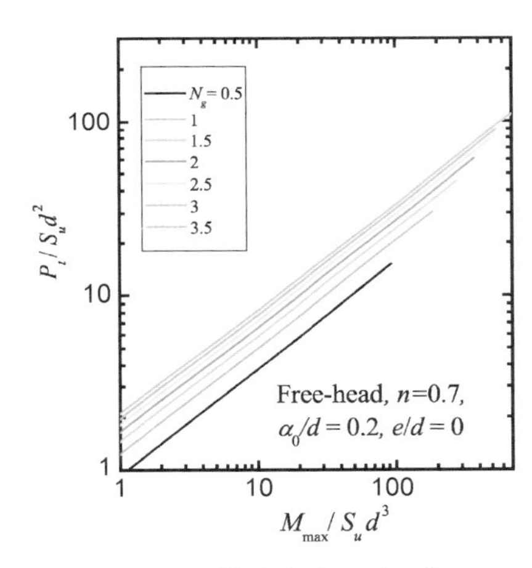

图 5-16　桩头自由 $P_t/S_u d^2\sim M_{max}/S_u d^3(e/d=0)$

如果取 $\alpha_0=0$ m 和 $n=1.7$，用 $\gamma_s d$ 代替 S_u，式(5-7)和式(5-8)将分别退化成式(5-1)和式(5-2)，即砂土的极限荷载和极限弯矩。如果取 $\alpha_0=0$，$n=1$ 和 $N_g=3K_p$，并用 $\gamma_s d$ 代替 S_u，极限弯矩和极限侧向荷载有如下关系：

$$M_{ult}/\gamma_s d^4=\frac{P_{ult}}{\gamma_s d^3}\left(\frac{e}{d}+n_p\right)-\frac{K_p n_p^3}{2} \tag{5-10}$$

$$n_p=0.82\sqrt{P_{ult}/\gamma_s d K_p}/d \tag{5-11}$$

由发生极限弯矩点处剪力为零，可计算得 $P_{ult}=1.5\gamma_s d K_p(n_p d)^2$，则式

(5－10)可改写为

$$M_{ult}=P_{ult}\left(e+\frac{2}{3}n_p d\right) \tag{5-12}$$

式(5－12)即为 Broms(1964b)建议的砂土中桩头自由桩的极限荷载计算公式。

同样,如果取 $\alpha_0=0$ m, $n=0$ 和 $N_g=9$,并且将荷载作用高度视为 $e+1.5d$ (注: Broms 假定 1.5d 深度内土体抗力为零),式(5－8)可简化 Broms (1964a)建议的黏土中桩顶自由长桩的极限弯矩与极限侧向荷载关系式:

$$M_{ult}/S_u d^3=\frac{P_{ult}}{S_u d^2}\left(\frac{e}{d}+1.5+0.5n_p\right) \tag{5-13}$$

$$n_p=\frac{P_{ult}}{9S_u d^2} \tag{5-14}$$

(2) 桩头固定长桩

桩头固定长桩的破坏机理和计算如图 5－17 所示。当桩头负弯矩达到极限弯矩 M_{ult} 和桩身最大正弯矩达到 M_{ult} 时,分别在桩头和最大正弯矩处形成塑性铰。假设最大正弯矩发生深度为 $n_p d$,在该深度内土体抗力 p 全部达到极限抗力 $p_u=N_g S_u d^{1-n}(x+\alpha_0)^n$。以最大弯矩点 O 为支点,计算得桩顶自由长桩最大弯矩:

$$M_{ult}=\left\{P_{ult}(e+n_p d)-\frac{(n_p d+\alpha_0)^{n+2}-\alpha_0^{n+1}[(n+2)n_p d+\alpha_0]}{(n+1)(n+2)}N_g S_u d^{1-n}\right\}/2 \tag{5-15a}$$

或

$$M_{ult}/S_u d^3=\frac{P_{ult}}{2S_u d^2}\left\{\frac{e}{d}+n_p-\frac{(n_p+\alpha_0/d)-[\alpha_0/(n_p d+\alpha_0)]^{n+1}[(n+2)n_p+\alpha_0/d]}{(n+2)}\right\} \tag{5-15b}$$

根据最大弯矩深度处剪力为零(即 P_t 与 x_{max} 深度内的土体总抗力相等),可得:

$$P_{ult}/N_g S_u d^2=\frac{(n_p+\alpha_0/d)^{n+1}}{n+1} \tag{5-16}$$

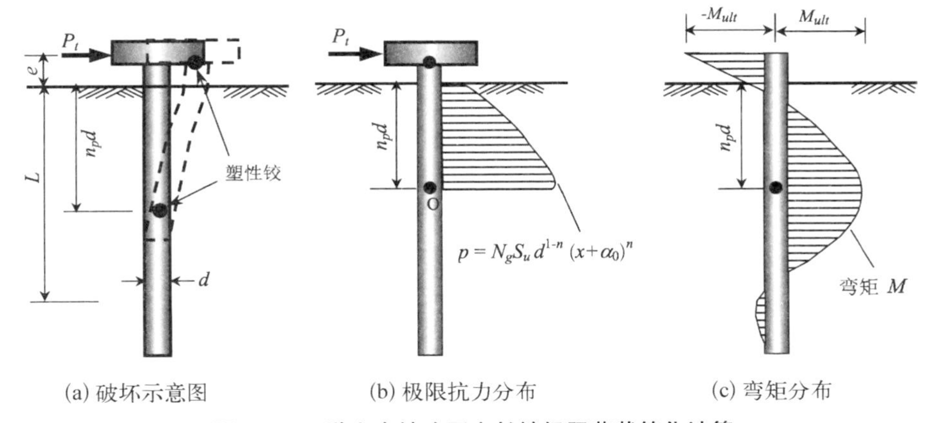

图 5－17　黏土中桩头固定长桩极限荷载简化计算

或

$$n_p = \left(\frac{(n+1)P_{ult}}{S_u N_g d^2}\right)^{1/(n+1)} - \frac{\alpha_0}{d} \tag{5-17}$$

比较式(5－16)、式(5－17)和式(5－8)、式(5－9)可知：① 如果 N_g 和 P_{ult} 对桩头固定长桩和桩头自由长桩相等时，两者的最大正弯矩发生深度是相等的，前者的极限弯矩是后者的一半；② 如果 N_g 和 M_{ult} 在桩头固定或自由条件下相等时，前者的极限荷载 P_{ult} 和最大正弯矩发生深度都比后者大。

图 5－18 和图 5－19 分别给出了 $n = 0.7$，$\alpha_0/d = 0.2$，$e/d = 0$，$N_g = 0.5 \sim 3.5$ 时，$P_t/S_ud^2 \sim n_p$ 半对数以及 $P_t/S_ud^2 \sim M_{max}/S_ud^3$ 双对数关系曲线。对于其他 n、α_0/d、e/d 值对应的 P_{ult}/S_ud^2 与 n_p 以及 M_{ult}/S_ud^3 计算图表，可参见附录 H。与桩头自由条件相似，P_t/S_ud^2 和 M_{max}/S_ud^3 随 N_g 值增加而增长，但增长速率随 N_g 值增加而递减。在 N_g 值较小时，P_t/S_ud^2 和 M_{max}/S_ud^3 变化比较显著；当 N_g 值大于 $1.5K_p^2$ 时，P_t/S_ud^2 和 M_{max}/S_ud^3 变化比较平缓。

如果已知 N_g 值和 n_p 值，由图 5－18 和图 5－19 可分别查得 P_{ult}/S_ud^2 和 M_{ult}/S_ud^3。如取 $n_p = 5.35$（地面处桩基侧向位移为 $10\%d$ 时平均值）和 $N_g = 1.0$，可查图得：$P_{ult}/S_ud^2 = 16.4$ 和 $M_{ult}/S_ud^3 = 24.4$。反之，如果已知 N_g 值和桩的设计最大弯矩 M_{ult} 值，则可直接查图得 P_{ult}/S_ud^2 和 n_p 值，从而得到极限荷载 P_{ult}。

与桩顶自由长桩的讨论相似，通过选取相应的 α_0、n 和 N_g 值，式(5－15)和式(5－16)可简化为砂土中桩头固定长桩以及黏土中桩头固定长桩由 Broms

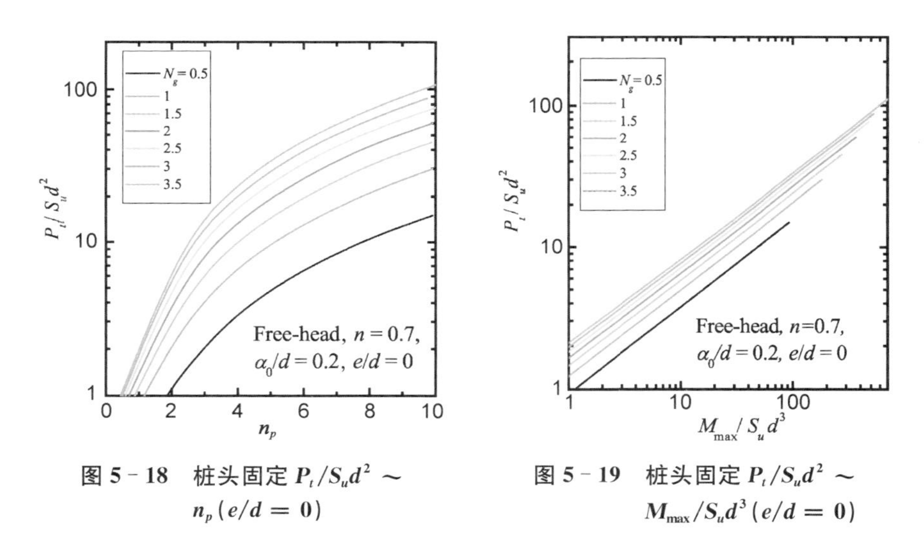

图 5-18　桩头固定 P_t/S_ud^2 ～ $n_p(e/d=0)$

图 5-19　桩头固定 P_t/S_ud^2 ～ $M_{max}/S_ud^3(e/d=0)$

(1964b)建议的极限荷载和极限弯矩关系公式。这里不再赘述。

5.4.4　上海黏土中侧向受荷桩性状

王惠初等(1991)从 1984 年 10 月到 1986 年 2 月在上海近郊的水下饱和黏土上进行了 4 个直径为 160 mm(D_{16}),90 mm(D_9),200 mm(D_{20})和 500 mm(D_{50})套管混凝土桩的侧向载荷试验。各桩的参数如表 5-5 中的实例 CS13—CS16。

根据现场钻孔资料和室内土工试验,地表附近土体相对比较均匀,不排水强度平均值为 40 kPa,在试桩 D_{16} 和 D_{20} 地表处,土体不排水强度稍低,约为 26.5 kPa。

由实例 CS13—CS16 的分析可知,G_s = 1.6～4.0 MPa,如果 ν_s = 0.3,则上海表层黏土的杨氏(或变形)模量 E_s 为 4.16～10.4 MPa。在试桩 D_{16} 和 D_{20} 处,由于土体不排水强度较小,则杨氏模量 E_s 较小。对于表层粉质黏土和淤泥质黏土,试验报道的压缩模量 E_{1-2} 约为 2～7 MPa(杨敏等,2001),乘以系数 1.5 得杨氏(或变形)模量 E_s 为 3～10.5 MPa。值得注意的是,该系数比杨敏和赵锡宏(1992)由桩基沉降(深基础)反分析得到的系数 2.5～3.5 稍低。因此,上述杨氏模量可用于地基沉降和浅埋地下结构的变形分析。

对于上海黏土中的侧向受荷桩,α_0 = 0.06～0.2 m, n = 0.7 和 N_g = 1.6～2.2。值得注意的是,由于在计算时采用 Wu 等(1999)建议的平均土体不排水剪

强度 $S_u=40$ kPa，导致而 α_0 和 N_g 在同一场地存在一定的差别，其中较小值对应于地面附近土体不排水强度较小的实例。因此，在准确确定表层黏土的强度变化后，采用 $\alpha_0=0.1$ m，$n=0.7$ 和 $N_g=2.0$ 可以较好地预测上海黏土中的侧向受荷桩性状。

如果以地面处桩基变形为 10%d 作为设计标准，最大塑性滑移深度为 (3.9～5.1)d。桩的性状由该深度内的土体特性控制。因此，如果控制侧向受荷桩的变形，必须对该深度内的土体进行地基处理，提高土体的不排水剪强度。该结论可能同样适用于基坑支护桩或其他支护结构，即一般只需地基处理（如采用水泥土搅拌）(3.9～5.1)d 的深度。然而，对于承受土体位移作用的桩或抗滑桩，地基处理深度必须达到移动土层或潜在滑移面下 (3.9～5.1)d 的深度。

与地面处桩基变形为 10%d 对应的设计极限荷载 $P_{ult}\approx(15\sim20)S_u d^2$，取 $S_u=40$ kPa，则 $P_{ult}=(600\sim800)d^2$(kN)，其中，d 的单位为 m。如果考虑地面土体的扰动，保守地取 $\alpha_0=0$，并取 $n=0.7$，$N_g=2$ 和 $n_p=4$，代入式 (5-8)，得桩头自由桩的极限荷载：

$$P_{ult}\approx 12.4S_u d^2 \tag{5-18}$$

再将上述参数和式(5-10)代入式(5-7)，得极限设计弯矩：

$$M_{ult}=12.4S_u d^3\left\{\frac{e}{d}+2.52\right\} \tag{5-19}$$

对于地面处桩基变形为 20%d 及桩头固定时，可按 5.4.3 节相应的方程进行同样的分析，这里不再赘述。

5.5　线性嵌岩桩的静载特性

5.5.1　嵌岩桩的地基反力参数

与黏土中侧向受荷桩的分析一样，对于岩石中的侧向受荷桩需要确定岩石的剪切模量 G_m 和泊松比 v_m。对于均质各向同性岩石，剪切模量可通过岩石的变形模量 E_m 和 v_m 按式 $G_m=E_m/2(1+v_m)$ 确定。岩石的泊松比一般为 0.10～0.35(U.S. Army Corps of Engineers, 1994)。如果没有实测资料，可取 $v_m=0.25$。这对侧向受荷嵌岩桩性状的影响不是很明显。对于 E_m 值，由于岩石的变形模量与试样的尺寸有密切相关，一般很难通过室内试验确定。在工程设计和分析中，E_m值往往通过地下结构物的变形测试结果反分析或通过经验关系式确定。通常采用的经验关系式为E_m值与下列岩石分类指标或强度参数之间的关系：① 岩石分类指数(RMR，Rock Mass Rating)，完整岩石单轴抗压强度(q_{ur})，地质强度指标(GSI，Geology Strength Index)和岩石质量标号(RQD，Rock Quality Designation)，如表5-8(M1—M4)和表5-9(M5)。在应用这些关系式时，必须确定如下参数：① 试验确定RQD；② RMR(Bieniawski，1989，下称RMR_{89})，其中，$RMR_{89}=R_A+R_B+R_C+R_D+R_E-Adj$，式中，$R_A$为$q_{ur}$权重分级指数，$R_B$为RQD权重分级指数，$R_C$为岩体中不连续结构间距权重分级指数；$R_D$为不连续结构粗糙程度权重分级指数；$R_E$为地下水权重分级指数，Adj为考虑不连续结构走向对结构物影响的分级指数修正值；③ GSI。假定岩石完全干燥，并且不连续结构走向对结构物有利条件下，$GSI=RMR_{89}-5$(Hoek等，1995)；④ 岩体裂隙条件和完整岩石的杨氏模量E_r，其中，$E_r\approx(100\sim1\,000)q_{ur}$(Reese，1997)。

表5-8 E_m值的经验关系式

方法	文　　献	表 达 式	适用条件	来　源
M1	Bieniawski(1989)	$E_m(\text{GPa})=2\,RMR-100$	RMR > 50	采矿支护结构
M2	Serafim & Periera (1983)	$E_m(\text{GPa})=10^{(RMR-10)/40}$	RMR = 20～85	大坝基础
M3	Rowe & Armitage (1984)	$E_m(\text{kPa})=215\sqrt{q_{ur}}$	任意岩石	轴向钻孔嵌岩桩
M4	Hoek(2000)	$E_m(\text{GPa})=\sqrt{q_{ur}/100}10^{(GSI-10)/40}$	$q_{ur}<100$ MPa	地下开挖
M5	Sabatini 等(2002)	见表5-9	任意岩石	轴向钻孔嵌岩桩

表5-9 M5：E_m与RQD经验关系值(Sabatini等，2002)

RQD/(%)	E_m/E_r		备　注
	闭合裂隙	开口裂隙	
100	1.00	0.6	在应用本表时，可线性插值确定其他RQD对应的E_m值
70	0.7	0.10	
50	0.15	0.10	
20	0.05	0.05	

根据式(2-19),嵌岩桩的侧向变形主要发生在上部 $6d$ 深度内。由于该深度内的岩石很容易受到风化、应力释放、施工扰动、加荷断裂的影响,E_m 值一般比隧道或其他开挖支护结构反分析得到的值小。因此,上述经验关系式是否适用于侧向受荷嵌岩桩的分析,有必要进一步论证。在本文的分析中,G_m(或 E_m)值将通过拟合预测和实测的桩基性状,反分析得到。再进一步比较反分析得到的 E_m 值与上述经验关系式的计算结果,判定上述经验关系式的适用性。

对于嵌岩桩,在采用式(3-3)确定极限抗力分布时,A_L 和 α_0 也可表达为无量纲参数 N_g 和 N_{c0} 的表达式:

$$A_L = N_g q_{ur} d^{1-n} \quad \alpha_0 = (N_{c0}/N_g)^{1/n} d \quad (n \neq 0) \tag{5-20}$$

式(5-20)或式(3-3)能够包括目前所有侧向受荷嵌岩桩的 LFP。例如,对于一个直径 1.0 m、嵌入单轴抗压强度 q_{ur} = 3.45 MPa、容重 γ_m = 23 kN/m³ 的嵌岩桩,分别由 Reese(1997)(下称 Reese LFP_R)和 Zhang 等(2000)(下称 Zhang LFP,对于光滑和粗糙嵌固条件,分别称为 Zhang LFP-S 和 Zhang LFP-R)建议的嵌岩桩 LFP,在 $3d$ 深度内可采用表 5-10 所给的 n,N_g 和 α_0 组合值准确拟合,其中,对于 Reese LFP_R,其参数 α_r = 1.0;对于 Zhang LFP,其参数 m_b = 3.186,s = 0.003 87,和 m= 0.5。然而,需要指出的是,必须谨慎采用上述两种嵌岩桩的 LFP,主要由于:① LFP 对桩的性状影响十分显著,而 Reese LFP_R 中的参数 α_r 变化范围较大,目前还没有选取的依据;② Zhang LFP 与 RMR_{89} 和 GSI 有关,而这些参量很难定量确定;③ 两种 LFP 分别只得到了两个实例的验证。

表 5-10　采用式(3-3)准确拟合现有嵌岩桩的 LFP(d= 1.0 m, q_{ur}= 3.45 MPa 和 γ_m= 23 kN/m³)

文　献	经验表达式		拟合参数		
	表　达　式	参　数	n	N_g	α_0/m
Reese (1997)	$p_u = \alpha_r q_{ur} d(1+1.4x/d)$ $(0 \leqslant x \leqslant 3d)$	$\alpha_r = 0 \sim 1.0$	1.0	1.4	0.7
Zhang 等 (2000)	$p_u = [\gamma_m x + q_{ur}(m_b \gamma_m x/q_{ur}+s)^m + 0.2q_{ur}^{0.5}]d$ (光滑嵌固)	GSI>25: $m_b = m_i e^{(GSI-100)/28}$ $s = e^{(GSI-100)/9}$, m=0.5; GSI<25: $m_b = m_i e^{(GSI-100)/28}$ s=0, m=0.65−GSI/200, 式中,m_i =完整岩石的材料常数,与岩石种类有关	0.5	0.21	0.6
	$p_u = [\gamma_m x + q_{ur}(m_b \gamma_m x/q_{ur}+s)^m + 0.8q_{ur}^{0.5}]d$ (粗糙嵌固)		0.26	0.5	0.9

与土体中的侧向受荷桩一样，真实的 n，N_g 和 α_0（或 N_{c0}）可通过拟合预测与实测的桩基性状进行反分析得到。由于桩的最大弯矩基本上只取决于 LFP 和桩的变形受 LFP 影响显著，一般依次拟合如下关系：① $P_t \sim M_{\max}$ 关系；② $P_t \sim y_t$ 关系；③ P_t～最大弯矩发生深度 $x_{\max}$ 关系；④ P_t～地面处转角 θ_0 关系（θ_0 一般很难准确测定，故作为最后的拟合性状）。不过，由于费用昂贵，一般很少能够测定上述所有桩基性状，常见的只有 $P_t \sim y_t$ 和／或 $P_t \sim M_{\max}$ 关系。这样，常常反分析得到的 n，N_g 和 α_0（或 N_{c0}）组合值并不唯一。因此，在侧向受荷嵌岩桩的分析中，应考虑如下因素：① 浅层岩石很容易受到风化、应力释放、施工扰动、加荷断裂的影响，岩石极限抗力沿深度增长的斜率可能比砂土和黏土的极限抗力增长的斜率大。参照砂土和黏土中侧向受荷桩的 n 值，可初步选取 $n = 2.5$；② 在岩面处，极限抗力 p_u 取为 $\alpha_0^n q_{ur}$，即由式(3－3)得 $A_L = q_{ur}$。下面的实例分析将表明，上述假定引起的误差可通过选择 α_0 值得到补偿。因为 q_{ur} 由试验确定，所以对于 LFP，只有 α_0 值未知。α_0 值可通过有限的桩基性状实测资料反分析得到。

5.5.2 岩石中侧向受荷桩的线性性状——实例 RS1 和 RS2

Frantzen & Stratton(1987)报道了在美国 Kansas 城区四个不同场地进行的嵌岩桩侧向载荷试验。场地岩石分别为新鲜粘质页岩，风化粘质页岩，砂质页岩和砂岩。在每一场地，有两个 4.57 m 长、直径 0.22 m、桩头自由的套管混凝土桩相互接近（分别称为南、北桩），互为反力桩，并承担相等的侧向荷载。由于在新鲜粘质页岩桩基施工中，桩与岩石之间存在空隙，本论文将不再讨论。在风化粘质页岩场地中，由于岩石的单轴抗压强度只有 0.06 MPa，接近黏土的性质，从而可以按照黏土中侧向受荷桩的分析过程进行分析。因此，本文只对砂质页岩和砂岩中的情况进行分析，分别标记为实例 RS1 和 RS2。相应的桩基参数如表 5－11，岩石的分类指标和力学指标分别列入表 5－12 和表 5－13。

由于试验中采用套管混凝土桩，套管的抗拉强度很大，内部混凝土提供的抗弯刚度较小，假定内部混凝土开裂后对桩的总抗弯刚度影响较小，故不考虑抗弯刚度的变化。根据报道的资料，$EI = 6.69\ \text{GN} \cdot \text{m}^2$，计算得 $E_p = 5.815 \times 10^7$ kPa。对于实例 RS1 和 RS2，从报道的桩头变形测试位置，测量得荷载作用在岩面上的偏心高度 e 分别为 0.61 m 和 0.82 m。因 RS1 和 RS2 的分析过程相似，下面只对实例 RS1 进行较详细的论述，RS2 的分析结果可参见下一节侧向受荷嵌岩桩的分析数据库。

表 5-11　嵌岩桩的计算参数

实例	文　献	试验场地	桩　型	L/m	d/mm	e/m	E_p/(10^4 MPa)	E_pI_p/(MN·m^2)
RS1	Frantzen & Stratton(1987)	美国 Kansas	套管混凝土桩	3.97	220	0.61	5.82	6.687
RS2		美国 Kansas	套管混凝土桩	3.75	220	0.82	5.82	6.687
RS3	Nixon(2002)	美国 Kansas	套管混凝土桩	4.057	762	0.33	5.53	915.4
RS4		美国 Kansas	套管混凝土桩	3.356	762	0.43	5.53	915.4
RS5		美国 Kansas	套管混凝土桩	4.21	762	0.70	5.53	915.4
RS6	Reese 等(1997)	美国 San Francisco	钻孔桩	13.8	2 250	1.24	2.79	35 150
RS7		美国 Florida	钻孔桩	13.3	1 220	3.51	3.43	3 730

表 5-12　岩石的强度和分类指标

实例	岩石类型	报道的参数			岩石的分类指标							
		γ_m/(kN/m^3)	q_{ur}/MPa	RQD	RMR$_{89}$(Bieniawski,1989)							GSI
					R_A	R_B	R_C	R_D	R_E	Adj	Total	
RS1	砂质页岩	23	3.26	55%	1	13	8	20	15	0	57	52
RS2	砂岩	23	5.75	45%	2	8	8	20	15	0	53	48
RS3	粘质岩-粉质岩	25	12.2	84.6%	2	17	10	10	15	0	54	49
RS4		25	11.3	95%	2	20	30	25	10	0	87	82
RS5	粉质岩	15	25.0	44%	4	8	10	6	15	0	43	38
RS6	砂岩	23	2.77 (5.7)*	45%	1	8	8	20	15	0	52	47
RS7	石灰岩	23	3.45	0**	1	3	5	10	15	0	34	29

2.77(5.7)*：平均(典型)值；**：原始资料未报道，但 Reese(1997)认为接近于零。

表 5-13　岩石的其他力学指标

实例	反分析得到的 LFP*					E_m(GPa)							k/G_m	G_m/q_{ur}
	N_g	α_0/d	A_L/(MN/$m^{3.5}$)	N_{c0}	α_r^{***}	M1	M2	M3	M4	M5	反分析	实测		
RS1	0.103	0.45	3.26	1.44%	0.15	14.0	14.96	0.39	2.03	0.03	0.25	—	4.01	35.48
RS2	0.103	0.27	5.75	0.40%	0.15	6.0	11.89	0.52	2.14	0.05	0.51	—	4.31	30.18

续　表

实例	反分析得到的LFP*					E_m(GPa)							k/G_m	G_m/q_{ur}
	N_g	α_0/d	A_L/(MN/m$^{3.5}$)	N_{c0}	α_r***	M1	M2	M3	M4	M5	反分析	实测		
RS3	0.665	0.13	12.2	0.41%	0.06	24.0	19.95	0.75	2.94	0.16	0.11	0.32**	3.74	3.63
RS4	0.665	0.22	11.3	1.56%	0.09	74.0	84.14	0.73	22.04	0.62	0.18	0.20**	3.9	6.53
RS5	0.665	0.11	25.0	0.24%	0.03	—	6.68	1.16	2.69	0.18	0.11	0.39**	3.72	1.77
RS6	3.38	0.22	5.7	7.87%	0.55	4.0	11.22	0.11	1.40	0.03#	3.90	—	5.88	273.7
RS7	1.35	0.16	3.45	1.47%	0.34	—	3.98	0.40	0.55	0.02	7.24##	7.24	6.2	839.4

*：对于所有的实例 $n=2.5$；**：岩面下三层岩石的平均值；***：如果采用 Reese LFP_R 预测桩基性状时应采用的参数；
#：假设为开口裂隙；##：反分析值与 Reese(1997)报道值相等。

在实例 RS1 中，砂质页岩的平均单轴抗压强度为 3.26 MPa，平均 RQD 值为 55%。因此，可假设岩体中不连续结构的间距为 60～200 mm(Bieniawski，1989)。假定不连续结构的条件为“平均”状况，即“表面轻微粗糙，间距小于 1 mm，岩壁高度风化”，并且砂质页岩完全干燥，则由 Bieniawski(1989)的分类方法得 $RMR_{89}=57$，相应的 $GSI=52$(表 5-12)。

取 $n=2.5$ 和 $A_L=3.26\ MN/m^{3.5}$，则由式(3-3)得 $N_g=0.103$。采用程序 GASLFP 计算桩头变形，通过拟合预测与实测的桩基在岩面处的变形 y_0(如图 5-20(a))，可反分析得如下参数：$G_m=0.098$ GPa(则 $E_m=0.25$ GPa)和 $\alpha_0=0.1$ m ($=0.45d$)。将 G_m 和 E_p 代入式(2-19)得桩的有效长度 $L_{cr}=1.14$ m (<桩的嵌入长度)。同时采用表 5-8 和 5-9 中的 M1—M5 方法确定 E_m 经验值，如表 5-13。可以看出，只有 M3 给出了比较合理的 E_m 值。

在最大测试荷载 $P_t=115.6$ kN 时，计算得塑性滑移深度 x_p 为 0.466 m ($=2.12d$)。绘制该深度内无量纲极限抗力 $p_u/(q_{ur}d)$ 如图 5-21(图中 Guo LFP)。$p_u/(q_{ur}d)$ 值从岩面处的 0.014 逐步增长到 $2.12d$ 深度处的 1.098。在 x_p 深度内，$p_u/(q_{ur}d)$ 的平均值与 Reese LFP_R 采用 $\alpha_r=0.15$ 时对应的值比较接近(图 5-21)。同时 $\alpha_r=0.15$ 的 Reese LFP_R 可以采用式(3-3)进行拟合，拟合参数为 $n=1.35$，$N_g=0.12$ 和 $\alpha_0=0.25$ m。如果采用该 Reese LFP_R 参数和程序 GASLFP，预测的桩基变形也绘于图 5-20(a)，与实测结果也吻合很好。同时，分别采用 Guo LFP 和 Reese LFP_R 得到的最大弯矩差别也不大(图

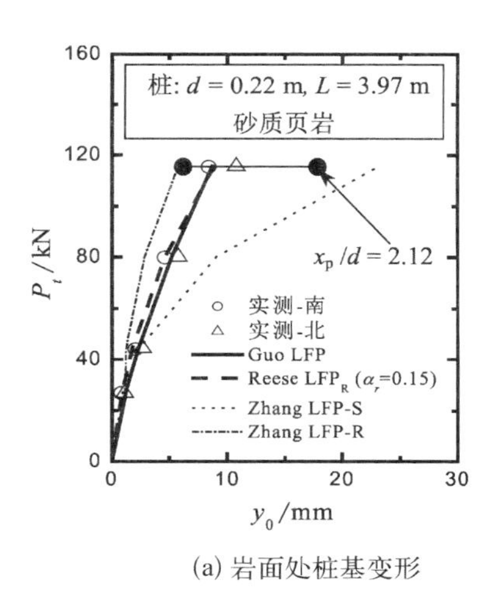

(a) 岩面处桩基变形

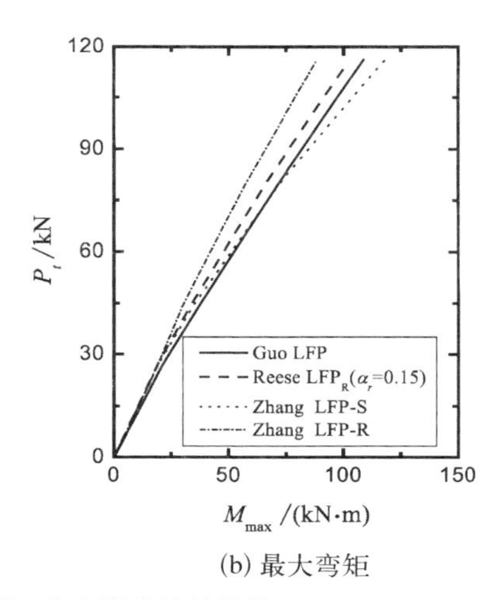

(b) 最大弯矩

图 5-20 Kansas 砂质页岩中嵌岩桩的性状

5-20(b))。另外，图 5-21 也给出了 Zhang LFP，其中，计算得到的参数为 $m_i=12$，$m_b=2.161$，$s=0.004\ 83$ 和 $m=0.5$。在 2.12d 深度内，由 Zhang LFP-S 和 Zhang LFP-R 得到的 $p_u/(q_{ur}d)$ 平均值分别小于和稍大于 Guo LFP 得到的 $p_u/(q_{ur}d)$ 平均值。相应的，Zhang LFP-S 和 Zhang LFP-R 分别给出了过大和稍微过低的桩基变形预测，特别是在较大的荷载水平下(图 5-20(a))。因此，只要最大塑性滑移深度内的 LFP(包括形状和 p_u 平均值)比较接近，不同的 LFP(即不同的 n，N_g 和 α_0 组合值)将给出比较一致的桩基性状预测；否则，将给出不同的结果。因此在实测资料有限的情况下，可假定 $n=2.5$ 和 $A_L=q_{ur}$，由此引起的误差可由 α_0 值进行补偿。

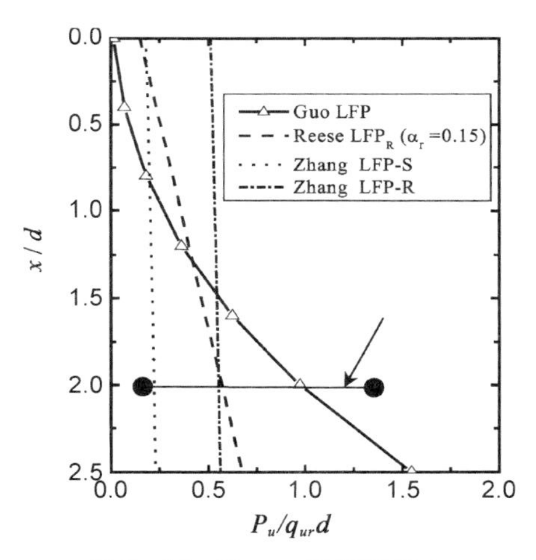

图 5-21 Kansas 砂质页岩中嵌岩桩的 LFP

5.5.3 侧向受荷嵌岩桩分析数据库

除了实例 RS1 和 RS2 外，本文采用程序 GASLFP，还对其他 5 个结构线性嵌岩桩进行了分析。桩的参数如表 5-11，岩石的分类指标和力学指标分别如表 5-12 和表 5-13。采用上述桩与岩石参数，除了实例 RS6 和 RS7 外，预测的桩基性状与实测结果非常吻合，相应的结果可参见附录I。对应于桩基在岩面处归一化变形 $y_0/d=10\%$和 20%的计算结果见表5-14。对于实例RS6和RS7，由于桩基为钻孔灌注桩，混凝土开裂引起抗弯刚度的变化，结构线性分析(即 EI 为常数)只能得到较低荷载水平下的桩基性状。对实例RS6和RS7的结构非线性分析将在第6章进行详细的论述。

表5-14　嵌岩桩的侧向受荷特性

实例	L_{cr}/d	$x_{p\max}/d$	$y_0/d=10\%$					$y_0/d=20\%$				
			$P_t/q_{ur}d^2$	x_p/d	θ_0/(%)	$M_{\max}/q_{ur}d^3$	$x_{\max}/d$	$P_t/q_{ur}d^2$	x_p/d	θ_0/(%)	$M_{\max}/q_{ur}d^3$	$x_{\max}/d$
RS1	2.2	0.58	5.54	2.80	3.04	51.63	2.55	8.78	3.38	5.51	87.55	2.97
RS2	2.0	0.89	3.36	2.80	3.14	36.83	2.33	5.35	3.34	5.67	61.76	2.70
RS3	5.2	2.12	3.73	0.96	3.54	12.62	2.10	6.53	1.23	6.95	24.22	2.23
RS4	4.3	2.52	5.02	1.09	4.01	17.56	1.86	8.53	1.40	7.74	33.00	2.03
RS5	6.2	0.47	1.74	0.73	3.68	6.82	1.80	3.13	0.95	7.20	13.12	1.91
RS6	5.5	0.44	20.17	1.56	6.69	63.64	1.38	30.79	1.85	12.16	107.01	1.59
RS7	6.2	0.34	11.35	2.30	4.36	92.83	1.60	17.72	2.67	7.94	151.51	1.84

综合上述实例，可以发现：

(1) 在该数据库中，$d=220\sim2\,250$ mm，$q_{ur}=2.78\sim25$ MPa。因此，该数据库可应用于相对软岩中的微型桩到大直径桩分析。对于硬岩，还需进一步分析；

(2) $k=(3.72\sim6.2)G_m$，平均值为 $4.54G_m$，该值比黏土中侧向受荷桩对应的值约大50%；

(3) $G_m=(1.77\sim839.4)q_{ur}$ 或 $E_m=(4.43\sim2\,098.5)q_{ur}$，平均值为 $G_m=170q_{ur}$ 或 $E_m=425q_{ur}$。E_m值的变化范围较大，选用时需要一定的工程经验。对上述7个实例，反分析得到的 E_m值和由经验关系式得到的结果，如表5-13。结果表明：① E_m值高度依赖于岩石的可变性(空间位置)和选定的确定方法；② 没有一个经验关系式能准确给出所有实例的 E_m值。如M1，M3和M5分别只给出了实例RS6，RS1和RS2，RS3到RS5的 E_m近似值；③ 不过，反分析得到的 E_m值与原位测试结果比较接近。因此，对于重要工程，有必要进行原位测试(如DMT试验)确定 E_m值；

(4) 桩的有效长度 L_{cr}和最大荷载对应的塑性滑移深度 x_p，即 $x_{p\max}$，也列入

表 5-14。L_{cr} 值为(2～6.2) d，x_{pmax} 值为(0.34 ～ 2.52)d。因此，在设计荷载条件下，一般可取 $6d$ 深度内的变形模量和 $2.5d$ 深度内的 LFP；

(5) 在最大塑性滑移深度内，LFP 可采用如下简单形式，即 $p_u = A_L(\alpha_0 + x)^{2.5}$（其中 A_L 与 q_{ur} 在数值上相等）和 $\alpha_0 = (0.11 \sim 0.45)d$，平均值为 $0.22d$。如果采用 Reese LFP_R 分析嵌岩桩的性状时，$\alpha_r = 0.03 \sim 0.55$，其中对于单轴抗压强度较高的岩石取较小值；

(6) 当岩面处桩的变形为 $y_0 = 10\%d$ 和 $20\%d$ 时，最大弯矩发生深度分别为(1.38～2.55)d（平均深度为 $1.95d$）和(1.59～2.97)d（平均深度为 $2.18d$）；

(7) 当岩面处桩的变形为 $y_0 = 10\%d$ 和 $20\%d$ 时，岩面处桩的转角分别为 3.04%～6.69%（平均值 4.07%）和 5.51%～12.16%（平均值 7.6%）。因此，对应于 $y_0 = 10\%d$ 或 $20\%d$ 时的地面转角很大。这对于高耸结构，如输变线塔，是不允许的。所以，对于嵌岩桩，采用 $y_0 = 10\%d$ 或 $20\%d$ 作为设计标准可能过大；

(8) 将地面变形为 $10\%d$ 和 $20\%d$ 对应的 $P_t/q_{ur}d^2 \sim d$ 和 $M_{max}/q_{ur}d^3 \sim d$ 关系分别绘制于图 5-22 和图 5-23。在地面变形为 $10\%d$ 时，$P_t/q_{ur}d^2 = 1.74 \sim 20.17$，$M_{max}/q_{ur}d^3 = 6.82 \sim 92.83$；在地面变形为 $20\%d$ 时，$P_t/q_{ur}d^2 = 3.13 \sim 30.79$，$M_{max}/q_{ur}d^3 = 13.12 \sim 151.51$。从图 5-22 和图 5-23 可以发现，$P_t/q_{ur}d^2$ 随桩径的增长而增加，而 $M_{max}/q_{ur}d^3$ 值与桩径没有明显的关系。

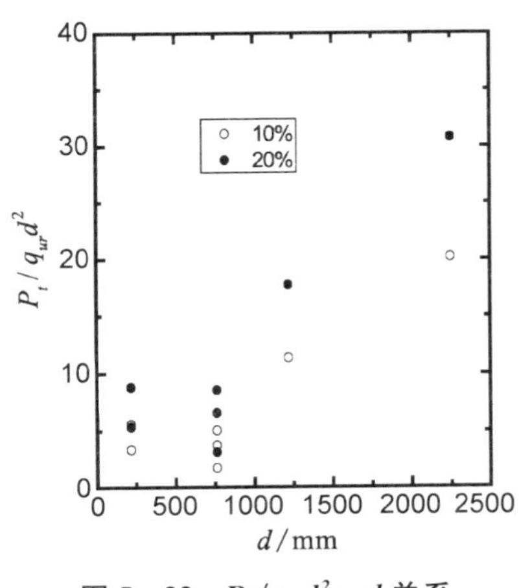

图 5-22　$P_t/q_{ur}d^2 \sim d$ 关系

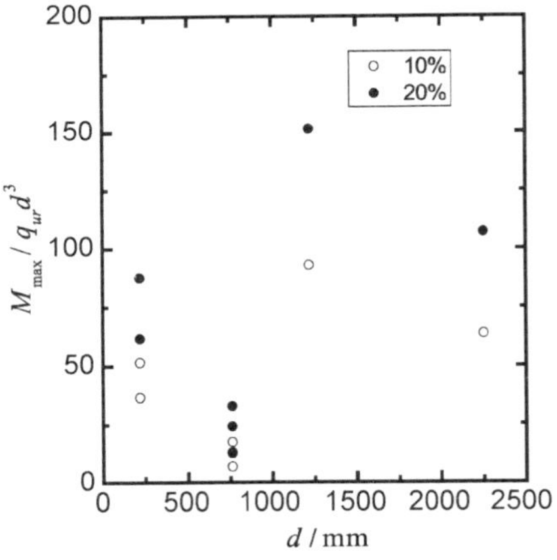

图 5-23　$M_{max}/q_{ur}d^3 \sim d$ 关系

对于嵌岩桩的极限荷载设计，可采用式(5-8)（桩头自由条件）或式(5-16)（桩头固定条件）确定，此时应将黏土的不排水剪强度 S_u 替换为岩石的单轴抗压强度 q_{ur}。

5.6 本章小结

本章对土体和岩石中的侧向受荷桩进行了结构线性分析，得出了如下结论：

● 对于砂土中的侧向受荷桩：

(1) $k=(2.38\sim3.73)G_s=(0.92\sim1.43)E_s$，平均值为 $3.23G_s$ 或 $1.24E_s$；

(2) $G_s=(0.25\sim0.62)N_{SPT}$(MPa)，平均值为 $0.50N_{SPT}$(MPa)。相应的土体杨氏模量 $E_s=(0.65\sim1.6)N_{SPT}$(MPa)，平均值为 $1.3N_{SPT}$(MPa)；

(3) $N_g=(0.55\sim2.5)K_p^2$，$\alpha_0=0$ m 和 $n=1.7$；对于挤土桩(如闭口钢管桩)和截面加强桩，$N_g=(1.0\sim2.5)K_p^2$；对于部分挤土桩和钻孔桩，$N_g=(0.4\sim1.6)K_p^2$；

(4) $L_{cr}/d=7.4\sim16.1$，平均值为 10.3。因此，一般选择 $10d$ 深度内的土体平均弹性参数确定地基反力模量 k 是准确的；

(5) 可选取 $5d$ 深度内的土体重度、内摩擦角确定土体的极限抗力；

(6) 可采用增大桩宽的方法提高桩的极限抗力，降低桩的侧向变形；

(7) 土体极限抗力与桩的施工方法、桩头约束条件有关。常用的 Reese LFP，Barton LFP 和 Broms LFP 可能只适用于钻孔桩或少量排土桩。

● 对于黏土中的侧向受荷桩：

(1) $k=(2.7\sim3.92)G_s$，平均值为 $3.04G_s$。该结果与砂土中的侧向受荷桩非常一致；

(2) $G_s/S_u=I_r=25\sim315$，平均值为 $95S_u$。一般对于硬黏土取大值，软黏土取小值；

(3) $N_g=0.7\sim3.2$，$\alpha_0=0.05\sim0.2$ m；

(4) 可选取$(5\sim7)d$ 深度内的平均不排水强度确定土体极限抗力；

(5) 对于$(5\sim7)d$ 深度内相对均质土体，$n=0.7$；对于分层土体，n 值可视土体组成条件而变化，一般的，对于上软下硬土层，n 值较大，对于上硬下软土层，n 值较小。

● 对于嵌岩桩：

(1) $k=(3.72\sim6.2)G_m$，平均值为 $4.54G_m$，该值比黏土中侧向受荷桩对应的值约大 50%；

(2) $G_m=(1.77\sim839.4)q_{ur}$ 或 $E_m=(4.43\sim2\,098.5)q_{ur}$，平均值分别为

$G_m = 170q_{ur}$ 或 $E_m = 425q_{ur}$。E_m值的变化范围较大，选用时需要一定的工程经验。对于重要工程，有必要进行原位测试试验（如 DMT 试验）确定 E_m值；

（3）在设计荷载条件下，一般可取 $6d$ 深度内的变形模量和 $2.5d$ 深度内的 LFP；

（4）LFP 可采用如下简单形式，即 $p_u = A_L(\alpha_0 + x)^{2.5}$，其中，$A_L$ 与 q_{ur} 在数值上相等和 $\alpha_0 = (0.11 \sim 0.45)d$，平均值为 $0.22d$。如果采用 Reese LFP_R分析嵌岩桩的性状时，$\alpha_r = 0.03 \sim 0.55$。

此外，本章在变形分析的基础上，还提出了确定土体和岩石中侧向受荷桩极限荷载的计算方法和公式。这表明，桩的变形分析和极限荷载设计是统一的。

值得说明的是，在本章的分析中，除了嵌岩桩中的实例 RS6 和 RS7 外，其他桩全为钢管桩或套管混凝土桩。对于钢筋混凝土桩，一般只在荷载水平较小的条件下，才可进行结构线性分析，即桩的抗弯刚度不变。在较大的荷载水平作用下，必须考虑桩的结构非线性。这将在下一章中进行讨论。

第6章 桩的结构非线性

6.1 引　　言

在港口、挡土墙等结构物设计中常常采用打入或灌注钢筋混凝土桩。由于混凝土的抗拉强度只占抗压强度的很小一部分，桩在较小的弯曲变形（如10 mm）条件下就会发生张拉开裂。一旦发生开裂后，桩的截面抗弯刚度将显著降低，而桩的侧向变形出现较大的增长。然而桩发生开裂并不等同于发生了破坏，有时桩基在开裂后仍能正常工作。因此，对于钢筋混凝土桩，有必要考虑桩身抗弯刚度的非线性。

如果考虑桩身抗弯刚度的非线性，但不考虑轴向荷载作用，则桩的微分方程为

$$\frac{\mathrm{d}^2}{\mathrm{d}x^2}\left(E_p I_p \frac{\mathrm{d}^2 y}{\mathrm{d}x^2}\right)+ky=0 \tag{6-1}$$

式中，E_pI_p与桩的变形有关。不过，在某级荷载作用下，对于桩身各个截面一般可认为要么完全开裂，要么未开裂。因此，对于给定的荷载水平，仍可假定 E_pI_p值为常数，此时式(2-14)仍然有效，第4章给出的弹塑性解答仍然适用。

如果剪切模量和土体极限抗力分布已知，根据实测的桩基性状（如变形和弯矩），采用程序GASLFP或FDLLP可以反分析得到每级荷载对应的等效抗弯刚度。本章将通过土体或岩石中钢筋混凝土桩的非线性分析，研究桩身等效抗弯刚度随弯矩的变化关系，讨论桩的开裂弯矩（在该弯矩作用下，桩身发生开裂）、极限弯矩和等效抗弯刚度的分析方法。

6.2　极限弯矩与开裂后抗弯刚度

6.2.1　开裂弯矩 M_{cr}

桩身截面是否发生开裂，取决于截面内最大拉伸应力（发生在最边缘处）是否大于混凝土的断裂模量 f_r。根据梁的截面分析，f_r 值与开裂弯矩 M_{cr} 有如下关系：

$$M_{cr} = \frac{f_r I_g}{z_t} = k_r \frac{\sqrt{f'_c} I_g}{z_t} \tag{6-2}$$

式中，k_r = 断裂模量系数，对于常规重量混凝土（相对于轻质混凝土而言）k_r = 19.7～31.5（ACI，1993，下称 ACI k_r 值）；z_t = 最大拉伸应力点与中性轴的距离；I_g = 开裂前不考虑钢筋效应的全截面惯性矩；f'_c = 柱状试样混凝土抗压强度特征值（kPa）。在缺少试验资料情况下，f'_c 与混凝土杨氏模量 E_c 存在如下经验关系 $E_c = 151\,000\sqrt{f'_c}$（kPa）（ACI，1993）。因此，可通过 E_c 值得到 f'_c 值，也可通过 f'_c 值近似确定 E_c 值。

在应用式（6-2）时，k_r 的变化范围较大，选择时具有一定的随意性，特别是对于灌注混凝土桩。同时，ACI k_r 值是基于普通结构梁的试验分析结果，能否应用于侧向受荷桩的分析有必要进行论证。因此，本章将通过土体和岩石中的侧向受荷桩实例分析，讨论其适用性。

在下面的实例分析中，首先不考虑桩的开裂影响（即采用开裂前的桩身抗弯刚度 $E_c I_g$），通过比较由 GASLFP 或 FDLLP 预测的与实测的桩基性状，反分析 M_{cr} 值，从而得到 k_r 值。比较的标准是：一旦发生开裂，实测的桩基变形将大于采用 $E_c I_g$ 所预测的变形。

6.2.2　有效抗弯刚度 $E_p I_p$

通常情况下，当桩受到侧向荷载作用发生弯曲时，沿桩长方向上各截面的弯矩大小各不相同。弯矩超过开裂弯矩 M_{cr} 的截面可能发生了开裂，而弯矩小于 M_{cr} 的截面未发生开裂。因此，桩可能由发生开裂的截面和未发生开裂的截面组成。再加上混凝土和钢筋“复合”材料本构模型的非线性，沿桩长不同的截面处，$E_p I_p$ 值可能并不相同。

采用与结构梁分析相似的方法，假定开裂后桩身存在“等效抗弯刚度”$E_p I_p$，此时在相同的荷载水平下，桩基变形与采用 $E_p I_p$ 值预测的桩基变形相等或接近。根据结构梁的分析，开裂后梁截面有效惯性矩 I_e 与桩身最大弯矩 M_{max} 有如下经验关系（ACI，1993；以下简称 ACI 方法）：

$$I_e = \left(\frac{M_{cr}}{M_{max}}\right)^3 I_g + \left[1 - \left(\frac{M_{cr}}{M_{max}}\right)^3\right] I_{cr} \tag{6-3}$$

式中，I_{cr} 为完全开裂后截面惯性矩，对应的最大弯矩为极限弯矩 M_{ult}，此时桩（或梁）发生塑性铰破坏。对于一般的结构梁，有效抗弯刚度表达为混凝土杨氏模量 E_c 与有效截面惯性矩 I_e 的乘积，即有

$$E_c I_e = \left(\frac{M_{cr}}{M_{max}}\right)^3 E_c I_g + \left[1 - \left(\frac{M_{cr}}{M_{max}}\right)^3\right] E_c I_{cr} \tag{6-4}$$

然而，在分析侧向受荷桩时，有效抗弯刚度采用 $E_p I_p$ 描述，此时 E_p 为等效杨氏模量，$I_p = E_c I_g / (\pi d^4/64)$，因此，$I_p$ 保持不变而 E_p 值随弯矩（或 I_e）发生变化。在下面侧向受荷桩的分析中，将 $E_c I_g$ 和 $E_c I_{cr}$ 简写为 EI 和 $(EI)_{cr}$。此时，式(6-4)可改写为

$$E_p I_p = \left(\frac{M_{cr}}{M_{max}}\right)^3 EI + \left[1 - \left(\frac{M_{cr}}{M_{max}}\right)^3\right] (EI)_{cr} \tag{6-5}$$

如果桩的最大弯矩 M_{max} 小于开裂弯矩 M_{cr}，桩未发生开裂，$E_p I_p$ 值为开裂前桩的抗弯刚度 EI；当 M_{max} 值大于开裂弯矩 M_{cr} 后，桩发生开裂，$E_p I_p$ 值随弯矩（或荷载水平）的增长而降低，$E_p I_p$ 的下限值为完全开裂后的 $(EI)_{cr}$。

6.2.3 圆形和矩形截面桩的 M_{ult} 和 $(EI)_{cr}$

理论上，极限弯矩 M_{ult} 和开裂后截面惯性矩 I_{cr} 可通过弯曲理论进行计算。即根据混凝土和钢筋的应力应变关系，采用弯矩(M)-曲率(θ)法进行分析（如 Hsu，1993）。然而，由于不同的混凝土和钢筋可能表现出不同的应力应变特性，很难给出 M_{ult} 和 I_{cr} 的显式表达式，往往借助复杂的数值分析过程，如 Reese (1997)采用 Hognestaad 抛物线型混凝土应力应变关系和密布裂纹假定，给出了计算 M_{ult} 和 I_{cr} 的理论方法。然而，由于实际裂纹间存在一定的间距，并且混凝土的应力应变关系与多种因素（如混凝土强度，加载速率和持续时间等）有关，迄今还没有完全合理的弯曲理论计算 M_{ult} 和 I_{cr}（Nilson 等，2004）。因此，在设计中一般采用“简化矩形应力块”（Whitney，1937）极限状态设计方法。该方法被

国外的混凝土结构设计规范广泛采用，如 ACI 1993（美国）；BSI 1985（英国）；EC2 1992（欧洲）；CSA（加拿大）和 AS3600（澳大利亚）。

（1）简化矩形应力块计算模型

对于半径为 r 的圆形桩（图 6－1(a)）或截面高为 h、宽为 b 的矩形截面桩（图 6－1(b)），简化矩形应力块计算模型如图 6－1 所示（以桩截面内 4 排钢筋为例）。在极限状态时，桩可能发生两种破坏模式，即受压区混凝土发生破碎和受拉区钢筋拉伸破坏。对于第一种破坏模式，考虑到桩周土体的约束作用，破坏标准定义为混凝土极限抗压应变 $\varepsilon_{cu}=0.0035$（Nilson 等，2004；BSI 1985；EC2 1992）（比 ACI 推荐的值 0.003 稍大）。对于第二种破坏模式，由于钢筋本身的破坏拉伸应变很大，在实际工程中很难发生，因此，规范中均未给出破坏标准（如 ACI，1993；BSI，1985；EC2，1992）。但如果钢筋发生较大的应变，桩可能产生了过量的侧向变形。因此，为了限定桩的过量侧向变形，设定第二种破坏模式为：钢筋应变不超过极限拉伸应变 $\varepsilon_{su}=0.015$（Reese，1997）。

在简化矩形应力块法中，桩截面内应变线性变化（图 6－1(c)），混凝土受压区内压应力均匀分布（图 6－1(d)）。受压强度 $\sigma_c=\alpha_1 f_c''=\alpha_1\phi_c f_c'$，作用高度 $a=\beta_1 c$，式中 α_1 = 平均应力系数，c = 最边缘受压点到中性轴距离，ϕ_c = 混凝土强度折减系数。对于第一种破坏模式，$c=\varepsilon_{cu}/\theta$；对于第二种破坏模式，$c=2r-t-d_s/2-\varepsilon_{su}/\theta$（圆形截面桩）或 $c=h-t-d_s/2-\varepsilon_{su}/\theta$（矩形截面桩），式中，$\theta$ 为极限状态时的曲率，d_s 为钢筋直径和 t 为混凝土保护层厚度（图 6－1(b)）。

在图 6－1 中，钢筋按排编号，排号从受拉区到受压区，每排内的钢筋应力和

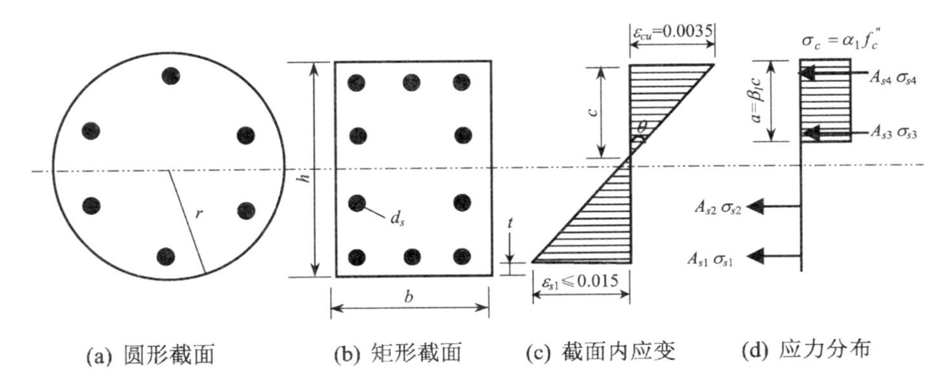

注：$f_c''=0.85f_c'$；$\alpha_1=0.85$；$\beta_1=0.85-0.05(f_c'-27.6)/6.9\geqslant 0.65$；$\theta$ = 极限状态时的曲率；t = 混凝土保护层厚度；$A_{s1}\sigma_{s1}$，$A_{s2}\sigma_{s2}$，$A_{s3}\sigma_{s3}$，$A_{s4}\sigma_{s4}$ 为各排钢筋承担的轴向力，其中，σ_{si} = 第 i 排钢筋应力，A_{si} = 第 i 排钢筋总面积。

图 6－1　简化矩形应力块模型

应变相等。每排钢筋的应力计算如下：对于第 i 排钢筋，如果应变 ε_{si} 超过屈服应变 $\varepsilon_{sy}=\phi_r f_y/E_s$，应力 $\sigma_{si}=\phi_r f_y$，式中 E_s = 钢筋的杨氏模量；f_y = 钢筋的屈服强度，和 ϕ_r = 钢筋在拉伸和弯曲作用下的强度折减系数，取0.9；如果 ε_{si} 小于屈服应变 ε_{sy}，$\sigma_{si}=\varepsilon_{si}E_s$。

根据截面内轴向力和弯矩的平衡，有如下方程：

$$\int_A \sigma dA = P_{xs} + P_{xc} = P_x \tag{6-6}$$

$$P_{xs} = \sum \sigma_{si} A_{si},\ P_{xc} = \sigma_c A_c \tag{6-7}$$

$$\int_A \sigma z_1 dA = M_s + M_c = M_n \tag{6-8}$$

式中，A 为截面内除受拉混凝土外的面积(包括钢筋面积和受压混凝土面积)；σ 为钢筋或混凝土轴向应力，即 σ_{si} 或 σ_c；P_{xs} 和 P_{xc} 为分别为截面内钢筋和混凝土承担的轴向力；P_x 为截面内总轴向力；A_c 为受压混凝土面积；A_{si} 为第 i 排钢筋总面积；z_1 为研究点到中性轴距离；M_s 和 M_c 为分别由钢筋和混凝土轴向力引起的关于中性轴的弯矩；M_n 为名义或理论计算得到的极限弯矩。其中，P_{xs}，P_{xc} 和 M_s 可以很容易得到，而 M_c 需要通过积分运算确定，特别是对于不规则桩截面。对于圆形截面桩和矩形截面桩(附录J)，通过积分运算，M_c 可表达为

圆形截面桩

$$M_c = 2r^2 f_c'' \left\{ \left[\frac{a}{3r}\left(2-\frac{a}{r}\right) + \frac{1}{2}\left(1-\frac{c}{r}\right)\left(1-\frac{a}{r}\right) \right] \sqrt{2ra-a^2} + \frac{r-c}{2}\arcsin\left(\frac{r-a}{r}\right) - \frac{\pi(r-c)}{4} \right\} \tag{6-9}$$

矩形截面桩

$$M_c = f_c'' ab(2c-a)/2 \tag{6-10}$$

为了考虑桩的施工(如桩的尺寸不一致，钢筋笼偏位等)和"简化矩形应力块"模型中假定和简化引起的误差，设计极限弯矩可采用下式计算：

$$M_{ult} = \psi M_n \tag{6-11}$$

式中，ψ 为极限弯矩折减系数。完全开裂后桩的抗弯刚度按下式计算：

$$(EI)_{cr} = M_{ult}/\theta \tag{6-12}$$

(2) 计算步骤

计算极限弯矩 M_{ult} 和完全开裂后有效抗弯刚度 $(EI)_{cr}$ 的步骤可概括如下：

a. 参数选取

$\varepsilon_{cu}=0.035\ (=0.003\sim0.004)$，$\varepsilon_{su}=0.015$，混凝土抗压强度 f'_c，钢筋屈服强度 f_y，混凝土平均应力系数 α_1；矩形应力块高度系数 $\beta_1=0.85-0.05(f'_c-27.6)/6.9\geqslant0.65$；钢筋强度折减系数 $\phi_r(\sigma_r=\phi_r f_y)$；混凝土强度折减系数 $\phi_c(\sigma_c=\alpha_1\phi_c f'_c)$。对于上述各参数，不同的规范给出的值稍有差别(表6-1)。除了 ε_{cu} 外，本文推荐采用ACI建议的值。

表6-1　不同规范建议的设计参数

规　范	ε_{cu}	ϕ_c	ϕ_r	α_1	β_1	ψ
ACI(1993)	0.003	0.85	0.90	0.85	$\beta_1=0.85-0.05\dfrac{f'_c-27.6}{6.9}$ 如果大于0.65，取 $\beta_1=0.65$	$0.65\leqslant\psi=0.483+83.3\varepsilon_{s1}\leqslant0.90$ (横向加箍钢筋笼) $0.70\leqslant\psi=0.567+66.7\varepsilon_{s1}\leqslant0.90$ (螺旋加箍钢筋笼)
EC2(1992)	0.003 5	0.87	0.87	0.85	0.8	1
BS8110(1985)	0.003 5	0.67*	0.87	0.67	0.9	1
CSA(1985)	0.003 5	0.60*	0.85	0.81	0.9	1
AS3600(1994)	0.003	1	0.85	0.85	$0.85-0.07(f'_c-28)\geqslant0.65$	0.6～0.8

*：采用立方体混凝土试样抗压强度 f_{cu}，f_{cu} 与 f'_c 值之间的关系可见Beckett & Alexandrou(1997)，如对于C35，f_{cu} 约为1.286倍圆柱形混凝土块抗压强度 f'_c。

b. 迭代过程求解轴向力的平衡

① 选定曲率 θ(图6-1c)：对于圆形桩和矩形截面桩，第一次可分别假定 $\theta=\varepsilon_{cu}/r$ 和 $2\varepsilon_{cu}/h$；然后，按指定的增量，如 $0.003\,5/1\,000r$(圆形桩)或 $0.003\,5/(1\,000h/2)$(矩形截面桩)，增加(如果 $P_{xs}+P_{xc}-P_x>0$)或降低(如果 $P_{xs}+P_{xc}-P_x<0$)；

② 计算 $c=\varepsilon_{cu}/\theta$，$\alpha=\beta_1 c$；

③ 采用式(6-7)，分别计算钢筋和混凝土承担的轴向力 P_{xs} 和 P_{xc}，并验算两者之和是否与该截面总轴向力相等和最大钢筋拉应变 ε_{s1} 是否小于0.015。轴向力收敛标准可取 $|P_{xs}+P_{xc}-P_x|\leqslant0.000\,01P_{xu}$，式中，$P_{xu}$ = 桩的轴向抗压

强度 $=f'_c A_{ct}+E_s(f'_c/E_c)A_s$，$A_{ct}$ 和 A_s = 分别为混凝土和钢筋面积。如果缺少资料，E_c 可采用桩的等效杨氏模量 E_p 代替；

④ 如果轴向力不平衡，重复步骤①—③，直到轴向力达到收敛标准，得到最终的 c，a 和 θ 值；如果 $\varepsilon_{smax}>0.015$，重复步骤①—③，直到轴向力达到收敛标准，得到最终的 c，a 和 θ，但需要注意的是，对于圆形桩和矩形截面桩，第一次选定的曲率 θ 应分别为 $\theta=0.015/r$ 和 $0.03/h$；然后，按指定的增量，如 $0.015/1\ 000r$（圆形桩）或 $0.015/(1\ 000h/2)$（矩形截面桩），增加（如果 $P_{xs}+P_{xc}-P_x>0$）或降低（如果 $P_{xs}+P_{xc}-P_x<0$）。

c. 计算截面弯矩

① 采用式(6-9)（圆形截面桩）或式(6-10)（矩形截面桩）确定受压混凝土产生的弯矩；对于其他不规则截面桩，需采用积分运算过程计算混凝土压力产生的弯矩；

② 计算受拉钢筋产生的截面弯矩 $M_{s1}=\sum_{i=1}^{n_1}\sigma_{si}A_{si}l_i$，式中，$n_1$ = 受拉钢筋排数，l_i = 第 i 排钢筋离中性轴距离；

③ 计算受压钢筋产生的弯矩 $M_{s2}=\sum_{i=n_1+1}^{n_1+n_2}\sigma_{si}A_{si}l_i$，式中，$n_2$ = 受压钢筋排数；

④ 根据式(6-8)计算名义极限弯矩 $M_n=M_c+M_{s1}+M_{s2}$。

d. 最后由式(6-11)和式(6-12)分别计算桩的设计极限弯矩 M_{ult} 和完全开裂后有效抗弯刚度 $(EI)_{cr}$。

上述计算过程已编制成 EXCEL2000 电子表格计算程序 MUEI。因此，下面 M_{ult} 和 $(EI)_{cr}$ 的计算都基于程序 MUEI。

(3) 验证实例

实例 1

直径 $d=450$ mm 的桩，混凝土保护层厚度 $t=30$ mm，横向加箍钢筋笼由 8 根、沿桩周方向圆形均匀分布钢筋组成，混凝土抗压强度 $f'_c=32$ MPa，钢筋的杨氏模量 $E_s=2\times10^5$ MPa，混凝土杨氏模量 $E_c=2.71\times10^4$ MPa，分别计算下述三种条件下的极限弯矩：① $d_s=28$ mm，$f_y=500$ MPa；② $d_s=28$ mm，$f_y=400$ MPa；③ $d_s=24$ mm，$f_y=400$ MPa。

计算结果如表 6-2。结果表明：① MUEI 比 ACI 方法得到的设计极限弯矩大 8%～10%（这是由于考虑桩周土体约束作用将 ε_{cu} 从 0.003 提高 0.003 5 的结果），比 AS3600 计算结果大 1%～4%，因此，MUEI 给出的设计极限弯矩是可靠的；② 其他条件不变，当钢筋强度从 500 MPa 降低到 400 MPa 时，由

MUEI 得到的设计极限弯矩从 277.2 kN·m 降低 242.5 kN·m，约为 12.5%；③ 其他条件不变，当钢筋从 28 mm 降低到 24 mm 时，由 MUEI 得到的设计极限弯矩由 277.2 kN·m 降低至 228.6 kN·m，约为 17.5%。因此，钢筋强度和钢筋直径对极限弯矩都有较大的影响。

表 6-2　实例 1 计算结果

桩的组成与特性				预测的 M_{ult}/(kN·m)			
d/m	t/mm	d_s/mm	f_y/MPa	f'_c/MPa	ACI 方法	AS3600 方法	MUEI
0.45	30	8@28	500	32	252.8	274.8	277.2
0.45	30	8@28	400	32	224.6	233.8	242.5
0.45	30	8@24	500	32	209.0	220.3	228.6

实例 2

直径 $d=2.25$ m 的桩，钢筋保护层厚度 $t=0.18$ m，横向加箍钢筋笼由 40 根直径 $d_s=43$ mm、沿桩周方向圆形均匀分布钢筋组成，混凝土抗压强度 $f'_c=34.5$ MPa，钢筋屈服强度 $f_y=496$ MPa，钢筋的杨氏模量 $E_s=2\times10^5$ MPa，开裂前桩的抗弯刚度 $EI=35.15\times10^6$ kN·m^2。计算完全开裂后桩的等效抗弯刚度 $(EI)_{cr}$。

采用 MUEI 和 COM624P(1993) 分别计算完全开裂后桩的等效抗弯刚度，如表 6-3。需要说明的是，COM624P(1993) 可能由于内部计算错误，得到偏大的极限弯矩，因为 Reese(1997) 报道了一个与实例 2 相同的桩，当 $P_x=0$ 时，由 LPILE Plus(COM624P 的 Windows 版本) 计算得 $M_{ult}=17\ 740$ kN·m。因此，当 $P_x=0$ 时，M_{ult} 值应修正为 17 740 kN·m，对其他 M_{ult} 值也同乘以系数 0.737 (=17 740/24 064.6)，得到修正后的 M_{ult} 值(表 6-3)。修正后的 M_{ult} 与 MUEI 预测的 M_{ult}，误差在 12%以内。

由混凝土的抗压强度 $f'_c=34.5$ MPa，可得 $E_c=151\ 000\sqrt{f'_c}$ (kPa) $=2.8\times10^4$ MPa。采用 MUEI 计算 $(EI)_{cr}$ 值，相应的 $(EI)_{cr}/EI$ 值如表 6-3。在轴向荷载 P_x 小于 444.8 kN 时，采用 MUEI 得到的 $(EI)_{cr}/EI$ 值与修正后的 COM624P 计算值非常一致。然而，当 P_x 大于 444.8 kN 后，随着荷载的增大，两者的差值越来越大，但误差在 15%以内。总的来看，采用 MUEI 和 COM624P 预测的 $(EI)_{cr}/EI$ 值是比较一致的。值得指出的是，在 $P_x=0$ 条件下，完全开裂后的等效抗弯刚度 $(EI)_{cr}$ 仅为开裂前抗弯刚度 EI 值的 9%(约降低 10 倍)。

表 6-3 实例 2 计算结果

P_x(kN)	COM624P			MUEI		
	M_{ult}/(kN·m)	修正后 M_{ult}/(kN·m)	$(EI)_{cr}/EI$ *	M_n/(kN·m)	M_{ult}/(kN·m)	$(EI)_{cr}/EI$
0	24 064.6	17 740	0.089	20 555.9	18 500.3	0.089
44.48	24 064.6	17 740	0.089	20 558.1	18 502.3	0.089
444.8	24 403.5	17 989.8	0.090	20 579.7	18 521.7	0.091
2 224	25 420.3	18 739.4	0.101	20 731.3	18 658.1	0.096
3 336	26 098.2	19 239.1	0.106	20 868.6	18 781.8	0.10
4 448	26 663.1	19 655.6	0.112	20 998.9	18 899	0.104
6 672	27 905.9	20 571.7	0.124	21 335.4	19 051.1	0.111
8 896	29 148.6	21 487.8	0.136	21 803.2	18 961.4	0.117

*：$(EI)_{cr}$ 由修正后的极限弯矩计算。

6.3 混凝土开裂对桩性状的影响及分析方法

6.3.1 混凝土开裂对桩性状的影响

下面用一个实例来说明混凝土开裂引起抗弯刚度降低对桩基性状的影响。假设一个直径 0.373 m、长 15.2 m 的钻孔灌注桩，桩开裂前的抗弯刚度 $EI=80.0\ \mathrm{MN\text{-}m^2}$，场地由水下中密砂组成，内摩擦角为 35°，浮容重为 9.9 kN/m³，剪切模量 $G_s=11.2$ MPa，泊松比为 0.3。荷载作用在地面，即 $e=0$。土体的极限抗力由式(3-3)和 $\alpha_0=0$，$n=1.7$，$N_g=0.45K_p^2$ 确定，与砂土 Reese LFP 比较一致(图 6-2(a))。并假设在侧向荷载 $P_t=400$ kN 时，桩由于混凝土开裂引起抗弯刚度降低至 $E_pI_p=8.0\ \mathrm{MN\cdot m^2}$。采用程序 GASLFP，分别由 $EI=80.0\ \mathrm{MN\cdot m^2}$ 和 $E_pI_p=8.0\ \mathrm{MN\cdot m^2}$ 计算得 $P_t=400$ kN 的桩基性状，如图 6-2(b)—(f)所示。

由图 6-2(b)—(f)可以发现：① 抗弯刚度的变化对变形影响十分显著；② 抗弯刚度的变化对弯矩，特别是对最大弯矩的大小和发生深度，影响很小；③ 抗弯刚度的变化对转角影响较大；④ 抗弯刚度的变化对剪力零点(最大弯矩发生深度处)以上的剪力分布影响很小；对剪力零点以下的剪力分布存在一定的

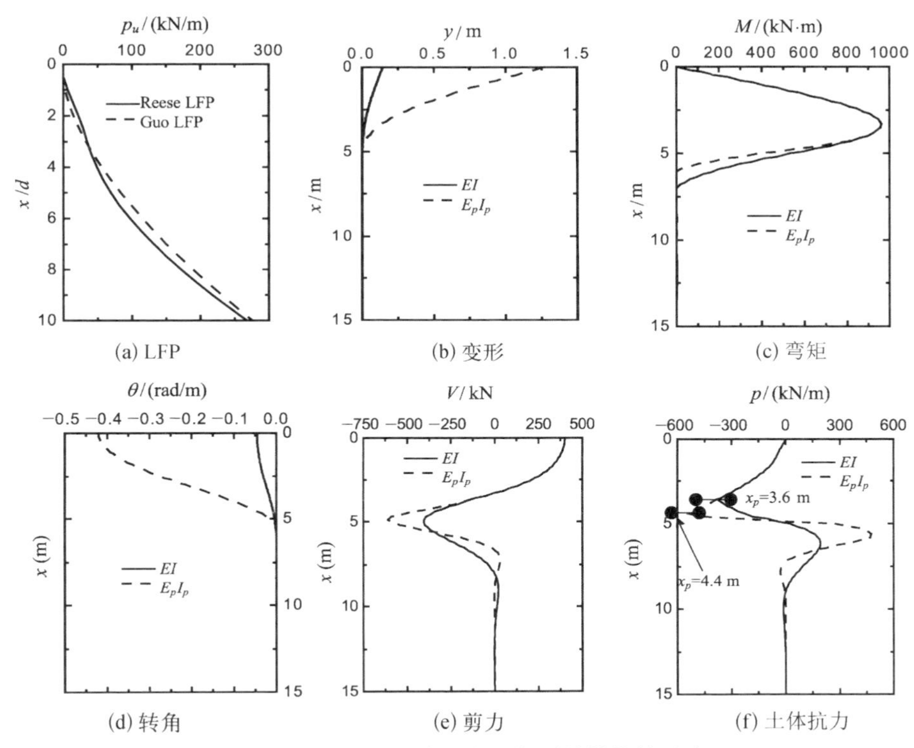

图 6－2　开裂后抗弯刚度降低对桩性状的影响

影响；⑤ 塑性滑移深度 x_p 随抗弯刚度的降低而增大。

因此，一般情况下，可忽略混凝土开裂对最大弯矩的影响。但在桩基变形分析中，必须考虑桩身抗弯刚度由于开裂引起的非线性特性。

6.3.2　考虑桩结构非线性的分析过程

由于混凝土开裂对最大弯矩的影响可以忽略，为考虑桩的结构非线性，可采用如下分析过程：

（1）根据桩的尺寸、钢筋强度和布置以及混凝土的强度，采用 ACI k_r 值和式(6－2)计算初步估计开裂弯矩，以及采用上述简化矩形应力块法（或程序 MUEI）计算桩的极限弯矩 M_{ult} 和完全开裂后桩的等效抗弯刚度 $(EI)_{cr}$；

（2）选取土体剪切模量、泊松比和 LFP(α_0，N_g 和 n)。如果由试验得到桩的变形和弯矩，可参照第 5 章的分析方法，直接反分析上述参数；如果缺少试验资料，可参照第 5 章的分析结果，选用与所研究工程类似实例的上述参数；

（3）采用 EI 值和程序 GASLFP 或 FDLLP，计算每级荷载对应的最大弯

矩 M_{max}；

(4) 选取 k_r 值，采用式(6－2)计算开裂弯矩 M_{cr}，比较 M_{cr} 与每级荷载对应的最大弯矩 M_{max}，找出与 M_{cr} 近似相等的 M_{max} 及其对应的荷载(称为开裂荷载，用 P_{cr} 表示)；

(5) 采用开裂前桩的抗弯刚度 EI、完全开裂后抗弯刚度 $(EI)_{cr}$ 和 M_{cr}，由每级荷载对应的 M_{max}，按式(6－5)计算等效抗弯刚度 E_pI_p；

(6) 采用 E_pI_p 值和程序 GASLFP 或 FDLLP 计算桩顶变形和最大弯矩；

(7) 验证采用 EI 值和 E_pI_p 值分别计算得到的最大弯矩是否一致或接近。

6.3.3 与 COM624P 和 Florida－Pier 的比较

在下面的实例分析中，将采用本文方法分析砂土中单桩的非线性性状，并与程序 COM624P 和 Florida－Pier(简化为 FLPier)的分析结果进行比较。COM624P(1993)是美国高速公路管理局(FHWA)提供的 Dos 版程序，其中桩土相互作用采用 Reese 等(1974)提出的砂土 $p-y$ 曲线模型，桩的结构非线性分析基于 Hognestaad 抛物线型混凝土应力应变关系，桩变形方程的求解方法为有限差分法。FLPier 是 Florida 大学开发的用于分析桩与桥墩共同作用的软件，桩土相互作用可采用 Reese 等(1974)或 O'Neill & Murchison(1983)提出的砂土 $p-y$ 曲线模型，桩的结构非线性分析基于 Hognestaad 抛物线型混凝土应力应变关系，桩与桥墩的相互作用采用三维非线性有限元方法求解。

桩的结构组成如图 6－3 所示，钢筋笼由 12 个直径为 25.4 mm 的钢筋组成，钢筋笼横向加箍，钢筋保护层厚度为 76.2 mm。钢筋的强度 $f_y=413.69$ MPa，混凝土抗压强度 $f'_c=34.47$ MPa。开裂前桩截面抗弯刚度 EI 估计为 91.6 MN·m^2 ($E_c=151\ 000\sqrt{f'_c}=28.03$ GPa，$I_g=3.269\times10^{-3}$ m^4)。土体为水下均质砂土，$\phi=39°$，有效容重 $\gamma_s=15.2$ kN/m^3，$\nu_s=0.3$。侧向荷载作用在地面上 0.838 m。

Hoit 等(1996)分别采用程序 COM624P 和 FLPier 对上述实例进行了桩的线性(FLPier_EI 和 COM624P_EI)和非线性分析(FLPier_E_pI_p 和 COM624P_E_pI_p)，见图 6－4。

采用本文方法，分析如下：

(1) 对于水下中密砂，COM624P 采用线性增长的地基反力模量，即 $k=n_hx$，$n_h=16.3$ kN/m^3，$8d$ 深度内的平均地基反力模量为 33.12 MPa。假设该土体为地基反力模量为 33.12 MPa 的均质砂土，由 GASLFP 计算得 G_s 约为 10.0 MPa；

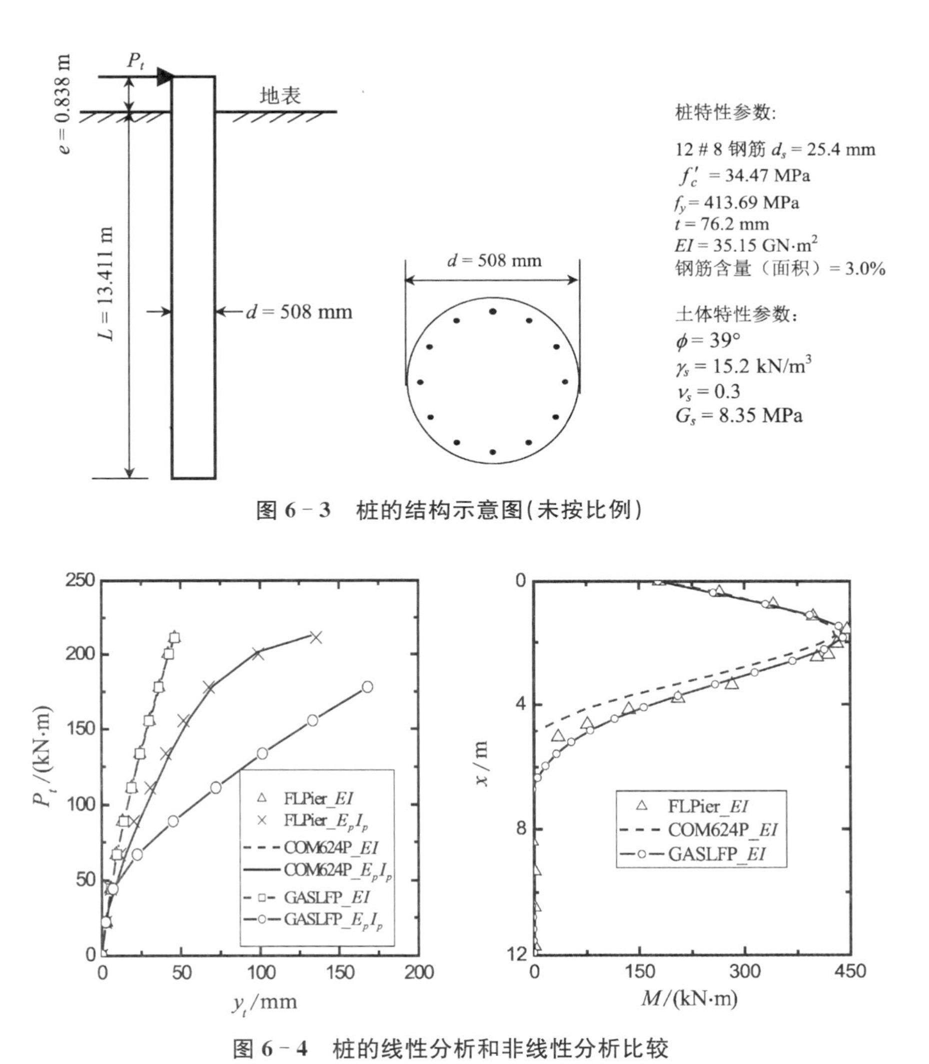

图 6-3 桩的结构示意图(未按比例)

图 6-4 桩的线性分析和非线性分析比较

(2) 采用 $\alpha_0 = 0$ 和 $n = 1.7$，通过比较 FLPier 或 COM624P 线性分析结果，由程序 GASLFP 反分析得到：$N_g = 0.55K_p^2$。同时得到线性分析桩顶位移(图 6-4(a))、桩身最大弯矩 M_{max} 和弯矩分布(图 6-4(b))。除了桩顶位移，采用程序 GASLFP 得到的弯矩分布也与 FLPier 计算结果非常吻合；

(3) 当 $k_r = 19.7 \sim 31.5$ 时，根据式(6-2)计算开裂弯矩为 47.1～75.3 kN·m，其中混凝土边缘距中性轴距离 $z_t = d/2 = 254$ mm。由程序 GASLFP 分析得开裂荷载 $P_{cr} = 31.5 \sim 47.3$ kN。与 FLPier 或 COM624P 的线性和非线性比较，可以发现，由 FLPier 或 COM624P 得到的开裂荷载位于该区

间内。因此，下面取平均值 $M_{cr}=61.2$ kN·m($P_{cr}=39.4$ kN)进行非线性分析；

(4) 为了考虑桩的结构非线性，采用上述矩形应力块法和相应的程序MUEI，计算极限弯矩和完全开裂后抗弯刚度，其中，$\beta_1=0.85-0.05(f_c'-27.6)/6.9=0.80$。表6-4列出了3个代表性的迭代计算步。由桩截面尺寸、钢筋和混凝土的强度，计算得 $P_{xu}=6\ 780$ kN。采用 $0.000\ 1P_{xu}$ 作为轴向力平衡收敛标准。当 $\theta=1.38\times10^{-2}\ \mathrm{m}^{-1}$ 时，$c=0.254$ m，中性轴与中心轴重合，承受压力和拉力的钢筋数量相等，因此，钢筋提供的总轴力 $P_{xs}=0$，此时，$|P_{xs}+P_{xc}-P_x|=1\ 885.6>0.000\ 1P_{xu}=0.68$ kN(其中，$P_x=0$)，轴向力不平衡，迭代未收敛；当 θ 增加到 $2.19\times10^{-2}\ \mathrm{m}^{-1}$，$|P_{xs}+P_{xc}-P_x|=0.4<0.68$ kN，迭代达到了收敛标准，轴向力近似平衡。相应地，$c=0.16$ m，$a=0.128$ m，名义极限弯矩 $M_n=347.1$ kN-m。在受拉侧，最边缘钢筋的拉应变 ε_{s1} 为 3.61×10^{-3}，则 $\phi=0.483+83.3\varepsilon_{s1}=0.784$。由式(6-11)和式(6-12)得：$M_{ult}=272.1$ kN·m 和 $(EI)_{cr}=12.4$ MN·m^2。M_{ult} 值比采用COM624P(1993)计算得到的极限弯矩(约428.9 kN·m)小。如同实例2，考虑COM624P的内部计算错误，将该极限弯矩乘以0.737得修正后的极限弯矩为316.1 kN·m，比采用MUEI得到的极限弯矩大12%；

表6-4 M_{ult} 的计算过程

θ/($10^{-2}\ \mathrm{m}^{-1}$)	c/m	ε_{s1}/10^{-3}	a/m	P_{xc}/kN	P_{xs}/kN	$\|P_{xs}+P_{xc}-P_x\|$/kN
1.38	0.254	2.27	0.203	1 885.6	0	1 885.6
1.79	0.196	2.96	0.157	1 320.5	−572.8	747.7
2.19	0.16	3.61	0.128	997.4	−997.0	0.4

是否收敛	M_c/(kN·m)	M_s/(kN·m)	ϕ/(°)	M_n/(kN·m)	M_{ult}/(kN·m)
否	—	—	—	—	—
否	—	—	—	—	—
是	84.2	262.9	0.784	347.1	272.1

(5) 采用上述土体参数、G_s 值和LFP，考虑桩的结构非线性，采用程序GASLFP重新计算桩顶位移和弯矩，如表6-5。对于大于 P_{cr} 的每一级荷载(行1)，采用步骤2得到的最大弯矩 M_{max}(行2)，按式(6-5)计算等效抗弯刚度 E_pI_p

(行3)。然后采用 E_pI_p 值计算桩顶变形(行4)和最大弯矩(行5)。将计算得到的 P_t-y_t 曲线也绘于图6-4。

表6-5 考虑桩结构非线性计算桩顶位移

(1)	P_t/kN	39.4	44.5	66.7	89.0	111.2	133.4	155.7	177.9
(2)	M_{max}(采用 EI)/(kN·m)	61.2	70.3	112.0	156.7	204.1	253.7	305.4	358.9
(3)	E_pI_p/(MN·m²)	9.16	6.48	2.54	1.72	1.46	1.35	1.31	1.28
(4)	y_t(采用 E_pI_p)/mm	4.96	7.04	22.34	45.31	72.17	101.6	133.6	168.2
(5)	M_{max}(采用 E_pI_p)/(kN·m)	61.2	69.6	110.6	155.6	203.3	253.1	305.0	358.7

根据上述分析和计算结果,可以得出如下讨论:

(1) 采用 EI 值和 E_pI_p 值计算得到的最大弯矩相差1%以内。因此,不考虑混凝土开裂的影响,直接采用开裂前的抗弯刚度 EI 值预测桩身最大弯矩是准确的;

(2) 与程序FLPier和COM624P相比,采用ACI方法计算开裂弯矩 M_{cr} 是准确的;

(3) 与实例2的讨论相似,采用MUEI计算得到的极限弯矩和开裂后等效抗弯刚度与修正后的COM624P结果比较一致;

(4) 采用式(6-5)得到的等效抗弯刚度计算桩的非线性变形比COM624P预测的结果大。这可能存在如下原因:① 由于程序COM624P计算的极限弯矩过高(注意图6-4中采用COM624P的非线性分析结果没有考虑极限弯矩的修正);② 由式(6-5)计算的等效抗弯刚度可能偏小。后者将在下面的实例分析中进一步讨论;

(5) 同样地,采用式(6-5)得到的等效抗弯刚度计算桩的非线性变形比Hoit等(1996)采用FLPier计算的结果大(图6-4(a))。

6.4 砂土中桩的结构非线性性状

下面对4个砂土中的钢筋混凝土桩进行非线性性状分析。桩和砂土的特性参数分别如表6-6和图6-7。在这些实例分析中,参数选取如下:① 剪切模量 G_s 或与剪切模量有关的参数为有效桩长范围内的平均值;② 泊松比假定为0.3;

表 6-6　土体和岩石中桩基非线性分析时桩的计算参数

实例	文献	桩型	桩的特性参数							桩的计算特性					
			d/m	L/m	EI/(GN·m²)	e/m	f'_c/MPa	f_y/MPa	t/mm	M_{cr}(ACI)/(MN·m)	计算 M_{cr}/(MN·m)	k_r	M_{ult}(MN·m)	$(EI)_{cr}/EI$/(%)	L_{cr}/d
SN1	Huang 等(2001)	●	1.5	34.9	6.86	0	27.5	471	50	1.08～1.73	3.45	62.7	8.77	14.8	8.9
SN2	Huang 等(2001)	●	0.8	34.0	0.79	0	78.5 (20.6)*	1 226 (471)	30	0.28～0.44	0.465	33.0	1.89	14.6	9.8
SN3	Ng 等(2001)	●	1.5	28	10	0.75	49	460			3.34	45.5	4.0	40	9.9
SN4	Zhang(2003)	▬	0.86	51.1	47.67	0	43.4	460	75	4.61～7.38	7.42	31.7	10.13	1.9	27.7
SN5	Zhang(2003)	▮	2.8	51.1	4.50	0	43.4	460	75	1.42～2.27	2.28	31.7	2.98	1.6	3.7
CN1	Nakai 和 Kishida(1982)	●	1.548	30	16.68	0.5	153.7			2.81～4.50	2.38	16.7		30	13.3
CN2	Nakai 和 Kishida(1982)	●	1.2	9.5	2.54	0.35	27.5			0.55～0.89	0.63	22.3		18	7.1
RN1	Reese(1997)	●	2.25	13.8	35.15	1.24	34.5	496	180	4.07～6.52	4.53	21.8	17.47	7.4	
RN2	Reese(1997)	●	1.22	13.3	3.73	3.51	51.6	496	180	0.80～1.28	1.16	28.7	4.14	11.8	

注：*：78.5 为预应力混凝土强度，20.6 为内填混凝土强度。

表 6-7　砂土的计算参数

实例	砂土类型	土体性质指标				用于分析桩基性状的其他参数*	
		γ_s/(kN/m³)	ϕ/(°)	N_{SPT}	D_r/(%)	N_g/K_p^2	G_s/N_{SPT}/MPa
SN1	水下粉砂(土)	10	32.6	16.9		0.9	0.64
SN2	水下粉砂(土)	10	32.6	16.9		1.0	0.64
SN3	水下砂土、粉土和黏土层	11.9	35.3	17.1	44	1.2	0.64
SN4	粉砂夹卵石	13.3	49	32.5	61	0.55	0.4
SN5	粉砂夹卵石	13.3	49	32.5	61	0.10	0.4

*：所有实例中，$n = 1.7$，$\alpha_0 = 0$；
**：对于砂土，取表中值为 ϕ 值；对于黏土和岩石，则分别为不排水剪强度 S_u 和单轴抗压强度 q_{ur}。

③ 砂土有效容重 γ_s、内摩擦角 ϕ 为最大滑移深度 x_p(最大试验荷载对应的 x_p)内平均值或典型值。

6.4.1　台湾试验——实例 SN1 和 SN2

Huang 等(2001)报道了在我国台湾地区进行的两个分别为钻孔灌注桩和预应力群桩和三个单桩(两个钻孔灌注桩 B7,B13 和一个预应力混凝土桩 P7)现场侧向载荷试验。由于原文未报道桩 B13 的性状,这里只对单桩 B7 和 P7 进行非线性分析,分别称为实例 SN1 和 SN2。

桩的结构组成如图 6-5。桩 B7 长 34.9 m,桩径 1.5 m。横向加箍钢筋笼由 52 个直径为 32 mm 的钢筋组成,钢筋的强度 $f_y = 471$ MPa,从钢筋布置图上量得保护层厚度约为 50 mm;混凝土抗压强度 $f_c' = 27.5$ MPa。开裂前桩截面抗弯刚度 EI 估计为 6.86 GN·m²,桩截面惯性矩 $I_p = 0.2485$ m⁴,则初始等效杨氏模量 $E_p = 2.76\times10^7$ kPa。采用 ACI k_r 值,根据式(6-2)计算开裂弯矩为 1.08～1.73 MN·m,其中混凝土边缘距中性轴距离 $z_t = d/2 = 0.75$ m。由 MUEI 计算得,$M_{ult} = 8.77$ MN·m 和 $(EI)_{cr} = 1.02$ GN·m²,相应的计算参数和结果见表 6-8。

桩 P7 为内部充填钢筋混凝土的预应力混凝土管桩,长 34.0 m,桩径 0.8 m。管桩外径 0.8 m,内径 0.56 m。预应力混凝土的抗压强度 78.5 MPa,内填混凝土强度为 20.6 MPa。横向加箍钢筋笼由 19 根直径为 19 mm 的钢筋

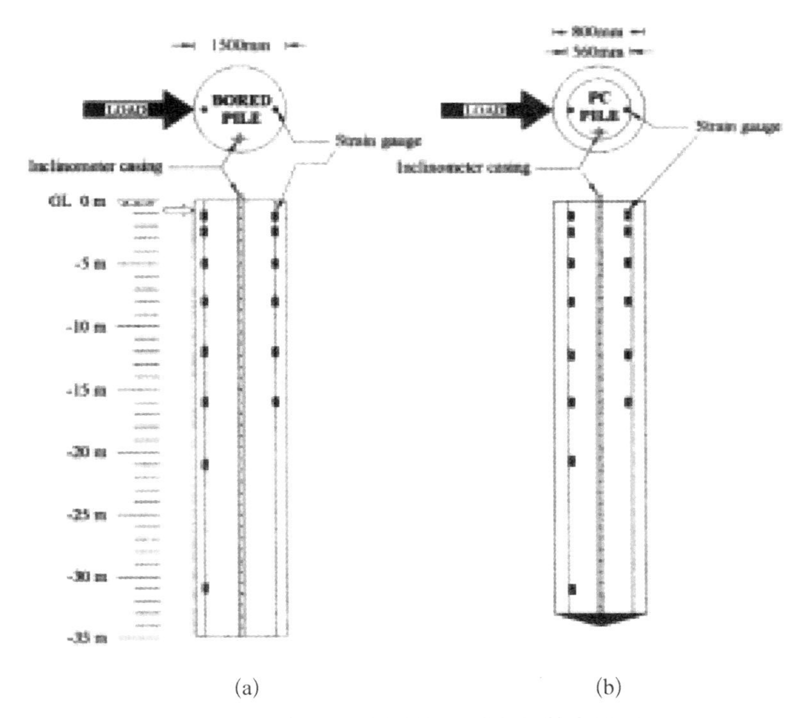

(a) (b)

图 6-5 桩 B7 和 P7 结构组成与钢筋布置图

和 38 根直径为 9 mm 的高强钢丝组成。预应力管桩内钢筋屈服强度 $f_y=$ 1 226 MPa，内部填充的钢筋强度为 471 MPa，从钢筋布置图上近似可得管桩保护层厚度约为 30 mm。开裂前桩截面抗弯刚度 EI 估计为 0.79 GN·m²，初始等效杨氏模量 $E_p=3.93\times10^7$ kPa。采用管桩混凝土强度和 ACI k_r 值，由式(6-2)计算开裂弯矩为 277.4～443.9 kN·m，其中混凝土边缘距中性轴距离 $z_t=d/2=0.4$ m。由于桩 P7 为混合材料，取桩的混凝土强度 f'_c 近似为 $(E_p/151\ 000)^2=67.74$ MPa（而不是采用管桩或内填混凝土强度），由 MUEI 计算得，$M_{ult}=1.89$ MN·m 和 $(EI)_{cr}/EI=0.146$ MN·m²，相应的计算参数和结果见表 6-8。

试验场地由相对均质的粉砂(SM)或粉土(ML)组成，偶见粉质黏土(CL)夹层。地下水位在地面下约 1 m，由于未见土体重度的报道，假定土体平均有效重度为 10 kN/m³。根据标贯试验，在地面下 15 m 深度范围内的平均贯入击数 N_{SPT} 约 16.9。根据表 2-3，可插值得土体内摩擦角 $\phi=32.6°$。荷载近似作用在地面($e=0$)，如图 6-5 所示。

表 6-8　砂土中桩的 M_{ult} 计算

实例	β	θ/ 10^{-3} m^{-1}	c/ mm	ε_{s1}/ 10^{-3}	a/ mm	P_{xc}/ kN
SN1	0.85	8.59	408	5.87	347	6 143.3
SN2	0.65	16.4	214	5.86	139	2 865.1
SN4	0.74	11.39	307	14.9	226	6 092.8
SN5	0.74	41.8	83.7	14.2	61.6	5 404.7
实例	P_{xs}/ kN	M_c/ (MN·m)	M_s/ (MN·m)	ϕ	M_n/ (MN·m)	M_{ult}/ (MN·m)
SN1	−6 143.3	1.25	8.50	0.9	9.75	8.77
SN2	−2 865.4	0.38	1.72	0.9	2.10	1.89
SN4	−6 083.5	1.18	10.07	0.9	11.25	10.13
SN5	−5 395.6	0.29	3.02	0.9	3.31	2.98

(1) 实例 SN1 分析

根据现场 DMT 试验，桩 B7 的土体侧向极限抗力如图 6-6。取 $n=1.7$ 和 $\alpha_0=0$，采用式(3-3)可拟合实测极限抗力得：$N_g=0.9K_p^2=10.02$。采用该 LFP 和 EI 值，取 $G_s=0.64\ N_{\text{SPT}}=10.8$ MPa，应用程序 GASLFP 可得到如下结果：① P_t-y_t 曲线如图 6-7 所示。大约在 P_t 大于 1 250 kN 后，实测桩顶变形逐渐偏离计算桩顶变形；② 在 $P_t=1\ 250$ kN 时，计算最大弯矩为 3.45 MN·m，该值比采用 ACI k_r 值和式(6-2)的计算结果大，表明桩在该荷载下开始发生开裂，即

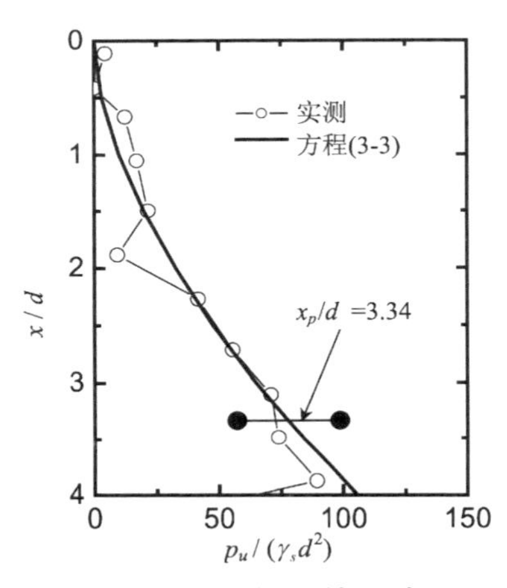

图 6-6　桩 B7 的实测与拟合 LFP

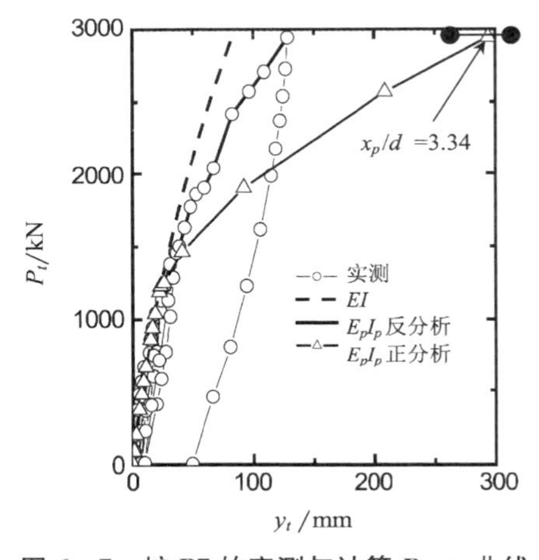

图 6-7　桩 B7 的实测与计算 P_t-y_t 曲线

可取 M_{cr} = 3.45 MN·m(即 k_r = 62.7) 和 P_{cr} = 1 250 kN·m; (3) 由计算极限弯矩 M_{ult},反分析得 P_{ult} = 2 571 kN; (4) 在最大试验荷载 P_t = 2 943 kN 时,计算最大弯矩为 10.5 MN·m,该值大于计算 M_{ult} 值。从实测桩顶变形可见,当桩顶荷载增大到 P_t=2 943 kN 时,桩顶位移变化仍比较平缓,表明桩在小于该荷载水平时,并没有发生极限破坏。因此,实测最大弯矩比计算极限弯矩大 19.7%。在该实例中,得到比 ACI 方法大的开裂弯矩和比 MUEI 方法大的极限弯矩,可能部分归功于桩 B7 较高的配筋率以及桩周土体约束,其他原因不详。

采用 M_{cr}= 3.45 MN·m,根据 6.3.2 节的分析过程(或参照 6.3.3 节实例的分析过程),重新计算考虑抗弯刚度非线性特性的桩顶位移(图 6-7)和最大弯矩(图 6-8),其中部分荷载对应的桩顶变形、最大弯矩和塑性滑移深度如表 6-9,相应的有效抗弯刚度绘于图 6-9。计算结果表明: ① 开裂后采用 $E_p I_p$ 计算得到的最大弯矩比开裂前采用 EI 值得到的最大弯矩差值在 3.2%以内; ② 在 P_t=2 571 kN(M_{ult}= 8 773.5 kN·m)时,分析得到的桩顶位移比实测变形(97.1 mm)大 1.15 倍; ③ 塑性滑移深度 x_p 随开裂程度的增加而增长。在 P_t= 2 571 kN 时,x_p/d 值从 2.49 增长到 3.08,增长率为 23.7%; ④ $E_p I_p$ 值比直接通过拟合桩顶实测位移反分析的结果小。在 P_t=2 571 kN 时,正分析 $E_p I_p/EI$ 值为 0.20,而反分析得到的值为 0.61(比正分析结果大两倍)。因此,采用上述方法可能过高地估计了实例 SN1 的桩顶变形,但偏于安全。

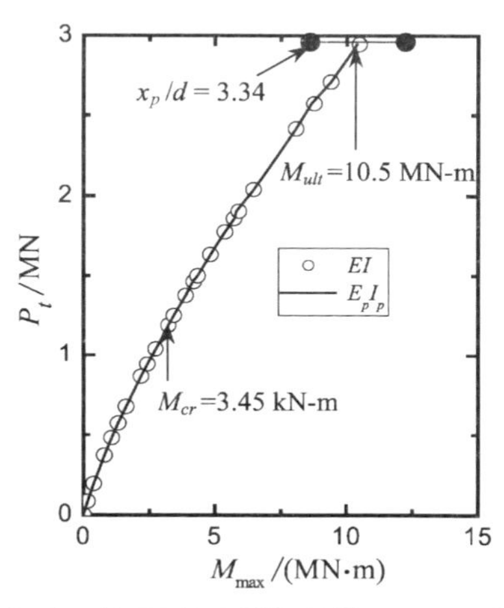

图 6-8 桩 B7 的实测与计算 P_t-M_{max} 曲线

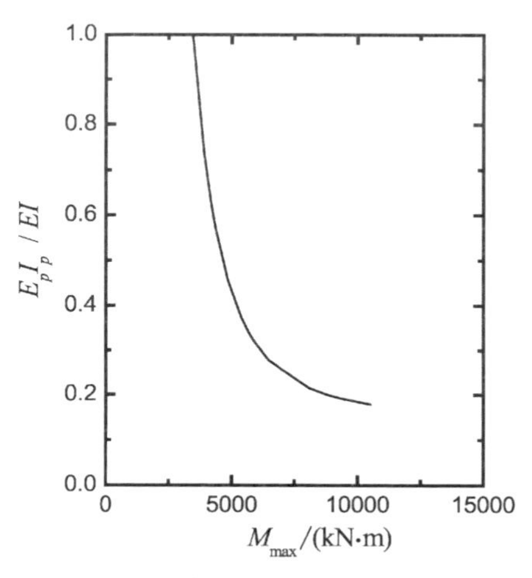

图 6-9 桩 B7 的 E_pI_p-M_{max} 关系

表 6－9　桩 B7 非线性性状的预测

桩的特性	采用式(6－5)正分析					通过拟合实测桩顶变形反分析				
P_t/kN	1 250	1 462	1 903	2 571	2 943	1 250	1 462	1 903	2 571	2 943
M_{max}(采用 EI)/(kN·m)	3 447.0	4 206.5	5 910.0	8 773.5	10 501	3 447.0	4 206.5	5 910.0	8 773.5	10 501
y_0(采用 EI)/mm	25.9	32.13	46.58	72.4	88.79	25.9	32.13	46.58	72.4	88.79
x_p/d	1.65	1.80	2.10	2.49	2.69	1.65	1.80	2.10	2.49	2.69
$E_p I_p/EI$	1	0.617	0.318	0.200	0.179	1	0.83	0.64	0.61	0.55
y_0(采用 $E_p I_p$)/mm	25.9	41.05	92.3	208.9	294.2	25.9	35.2	59.40	97.1	128.3
M_{max}(采用 $E_p I_p$)/(kN·m)	3 447.0	4 092.9	5 721.9	8 618.3	10 372.1	3 447.0	4 156.8	5 802.0	8 668.5	10 395.9
x_p/d	1.65	1.94	2.47	3.08	3.34	1.65	1.86	2.24	2.67	2.92

(2) 实例 SN2 分析

根据现场 DMT 试验，桩 P7 的土体侧向极限抗力如图 6-10 所示。取 $n=1.7$ 和 $\alpha_0=0$，采用式(3-3)可拟合实测极限抗力得：$N_g=1.0K_p^2=11.13$。与桩 B7 相比，可以发现，由于桩的打入效应引起土体极限抗力增长约 10%。采用该 LFP 和 EI 值，取 $G_s=0.64\ N_{SPT}=10.8$ MPa，应用程序 GASLFP 可得到如下结果：① P_t-y_t 曲线如图 6-11。大约在 P_t 大于 284 kN 后，实测桩顶变形逐渐偏离计算桩顶变形；② 在 $P_t=284$ kN 时，计算最大弯矩为 464.7 kN·m，该值比采用 ACI k_r 值和式(6-2)的计算结果大，表明桩在该荷载下开始发生开裂，即可取 $M_{cr}=464.7$ kN·m(即 $k_r=33.0$)和 $P_{cr}=284$ kN·m；③ 由极限弯矩 $M_{ult}=1\ 886.0$ kN·m 反分析得：$P_{ult}=826.2$ kN；④ 在 $P_t=804$ 和 863 kN 时，计算最大弯矩分别为 18 180 kN·m 和 2 000.4 kN·m。从实测桩顶变形可见，当 P_t 从 804 kN 增大到 863 kN 时，桩顶位移显著增加。因此，桩在 P_t 在 804～863 kN 之间，确实发生了极限破坏。因此，计算极限弯矩是合理的。

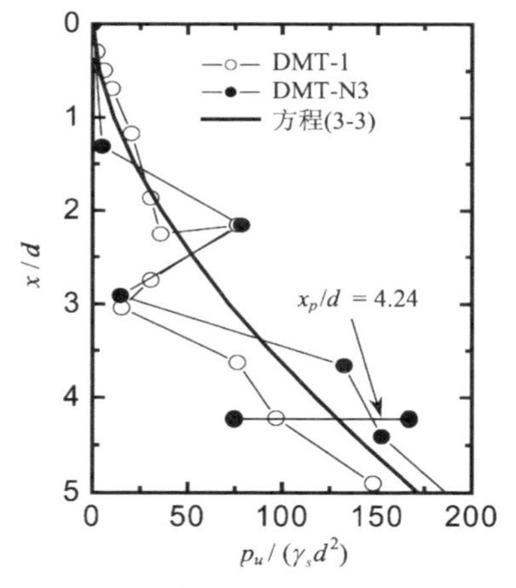

图6-10 桩 P7 的实测与拟合 LFP

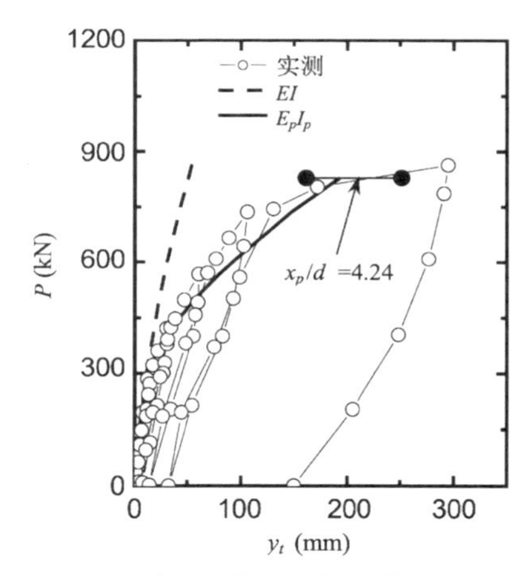

图6-11 桩 P7 的实测与计算 P_t-y_t 曲线

采用 $M_{cr}=464.7$ kN·m，根据 6.3.2 节的分析过程(或参照 6.3.3 节实例的分析过程)，计算考虑抗弯刚度非线性特性的桩顶位移和最大弯矩，分别如图 6-11 和图 6-12 所示，相应的 E_pI_p 结果如图 6-13 所示。其中部分荷载对应的桩顶变形、最大弯矩和塑性滑移深度见表 6-10。比较采用 E_pI_p 值计算的桩顶位移和实测值发现，二者的最大误差在 28%以内，因此，分析结果是合理的。其他结论与实例 SN1 相似。

表 6-10　桩 P7 非线性性状的预测

P_t/kN	实测 y_0/mm	采用 EI 值计算结果			E_pI_p/EI	采用 E_pI_p 值计算结果		
		M_{max}(kN·m)	y_0/mm	x_p/d		M_{max}/(kN·m)	y_0/mm	x_p/d
284	11.6	464.7	10.5	1.85	1	464.7	10.5	1.85
361	21.8	631.4	14.5	2.13	0.486	—	21.4	2.37
498	46.8	959.9	23.1	2.56	0.243	937.4	56.3	3.10
566	60.6	1 138.0	28.0	2.75	0.204	1 118.2	79.7	3.39
666	88.9	1 411.8	35.8	3.02	0.176	1 396.1	118.8	3.75
732	106.0	1 603.5	41.4	3.18	0.167	1 590.2	147.6	3.97
804	171.8	1 818.0	47.9	3.35	0.160	1 807.2	180.8	4.18
826.2	218.2	1 886.0	50.0	3.40	0.159	1 875.9	191.6	4.24

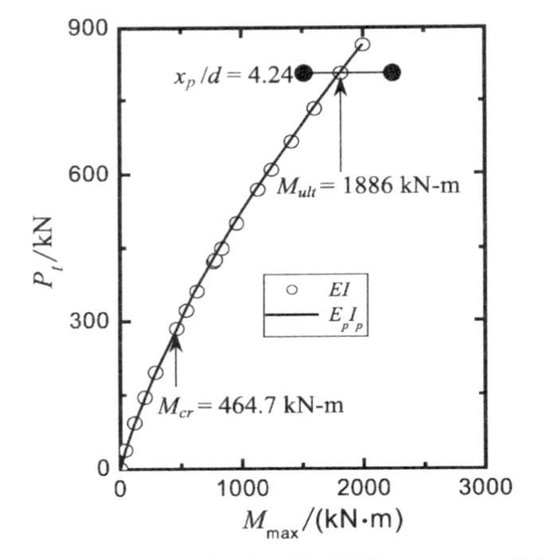

图 6-12　桩 P7 的实测与计算 P_t-M_{max} 曲线

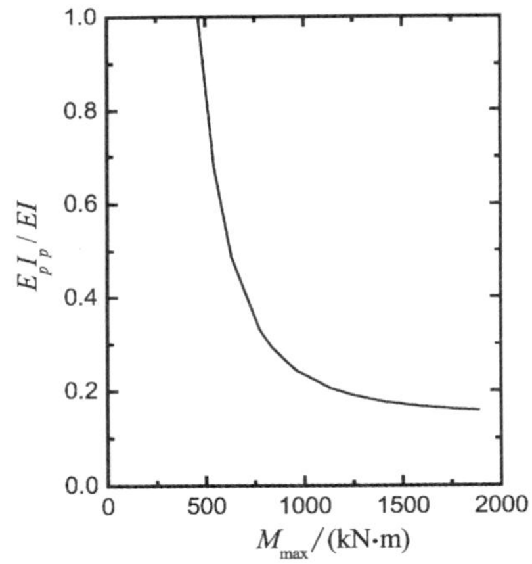

图 6-13　桩 P7 的 E_pI_p-M_{max} 关系

6.4.2　香港圆形桩试验——实例 SN3

Ng 等(2001)报道了四个在我国香港地区进行的侧向受荷灌注桩试验，分别为单桩、间距为 6d 的双桩群桩、间距为 3d 的双桩群桩和间距为 3d 的三桩群桩。在这里仅对单桩试验进行分析。该单桩(P1)直径 1.5 m，桩长 28 m，混凝土杨氏模量和混凝土抗压强度分别为 32.3 GPa 和 49 MPa，钢筋屈服强度 f_y = 460 MPa，开裂前抗弯刚度 EI = 10 GN·m^2。采用 ACI k_r 值，由式

(6-2)计算开裂弯矩为 1.44～2.31 MN·m，其中混凝土边缘距中性轴距离 $z_t = d/2 = 0.75$ m。由于缺少钢筋数量和布置的相关资料，不能由 MUEI 计算极限弯矩和开裂后抗弯刚度，故采用 Ng 等(2001)报道的开裂后抗弯抗度 $(EI)_{cr} = 4$ GN·m^2，即$(EI)_{cr}/EI = 0.4$。

场地由上部约 28 m 砂土、粉土和黏土和下部岩石组成。上部土层整体上可视为无黏性土，在地面下 15 m(10d)范围内，平均标准贯入击数 N_{SPT}近似为 17.1，则可取 $G_s = 0.64\ N_{SPT} \approx 10.9$ MPa；在地面下 7.725(极限抗力可能发生深度 5d)范围内，土体平均相对密度 D_r约为 50%。根据式(2-20)，内摩擦角可近似取为 35.3°。土体干容重为 18 kN/m^3，饱和容重为 21 kN/m^3(浮容重取 11 kN/m^3)，地下水位为 −1.0 m，取 5d 深度内的有效容重 $\gamma_s =$ 11.9 kN/m^3。单桩承台为 1.8 m×1.8 m×1.5 m(厚)，荷载作用在承台中部，所以荷载偏心高度为 0.75 m。

参照第 5 章的分析，可取 $N_g = 1.2K_p^2 = 16.76$(相应的极限抗力分布绘于图 6-14)，$\alpha_0 = 0$ 和 $n = 1.7$，采用 EI 值和程序 GASLFP 计算桩顶位移 y_t，如图 6-15 所示。在 P_t小于约 1.10 MN 时，计算桩顶位移与实测值比较吻合；当大于该值时，实测值逐渐偏离计算值。在 $P_{cr} = 1.10$ MN 时，计算最大弯矩为3.34 MN·m，该值比 ACI 方法计算的开裂弯矩大，因此可取 $M_{cr} =$ 3.34 MN·m和 $k_r \approx 45.5$。

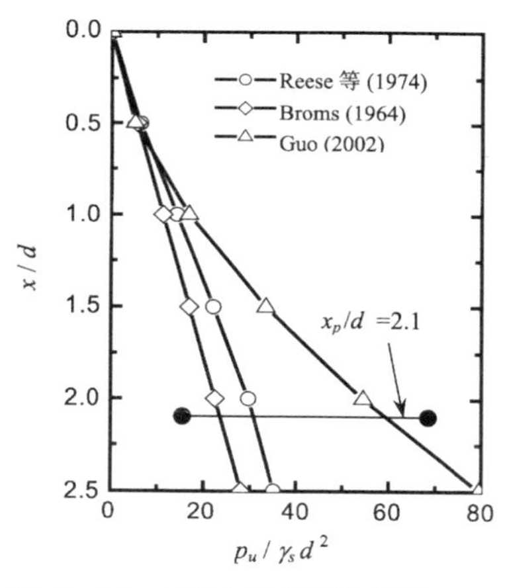

图 6-14　桩 P1 的实测与拟合 LFP

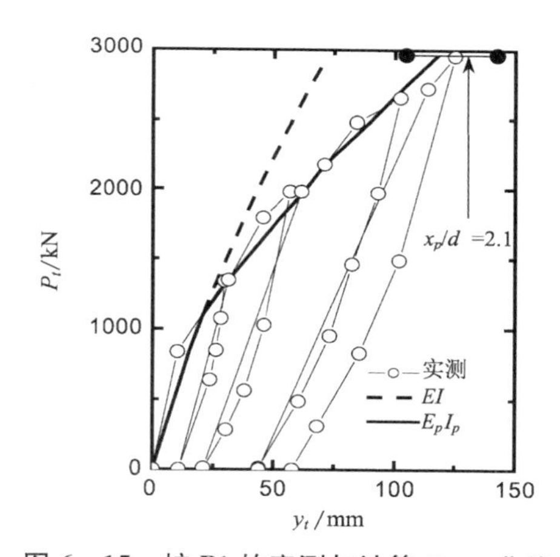

图 6-15　桩 P1 的实测与计算 P_t-y_t 曲线

采用上述 M_{cr}，$(EI)_{cr}$，G_s和 LFP，考虑抗弯刚度非线性特性，计算得桩顶位移和最大弯矩分别绘于图 6-15 和图 6-16，相应的有效抗弯刚度绘于图6-17。在最

大荷载 $P_t = 2.955$ MN时，采用 E_pI_p 值计算得：$M_{max} = 10.77$ MN·m，最大塑性滑移深度 $x_p = 2.1d$。在 $2.1d$ 深度内，由于土体密度随深度而增长，得到的土体极限抗力比Reese等(1974)或Broms(1964)建议的极限抗力大。

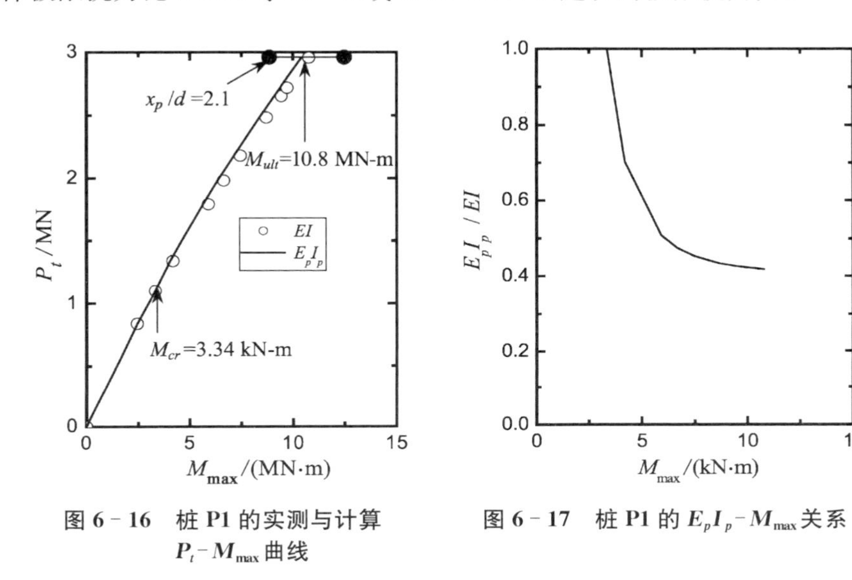

图6-16　桩P1的实测与计算 P_t-M_{max} 曲线

图6-17　桩P1的 E_pI_p-M_{max} 关系

根据图6-15，比较采用 E_pI_p 值计算的桩顶位移和实测值发现，二者吻合得很好。因此，采用式(6-5)分析桩的结构非线性特性是合理的。其他结论与实例SN1相似。

6.4.3　香港方形桩试验——实例SN4和SN5

Zhang(2003)报道了在香港地区进行的两个大尺寸方形灌注桩(桩DB1和DB2)的现场侧向载荷试验。在该试验项目中，研究了方形桩在不同荷载作用方向下的性状。本节将对桩DB1分别在截面高度方向上和宽度方向上加载的性状进行分析，分别称为实例SN4和SN5。

桩DB1截面高2.8 m，宽0.86 m。桩长51.1 m，从上到下，横向加箍钢筋笼分别由24T32+24T25，28T25和24T20组成，保护层厚度为75～100 mm，钢筋屈服强度 $f_y = 460$ MPa，取杨氏模量 $E_s = 2.0\times10^8$ kPa；混凝土的杨氏模量 $E_c = 3.03\times10^7$ kPa，方形试样抗压强度 $f_{cu} = 53$ MPa，则柱状试验的抗压强度 $f'_c \approx f_{cu}/1.22 = 43.4$ MPa(Beckett & Alexandrou, 1997)。开裂前沿高度方向(称主方向)加载时，截面惯性矩 $I_p = 1.5732$ m^4，截面抗弯刚度 $EI =$

4.77×10^7 kN·m^2；沿宽度(次方向)加载时，截面惯性矩 $I_p=0.1484$ m^4，截面抗弯刚度 $EI=4.50\times10^6$ kN·m^2。

采用 ACI k_r 值，根据式(6-2)沿主方向加载时计算开裂弯矩为 4.61～7.38 MN·m，其中，混凝土边缘距中性轴距离 $z_t=h/2=1.4$ m；沿次方向加载时计算开裂弯矩为 1.42～2.27 MN·m，其中，混凝土边缘距中性轴距离 $z_t=b/2=0.43$ m。由实测结果表明，由于桩的侧向受荷性状主要发生在上部 10 m 内，仅计算上部截面的极限弯矩。采用 MUEI 计算得：沿主方向加载时，$M_{ult}=10.13$ MN·m 和 $(EI)_{cr}=0.89$ GN·m^2；沿次方向加载时，$M_{ult}=2.98$ MN·m和 $(EI)_{cr}=71.26$ MN·m^2。

桩 DB1 试验场地属于围垦地，表层由粘质粉砂组成，夹杂鹅卵石。地面高程为+5.1 m，地下水位高程为+2.6 m。在地面下 15 m($10d$)范围内，平均标准贯入击数 N_{SPT} 约为 32.5，则可取 $G_s=0.4N_{SPT}\approx13.0$ MPa；在地面下 8 m(极限抗力可能发生最大深度 $5d$)内，土体平均内摩擦角为 49°。土体干容重为 18 kN/m^3，饱和容重为 21 kN/m^3(浮容重近似取 11 kN/m^3)，地面下 8 m 深度内的有效容度 $\gamma_s=13.3$ kN/m^3。荷载近似作用在地面，即荷载偏心高度 $e=0$。

(1) 实例 SN4 的分析

由于夹杂鹅卵石引起表层土体内摩擦角过高，参照第 5 章的分析，保守估计 $N_g=0.55K_p^2=28.15$，$\alpha_0=0$ 和 $n=1.7$，相应的极限抗力分布与 Reese LFP 和 Broms LFP 同时绘于图 6-18。采用 EI 值和程序 GASLFP 计算桩顶位移 y_t，如图 6-19 所示。在 P_t 小于约 2.26 MN 时，计算桩顶位移与实测值比较吻合；当大于该值时，实测值逐渐偏离计算值。取 $P_{cr}=2.26$ MN，计算得最大弯矩为 7.42 MN·m。该值比采用 ACI k_r 值和式(6-2)计算的开裂弯矩大，因此可取 $M_{cr}=7.42$ MN·m 和 $k_r\approx31.7$。

采用上述 M_{cr}，$(EI)_{cr}$，G_s 和 LFP，考虑抗弯刚度非线性特性，由 GASLFP 计算的桩顶位移和最大弯矩分别如图 6-19 和图 6-20 所示，相应的 E_pI_p 值绘于图 6-21。计算结果表明：① 在 $P_t\approx3.61$ MN 时，桩的最大弯矩达到极限弯矩，同时，当 P_t 从 3.0 MN 增长到 4.0 MN 时，桩顶实测变形急剧增加，这表明桩在 $P_t=4.0$ MN 作用下可能发生了破坏；② 采用 ACI 方法考虑桩的非线性，可以非常准确地预测桩顶变形；③ 在 $P_t=4.0$ MN 时，采用 E_pI_p 值计算得最大塑性滑移深度为 $2.8d$，比采用 EI 值的计算结果($2.2d$)大 27.9%；④ 由于在主方向加载时，桩土相对刚度 E_p/G^* 达 1.1×10^5（对于一般的桩，$E_p/G^* = 10^2 \sim 10^4$），考虑桩的非线性后，桩身最大弯矩最大降低幅度达 21%。因此对于长条形截面，混凝土开裂对最大弯矩存在一定的影响；⑤ 在 1.5d 深度内，土体极限抗力介于 Reese LFP 和 Broms LFP 之间；在（1.5～2.8d）范围内，土体极限抗力大于 Reese LFP 和 Broms LFP 得到的极限抗力；但在 2.8d 深度内，平均值接近 Reese LFP。

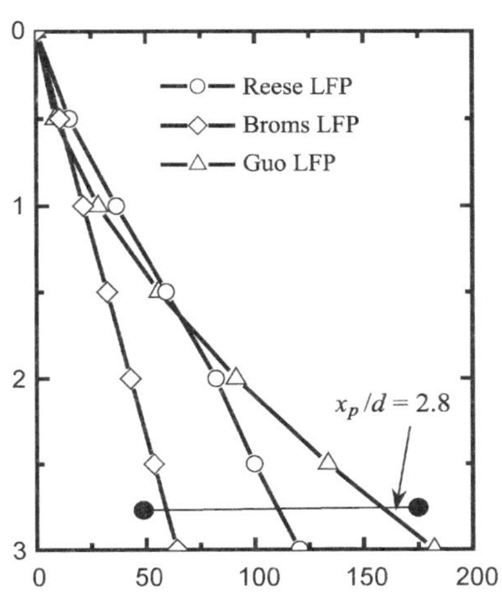

图 6－18　桩 DB1 主方向加载的 LFP

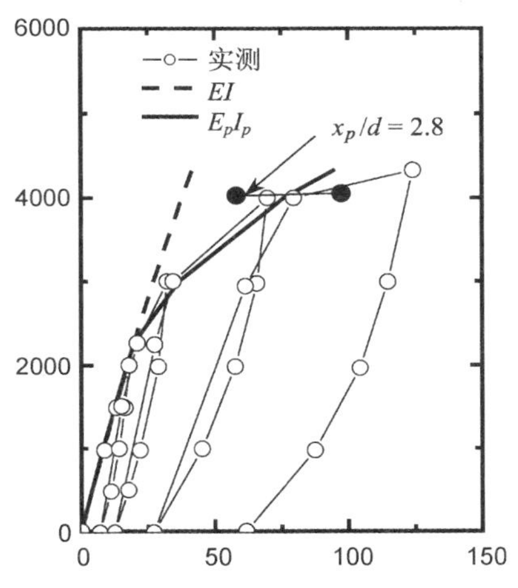

图 6－19　桩 DB1 主方向加载实测与计算 P_t－y_t 曲线

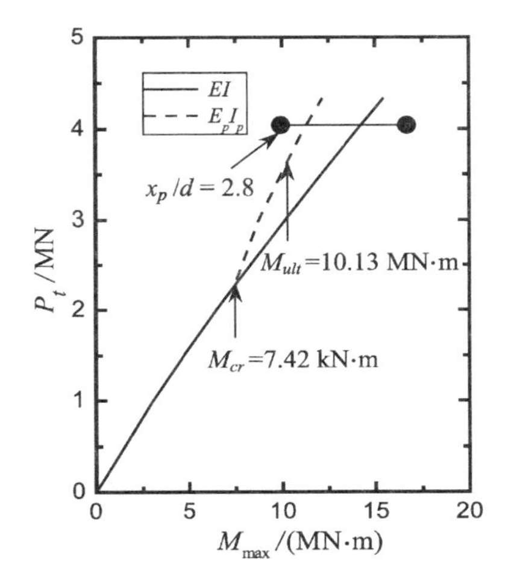

图 6－20　桩 DB1 主方向加载实测与计算 P_t－M_{max} 曲线

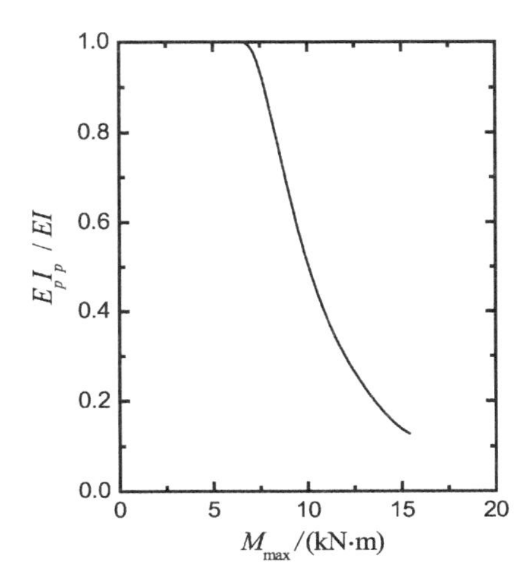

图 6－21　桩 DB1 主方向加载 E_pI_p－M_{max} 关系

(2) 实例 SN5 的分析

由于实例 SN5 没有实测资料，参照实例 SN4，取 $k_r \approx 31.7$，则 $M_{cr} = 2.28$ MN·m，并采用下述两组参数进行分析：

组 SN5_1：$G_s = 13.0$ MPa，$\alpha_0 = 0$，$n = 1.7$；$N_g = 0.55K_p^2 = 28.15$；上述参数与实例 SN4 相同；

组 SN5_2：$G_s = 13.0$ MPa，$\alpha_0 = 0$ 和 $n = 1.0$；$N_g = 0.14K_p^2 = 7.16$；即采用极限抗力等于朗肯被动土压力(注意：由于加载方向上桩宽较大，可能表现出挡土墙的性质)，如图 6-22 所示。

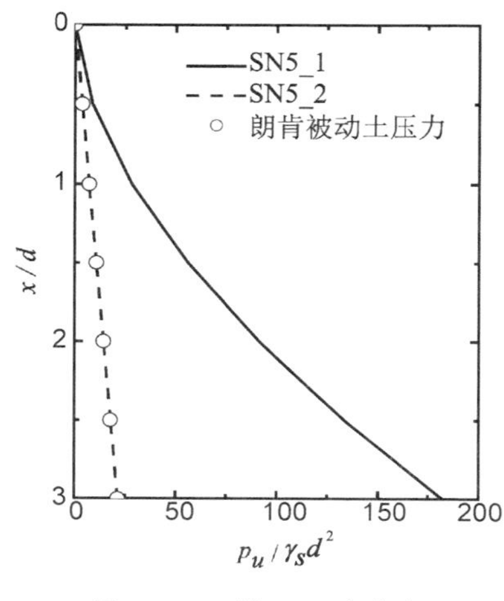

图 6-22 桩 DB1 次方向加载的 LFP

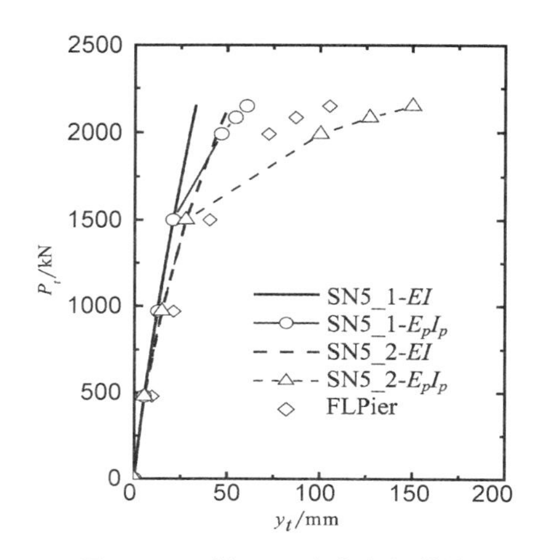

图 6-23 桩 DB1 次方向加载的 $P_t - y_t$ 关系

采用上述 M_{cr}，$(EI)_{cr}$，G_s 和 LFP，考虑抗弯刚度非线性特性，由 GASLFP 计算桩顶位移和最大弯矩，分别如图 6-23 和图 6-24 所示，相应的 E_pI_p 值绘于图 6-25。结果表明：① 在 $P_t \approx 3.61$ MN 时，组 SN5_1 和组 SN5_2 计算的最大弯矩分别为 2.78 MN·m 和 3.42 MN·m，二者均大于 M_{cr} 和 MUEI 计算的极限弯矩，因此，桩在该荷载水平下，受压侧混凝土发生压碎破坏，受拉侧则发生了开裂；② 采用不同的极限抗力分布对侧向位移和桩身有效抗弯刚度影响显著，而对最大弯矩的影响较小。

比较采用 Reese LFP 和程序 FLPier(Zhang，2003)得到的分析结果(图 6-23)：① 在开裂前，组 SN5_2 的分析结果与 FLPier 计算结果接近，这表明沿次方向加载时，桩 DB1 表现为挡土墙特性；② 在开裂后，FLPier 计算结果介于组

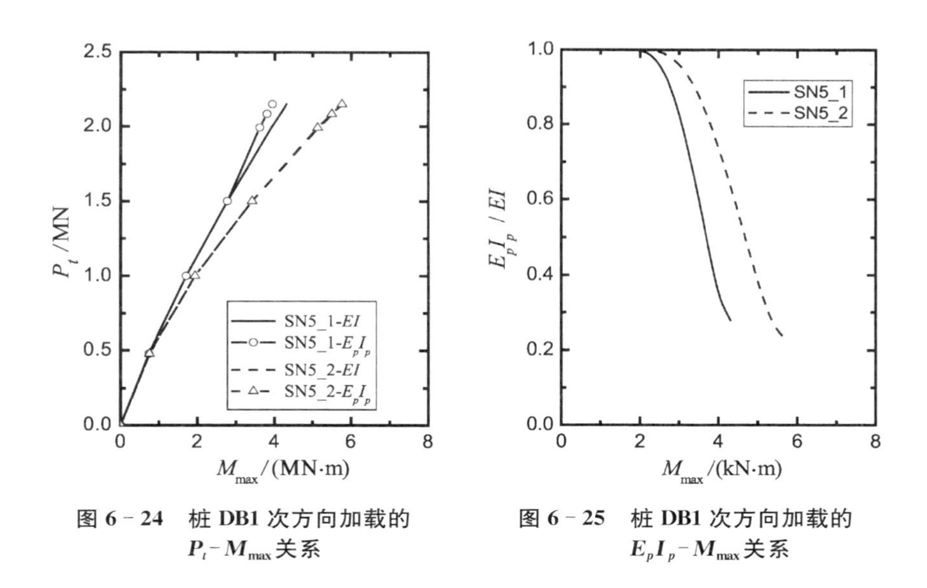

图 6-24　桩 DB1 次方向加载的 P_t-M_{max} 关系

图 6-25　桩 DB1 次方向加载的 E_pI_p-M_{max} 关系

SN5_1 和组 SN5_2 分析结果之间，因此可以采用本文方法分析次方向加载时桩的非线性性状。

6.5　黏土中桩的结构非线性性状

下面对 2 个黏土中的钢筋混凝土桩进行非线性分析。桩和黏土的特性参数分别如表 6-6 和 6-11。在该实例分析中，参数选取如下：① 在确定剪切模量 G_s，取有效桩长范围内不排水强度的平均值；② 泊松比假定为 0.3；③ 在确定 LFP 时，不排水强度为最大滑移深度 x_p（最大试验荷载对应的 x_p）内平均值或典型值。

表 6-11　黏土特性参数

编　号	土体类型	S_u/kPa	G_s/MPa	α_0	n	N_g	k/G_s
CN1	黏性土	43	5.62	0.1	0.7	2	3.13
CN2	黏性土	163.5	21.38	0.06	0.7	2	3.77

Nakai 和 Kishida(1982)报道了在日本进行的三个钢管桩(A,B,C)和两个灌注桩(桩 D 和 E)侧向载荷试验。对于桩 A,B 和 C 在第 5 章中进行了分析，这

里只对灌注桩 D 和 E 进行非线性分析，分别称为实例 CN1 和 CN2。桩和土体性质分别如表 6－6 和表 6－11。

桩 D 嵌入长度约 30 m，桩径 1.548 m。开裂前报道的桩截面抗弯刚度 EI 为 16.68 GN·m^2，则初始等效杨氏模量 $E_p = 5.92 \times 10^7$ kPa 和 $f'_c \approx (E_p/151\,000)^2 = 153.7$ MPa。采用 ACI k_r 值，根据式(6－2)计算开裂弯矩为2.81～4.50 MN·m(其中混凝土边缘距中性轴距离 $z_t = d/2 = 0.774$ m)，该值比 Nakai & Kishida(1982)报道的值(1.33 MN·m)大 2～3.4 倍。由于缺少钢筋配置资料，不能直接采用程序 MUEI 计算极限弯矩和由式(6－5)计算 E_pI_p 值，因此下面根据实测桩顶位移资料反算 E_pI_p。荷载近似作用在地面上 0.5 m，如图 6－26 所示。

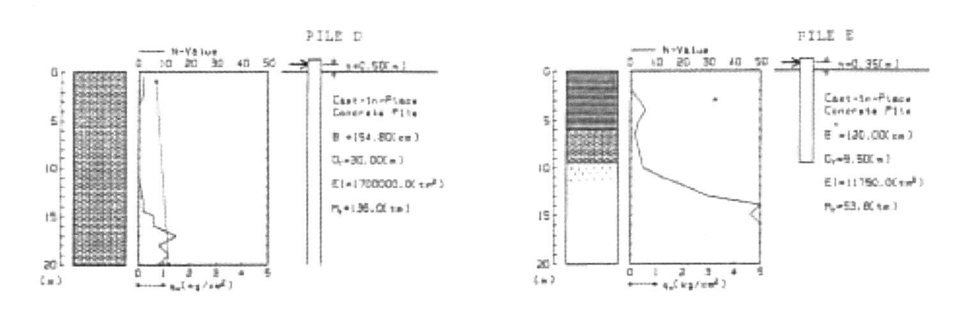

图 6－26　桩 D 和 E 试验的土体和桩基参数

6.5.1　实例 CN1

桩 D 试验场地主要由相对均质的黏土组成，不排水强度从地面附近约 35 kPa线性增长到地面下 20 m 处的 55 kPa，10d 深度内的不排水强度可近似取为 $S_u = 43$ kPa。根据 Kishida & Nakai(1977)建议值，$G_s = 130.8$，$S_u = 5.62$ MPa。荷载近似作用在地面上 0.5 m，如图 6－26 所示。

参照第 5 章的分析，可选取 $n = 0.7$，$\alpha_0 = 0.1$ 和 $N_g = 2$。如图 6－27 所示，在 5d 深度内，该 LFP 与 $c = 8$ kPa 和 $\phi = 10°$的 Hansen LFP 非常接近，小于 Matlock LFP。采用 EI 值和程序 GASLFP 计算得 $P_t - y_t$(桩顶变形)曲线如图 6－28 中虚线所示，部分荷载水平条件下的 y_t、$M_{\max}$和 x_p值见表 6－12。在 P_t小于 690 kN 时，计算桩顶变形与实测值吻合较好；当 P_t大于 690 kN 后，实测桩顶变形逐渐偏离计算值。因此，可取 $P_{cr} = 690$ kN，相应的 $M_{cr} = 2.38$ MN·m 和 $k_r = 16.7$。考虑到前面采用初始等效杨氏模量 E_p代替 E_c计算混凝土抗压强

度，该 k_r 值比 ACI k_r 值略小是合理的。换言之，采用 ACI k_r 值确定 M_{cr} 是合理的。

采用上述 G_s 和 LFP 以及程序 GASLFP，通过拟合 P_t 大于 690 kN 对应的计算桩顶位移和实测值，反分析得到 E_pI_p 值(图 6－30)，相应的 E_pI_p/EI 值，y_t，M_{max} 和 x_p 值见表 6－12。相应的桩顶变形和弯矩分别绘于图 6－28 和图 6－29。在最大荷载 $P_t=1\ 289$ kN 时，反分析得 $E_pI_p=5.00$ GN・m^2($=0.3EI$)，相应的 $y_t=90.05$ mm，$M_{max}=5.57$ MN・m，$x_p=6.09$ m ($=3.93d$)。与采用 EI

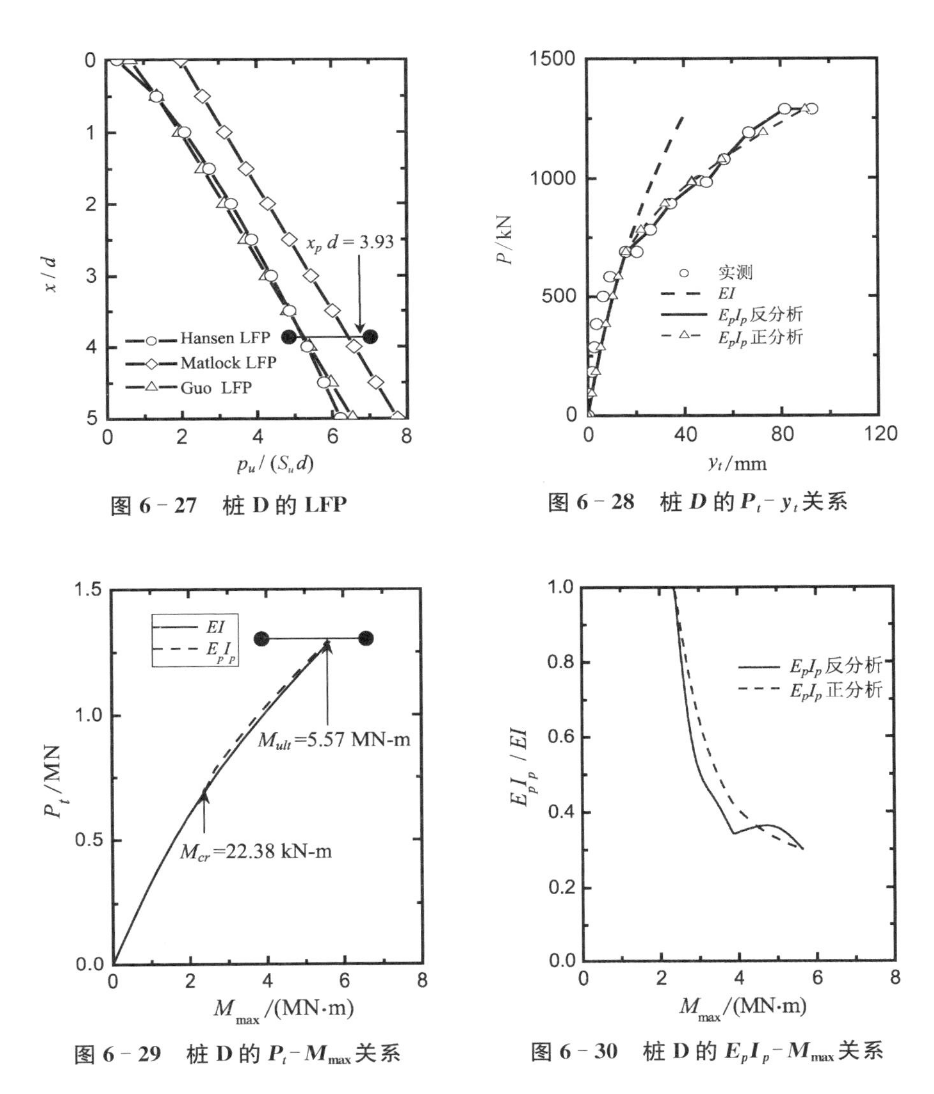

图 6－27　桩 D 的 LFP

图 6－28　桩 D 的 P_t－y_t 关系

图 6－29　桩 D 的 P_t－M_{max} 关系

图 6－30　桩 D 的 E_pI_p－M_{max} 关系

值计算结果比较，y_t增长了118.2%，最大弯矩只降低了1.24%，而x_p则增加了29.3%。因此，可得到与砂土中桩的非线性分析相似的结论。

采用最大荷载$P_t=$ 1 289 kN时的M_{max}(5.64 MN·m)和E_pI_p值，采用式(6-5)可以反算得：$(EI)_{cr}=$ 4.05 GN·m²，即$E_pI_p/EI=0.243$。反过来，采用该$(EI)_{cr}$值和式(6-5)，可对桩D的非线性性状进行正分析，见表6-12。相应的桩顶变形绘于图6-28。结果表明，正分析同样能够给出较好的桩顶变形预测，并且正分析得到的有效抗弯刚度与反分析结果吻合较好。因此，采用式(6-5)进行有效抗弯刚度计算是合理的。

表6-12　桩D非线性性状的预测

桩的特性	通过拟合实测桩顶变形反分析						采用式(6-5)正分析					
P_t/kN	690	782	989	1 081	1 190	1 289	690	782	989	1 081	1 190	1 289
M_{max}(采用EI)/(kN·m)	2.38	2.80	3.86	4.38	5.03	5.64	2.38	2.80	3.86	4.38	5.03	5.64
y_0(采用EI)/mm	15.9	18.9	26.8	30.9	36.1	41.3	15.9	18.9	26.8	30.9	36.1	41.3
x_p/d	1.44	1.68	2.25	2.49	2.79	3.04	1.44	1.68	2.25	2.49	2.79	3.04
E_pI_p/EI	1	0.51	0.34	0.36	0.37	0.3	1	0.71	0.42	0.37	0.32	0.3
y_0(采用E_pI_p)/mm	15.9	26.0	46.8	56.1	66.4	90.1	15.9	22.1	43.2	55.6	72.8	90.1
M_{max}(采用E_pI_p)/(kN·m)	2.38	2.67	3.73	4.26	4.94	5.57	2.38	2.73	3.74	4.26	4.93	5.57
x_p/d	1.44	2.39	2.94	3.18	3.50	3.93	1.44	1.87	2.80	3.18	3.59	3.93

6.5.2　实例CN2

桩E的嵌入长度9.5 m，桩径1.2 m。原文报道的桩截面抗弯刚度可能有误，因为由$EI=$ 115.28 MN·m²(Nakai & Kishida，1982)得等效杨氏模量$E_p=1.13\times10^6$ kPa，远小于混凝土的杨氏模量。因此，本文取E_p值为一般混凝土的模量，即$E_p=2.5\times10^7$ kPa，即有$EI=$ 2.54 GN·m²和$f'_c\approx(E_p/151\ 000)^2\approx27.5$ MPa。采用ACI k_r值，根据式(6-2)计算得开裂弯矩为554.2～886.7 kN·m(其中，混凝土边缘距中性轴距离$z_t=d/2=0.6$ m)，该下限值与Nakai & Kishida(1982)报道的开裂弯矩527.6 kN·m非常接近。由

于缺少钢筋配置资料，不能直接采用程序MUEI计算极限弯矩和由式(6-5)计算E_pI_p值，因此，采用与实例CN1相同的过程，根据实测桩顶位移资料反算E_pI_p。

如图6-26所示，桩E试验场地由多层土体组成，在上部10d范围内，主要为黏性土。在地面下2 m范围内，N_{SPT}为零，在2～10 m之间，N_{SPT}约为4～6。在地面下3 m附近，黏性土的不排水强度$S_u \approx 163.5$ kPa。根据Kishida & Nakai(1977)建议值，取$G_s = 130.8S_u = 21.38$ MPa。荷载作用在地面上0.35 m。

参照第5章的分析，取$n = 0.7$，$N_g = 2$和$\alpha_0 = 0.06$(由于S_u值比到地面附近土体强度大，取较小值)。在5d深度内，该LFP与$c = 8$ kPa和$\phi = 10°$的Hansen LFP非常接近，小于Matlock LFP(图6-31)。采用EI值和程序GASLFP计算得桩顶侧向变形如图6-32中虚线所示。在P_t小于约470 kN时，计算值与实测桩顶变形比较吻合较好；当P_t大于470 kN后，实测桩顶变形逐渐偏离计算值。因此，可取P_{cr}=470 kN，相应的$M_{cr} = 628.4$ kN·m和$k_r =$ 22.3。

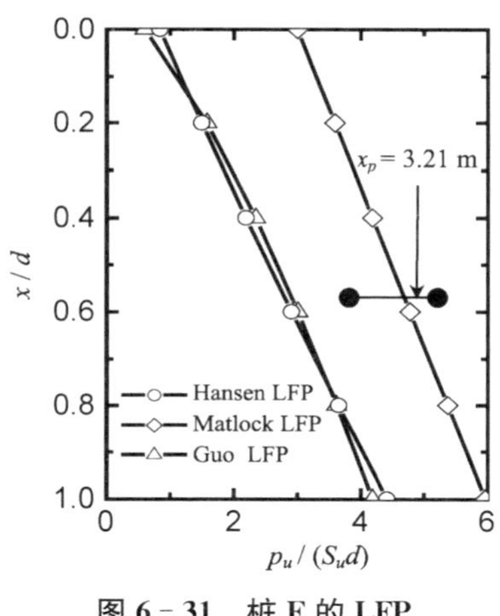

图6-31　桩E的LFP

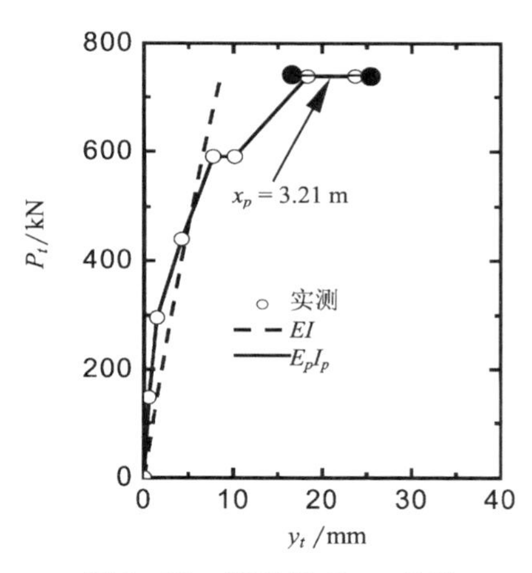

图6-32　桩E的P_t-y_t关系

采用上述G_s和LFP以及程序GASLFP，通过拟合$P_t = 588.6$ kN和735.8 kN对应的计算桩顶位移和实测值(初始值，即不考虑时间效应)，反分析得到E_pI_p/EI值分别为0.6和0.18(表6-13)。由采用EI计算的M_{max}，根据式(6-5)可反分析得：$P_t = 588.6$ kN和735.8 kN对应的$(EI)_{cr}/EI$值，如表6-13。P_t=735.8 kN对应的$(EI)_{cr}/EI$值远比$P_t = 588.6$ kN对应的值小，因此桩在$P_t = 735.8$ kN时可能已经发生了破坏。从Nakai & Kishida(1982)

没有报道该荷载水平下的弯矩分布，也可能证实了这一点。其他荷载水平下的实测和计算弯矩比较相当吻合，如图 6-33 所示。

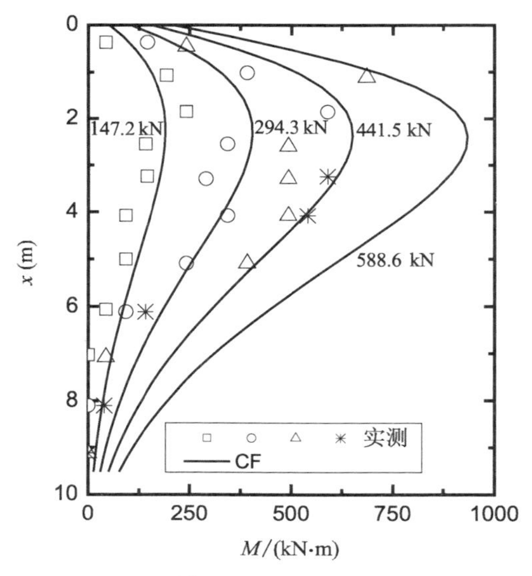

图 6-33 桩 E 的实测和计算弯矩比较

表 6-13 桩 E 非线性性状的预测

P_t/kN	实测 y_0/mm	采用 EI 值计算结果			拟合桩顶位移反分析结果				
		M_{max}/(kN·m)	y_0/mm	x_p/d	E_pI_p/EI	M_{max}/(kN·m)	y_0/mm	x_p/d	$(EI)_{cr}/EI$
588.6	7.8	808.2	6.54	0.32	0.60	748.0	7.81	0.40	0.35
735.8	18.3	1 046.5	8.54	0.45	0.18	892.5	18.25	0.81	0.005

6.6 嵌岩桩的结构非线性性状

下面对两个嵌岩桩的非线性特性进行分析。岩石和桩的特性参数分别列如表 6-14 和表 6-15。在该实例分析中，引入如下假定或参数选取：① 岩石杨氏模量 E_m 为有效桩长范围内的平均值；② 泊松比假定为 0.25；③ 岩石抗压强度 q_{ur} 为最大荷载对应的滑移深度 x_p 内平均值或典型值；④ 在确定 RMR_{89} 时，由于缺少岩石不连续结构方向资料，不考虑岩石不连续结构方向对 RMR_{89} 的影响;⑤ 由于 q_{ur} 小于 25 MPa,岩芯杨氏模量 E_r 假定为 $100q_{ur}$;⑥ γ_m 假定为 23 kN/m^3。

表 6-14 岩石特性参数

实例	文献	岩石类型	已知参数			岩石分类指标							
			γ_m/(kN/m^3)	q_{ur}/MPa	RQD/(%)	RMR$_{89}$ (Bieniawski,1989)							GSI
						R_A	R_B	R_C	R_D	R_E	Adj	Total	
RN1	Reese 等(1997)	砂岩	23	2.77 (5.7)*	45	1	8	8	20	15	0	52	47
RN2		石灰岩	23	3.45	0**	1	3	5	10	15	0	34	29

注:2.77(5.7)*:2.77 为平均值用于确定杨氏模量;5.7 为浅层典型值,用于确定极限抗力分布;
**:地质勘察中没有报道,Reese(1997)认为接近于零。

表 6-15 嵌岩桩的特性参数

实例	d/m	L/m	EI/(MN·m^2)	e/m	L_{cr}/m	最大试验荷载时 x_p/m
RN1	2.25	13.8	35 150	1.24	4.86	1.312*
RN2	1.22	13.3	3 730	3.51	2.38	1.084

*:破坏荷载 P_t = 8 620 kN(小于最大试验荷载)对应的塑性滑移深度。

6.6.1 San Francisco 试验——实例 RN1

California 交通局在 San Francisco 进行了两个直径为 2.25 m 的灌注桩侧向载荷试验(Reese,1997)。桩 A 和 B 分别嵌入中等到细粒、薄层状(25~75 mm厚)砂岩内 12.5 m 和 13.8 m。由两个钻孔取出的岩芯可以得出该砂岩为剧烈或中等破碎,并存在层面节理、接缝和破碎区。RQD 值为 0~80%,平均值为 45%。单轴平均抗压强度为 0~3.9 m,1.86 MPa;3.9~8.8 m,6.45 MPa;和 8.8 m 以下,16.0 MPa。然而,在岩层表面(岩层表面下约 0.5 m处),代表性的抗压强度 q_{ur} 约为 5.7 MPa。由于塑性滑移深度局限于岩层表面,该深度内 LFP 将采用 q_{ur} = 5.7 MPa 进行描述。取 RQD = 45%,可得不连续结构间距为 60~200 mm(Bieniawski,1989)。假定不连续结构其他条件为:表面轻微粗糙,间距< 1mm 和间隔层高度风化,岩石完全干燥,则可得 RMR$_{89}$ = 52(Bieniawski,1989)和 GSI = 47。

表 6-16 用于预测桩基性状的其他参数

实例	极限抗力 LFP*				E_m/GPa							
	N_g	α_0/m	A_L/($MN/m^{3.5}$)	N_{c0}	α_r^{***}	M1	M2	M3	M4	M5	反分析	实测
RN1	3.38	0.5	5.7	0.078 7	0.55	4.0	11.22	0.11	1.40	0.03#	3.90	—
RN2	1.35	0.2	3.45	0.014 7	0.34	—	3.98	0.40	0.55	0.02	7.24##	7.24

*：对所有实例 $n=2.5$；**：岩石表面下上部三层岩石的平均值；***：如果采用 Reese 极限抗力时应采用的参数；#：假设为开口接合；##：反算值与报道的值(Reese 1997)一致。

桩 A 和 B 通过二者之间的千斤顶同时施加侧向荷载，但 Reese(1997)只报道了桩 B 的性状。因此，本文只对桩 B 进行分析。桩 B 的结构组成如图 6-34，钢筋笼由 40 个直径为 43 mm 的钢筋组成(原文中未报道，故假定为横向加箍)，钢筋的强度 $f_y=496$ MPa，保护层厚度为 0.18 m；混凝土抗压强度 $f'_c=34.5$ MPa。开裂前桩截面抗弯刚度 EI 估计为 35.15 GN·m² ($E_c=151\,000\sqrt{f'_c}=28.05$ GPa，$I_g=1.253$ m⁴)。侧向荷载作用在岩层表面上 1.24 m。

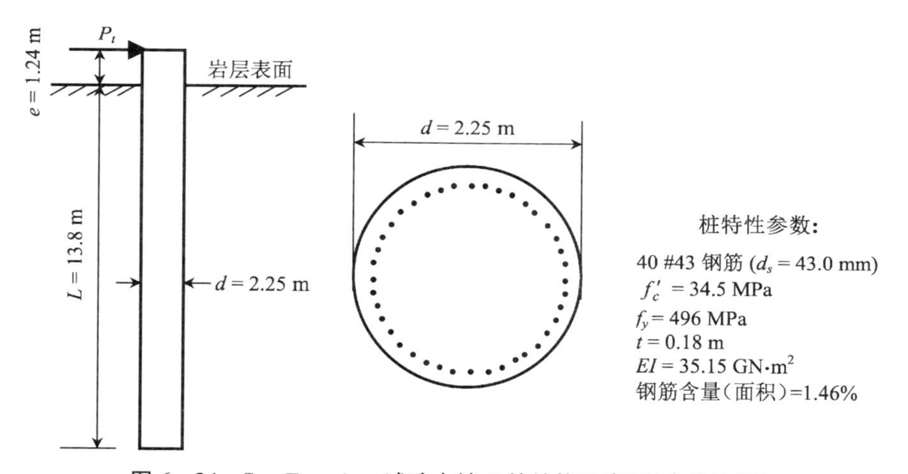

图 6-34 San Francisco 试验中桩 B 的结构示意图(未按比例)

未开裂前，混凝土边缘距中性轴距离 $z_t=d/2=1.125$ m，根据式(6-2)计算开裂弯矩为 4 074～6 518 kN·m($k_r=19.7$～31.5)。根据钢筋和混凝土的抗压强度，计算得桩截面承压强度 P_{xu} 为 135.2 MN。

采用第 5 章实例 RS6 的线性分析结果，$G_m=1.56$ GPa(或 $E_m=3.90$ GPa)，$\alpha_0=0.5$，$n=2.5$，$A_L=5.7$ MN/m$^{3.5}$，采用 EI 值和程序

GASLFP 计算桩的 $P_t - y_0$（岩石表面附近桩的侧向位移）和 $P_t - M_{max}$ 曲线如图 6－35 所示。

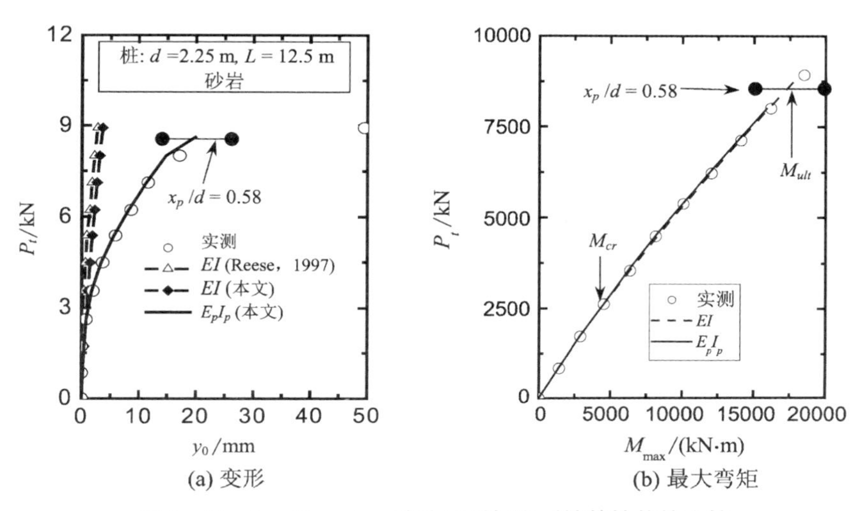

图 6－35　San Francisco 试验预测与实测桩基性状的比较

从图 6－35 可以看出，如果忽略桩身抗弯刚度的非线性而采用 EI 值，尽管预测的最大弯矩与实测值非常吻合（图 6－35(b)），但当侧向荷载大于 2 620 kN，实测桩顶变形与计算桩顶变形远相差越来越大（图 6－35(a)）。该结论与 Reese(1997) 预测的结果相似（图 6－35(a)）。当 $P_t = 2\ 620$ kN，计算最大弯矩为4 527 kN·m，该值介于 4 074～6 518 kN·m 之间，因此桩在该荷载水平下可能发生开裂，故可取 $M_{cr} = 4\ 527$ kN·m 和 $k_r \approx 21.8$。

为了考虑桩的结构非线性，采用上述矩形应力块计算方法和相应的程序 MUEI，计算极限弯矩和完全开裂后抗弯刚度，其中 $\beta_1 = 0.85 - 0.05(f'_c - 27.6)/6.9 = 0.80$。表 6－17 列出了 3 个代表性的迭代计算步。当 $\theta = 3.11 \times 10^{-3}\ \mathrm{m}^{-1}$ 时，$c = 1.125$ m，中性轴与中心轴重合，承受压力和拉力的钢筋数量相等，因此钢筋提供的总轴力 $P_{xs} = 0$，此时 $|P_{xs} + P_{xc} - P_x| = 37\ 008 > 0.000\ 01 P_{xu} = 1.35$ kN（由于没有施加轴力，$P_x = 0$），轴向力不平衡，迭代未收敛。当 θ 增加到 $6.72 \times 10^{-3}\ \mathrm{m}^{-1}$，$|P_{xs} + P_{xc} - P_x| = 0.7\ \mathrm{kN} \leqslant 0.000\ 01 P_{xu} = 1.35$ kN，迭代达到了收敛标准，故轴向力近似达到平衡。相应地，$c = 0.521$ m，$a = 0.416$ m，名义极限弯矩 $M_n = 21.57$ MN·m。在受拉侧，最边缘钢筋的拉应力 ε_{s1} 为 6.2×10^{-3}，$\psi = 0.483 + 83.3\varepsilon_{s1} = 0.999\ 5 > 0.9$，因此取 $\psi = 0.9$。由式(6－11)得 $M_{ult} = 19.413$ MN·m。

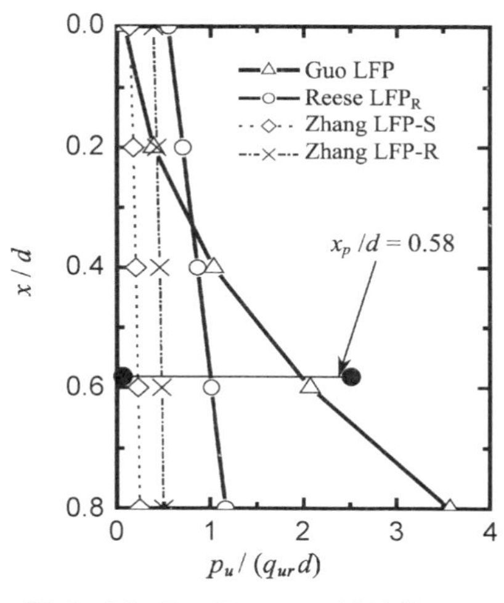

图 6-36　San Francisco 试验的 LFP

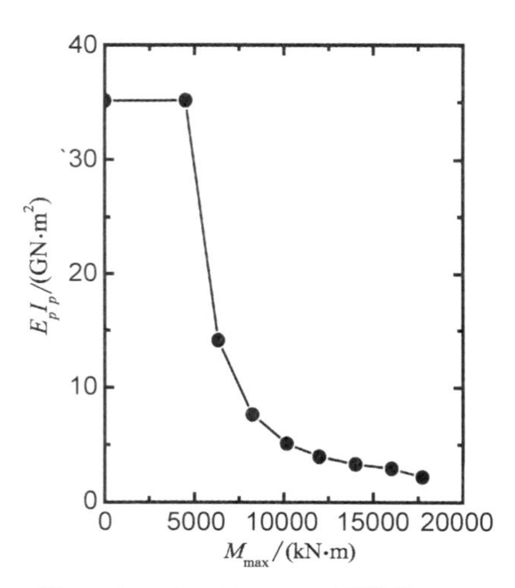

图 6-37　San Francisco 试验的 E_pI_p

表 6-17　San Francisco 试验实例中 M_{ult} 的计算

θ/ (10^{-3} m^{-1})	c/ m	ε_{s1}/ 10^{-3}	a/ m	ϕ	P_{xc}/ kN	P_{xs}/ kN
3.11	1.125	2.9	0.90	0.722	37 008.3	0
4.91	0.712	4.5	0.569	0.861	19 724	−8 182
6.72	0.521	6.2	0.416	0.9	12 624.8	−12 624.1

$\lvert P_{xs}+P_{xc}-P_x\rvert$/ kN	是否收敛	M_c/ (kN·m)	M_s/ (kN·m)	M_n/ (kN·m)	M_{ult}/ (kN·m)
37 008	否	—	—	—	—
11 542	否	—	—	—	—
0.7	是	3 456	18 114	21 570	19 413

在最大荷载 $P_t=9.0$ MN 时，采用 EI 值计算得到的最大弯矩为 18 188 kN·m。该值比 M_{ult} 值小 6.3%。然而，从实测结果发现，当 P_t 从 8.0 MN 增加到 9.0 MN 时，桩顶变形剧烈增加，表明桩已经发生了弯曲破坏。也就是说，在该实例中，由 MUEI 预测的极限弯矩略微偏高。考虑到本实例中，大直径灌注桩在施工过程中可能引起较大的不确定性，将 ψ 值降低 10%，即取 $\psi=0.81$，此时有 $M_{ult}=17.472$ MN·m，该值与 Reese(1997)报道的极限弯矩17.74 MN·m 非常一致。完全开裂后等效抗弯刚度 $(EI)_{cr}=17.472/6.72\times10^{-3}=2.6$

GN · m^2，此时，$(EI)_{cr}/EI = 0.074$。采用上述岩体杨氏模量，极限抗力分布和 EI 值，由 $M_{ult} = 17.472$ MN · m 和程序 GASLFP 反算得到极限侧向荷载为 8.62 MN。

采用上述 G_m 值和 LFP，考虑桩身抗弯刚度的非线性特性，对于每一荷载，采用程序 GASLFP 或 FDLLP 桩顶位移按如下步骤重新预测：① 采用 EI 值得到该荷载对应的最大的弯矩 $M_{\max}$；② 按式(6-3)计算 I_e 和等效抗弯刚度 $E_pI_p(=E_cI_e)$；③ 采用 E_pI_p 值和程序 GASLFP 或 FDLLP 计算桩顶变形和最大弯矩。本例采用程序 GASLFP，计算结果如表 6-17。计算 E_pI_p 值、桩顶变形和最大弯矩分别绘于图 6-37 和图 6-35。从图 6-35 可见：① 计算桩顶变形和最大弯矩与实测结果非常吻合；② 采用 EI 值和 E_pI_p 值计算得到的最大弯矩相差 2.2%以内。因此，如前所述，不考虑开裂的影响，采用 EI 值预测桩身最大弯矩是准确的。然而，桩身抗弯刚度由于开裂而引起的降低对变形和塑性滑移深度影响比较显著。如在极限荷载 $P_t = 8\,620$ kN 时，采用 EI 值和 E_pI_p 值得到的桩顶最大变形分别为 3.5 mm 和 19.9 mm（大约增长了 4.7 倍），滑移深度分别为 0.887 m $(=0.39d)$ 和 1.312 m $(=0.58d)$，增长了 47.9%。

在极限荷载塑性滑移深度内，归一化极限岩体抗力 $p_u/(q_{ur}d)$ 与 Zhang 等(2000)提出的岩体极限抗力（Zhang LFP-S 为光滑嵌固 LFP；Zhang LFP-R 为粗糙嵌固）一同绘于图 6-36。对于 Zhang LFP，确定参数如下：$m_i = 19$ (Hoek & Brown，1988)，$m_b = 2.862$，$s = 0.002\,77$ 和 $m = 0.5$。可见，在 $0.58d$ 深度内：① 反分析得到的 $p_u/(q_{ur}d)$ 从岩层表面处的 0.08 逐渐增加到 $0.58d$ 处的 1.95；② 反分析得到的 $p_u/(q_{ur}d)$ 可近似采用 Reese 极限抗力进行平均，此时，$\alpha_r = 0.55$；③ Zhang LFP-S 和 Zhang LFP-R 平均值小于反分析 $p_u/(q_{ur}d)$ 的平均值，因此，它们将给出过大的桩顶位移。

6.6.2 Islamorada 试验——实例 RN2

Reese(1997)报道了一个直径为 1.22 m 灌注桩的侧向载荷试验。该试验在 Islamorada Florida Keys 工程中进行(Reese & Nyman，1980)，由 Florida 交通局资助。该场地岩层为易碎的，含晶簇珊瑚礁石灰岩。地面附近岩层的典型抗压强度为 3.45 MPa。由于很难钻孔取样得到非扰动岩样，Reese(1997)认为 RQD 近似为零。根据岩石的分类，不连续结构间距可能小于 60 mm (Bieniawski，1989)。由于在钻孔取样中可以发现很小的、由石膏粘接的不连续结构，可假定断层泥厚度小于 5 mm。假定该场地岩体完全干燥，可得 RMR_{89} 为

34(Bieniawski,1989)和 GSI 为 29。另外,根据试验轴向压缩试验得该岩体的平均杨氏模量 E_m 为 7.24 GPa,因此剪切模量 G_m 为 2.9 GPa。

该试桩嵌入岩层深度为 13.3 m,抗弯刚度 $EI = 3.73\ \mathrm{GN \cdot m^2}$。由桩的尺寸计算得截面惯性矩 I_p 为 0.109 $\mathrm{m^4}$(不考虑钢筋的影响),则等效杨氏模量 E_p 为 3.43×10^7 kPa ($=3.73 \times 10^6/0.109$)。取 $E_c \approx E_p$,混凝土的抗压强度 f'_c 估计为 51.6 MPa。根据式(6-2),预测的开裂弯矩为 798～1 276 kN·m ($k_r =$ 19.7～31.5),其中,$z_t = d/2 = 0.61$ m。

由于岩层上的砂土层由较大钢管护壁,荷载作用在地面附近,不考虑砂土层对桩性状的影响,则荷载作用在岩面上约 3.51 m。

根据第 5 章实例 RS7 的线性分析结果,$\alpha_0 = 0.2$ m, $n = 2.5$ 和 $A_L =$ 3.45 $\mathrm{MN/m_{3.5}}$ ($N_g = 1.35$),采用 EI 值和程序 GASLFP 预测的桩顶侧向变形如图6-38。根据计算或图 6-38,当 P_t 大于 300 kN 后,实测的桩顶变形逐渐偏离计算桩顶变形。当 $P_t=300$ kN 时,计算的最大弯矩为 1 161 kN·m,该值介于 ACI 方法预测的开裂弯矩范围内。因此,可取 $M_{cr} = 1\ 161$ kN·m,$k_r \approx$ 28.7。由于缺少钢筋数量和布置的相关资料,不能由 MUEI 直接计算$(EI)_{cr}$值和由式(6-3)计算 P_t 大于 300 kN 后的 E_pI_p 值。因此,将上述岩体参数、LFP 输入到程序 GASLFP,通过拟合每一级荷载对应的计算桩顶变形和实测桩顶变形(图 6-38(a)),反算出相应的 E_pI_p 值,如图 6-40 所示。与实例 RN1 相似,采用 E_pI_p 值得到的桩顶变形远比采用 EI 值得到的桩顶变形大,特别是在荷载水

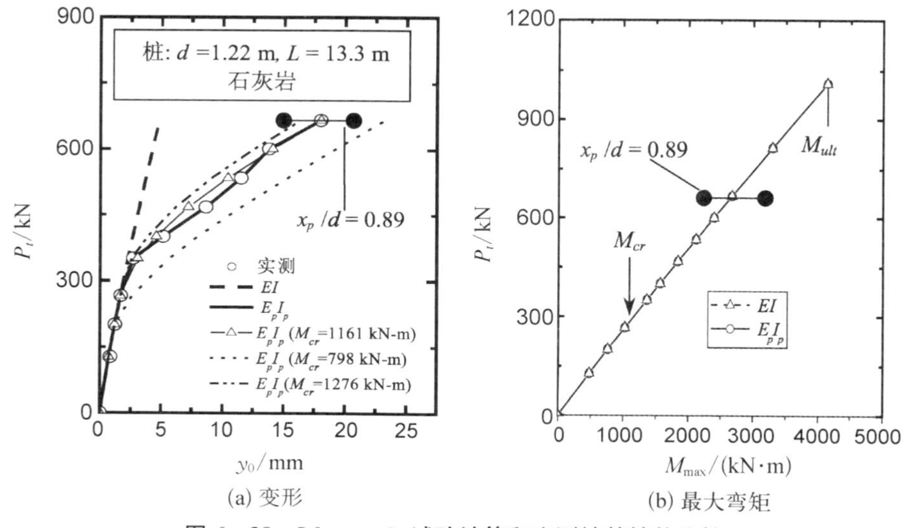

图 6-38 Islamorada 试验计算和实测桩基性状比较

平较大的条件下。然而，二者给出的最大弯矩相差很小(6-38(b))。如在最大试验荷载P_t = 667 kN 条件下，桩顶变形从采用 EI 值的 4.83 mm 增加到采用 E_pI_p值的 18.0 mm(增长 2.7 倍)；相应的，塑性滑移深度增长 22.7%，从 0.881 m (= 0.72d)增加到 1.084 m (= 0.89d)，然而，二者预测的最大弯矩同为 2 674 kN·m。

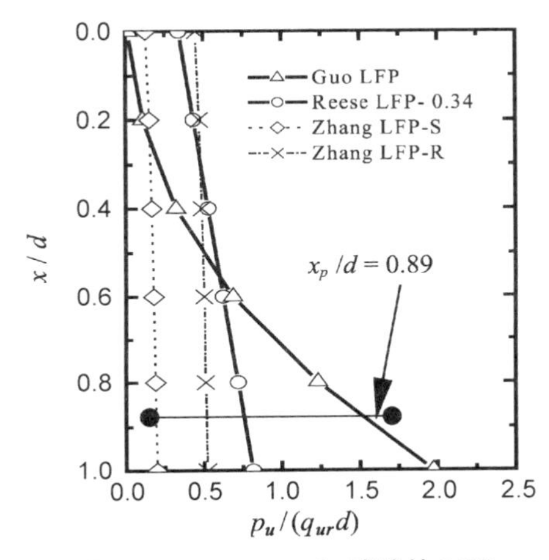

图 6-39 Islamorada 试验的 LFP

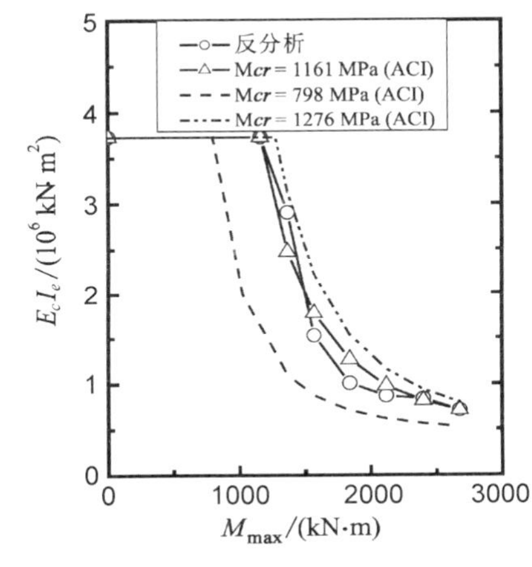

图 6-40 Islamorada 试验的 E_pI_p

在最大试验荷载 P_t = 667 kN时，反算的 E_pI_p 值为0.71×10^6 kN·m^2。将 E_pI_p = 0.71×10^6 kN·m^2，M_{max} = 2 674 kN-m 和 M_{cr} = 1 161 kN·m 代入式(6-3)，可求解得：I_{cr} = 0.012 9 m^4 和$(EI)_{cr}/EI$ = 0.118。采用程序 MUEI，不同的钢筋强度、钢筋数量和尺寸可得到几乎相同的 M_{cr} 和 I_{cr}。为了与实例 RN1 比较，采用与实例 RN1 相同的钢筋强度、钢筋尺寸和钢筋保护层厚度，即 f_y = 496 MPa，d_s = 43 mm 和 t = 0.18 m，将 f_c' = 51.6 MPa 和 E_c = 3.43×10^7 kPa，输入到程序 MUEI，当钢筋数量为 20 时，得到 I_{cr} = 0.012 9 m^4 和 M_{ult} = 4 142.7 kN·m。表 6-18 给出了 3 个代表性的迭代计算步结果，其中，P_{xu} = 58.84 MN 和 P_x = 0。此时，钢筋的面积含量约为 2.48% (= 20×0.043^2/1.22^2)，比实例 R1 的 1.46% (= 40×0.043^2/2.25^2) 大，因此得到较大的 k_r 和$(EI)_{cr}/EI$ 值。

采用 M_{cr}，I_{cr} 和 EI 值，可采用与实例 RN1 相同的步骤计算每一级荷载水平下的桩身最大弯矩、E_pI_p和桩顶变形。计算桩顶变形和 E_pI_p 值分别绘于图 6-38(a)和图 6-40。可以看出，计算 E_pI_p 与反分析得到的 E_pI_p 值，以及计算桩顶变形与实测值吻合相当好。值得指出的是,M_{cr}对E_pI_p值和相应的桩基性状有一定的影响。如图 6-40,当取$M_{cr}=798$ kN·m 和 1 276 kN·m 将分别得到与反分析结果小很多和稍大的E_pI_p值。相应的,在$P_t=667$ kN 时,将分别得到28.5%高估和 9.4%低估的桩顶变形。然而,在岩土工程中,计算误差在 25%以内是可接受的。因此,在嵌岩桩分析中,采用 ACI 方法评价有效抗弯刚度是准确的。

表 6-18　Islamorada 试验实例中 M_{ult} 的计算

$\theta/10^{-3}$ m^{-1}	c/m	$\varepsilon_{s1}/10^{-3}$	a/m	ϕ	P_{xc}/kN	P_{xs}/kN
5.74	0.61	2.3	0.412	0.678	12 955.9	0
7.72	0.453	3.2	0.306	0.746	8 574.8	−3 886.5
9.7	0.36	4.0	0.243	0.813	6 190.9	−6 190.5

$\lvert P_{xs}+P_{xc}-P_x\rvert$/kN	是否收敛	M_c/(kN·m)	M_s/(kN·m)	M_n/(kN·m)	M_{ult}/(kN·m)
12 955.9	否	—	—	—	—
4 688.3	否	—	—	—	—
0.3	是	1 338.5	3 754.7	5 093.2	4 142.7

在最大荷载对应的塑性滑移 0.89d 内,归一化极限抗力 $p_u/(q_{ur}d)$和 Zhang LFP 一同绘于图 6-39。对于 Zhang LFP,确定的参数为:$m_i=10$,$m_b=0.792$,$s=0.000\,37$和$m=0.5$。与实例 RN1 相似,反分析得到的 $p_u/(q_{ur}d)$从岩面处的 0.015 逐渐增加到 0.89d 深度处的 1.54。如果采用 Reese LFP$_R$,使 0.89d 深度内的 $p_u/(q_{ur}d)$平均值与反分析得到的值相等,则 $\alpha_r=0.34$。而 Zhang LFP-S 和 Zhang LFP-R 得到的 $p_u/(q_{ur}d)$平均值远小于和接近于反分析结果。因此,采用 $\alpha_r=0.34$ 的 Reese LFP$_R$和 Zhang LFP-R 也能得到合理的桩基性状。

6.7 本章小结

通过本章对桩在土体和岩石中非线性性状的分析,可以得出如下结论:

(1) 采用式(6-2)计算开裂弯矩 M_{cr},其中,$k_r=16.7\sim62.7$。对于砂土,k_r

一般较大，为 31.7～62.7；对于黏土和岩石中的灌注桩，$k_r = 16.7 \sim 30$。总的来看，k_r 值比 ACI 推荐的 19.7 稍大，这可能是桩周土体或岩石对桩产生约束作用的结果；

(2) 钢筋混凝土桩的极限弯矩 M_{ult} 和开裂后抗弯刚度 $(EI)_{cr}$ 可由简化矩形应力块模型确定。本章实例分析表明，对于一般的灌注桩，$(EI)_{cr}/EI = 7\% \sim 40\%$。一般钢筋含量越高，该值越大；

(3) 混凝土发生开裂后，整个桩的等效抗弯抗度 E_pI_p 可由式(6-5)近似确定。采用 E_pI_p 值计算桩的变形是准确或偏于安全的。

混凝土发生开裂对桩的侧向变形和塑性滑移深度影响显著，对弯矩影响较小。在较大荷载水平条件下，桩开裂后的侧向变形可能比不开裂时的变形增长一倍以上；塑性滑移深度可能增长 30%；而开裂对弯矩的影响一般在 5% 以内，因此可以忽略不计。

第7章 群桩中各单桩的性状分析

7.1 概　　述

在实际工程中，除了一柱一桩外，大量的桩基都布置成群桩的形式。此时，除了桩与桩之间通过土体发生相互作用外，桩与桩之间还通过桩顶承台发生相互作用。因此，在群桩的性状分析中，主要解决两个关键问题，即密集布置（或小桩距）群桩的群桩效率（或桩-土-桩之间的相互作用）和荷载在各桩之间的分配（桩-承台-桩之间的相互作用）问题。但二者并非孤立的，而是相互关联的。通过承台传递到每个桩上的荷载大小主要取决于该桩与桩前土体的相互作用特性。

由于桩-土-桩之间的相互作用（一般称为遮拦效应），在相同的桩头变形条件下，群桩中各单桩的土体抗力比相应的独立单桩的土体抗力小（Brown & Reese，1987，1988）。相应地，各单桩承担的荷载（或剪力）比独立单桩承担的荷载小（Poulos，1971b；Brown & Reese，1987，1988）。反过来，如果各桩的平均荷载与独立单桩的荷载相等，群桩将比单桩产生更大的侧向变形和弯矩。

群桩效应通常采用群桩效率系数，η_g进行描述。群桩的效率系数定义为群桩中各单桩的平均极限承载能力与独立单桩的承载能力之比。值得指出的是，单桩或群桩的承载能力一般定义为指定的桩基变形，如10%或20%（Broms，1964a；Briaud，1992；Kulhawy & Mayne，1995），所对应的桩头荷载水平。

在分析群桩效应时，必须对群桩中每个单桩的"贡献"进行分析。在群桩中，桩顶一般为完全固定或部分固定。由于桩顶承台的存在，可认为每个桩在桩头处发生的侧向位移相等。因此，除了满足各单桩的总荷载（或桩顶处剪力）与施加到群桩的总荷载相等外，各桩还应满足桩头的变形相容条件。

7.2　群桩性状与分析模型

7.2.1　群桩的试验性状

由于土体的空间变异性大、本构模型复杂(如考虑桩的施工效应),目前还没有普遍接受的计算群桩效率系数的理论解答。因此,对于群桩的分析,大部分都基于试验研究和数值模拟。下面主要介绍试验观测的群桩效率系数和荷载分配关系。

为方便论述,下面将群桩称为 $m_g \times n_g$ 群桩,其中,m_g = 群桩的排数,n_g = 每排上的桩数。例如,图 7-1(a)所示为 $3(m_g) \times 2(n_g)$ 群桩,荷载方向和垂直荷载方向上间距分别为 s_s(排距)和 s_p(列距)。如果 $s_s = s_p$,可简称为中心距为 s 的 $m_g \times n_g$ 群桩。如果 $m_g = 1$ 或 $n_g = 1$,一般称为排桩。如果排桩的中心连线与加载方向一致,称为串联排桩;如果排桩的中心连线与加载方向垂直,称之为并联排桩(Rao,1996)。因此,群桩可视为多个串联排桩或多个并联排桩组成。在排桩的分析基础上,可对群桩分析进行一定的简化。

国内外一些研究者对排桩进行了室内和现场载荷试验(Prakash,1962;Schmidt,1981,1985;Cox 等,1984;Wang & Reese,1986;Franke,1984,1988;Shibata 等,1989;Rao 等,1996)。报道的并联排桩和串联排桩效率系数分别见表 7-1 和表 7-2。根据这些试验,排桩存在如下特性:

(1) 对于不同的群桩位移水平,群桩效率系数差别不大(Cox 等,1984;Reese & Van Impe,2001);

(2) 群桩效率系数随桩中心距的变化比一些弹性方法(如 Poulos,1971b)或半经验半理论方法,如 Focht - Koch - Poulos 方法(Focht & Koch,1973),预测的结果平缓(Schmidt,1981,1985;Reese & Van Impe,2001);

(3) 对于砂土和黏土中的并联排桩,如果邻近桩间没有净距,η_g 近似为 0.5(Wang & Reese,1986)。因此,如果不考虑施工加密效应和承台影响,群桩的效率系数 η_g 一般为 0.5～1.0;

(4) 群桩效率系数可能与土体、桩的施工条件、桩长等有关(Schmidt,1981,1985;Reese & Van Impe,2001);

(5) 对于并联排桩,当 $s_p/d \geqslant 3$ 时,各桩分配的荷载差别很小(Prakash,1962;Franke,1988),并且各桩近似为独立单桩,η_g 值近似为 1.0(Wang &

Reese，1986；Shibata 等，1989）；

（6）对于串联排桩，前排桩性状如同独立单桩（Franke，1988；Schmidt，1981，1985），后排桩的存在导致 η_g 值小于 1（Reese & Van Impe，2001）；

（7）对于串联排桩，当中心距大于 1.5 时，各后排桩的效率系数差别不是太大（Cox 等，1984；Reese & Van Impe，2001）；

（8）对于串联排桩，当 $s_s/d > 5 \sim 8$ 时，$\eta_g = 1.0$（Prakash，1962；Schmidt，1981，1985；Franke，1988；Shibata 等，1989；Rao 等，1996）；

（9）对于存在刚性承台的群桩，各桩弯矩差别较小，尽管桩顶分配的荷载大小不同（Schmidt，1981，1985；Reese & Van Impe，2001）。

表 7-1　并联排桩的效率系数（资料来源 Reese & Van Impe，2001）

文　献	土　体	桩　数	s_p	各单桩的效率系数	η_g
Cox 等 1984	软黏土	3	1.5	0.75，0.70，0.83	0.76
		3	1.5	0.78，0.73，0.77	0.76
		3	1.5	0.76，0.78，0.78	0.77
		3	1.5	0.82，0.84，0.85	0.84
		3	1.5	0.83，0.83，0.83	0.83
		5	1.5	0.81，0.76，0.69，0.77，0.76	0.76
		5	1.5	0.83，0.83，0.76，0.82，0.86	0.82
		3	2	0.87，0.80，0.89	0.85
		3	2	0.86，0.87，0.95	0.89
		3	2	0.85，0.80，0.84	0.83
		3	2	0.84，0.84，0.86	0.85
		3	2	0.88，0.87，0.85	0.86
		3	2	0.88，0.87，0.87	0.88
		5	2	0.84，0.84，0.80，0.87，0.90	0.85
		5	2	0.87，0.85，0.86，0.87，0.86	0.86
		5	3	0.99，0.95，0.93，0.98，0.98	0.97
		5	3	0.99，0.93，0.95，0.98，0.96	0.96
		3	4	0.98，0.98，0.96	0.97
		3	4	0.99，0.98，0.99	0.99

续　表

文　献	土　体	桩　数	s_p	各单桩的效率系数	η_g
Franke (1984)	中密～密砂	—	1	—	0.72
		—	1	—	0.90
		—	1	—	0.93
		—	1	—	0.48
		—	1	—	0.76
		—	2	—	0.90
		—	2	—	0.92
		—	2	—	0.94
		—	3	—	1.00
		—	4	—	1.00
		—	5	—	1.00
		—	6	—	1.00
		—	7	—	1.00
		—	8	—	1.00
Reese & Wang (1986)	软黏土	—	1	—	0.53
		—	1.25	—	0.60
		—	1.5	—	0.76
		—	2	—	0.79
		—	3	—	0.66
		—	4	—	0.97
	密　砂	—	1	—	0.54
		—	1.25	—	0.90
		—	1.5	—	0.91
		—	2	—	0.88
		—	3	—	1.19
		—	4	—	1.00
	松　砂	—	1	—	0.68
		—	1.25	—	0.74

续　表

文　献	土　体	桩　数	s_p	各单桩的效率系数	η_g
Reese & Wang (1986)	松　砂	—	1.5	—	0.75
		—	2	—	1.04
		—	3	—	0.89
		—	4	—	
Shibata 等 1986	砂　土	—	2	—	0.64
		—	2.5	—	0.75
		—	5	—	1.00

表 7-2　串联排桩的效率系数(资料来源 Reese & Van Impe, 2001)

文　献	土　体	桩　数	s_p	各单桩的效率系数	η_g
Cox 等 1984	软黏土	3	1.5	0.46, 0.56, 0.73	0.58
		3	1.5	0.50, 0.56, 0.77	0.61
		3	1.5	0.52, 0.53, 0.72	0.59
		3	1.5	0.52, 0.43, 0.82	0.60
		5	1.5	0.54, 0.50, 0.38, 0.53, 0.76	0.54
		5	1.5	0.60, 0.43, 0.41, 0.47, 0.78	0.54
		3	2.0	0.65, 0.62, 1.03	0.77
		3	2.0	0.54, 0.64, 1.01	0.73
		3	2.0	0.65, 0.56, 0.92	0.71
		3	2.0	0.65, 0.60, 0.84	0.70
		5	2.0	0.66, 0.53, 0.53, 0.54, 0.82	0.62
		5	2.0	0.63, 0.44, 0.57, 0.52, 0.78	0.59
		3	3.0	0.77, 0.77, 0.97	0.84
		3	3.0	0.75, 0.73, 0.93	0.80
		5	3.0	0.75, 0.75, 0.77, 0.79, 0.98	0.81
		5	3.0	0.72, 0.73, 0.77, 0.75, 0.95	0.78
		3	4.0	0.83, 0.87, 0.97	0.89
		3	4.0	0.85, 0.86, 0.96	0.89

续 表

文 献	土 体	桩 数	s_p	各单桩的效率系数	η_g
Cox 等 1984	软黏土	3	6.0	0.92，0.92，1.01	0.95
		3	6.0	0.92，0.92，1.03	0.95
Schmidt (1981，1985)	风化花岗岩、各种土体	2	2.42	0.73，0.94	0.84
		2	1.33	0.73，0.98	0.85
		2	2.0	0.69，0.83	0.76
		2	3.0	0.83，0.86	0.85
Shibata 等 1986	砂土		2	0.87，1.00	
			2.5	0.80，1.00	
			5	0.92，1.00	

除了排桩的试验研究外，部分研究者还对矩形分布（$m_g > 1$，$n_g > 1$）的群桩进行了试验研究（如 Brown & Reese，1987，1988；刘金砺，1992；McVay 等，1994；McVay 等，1995；McVay 等，1998；Ruesta & Townsend，1997；Rollins 等，1998），发现了如下现象：

（1）η_g值一般小于1.0，但由于群桩施工引起土体加密和承台效应，也会导致η_g值大于1.0（刘金砺，1992）；

（2）群桩效率系数随间距的增大而增长。如在McVay等（1995）试验中，$3d$和$5d$的3×3群桩效率系数分别约为0.74和0.93；

（3）前排桩比后排桩承担的荷载大；

（4）对于$m_g \geqslant 3$的群桩，中间排桩与后排桩承担的荷载没有确定的大小关系，有时中间排桩比后排桩承担的荷载大（Brown & Reese，1987，1988；McVay等，1995），有时，后排桩比中间排桩承担的荷载大（Rollins 等，1998；Brown 等，2001）；

（5）在各排内，边桩比中间桩承担的荷载大（如 Brown & Reese，1987），但差别不是太大（McVay 等，1998）；

（6）前排桩与后排桩的载荷-变形曲线相似，但前排桩比后排桩承担较大的荷载，前排桩的最大弯矩比后排桩大（Ruesta & Townsend，1997）；

（7）土体密度对荷载分布有一定的影响（McVay 等，1994；McVay 等，1995）。在较大的密度下，前排桩承担更大的荷载；在较小的密度下，各排之间的荷载分配趋于均匀。如间距分别为 $3d$ 的 3×3 群桩(McVay 等,1995),在密砂中,前排桩、中排桩和后排桩分别承担了 45%,32%和 23%的总荷载;在中密砂中,前排桩、中排桩和后排桩的荷载分担比分别为 37%,33%,和 30%。因此,随着密度的降低,各排桩之间的荷载分担比趋于一致;

(8) 在给定的桩基变形条件下,各单桩的土体抗力,随桩间距的增加而增长(McVay 等,1994)。

根据上述排桩和矩形分布群桩的试验现象,可得出如下结论或合理的假定:

(1) 群桩效率系数近似与位移水平无关;

(2) 不考虑施工加密效应和承台效应,群桩的变形和弯矩比单桩大,即 η_g 值小于 1.0;

(3) 当 $s_s/d \geqslant 6$ 和 $s_p/d \geqslant 3$ 时(即大间距群桩),可不考虑群桩的遮拦效应,$\eta_g = 1.0$;

(4) 群桩的荷载分担表现为"前排大、后排小"的规律;

(5) 一般可将前排边桩视为单桩,带刚性承台的前排边桩即为桩头固定的单桩;

(6) 当 $s_p/d \geqslant 3$ 时,各排内的桩承担荷载近似相等。

7.2.2 群桩的相互作用模型

根据群桩的试验观测性状和数值模拟分析,忽略各排内桩与桩之间的相互影响,对紧密间距的群桩(s_s较小),以 3×2 群桩为例(图 7-1),各桩排之间的相互作用可简化为如下阶段(第四阶段在图 7-1 中未标出):

(1) 局部弹性压缩:在较小的荷载水平下,各桩前土体应力和应变较小,表

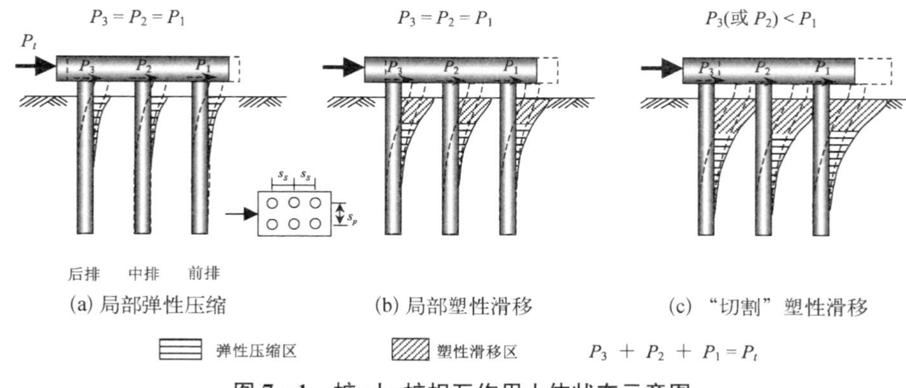

图 7-1 桩-土-桩相互作用土体状态示意图

现为弹性压缩，并且压缩影响区局限于各桩前很小的范围。此时，各桩排前的压缩区不受相邻桩排的影响。若桩头由刚性承台固定，各桩发生相同的侧向位移，由于桩土相互作用相同，得到的荷载-变形或荷载-桩身弯矩关系，对于每个桩是相同的。这与试验观测的性状是相似的（如 McVay，1994，1995）。同时，每个桩将分担相同的桩头分配荷载，即 $P_3 = P_2 = P_1$，其中，P_3，P_2，P_1 分别为第三排（后排）、第二排（中间排）和前排桩分配的荷载；

（2）局部塑性滑移：当荷载增大到一定水平时，各桩前土体出现塑性区。然而，各桩的塑性区仍局限于各桩前一定的范围，不受相邻桩排的影响。同样，若桩头固定，各桩发生相同的桩头侧向变形，则各桩的变形和弯矩分布相同，并承担相同的桩头分配荷载（$P_3 = P_2 = P_1$）；

（3）后排桩的"切割"塑性滑移（cut-off）：当荷载再增大时，各桩前的塑性区不断扩大。此时，由于前排桩的运动而产生临空面（桩与桩后土体出现拉裂区）或桩后土体发生主动破坏，而引起中排桩前塑性滑移区的进一步增大，从而降低中排桩的土体极限抗力。同样的效应，发生于中排桩对后排桩的影响。同时假定中排桩的影响距离不超过群桩排距 s_s，即中排桩对前排桩的塑性滑移区没有影响。很明显，如果桩头固定，发生相等的侧向位移，前排桩由于极限抗力比中排或后排桩大，而承担较大的桩头分配荷载，而中排桩与后排桩可能不分伯仲（如果不考虑施工效应对二者影响的差别），即 P_1 最大，而 P_3 和 P_2 可能比较接近；

（4）应力重叠：如果荷载再增大到一定水平时，各桩的应力影响距离超过群桩排距 s_s，则前排桩前土体不仅产生由前排桩引起的应力，也可能由中排或后排桩产生不可忽略的应力，从而引起前排桩土体塑性区的增大或提前发生塑性破坏。从而导致前排桩的极限抗力比独立单桩的极限抗力低。

需要指出的是：① 对于砂土或粘聚力很小的黏土，由于地表处土体极限抗力为零或很小，施加荷载后，土体即进入局部滑移阶段，第一阶段可能不会发生；② 如果 s_s/d 较小，第四阶段也可能发生在第二或三阶段，从而导致前排桩的土体极限抗力比独立单桩的极限抗力低；③ 如果 s_s/d 很大（如 $s_s/d \geqslant 6$），前排桩不影响后排桩的浅层土体破坏区，则第三、四阶段不会发生；④ 由前述群桩的试验现象表明，由于前排桩表现为单桩特性，第四阶段往往并没有发生，尤其是在工作荷载条件下。

7.2.3　群桩的分析方法

根据上述群桩分析的假定和模型，如果能够得到独立单桩在侧向荷载作用下的精确解答和群桩中各单桩分配的荷载大小，就比较容易得到群桩中各单桩的性状以及群桩的整体效应。

不考虑群桩施工引起土体性质的变化，则在群桩分析过程中，土体弹性参数（如剪切模量和泊松比）对各单桩分析都相同，并与独立单桩分析时相等。因此，由式(2-35)或式(2-45)可知，土体的地基反力模量也都相等。如果采用理想弹塑性 $p-y$ 模型，由于桩—土—桩的相互作用，各单桩的极限抗力 p_u，即 LFP，可能各不相同。

对于前排桩，如果已知独立单桩的 LFP 和分配在前排桩的荷载大小，那么，采用程序 GASLFP 或 FDLLP 就可直接计算前排桩的性状。单桩的 LFP 可通过单桩的现场载荷试验，按照第 5 章的分析过程，反分析得到。如果在缺少试验条件下，可根据第 5 章的 LFP 数据库选用。因此，关键的问题在于分配到前排桩的荷载大小。

对于后排桩，由上述群桩的简化分析阶段可知，由于前排桩的遮拦效应，相应的极限抗力比前排桩小。因此，对于后排桩的分析相对比较复杂，除了研究桩头分配的荷载大小，还必须考虑极限抗力的折减。

为了考虑桩头的荷载分配，引入分配系数 S_f，定义如下：

$$S_f = P_r/P_t \tag{7-1}$$

式中，P_t = 群桩总荷载；P_r = 每排桩承担的总荷载。则作用在单个桩上的荷载 $P = P_t \times S_f/n_g$。对于方形布置的群桩，目前，由试验报道的 S_f 值见表 7-3。为叙述方便，对于第一排(即前排桩)，将 S_f 计为 S_{f1}，第二排计为 S_{f2}，依此类推到第 m_g 排。

表 7-3　实测的荷载分配系数

文　献	群桩布置	土体类型	s/d	S_f(前排至后排)
Barton(1982)	2×1	中密砂	3	0.6，0.4
McVay 等(1994)	3×3	中密砂	3	0.37，0.33，0.30
McVay 等(1995)	3×3	密砂	3	0.45，0.32，0.23
McVay 等(1995)	3×3	中密砂	5	0.36，0.33，0.31
McVay 等(1995)	3×3	松砂	5	0.35，0.33，0.31
Rollins 等(1998)	3×3	粘质粉土	3	0.42，0.26，0.32

续　表

文　献	群桩布置	土体类型	s/d	S_f(前排至后排)
Brown 等(2001)	3×3	硬黏土	4	0.45，0.36，0.19
Brown 等(2001)	4×3	软黏土	3	0.29，0.25，0.21，0.25
Brown 等(2001)	4×3	硬黏土	4	0.29，0.23，0.21，0.27

表 7－3 中的试验资料表明：① 对于同一布置的群桩，随着桩中心距的增大，各排 S_f 的差距减小。当间距大于 $5d$ 后(这与前面假定为 $6d$ 比较接近)，各排桩反应几乎相同；② 前排桩的 S_f 最大，而中间排桩的 S_f 可能比后排桩的大，也可能比后排桩的小。为了考虑群桩效应引起土体抗力的降低，Brown 等(1987)提出了抗力折减系数法，即在单桩 $p-y$ 曲线基础上，对于相同的侧向变形 y，将抗力 p 乘以折减系数 f_m，从而得到群桩中各单桩的 $p-y$ 曲线)(Brown 等，1988)。表 7－4 给出了一些研究者由群桩试验反分析得到的 f_m 值。值得说明的是，采用不同的单桩 $p-y$ 曲线，f_m 值可能不同，但主要取决于土体极限抗力的分布 LFP。

表 7－4　由试验资料反分析得到的 f_m 值

文　献	群桩布置	土体类型	s/d	f_m(前排至后排)	试验尺寸
Cox 等(1984)	4×1	软黏土	1.5	0.77，0.50，0.40，0.47	室内试验
	4×1		2	0.80，0.53，0.55，0.49	
	4×1		3	0.96，0.77，0.77，0.74	
	3×1		4	0.97，0.87，0.84	
	3×1		6	1.00，0.92，0.92	
Brown & Reese (1985)	3×3	硬黏土	3	0.70，0.60，0.50	现场试验
Meimon 等(1986)	2×1	硬质粉质黏土	3	0.90，0.50	现场试验
Morrison & Reese (1986)	3×3	中密砂	3	0.80，0.40，0.30	现场试验
Brown 等(1988)	3×3	砂土	3	0.8，0.4，0.3	现场试验
McVay 等 (1994,1995)	3×3	松砂	3	0.65，0.45，0.35	离心机试验

续　表

文　献	群桩布置	土体类型	s/d	f_m(前排至后排)	试验尺寸
McVay 等(1994,1995)	3×3	松砂	5	1.0,0.85,0.7	离心机试验
		密砂	3	0.8,0.4,0.3	
			5	1.0,0.85,0.7	
Ruesta & Townsend (1997)	4×4	松砂	3	0.80,0.70,0.30,0.30	现场试验
McVay 等(1998)	3×3	中密砂	3	0.80,0.40,0.30	离心机试验
	4×3		3	0.80,0.40,0.30,0.30	
	5×3		3	0.80,0.40,0.30,0.20,0.30	
	6×3		3	0.80,0.40,0.30,0.20,0.20,0.30	
	7×3		3	0.80,0.40,0.30,0.20,0.20,0.20,0.30	
Rollins 等(1998)	3×3	粘质粉土	3	0.63,0.38,0.43	现场试验
Jeong 等(2003)	2×2	密砂	2.5	0.86,0.45	室内试验
	2×2	密砂	5.0	0.95,0.67	
	2×2	密砂	7.5	1.0,0.83	
	3×3	密砂	2.5	0.8,0.3,0.4	
	3×3	密砂	5.0	0.93,0.48,0.6	
Rollins(2005)	3×3	黏土	2.78	0.7,0.4,0.5	现场试验

因此,如果已知独立单桩的 LFP,参照表 7-3 选取每排桩的荷载分配系数 S_f,采用程序 GASLFP 或 FDLLP 可以计算群桩中各单桩的性状,通过比较计算与实测的各桩荷载-变形关系,反分析得每排桩的 f_m 值。同样,如果已知独立单桩的 LFP,按照表 7-4 选取 f_m 值(即地基反力模量和土体极限抗力同乘以表 7-4 中的系数),采用程序 GASLFP 或 FDLLP 可以计算群桩中各单桩的性状。通过比较计算与实测的各排桩荷载-变形关系,反分析得每排桩承担的荷载 S_f。相反,如果已知独立单桩的 LFP,按照表 7-3 和表 7-4 分别选取每排桩的荷载分配系数 S_f 和土体抗力折减系数 f_m,采用程序 GASLFP 或 FDLLP 就可直接

预测群桩中每排桩的性状和群桩效应。由于本文采用理想 $p-y$ 曲线模型和统一极限抗力分布，实际 f_m 值可能与表 7-4 报道的结果不同。因此，本文将主要根据实测的桩基性状，讨论群桩中各桩的极限抗力分布。

7.3　群桩中前排桩的特性

下面通过三个实例对群桩中前排桩的性状进行分析，桩和土体参数分别见表 7-5 和表 7-6。土体泊松比取 0.3。在表 7-5 中，荷载分配系数 S_{f1} 参照表 7-3 选取，选取的标准为群桩的排数相同、桩中心距相等或接近。

表 7-5　前排桩实例分析的桩参数

实例	文　献	桩　型	布置	中心距	L/m
GF1	Brown 等(2001)	钻孔桩	3×2*	$3d$	33
GF2	McVay 等(1998)	方形铝桩	(3～7)×3	$3d$	13.7
GF3	Ismael(1990)	钻孔桩	2×1	$3d$	5.0

实例	d/mm	e/m	E_p/kPa	E_pI_p/(MN·m²)	S_{f1}
GF1	1 500	0.5	2.5×10^7	4 967.6	0.45
GF2	429	2.30	7.0×10^7	197.6	原文报道#
GF3	300	0.3	5.1×10^7	20.2	0.6

#：荷载分配系数由原文报道的分配荷载计算。对于松砂中的各群桩的前排桩，$S_{f1}(m_g)=0.433(3)$，0.378(4)，0.304(5)，0.264(6)和 0.23(7)；对于中密砂中的各群桩，$S_{f1}(m_g)=0.466(3)$，0.367(4)，0.29(5)，0.25(6)和 0.227(7)。

表 7-6　前排桩实例分析的土体参数

<table>
<tr><th>实例</th><th colspan="2">土体类型</th><th>γ_s/(kN/m³)</th><th>ϕ/(°)</th><th>G_s/MPa</th><th>α_0</th><th>n</th><th>N_g</th></tr>
<tr><td>GF1</td><td colspan="2">松到中密砂</td><td>12.88</td><td>35</td><td>7.54</td><td>0</td><td>0.9</td><td>13.08</td></tr>
<tr><td rowspan="3">GF2</td><td colspan="2">松砂</td><td>14.05</td><td>34.5</td><td>0.24</td><td>0</td><td>1.7</td><td>7.22</td></tr>
<tr><td rowspan="2">中密砂</td><td>3×3</td><td>14.50</td><td>37.1</td><td>0.26</td><td rowspan="2">0</td><td rowspan="2">1.7</td><td rowspan="2">9.03</td></tr>
<tr><td>(4～7)×3</td><td>14.50</td><td>37.1</td><td>0.33</td></tr>
<tr><td>GF3</td><td colspan="2">胶结砂</td><td>18.4</td><td>35</td><td>13.44</td><td>0.3</td><td>0.3</td><td>31.63</td></tr>
</table>

7.3.1 实例 GF1——大直径原位钻孔桩试验(Brown 等,2001)

Brown 等(2001)报道了两个在台湾进行的两个原型群桩试验。其中一个 3×2 群桩由 6 个直径 1.5 m 的钻孔桩组成,桩的嵌入深度达 33~34 m。桩头与一个配筋量较大的承台固接,可认为桩头完全固定。见表 7-6,土层上部 8 m(约 5.3d)主要由砂土组成,相对密度为 50%~60%,内摩擦角为 35°,平均容度为 12.88 kN/m^3。

在采用 COM624P 分析时,每层土采用的参数见表 7-7(Brown 等,2001)。在上部 8 m 深度内,由相应的 n_h 值计算得平均地基反力模量 k 约为 22.0 MN/m^2。如果在采用 GASLFP 分析时,采用相同的 k 值,则由式(2-35)得:G_s = 7.54 MPa。

表 7-7　土体分布与 COM624P 分析时采用的参数(Brown 等,2001)

深度(m)	土体类型	COM624P 分析采用的土体参数				
		n_h/(MN/m^3)	C_u/kPa	ϕ/(°)	γ_s/(kN/m^3)	ε_{50}/(%)
0~3.0	松、砂质粉土	27.14	—	35	19	—
3.0~8.0	中密、粉质砂土	18.86	—	35	9.2	—
8.0~12.0	中等硬度、粉质黏土	—	60		9.2	0.7
12.0~17.0	粉质细砂土	18.32	—	34	9.4	—
17.0~25.0	中密粘质粉土	20.36	—	34	9.2	—
25.0~32.0	硬粉质黏土	—	115		9.2	0.5
32.0~43.0	硬粉质黏土	—	121.3		9.2	0.5

参照表 7-3 中 3×3 群桩的试验结果(Barton,1982),取前排桩的荷载分配系数 S_{f1} = 0.45,则作用在前排每个桩上的荷载为 0.45P_t/2。

根据第 5 章砂土中单桩的分析,取 $\alpha_0 = 0$,$n = 1.7$,$N_g = 0.9K_p^2$,相应的 LFP 如图 7-2(a)所示。由 GASLFP 计算得桩顶位移和 P_t = 5.88 MN 的弯矩分别如图 7-2(b)和(c)所示。可以发现:① 由 GASLFP 计算的桩顶变形、弯矩与实测结果相当一致;② 在最大荷载 P_t 约 10 MN 时,塑性滑移深度为 2.04 m(约 1.4d)。在该深度内,平均极限抗力比 Broms LFP 稍大,比 Reese LFP 稍小;③ 采用 GASLFP 比 COM624P 计算的结果更准确。如在 P_t = 5.88 MN,

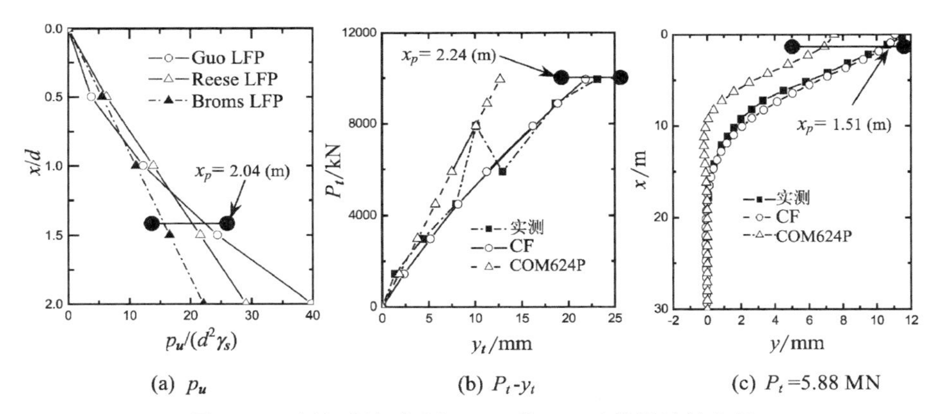

(a) p_u　　(b) P_t-y_t　　(c) P_t=5.88 MN

图 7-2　台湾群桩试验(Brown 等,2001)前排桩的分析

COM624P 对桩顶变形低估了 35%;④ 值得注意的是,由于该桩的桩径较大,发生塑性滑移深度较小,在该深度内采用 $\alpha_0=0$, $n=0.9$ 和 $N_g=K_p^2$, 得到的平均极限抗力接近本文采用的极限抗力,因此也能给出很好的分析结果(Guo & Zhu,2004)。

上述分析表明,前排桩的 LFP 与单桩的 LFP 并无明显区别。因此,正如试验观测的结果一样,前排桩的性状接近单桩的性状。

7.3.2　实例 GF2——群桩离心机试验(McVay 等,1998)

McVay 等(1998)报道了一系列 3×3～7×3 群桩离心机试验,土体分别为松砂和密砂。模型桩为长 304.8 mm 的方形截面铝桩,截面宽 9.5 mm,桩中心距为 $3d$。相应的原型桩为长 13.7 m 方形桩,截面宽 0.429 m。其他桩参数和土体参数分别见表 7-5 和表 7-6。

采用与实例 GF1 相似的分析方法,可对上述试验的前排桩进行分析。根据第 5 章砂土中单桩的分析,可取 $\alpha_0=0$, $n=1.7$, $N_g=0.55K_p^2$, 对于松砂和中密砂,相应的 LFP 分别如图 7-3(a)和图 7-4(a)所示。

根据原文报道的各单桩桩头分配的荷载大小(McVay 等,1998),计算得各群桩中前排桩的分配系数见表 7-5。由 GASLFP 计算得前排桩的桩顶位移分别如图 7-3(b)(松砂)和图 7-4(b)(中密砂)所示。分析结果表明:① 由 GASLFP 计算的桩顶变形与实测结果相当一致;② 对于同一种土体,不同布置的群桩,前排桩的性状相近,可以采用同样的 LFP 进行分析;③ 上述 LFP 接近第 5 章非挤土桩或钻孔桩的 LFP,即 $N_g=0.55K_p^2$。尽管在最大塑性滑移深度

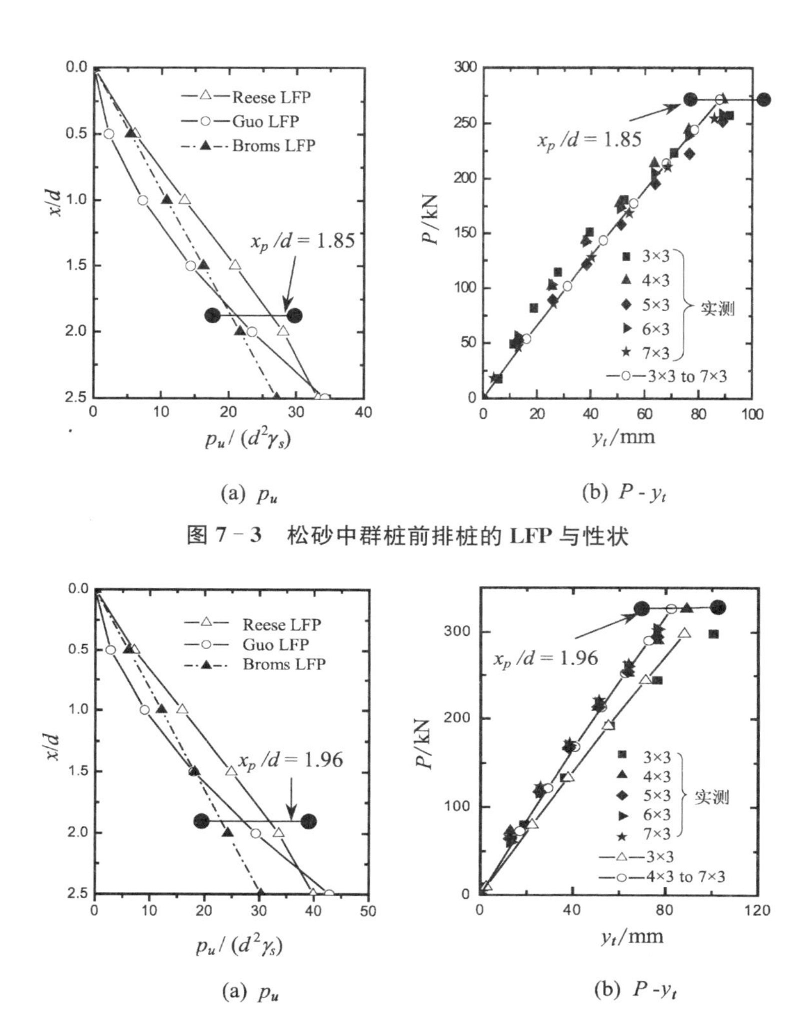

(a) p_u (b) $P - y_t$

图 7-3 松砂中群桩前排桩的 LFP 与性状

(a) p_u (b) $P - y_t$

图 7-4 中密砂土中群桩前排桩的 LFP 与性状

(图中 x_p 分别为松砂 3×3 群桩最大荷载对应的滑移深度 0.795 m，和中密砂 4×3 群桩最大荷载对应的滑移深度 0.84 m)内，归一化极限抗力 $p_u/(d^2\gamma_s)$ 比 Reese LFP 和 Broms LFP 低；④ 对于群桩排数大于 4 时，前排桩的性状似乎与排数无关。因此，如果已知前排桩的荷载分配，整个群桩的荷载-变形关系可直接由前排桩进行确定；⑤ 由于塑性滑移深度较小(小于 $2d$)，预测结果与剪切模量的选取比较敏感。

7.3.3 实例 GF3——胶结砂土中的群桩(Ismael，1990)

Ismael(1990)报道了两个胶结砂中群桩的现场试验。每个群桩由 2 个直径

0.3 m、长 5.0 m 的钻孔桩和浇注在地面上的刚性钢筋混凝土承台组成。桩头视为完全固定，桩的抗弯刚度为 20.2 MN·m^2。

试验场地由胶结砂土组成，在 10 深度内，平均容重为 18.4 kN/m^3，峰值强度指标为：$c = 20$ kPa 和 $\phi = 35°$；残余强度指标为：$c_r = 0$ 和 $\phi_r = 34°$，平均标贯击数 $N_{SPT} = 21$。其他参数见表 7-5 和表 7-6。取剪切模量 $G_s = 0.64N_{SPT} = 13.44$ MPa (Kishida & Nakai，1977；Guo，2002)，由式(2-35)计算得 $k = 38.3$ MPa。

为了研究土的胶结性对前排桩的影响，下面采用四种不同的 LFP 进行分析。LFP1：$\alpha_0 = 0$，$n = 1.0$ 和 $N_g = 3K_p = 11.07$，即采用砂土 Broms LFP；LFP2：$\alpha_0 = 0$，$n = 1.0$ 和 $N_g = K_p^2 = 13.62$，即采用砂土 Barton LFP；LFP3：$\alpha_0 = 0.3$，$n = 0.3$ 和 $N_g = 2.32K_p^2 = 31.63$，通过比较实测与计算 $P-y_t$ 曲线(其中 P 为前排各桩的荷载大小)反分析得到；LFP4：$\alpha_0 = 0$，$n = 1.7$ 和 $N_g = 0.41K_p^2 = 5.86$，近似拟合砂土 Reese LFP。上述四种 LFP 绘于图 7-5(a)，LFP3 与其他三种 LFP 有显著的不同。在地面附近，LFP3 大于零。

采用表 7-3 中 Barton(1982)离心机试验得到的双排桩荷载分配系数，由上述四种 LFP 和程序 GASLFP 计算得 $P-y_t$ 关系曲线，如图 7-5(b)所示。在最大塑性滑移深度内(图中 $x_p = 2.52$ m 由 LFP3 计算得到)，结果表明：① 极限抗力分布 LFP1，LFP2 和 LFP4 给出的桩顶变形偏大，而 LFP3 得到的桩顶变形与实测结果十分吻合；② 真实 LFP 的 α_0 大于零；③ 真实 LFP 的 n 值比非胶结砂土的值 1.0～1.7 小；④ 真实 LFP 的 N_g 值达到 $8.57K_p$。总的来看，LFP 与

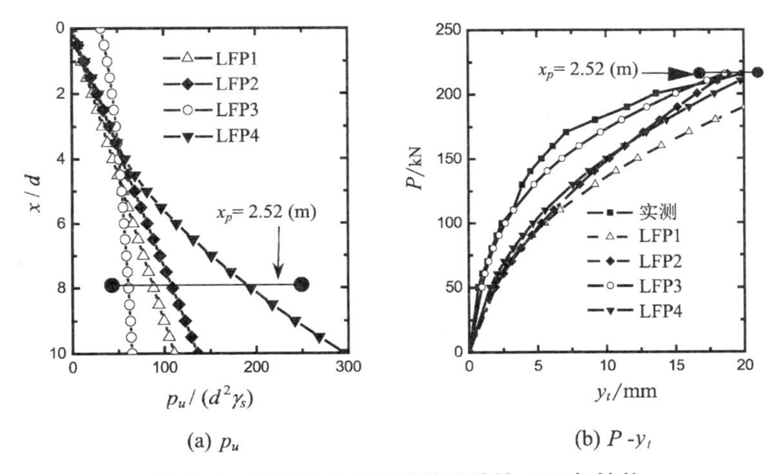

图 7-5　胶结砂土中群桩前排桩的 LFP 与性状

黏土中的侧向受荷桩相似(Guo,2002;Guo & Zhu,2004)。

7.3.4 前排桩 LFP 的讨论

从上述分析实例可以得出以下结论：① 前排桩的性状与单桩的性状相似，其 LFP 接近于单桩的 LFP;② 如同单桩分析一样，现有的 LFP 可能会低估桩头变形，也可能高估桩的变形。由反分析得到的参数 α_0，n 和 N_g 值表明：① 除了胶结砂土($n=0.3$)，如同单桩一样，n 一般可取 1.7;② 对于胶结砂土中的桩，N_g 可能达到 $8K_p$，对于松砂也可能降低到 $2K_p$，而不是 Broms(1964b)建议的 $3K_p$;③ 最大荷载对应的塑性滑移深度为(1.5～8.4)d。因此，一般采用 $10d$ 深度内的剪切模量和土体强度参数是合适的;④ 胶结砂土中的桩表现出与均质黏土中侧向受荷桩相似的 LFP，即 $\alpha_0>0$ 和 $n<1$。

7.4 群桩中各单桩的特性与群桩效率系数

为了讨论群桩的效率，有必要对群桩中各单桩的性状进行分析。对于完全固定的群桩，可假定各桩桩头侧向位移相同，即为承台的侧向位移。为了进一步讨论每个桩的侧向变形，必须对分配到各个桩上的荷载进行分析。根据前面的试验现象，一般可假定每排内桩的荷载分配相同(如 Brown 等，1988;McVay 等，1998)。然而，如果同排内桩中心距较小时，各桩间分配的荷载可能不同，一般边桩承担的荷载比中间桩大。下面通过两个群桩试验的比较，进一步讨论“排内各桩荷载分配相同”假定的可行性。为此，引入各单桩的荷载分配系数，即各单桩承担的荷载与群桩总荷载之比，用 $s_{f(km)}$ 表示，其中，km 为桩的编号。因此，各单桩分配的荷载大小为 $P=P_t\times s_{f(km)}$。

根据群桩的分析模型，在荷载较小时，各桩处于局部弹性压缩或局部塑性滑移阶段，则各桩分配的荷载理论上相等或相差不大;当后排桩处于“切割”塑性滑移阶段，则后排桩分配的荷载比前排桩小。不过试验结果表明，一般的群桩，局部弹性压缩或局部塑性滑移阶段很小，当桩顶达到一定的位移后(如 $0.05d$)，各桩的分配系数基本上保持不变，与荷载水平无关。因此，在下面的分析中，对于每个桩的荷载分配系数假定不随荷载水平发生变化，这只影响较小荷载水平下桩的性状，对总的性状影响有限。

7.4.1　群桩中各单桩的性状——室内模型试验

(1) 土与桩的特性参数

Gandhi & Selvam(1997)对一系列室内群桩模型试验的性状进行了分析，群桩布置如图7-6所示。试验在一个0.7 m×0.7 m×0.6 m试验槽中进行，槽中填土为细到中等颗粒大小的干河砂，砂土粒径组成如下：$D_{10}=0.22$ mm，$C_c=1.28$，$C_u=2.09$，$G=2.68$，$\gamma_{min}=14.61$ kN/m^3 和 $\gamma_{max}=17.30$ kN/m^3。填砂相对密度 $D_r=60\%$，容重 γ_s 为16.22 kN/m^3，内摩擦角 ϕ 取为36.3°(Schmertmann,1978)。土体泊松比假设为0.3。

模型桩由铝管制成，外径18.2 mm，壁厚0.75 mm，抗弯刚度为0.086 kN·m^2。承台离砂面高度10 mm，每根桩的嵌入长度为500 mm，排内各桩中心距 $s_p/d=3$，改变排间距比 s_s/d 考虑排距对群桩性状的影响。如果桩的位置沿荷载轴线对称，则假定它们的性状相同，因此，图7-6中编号相同的桩具有相同的性状。

(2) 各桩的LFP分析

在本节的分析中，单桩 km 的荷载分配系数 $s_{f(km)}$ 见表7-7，由桩头位移为10 mm时分配在该桩上的荷载计算得到。值得注意的是，在模型试验中10 mm对应的荷载，除了单桩是直接测定的外，其他桩分配的荷载由桩头总荷载 P_t 结合如下假定(Gandhi & Selvam,1997)确定：

① 2×1群桩(图7-6(b))中桩P11分配的荷载与桩头固定的单桩(图7-6(a))相同；

② 3×1群桩(图7-6(d))前面两桩承担的桩头荷载与2×1群桩(图7-6(b))相同；

③ 1×3群桩(图7-6(g))中桩P11分担的桩头荷载与1×2群桩(图7-6(c))的P11相同；

④ 2×2群桩(图7-6(e))中桩P11分担与1×2群桩(图7-6(c))中P11相同的桩头荷载；

⑤ 3×2群桩(图7-6(f))中前两排桩分担与2×2群桩(图7-6(e))相同的荷载；

⑥ 2×3群桩(图7-6(h))的前排桩分担的荷载与1×3群桩(图7-6(g))相同；

⑦ 2×3(图7-6(h))或3×3群桩(图7-6(i))中，边桩与中间桩的荷载比对于各排相等；

⑧ 3×3 群桩(图 7-6(i))前两排分担的荷载与 2×3 群桩(图 7-6(h))相同。

假定 $s_{f(km)}$ 为常数，因此可由程序 GASLFP 预测桩头荷载(P_t)-变形(y_t)关系。各个桩的 LFP(图 7-6(a)～(i))可通过拟合实测和预测的 P_t-y_t 曲线反分析确定。对于群桩中的桩 P11，取 $\alpha_0 = 0$ 和 $N_g = K_p^2 = 15.23$ (Barton，1982；Fleming 等，1992；Guo，2003，2004)，通过反分析得到 n 和 G_s。然后，采用与桩 P11 相同的 n 值，通过拟合各自计算和实测的 P_t-y_t 曲线反分析后排桩和前排中间桩(如果存在的话)的 N_g 和 G_s 值。一般地，对于同一群桩中的各个单桩，除非考虑桩的扰动效应(如加密效应)，可取相同的 G_s 值。

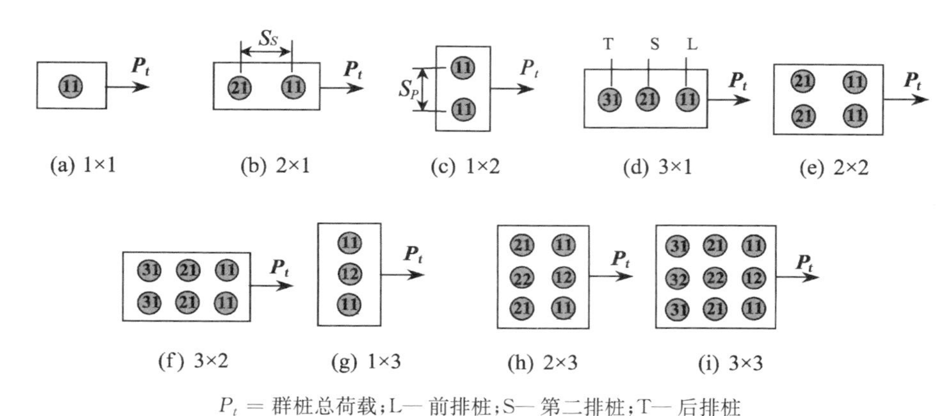

P_t = 群桩总荷载；L— 前排桩；S— 第二排桩；T— 后排桩

图 7-6　群桩室内模型试验的布置(Gandhi & Selvam，1997)

(3) 单桩

对于图 7-6(a)中所示的打入单桩，通过拟合实测 P_t-y_t 曲线，反分析得 n 和 G_s 分别为 1.34 MPa 和 0.3 MPa。相应的实测和计算 P_t-y_t 曲线如图 7-7(a)所示，二者吻合很好。在最大荷载时，塑性滑移深度 x_p 为 12.7d。在 x_p 深度内，反分析得到的 LFP 与 Reese LFP 和 Broms LFP 一同绘于图 7-7(b)。反分析得到的 LFP 与 Reese LFP 十分接近，但远比 Broms LFP 大。

分别将 N_g 和 G_s 值或两者同时减少一半，预测的 P_t-y_t 曲线也绘于图 7-7。可以发现，桩的性状对 N_g 值比 G_s 值敏感，特别是在较高的荷载水平下。例如，在最大荷载时，桩头侧向位移从 11.1 mm(N_g & G_s)分别增长到 21.4 mm(0.5N_g)和 13.8 mm(0.5G_s)以及 24.5 mm(0.5N_g & 0.5G_s)。根据该实例和其他实例的分析(Guo & Zhu，2004)，如果最大塑性滑移深度小于 2d 时，桩的性状可能对 G_s 值比较敏感。否则，桩的性状主要受 LFP 控制(Guo，2002)。因此，在下面的实例分析中，主要讨论各单桩的位置对相应 LFP 的影响，特别是 N_g 的变化。

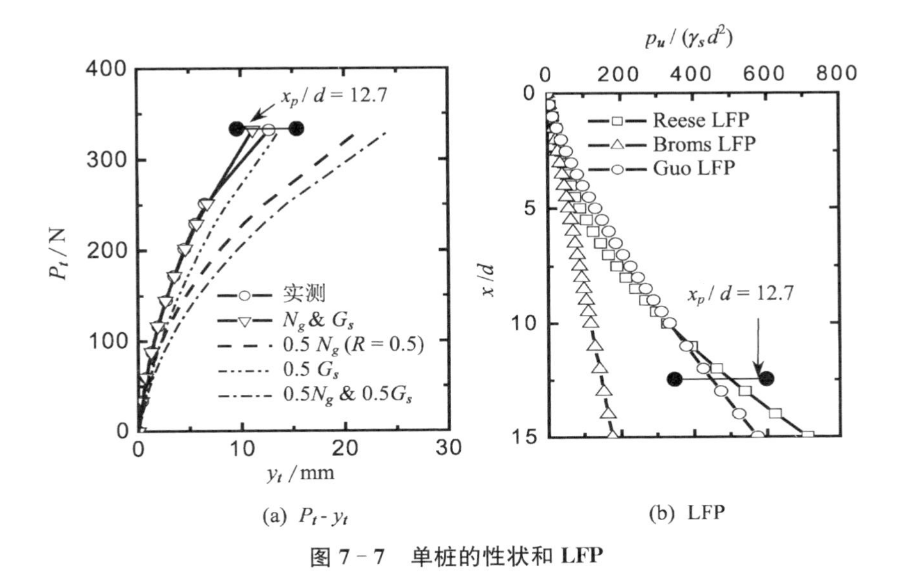

图7-7 单桩的性状和LFP

（4）2-桩群桩

对于不同桩间距s_s/d（=4，8和12）的2×1群桩（图7-6(b)）和1×2群桩（图7-6(c)）的性状如图7-8所示。在图7-8中，对于桩P11的LFP和桩P21的LFP分别用点和线表示。同时还绘制了Reese LFP和Broms LFP。

对于$s_s/d=4$的2×1群桩，预测的P_t-y_t曲线如图7-8(b)所示，分别标记为P11-G和P21-G。预测的P_t-y_t曲线与实测结果相当一致（图7-8(b)）。对于桩P11和P21，最大荷载对应的滑移深度分别为13.7d和19.4d（没有在图中标出）。桩P11和P21最大荷载对应的最大弯矩分别为45.4 N·m^{2}和32.5 N·m^2。因此，对于给定的桩头荷载，前排桩的最大弯矩比后排桩的大（Brown等，1988）。

如果采用Reese LFP预测$s_s/d=4$的2×1群桩中P11和P21的桩头变形，在图7-8(b)分别计为P11-R和P21-R。预测的P11桩头变形与实测结果比较吻合，然而过低地预测了桩P21的变形。因此，直接将现有的LFP应用于群桩中的各桩，特别是后排桩的分析是不合适的。

从表7-8可以看出，对于不同s_s/d的2×1群桩，桩P11的LFP参数均为：$n=1.3$，$\alpha_0=0$和$N_g=15.23$。并且，LFP几乎与单桩的LFP参数相同。对于后排桩，$N_g=4.87$（$s_s/d=4$），9.14(8)和13.86(12)，LFP似乎与s_s/d有关。如果引入系数R，定义为各桩N_g值与桩P11的N_g值之比，则各桩的R值随着s_s/d的增加而不断增长（图7-9）。

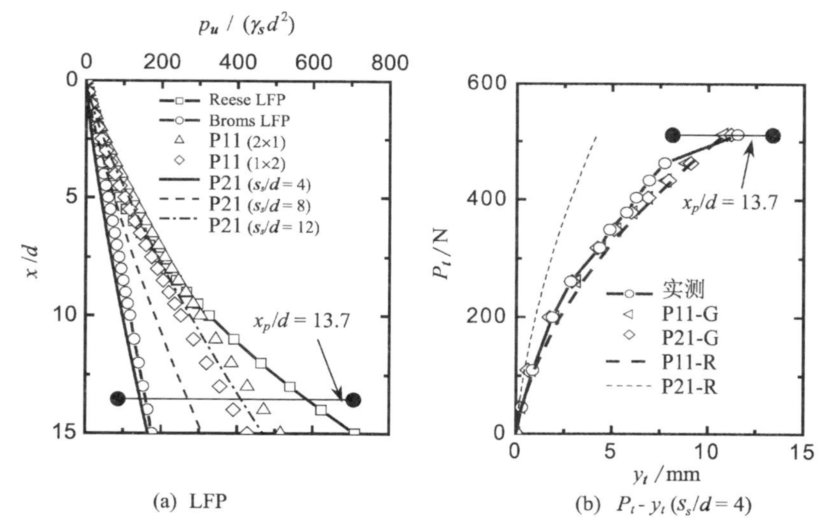

(a) LFP　　(b) P_t-y_t (s_s/d = 4)

图 7-8　2-桩群桩的 LFP 与性状

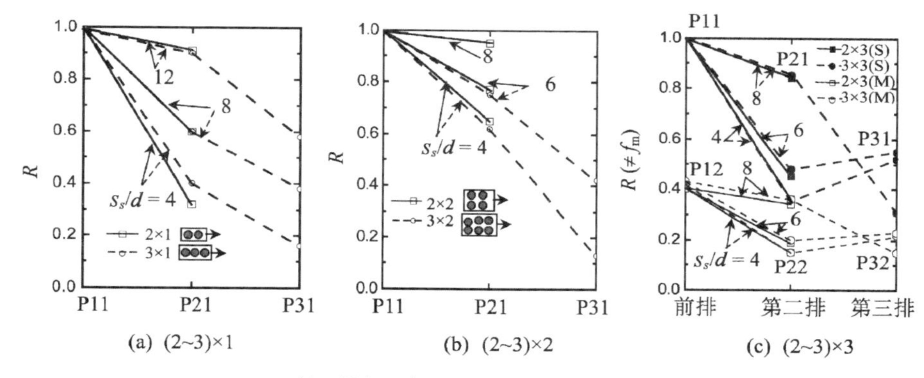

(a) (2~3)×1　　(b) (2~3)×2　　(c) (2~3)×3

注：图中 S 表示边桩，M 表示中间桩。

图 7-9　各群桩中单桩的 *R* 值

对于 1×2 群桩，n = 1.2，α_0 = 0 和 N_g = 15.23。n 值比 2×1 群桩中桩 P11 的值稍小。由于只实测了桩顶位移，其他 n 和 N_g(α_0 = 0) 值组合可能也能给出较好的 2-桩群桩的性状预测。如对于 1×2 群桩，n = 1.3，α_0 = 0 和 N_g = 12.64 也能给出很好的桩基变形分析结果。

(5) 其他群桩

从表 7-8 可以看出：① 对于 3×1(图 7-6(d))，2×2(图 7-6(e))，3×2(图 7-6(f))，2×3(图 7-6(h))和 3×3(图 7-6(i))群桩，n = 1.08～1.2；② 对于所有群桩中的桩 P11，N_g = 15.23 和 α_0 = 0。因此，与单桩相比，除了

n 值稍低外，桩 P11 的 LFP 几乎与单桩的相同。

图 7－9 绘制了各群桩中单桩的 R 值。结果表明：① 除了 $s_s/d=8$ 的 3×3 群桩的后排桩（P31 和 P32），第二和第三排桩的 R 值随 s_s/d 值的增加而增大；② 对于 $m_g=3$ 的群桩，前排和第二排桩的 R 值与相同 s_s/d 的二桩排群桩相同。因此，N_g 值与群桩的桩排数量无关；③ 对于 $n_g=3$ 的群桩（1×3，2×3 或 3×3），中间桩比边桩的 R 值小，因而中间桩比边桩发挥的土体抗力小。然而，二者的差距比群桩的离心机试验结果（McVay 等，1998）大，这将在下面进一步讨论。图 7－10 和图 7－11 只给出了 $s_s/d=4$ 的 3×3 群桩中各桩的荷载—变形关系。各桩分配的荷载随 R 值的增加而增长。

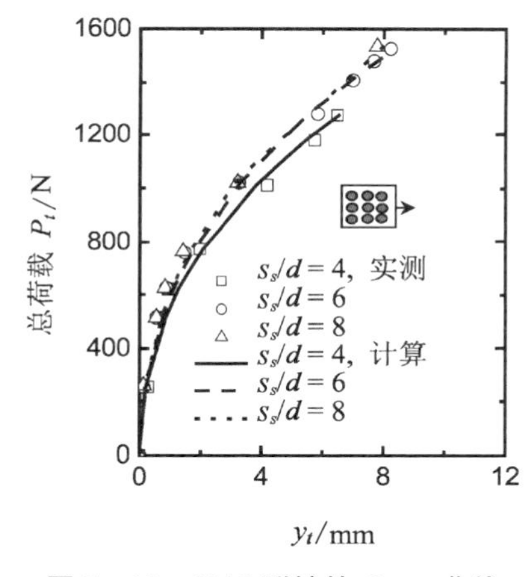

图 7－10　3×3 群桩的 P_t-y_t 曲线

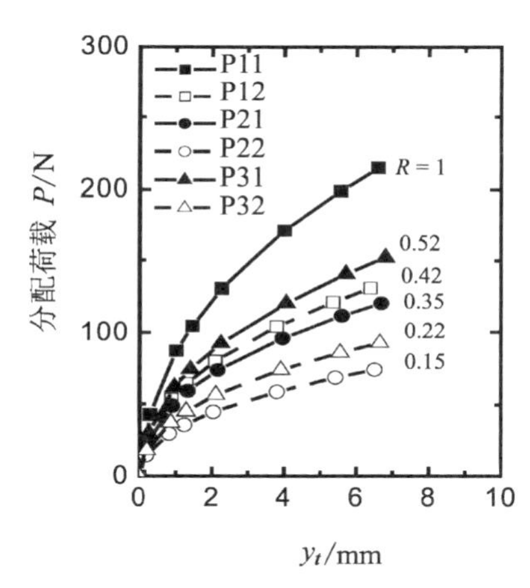

图 7－11　$s_s/d=4$ 的 3×3 群桩中各单桩 $P-y_t$ 曲线

表 7－8　群桩模型试验分析中采用的土体参数

群桩	s_s/d	桩 km	$s_{f(km)}$	G_s/MPa	n	N_g	R	N_g/K_p
1×1	—	11	1	0.3	1.34	15.23	1	3.91
2×1	4	11	0.636	0.4	1.3	15.23	1	3.91
		21	0.364			4.87	0.32	1.25
	8	11	0.558			15.23	1	3.91
		21	0.442			9.14	0.6	2.34
	12	11	0.515			15.23	1	3.91
		21	0.485			13.86	0.91	3.55

续　表

群桩	s_s/d	桩 km	$s_{f(km)}$	G_s/MPa	n	N_g	R	N_g/K_p
1×2	—	11	1		1.2	15.23	1	3.91
		$11^{\#}$	1		1.3	12.64	0.83	3.23
3×1	4	11	0.524	2.0	1.2	15.23	1	3.91
		21	0.300			6.09	0.4	1.56
		31	0.176			2.44	0.16	0.63
	8	11	0.414	0.3		15.23	1	3.91
		21	0.328			9.14	0.6	2.34
		31	0.258			5.79	0.38	1.48
	12	11	0.370	0.3		15.23	1	3.91
		21	0.349			13.71	0.9	3.52
		31	0.281			8.83	0.58	2.26
1×3	—	11	0.383	0.3		15.23	1	3.91
		12^{*}	0.233			5.79	0.38	1.48
2×2	4	11	0.281	3.0	1.1	15.23	1	3.91
		21	0.219			9.90	0.65	2.54
	6	11	0.268	1.5		15.23	1	3.91
		21	0.232			11.73	0.77	3.01
	8	11	0.256			15.23	1	3.91
		21	0.244			14.47	0.95	3.71
3×2	4	11	0.238	0.4	1.2	15.23	1	3.91
		21	0.186			9.44	0.62	2.42
		31	0.077			1.98	0.13	0.51
	6	11	0.199			15.23	1	3.91
		21	0.172			11.42	0.75	2.93
		31	0.129			6.40	0.42	1.64
2×3	4	11	0.246	0.8	1.15	15.23	1	3.91
		12^{*}	0.150			6.24	0.41	1.60
		21	0.138			5.48	0.36	1.41

续　表

群桩	s_s/d	桩 km	$s_{f(km)}$	G_s/MPa	n	N_g	R	N_g/K_p
2×3	4	22*	0.084	0.8	1.15	2.28	0.15	0.58
	6	11	0.232		1.15	15.23	1	3.91
		12*	0.141			6.09	0.4	1.56
		21	0.151			6.85	0.45	1.76
		22*	0.092			2.89	0.19	0.74
	8	11	0.199		1.12	15.23	1	3.91
		12*	0.121			6.09	0.4	1.56
		21	0.180			12.79	0.84	3.28
		22*	0.110			5.18	0.34	1.33
3×3	4	11	0.169	0.8	1.08	15.23	1	3.91
		12*	0.103			6.40	0.42	1.64
		21	0.095			5.33	0.35	1.37
		22*	0.058			2.28	0.15	0.58
		31	0.119			7.92	0.52	2.03
		32*	0.073			3.35	0.22	0.86
	6	11	0.163		1.12	15.23	1	3.91
		12*	0.099			6.55	0.43	1.68
		21	0.106			7.31	0.48	1.87
		22*	0.064			3.05	0.2	0.78
		31	0.115			8.38	0.55	2.15
		32*	0.070			3.50	0.23	0.90
	8	11	0.159		1.12	15.23	1	3.91
		12*	0.097			6.55	0.43	1.68
		21	0.144			12.95	0.85	3.32
		22*	0.088			5.48	0.36	1.41
		31	0.081			4.72	0.31	1.21
		32*	0.049			2.28	0.15	0.58

*：各排中的中间桩，其他为边桩。

(6) f_m与系数R的关系

如果将群桩中每排桩作为一个分析整体,假设同一排内每个桩承担的荷载相等和性状相同,采用同一群桩中P11的G_s,n和α_0值,通过拟合计算和实测的荷载-变形关系曲线,可以得到该排的等效N_g值。因为桩的性状一般由LFP控制而不是地基反力模量,则抗力折减系数f_m近似等于各排的等效N_g值与同一群桩中桩P11的N_g值之比。

对于2×1～3×2群桩(图7-6(a)—(f)),f_m与R值相等。对于2×3～3×3群桩,尽管各单桩的R值不同,前排桩的f_m似乎与s_s/d无关,大约为0.77～0.79。该值与$s_s/d=3$的3×3群桩试验报道的0.8(Brown等,1988)非常一致。然而对于第二排桩,f_m值为0.27($s_s/d=4$)～0.67($s_s/d=8$);3×3群桩的第三排,f_m值为0.42($s_s/d=4$),0.43($s_s/d=6$)和0.25($s_s/d=8$)。因此,多桩排群桩中后排桩的f_m可能为s_s/d的函数。

7.4.2 群桩效率系数

根据上述分析,由于桩P11的性状与单桩的性状近似相同,群桩的效率系数η_g,可由下式近似确定:

$$\eta_g = P_t/n_g P_s \approx P_a/Q_{11} = 1/n_g s_{f(11)} \quad P_s \approx Q_{11} \tag{7-2}$$

式中,P_a = 群桩中各桩平均荷载;P_s = 与群桩在P_t作用下位移相同时,桩头固定单桩承担的荷载;n_g = 桩数;Q_{11} = 桩$P11$分配的荷载。因为桩$P11$与桩头固定单桩的性状接近,并且与其所在群桩的土体(如土体组成或施工效应引起的土体变化)相同,可令P_s与Q_{11}近似相等。采用Q_{11}计算群桩效率系数的另一重要好处是:单纯由桩-土-桩相互作用引起的效率系数总是不大于1,从而在群桩分析中可将低承台的增强效应、桩的施工加密效应分开考虑,这里将不作研究。

由于假定桩P11的荷载分配系数$s_{f(11)}$不随荷载水平变化,则群桩的效率系数与桩的变形大小无关(McVay等,1995)。上述群桩模型试验的效率系数如图7-12。η_g值随s_s/d值的增长而增加,见图7-13。

与实测的群桩效率系数(Gandhi & Selvam,1997)比较见表7-9。值得注意的是,在模型试验中,P_s是10 mm对应的桩头固定单桩的荷载。对2×1～3×1群桩,由式(7-2)预测的η_g值与试验结果吻合;但对于2×2～3×3群桩,预测的η_g值与试测结果大。同时,对于2×1群桩,预测的η_g值与Randolph(1981)预测的结果以及其他试验结果(Levacher,1992;Levachev等,2002)非常一致。

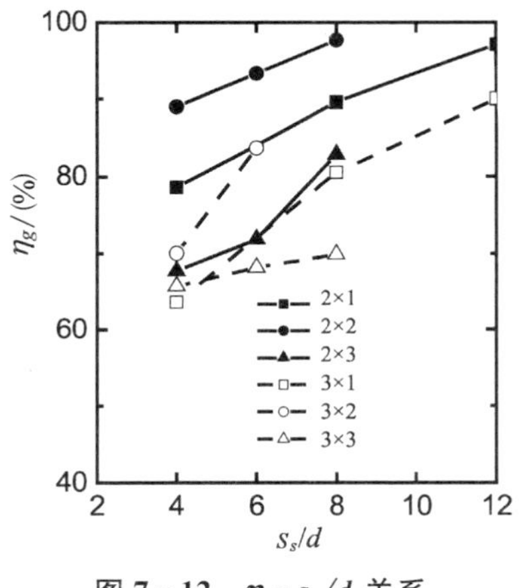

图 7-12　η_g-s_s/d 关系

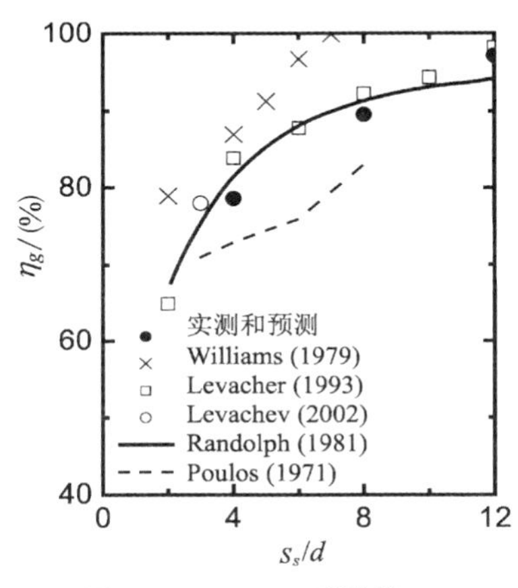

图 7-13　2×1 群桩的 η_g

表 7-9　松砂中群桩的计算与实测 η_g 值比较

群　　桩	s_s/d	预测 η_g 值	实测 η_g 值
2×1	4	78.6	78.6
	8	89.6	89.6
	12	97.1	97.2
3×1	4	63.6	63.6
	8	80.5	80.5
	12	90.1	N/A
2×2	4	89.0	81.3
	6	93.3	85.1
	8	97.7	89.0
3×2	4	70.0	64.0
	6	83.8	76.5
2×3	4	67.8	62.0
	6	71.8	65.5
	8	82.9	75.7
3×3	4	65.8	60.0
	6	68.2	62.4
	8	69.9	64.0

关于 3×3 群桩，预测的 η_g 值比其他室内和现场实测结果小(表 7－9)，如对于 $s_s/d=3$ 的 3×3 群桩，实测 η_g 值一般为 74%～75%(Brown 等，1988；McVay 等，1995)。可能是由于 Gandhi & Selvam(1997)假定分配在桩 P11 上的荷载偏高的缘故。

如果假定 $\eta_g=75\%$，计算得 Q_{11}/P_a 为 1.333($s_s/d=4$)。因此，如果保持前排桩分配的总荷载不变，桩 P11 的荷载分配系数 $s_{f(11)}$ 应为 0.148 而不是表 7－8 中的 0.169，桩 P12 的荷载分配系数为 0.145。此时，桩 P11 接近于桩 P12 的荷载分配系数。这与其他试验结果十分相似(如 McVay 等，1995)。采用修正后的前排桩分配系数，并仍假设各排内中间桩与边桩的荷载比例相同，对 $s_s/d=4$ 的 3×3 群桩重新进行了分析，结果见表 7－11。与表 7－8 相比，n 值稍微下降，中间桩的 R 上升，而边桩的 R 值近似不变。

表 7－10　3×3 群桩效率系数 η_g 的比较

s_s/d	s_p/d	η_g	y_t/d	文　献
3	3	75%	0.09	Brown 等，1988
3	3	74%	0.18	McVay 等，1995
4	3	65.8%	任意变形水平	本文
5	5	95%	0.18	McVay 等，1995
6	3	68.2%	任意变形水平	本文
8	3	69.9%	任意变形水平	本文

表 7－11　$s_s/d=4$ 的 3×3 群桩性状再分析

桩　号	s_f	G_s/MPa	n	N_g	R	η_g
11	0.148	0.8	0.97	15.23	1	75%
12	0.145			15.0	0.98	
21	0.083			5.48	0.36	
22	0.082			5.37	0.35	
31	0.104			8.03	0.53	
32	0.102			7.87	0.52	

7.4.3 群桩中各单桩的性状——离心机试验

McVay 等(1998)报道了 $s_s/d = s_p/d = 3$ 的(3～7)×3 群桩在松砂和中密砂中的性状。松砂的容重和相对密度分别为 14.05 kN/m^3 和 36%,中密砂的容重和相对密度分别为 14.50 kN/m^3 和 55%。相应的内摩擦角分别为 34.5°和 37.1°。

模型桩为长 304.8 mm,截面宽为 9.5 mm 的方向铝桩,模拟的原型桩为 13.7 m 长,截面宽为 0.429 m 的方向铝桩。取桩材杨氏模量 $E_p = 7.0 \times 10^7$ kPa,则 $EI = 197\ 581.3$ kN·m^2。根据试验观测结果(McVay 等,1998),各群桩中前排边桩与中间桩的荷载分配差别很小,因此桩 P11 承担荷载近似为前排承担的总荷载除以前排桩数量 3。根据报道的试验结果,在群桩位移为 76.2 mm(约 0.18d)时,对于松砂和中密砂中的(3～7)×3 群桩,由式(7-2)计算得:$\eta_g = P_a/Q_{11} =$ 71.4(3),68.0(4),69.0(5),66.7(6),62.9(7)和 76.9(3),66.2(4),65.8(5),63.3(6),62.1(7)。群桩效率系数 η_g 随排数的增长呈现降低趋势,但降低幅度逐渐趋缓。对于松砂和中密砂中的 3×3 群桩,平均群桩效率系数为 74.2%。这与 McVay 等(1995)试验观测的值(74%)非常一致。

假定松砂和中密砂的泊松比均为 0.3,$N_g = K_p^2 = 13.05$(松砂)或 16.33(中密砂)和 $\alpha_0 = 0$,通过拟合荷载—变形曲线,由 GASLFP 反分析得桩 P11 的 n 和 G_s 值。对于松砂:$n = 1.7$ 和 $G_s = 0.24$;对于中密砂:$n = 1.7$,$G_s = 0.33$ MPa。对于每个群桩,桩 P11 的最大塑性滑移深度小于 2d,从而剪切模量的影响不可忽视。因此,对于后排桩的分析,除了降低极限抗力外,剪切模量也按同一比例 R 降低(Brown 等,1988)。各桩的 R 值如表 7-12。对于松砂和中密砂,最低 R 值可分别达到 0.4 和 0.35。表 7-12 中的 R 值可以用于群桩布置相同的各桩分析。当然,这还需要更多的现场试验结果进行验证。

与表 7-12 中中密砂 3×3 群桩的 R 值比较,表 7-11 中第二排、第三排桩的 R 值似乎应该互相调换。不过,中密砂 3×3 群桩中第二排、第三排桩的 R 值之和相对比较固定,变化在 0.85～0.89 之间。这表明在上述群桩的模型试验分析中,对于 3×3 群桩的荷载分配(Gandhi & Selvam,1997),第二排、第三排的分配荷载大小应该相互调换。因此,在 3×3 群桩中,第三排桩分配的荷载与相同 s_s/d 的 2×3 群桩中第二排分配的荷载相同。进一步分析表明,假定 3×1,3×2

或 3×3 群桩中前两排分配的荷载分别与 2×1，2×2 或 2×3 群桩的荷载分配相同，也是值得怀疑的。

表 7-12 离心机试验中各桩的 $R(=N_g/P11$ 的 $N_g)$ 值

桩　排	松砂中各桩的 $R(=N_g/$P11 的 $N_g)$					中密砂中各桩的 $R(=N_g/$P11 的 $N_g)$				
	3×3	4×3	5×3	6×3	7×3	3×3	4×3	5×3	6×3	7×3
前　排	1	1	1	1	1	1	1	1	1	1
第二排	0.6	0.6	0.75	0.6	0.65	0.5	0.55	0.65	0.62	0.65
第三排	0.4	0.5	0.5	0.5	0.5	0.35	0.42	0.45	0.5	0.5
第四排		0.42	0.5	0.42	0.45		0.42	0.45	0.42	0.42
第五排			0.55	0.42	0.45			0.45	0.42	0.42
第六排				0.5	0.45				0.42	0.42
第七排					0.55					0.42
$\eta_g(=P_a/P_{11})(\%)$	76.9	66.2	65.8	63.3	62.1	71.4	68.0	69.0	66.7	62.9

图 7-14 和图 7-15 分别给出了松砂和中密砂中各群桩实测和计算的总荷载-变形关系曲线，其中，群桩总荷载等于各群桩中桩 P11 分配的荷载除以桩 P11 的荷载分配系数 $s_{f(11)}$。预测的桩头变形与实测结果吻合较好。

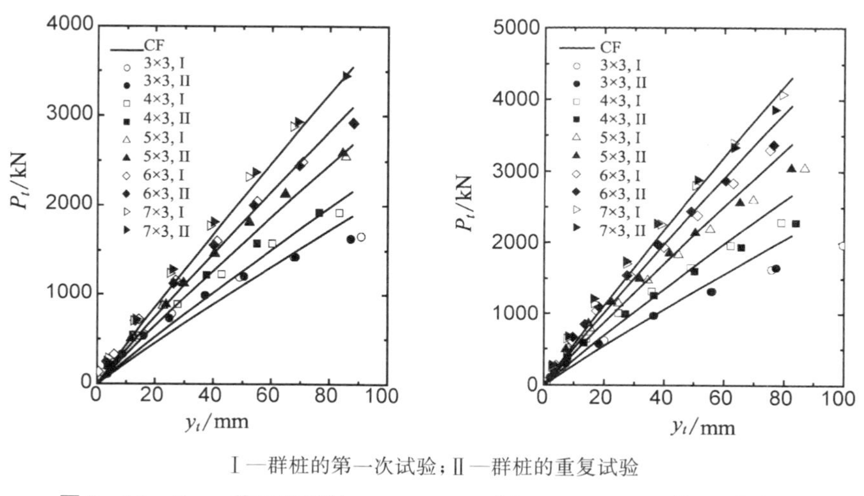

Ⅰ—群桩的第一次试验；Ⅱ—群桩的重复试验

图 7-14 $P_t - y_t$ 关系(松砂)　　**图 7-15 $P_t - y_t$ 关系(中密砂)**

7.5 本章小结

根据排桩和矩形分布群桩的试验结果，在群桩分析中，可合理地采用如下假定：① 群桩效率系数近似与荷载或位移水平无关；② 不考虑施工加密效应和承台效应时，群桩的变形和弯矩比单桩大，即 η_g 值小于 1.0；③ 当 $s_s/d \geqslant 6$ 和 $s_p/d \geqslant 3$ 时，可不考虑群桩的遮拦效应，$\eta_g = 1.0$；④ 群桩的荷载分担表现为“前排大、后排小”的规律；⑤ 前排边桩可视为单桩，带刚性承台的前排边桩即为桩头固定的单桩。同时根据群桩实测的试验性状，本文将各桩排之间的相互作用简化为如下四个阶段：① 局部弹性压缩；② 局部塑性滑移；③ 后排桩的“切割”塑性滑移；④ 应力重叠。

当 $s_p/d \geqslant 3$ 时，各排内的桩分配的荷载近似相等。如果已知独立单桩的 LFP，每排桩的荷载分配系数 S_f，采用程序 GASLFP 或 FDLLP 可以计算群桩中各单桩的性状，通过比较计算与实测的各桩荷载-变形关系，反分析得群桩中各单桩的 LFP。同样，如果群桩中各单桩的 LFP(由独立单桩的 LFP 和该桩的 R 值确定)，采用程序 GASLFP 或 FDLLP 可以计算群桩中各单桩的性状和承担的荷载。

本章采用三个实例对群桩中前排桩的性状进行了分析。结果表明，前排桩的性状与单桩的性状相似，其 LFP 接近于单桩的 LFP。

本章还对一系列群桩的模型试验和离心机试验结果进行了分析。研究表明，各单桩的 LFP 与其在群桩中的位置和群桩的中心距大小有关。

基于上述结论，本章给出了简单确定群桩效率系数的方法。该方法主要基于前排边桩的性状与单桩性状接近的结论。如果已知单桩的性状和 LFP，则可以很容易得到群桩及其各单桩的性状。上述方法还需要更多高质量的试验，特别是现场试验以及数值模拟分析的进一步验证。

海洋砂土中桩的静力和循环特性

8.1 概述

随着海底能源的开发，海洋砂土中的桩基特性研究成了近20年来比较热门的课题，其中，以钙质砂最为常见。在我国的东海和南海，也以钙质砂为主，常称为珊瑚土。

对于海洋、港口工程中的桩基，除了承受轴向荷载外（如由石油钻井平台传递的结构与施工荷载），往往还受到由结构和波浪传递的静力和循环侧向荷载作用。对于这种受侧向荷载作用的桩基设计，常采用 $p-y$ 曲线法。根据小模型和/或离心机侧向受荷桩试验，一些研究者提出了适用于海洋砂土的典型 $p-y$ 曲线（Wesselink 等，1988；Novello，1999；Dyson & Randolph，2001）。然而，由于推导 $p-y$ 曲线本身存在的缺陷，同时这些模型都不能考虑循环荷载作用下桩土开裂效应，有必要对海洋砂土中侧向受荷桩的特性进行更深入的研究。

8.2 理想弹塑性 $p-y$ 曲线与硬化 $p-y$ 曲线的比较

对于海洋钙质砂的 $p-y$ 曲线，目前主要有三种，如表8-1所列，分别编号为CSPY1—CSPY3。为了对这些 $p-y$ 曲线与本文采用的理想弹塑性 $p-y$ 曲线进行比较，假定如下实例：桩径 $d=2.08$ m，$e=0$ 和 $E_p=3.0\times10^4$ MPa；土体参数接近澳大利亚巴士海峡 Kingfish B 石油平台（以下简称 Kingfish B 砂）附近的钙质砂，选取参数如下：有效容重 $\gamma_s=8.1$ kN/m^3，$\phi=31°$，$G_s=$

5.0 MPa，$\nu_s = 0.3$，$n = 1.7$，$\alpha_0 = 0$ 和 $N_g = 0.33K_p^2$，并且，静力触探贯入阻力 q_c 以400 kPa/m的斜率线性增长。

表 8-1　静载钙质砂中侧向受荷桩的 $p-y$ 模型

模型编号	文　　献	$p-y$ 曲线	Kingfish B 砂的模型参数
CSPY1	Wesselink 等(1988)	$p = R * d * (x/x_0)^n * (y/d)^m$	$x_0 = 1$ m，$n = 0.7$，$m = 0.65$，$R = 650$
CSPY2	Novello(1999)	$p = Rd\sigma'^{\ n}_{v0} q_c^{1-n}(y/d)^m < q_c d$	$R = 2$，$n = 0.33$，$m = 0.5$，$\sigma'_{v0} = \gamma_s x$
CSPY3	Dyson & Randolph (2001)	$p = R\gamma_s d^2 (q_c/\gamma_s d)^n (y/d)^m$	$R = 2.7$，$n = 0.72$，$m = 0.6$

绘制表 8-1 中三种模型以及理想弹塑性模型在 $x = 2d$ 处的 $p-y$ 曲线，如图 8-1 所示，可以发现：① 在 y/d 小于 0.5%时，四种 $p-y$ 曲线非常接近；② 当y/d 大于 0.5%时，对于 CSPY1—CSPY3 模型，土体抗力随变形无限地增长，而理想弹塑性 $p-y$ 曲线则由于达到极限抗力而保持不变。因此，相对于理想弹塑性模型，CSPY1—CSPY3 模型可统称为硬化 $p-y$ 模型。

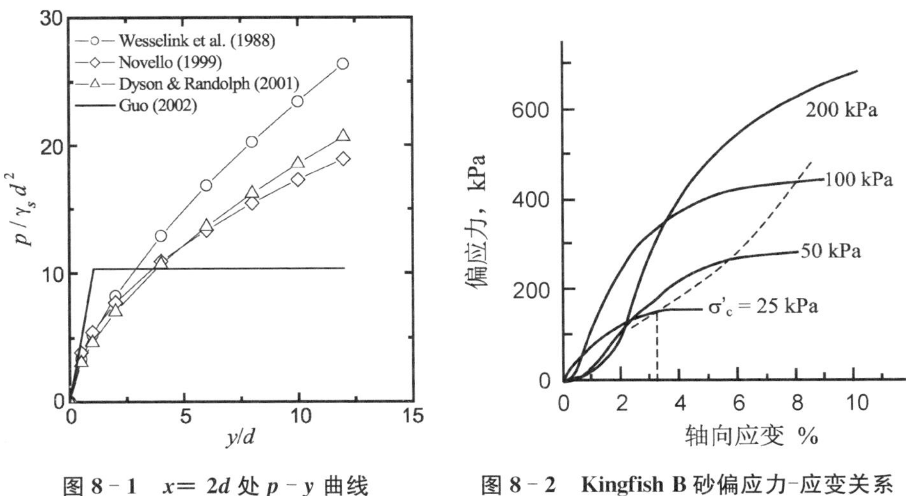

图 8-1　$x = 2d$ 处 $p-y$ 曲线 ($d = 2.08$ m)

图 8-2　Kingfish B 砂偏应力-应变关系 (Hudson 等，1988)

与硬化 $p-y$ 模型不同，理想弹塑性 $p-y$ 曲线与钙质砂的应力应变曲线十分相似。图 8-2 所示为 Kingfish B 砂典型的应力应变关系曲线(Hudson 等，1988)。在围压小于 100 kPa 时，应力随应变在初始阶段近似线性增长；当达到一定的应变后，应力达到峰值偏应力，然后缓慢增长或几乎保持不变。在图 8－2中，虚线为峰值偏应力点的连线。峰值偏应力连线与各应力应变曲线交点对应的应变可视为屈服应变 ε_u。根据 $p-y$ 曲线与土体应力应变关系的相似性(McClelland & Focht，1958)，屈服应变 ε_u 可等效为侧向受荷桩的无量纲变形 y_u/d，其中 y_u 为土体达到极限抗力时的桩基变形。对于围压 $\sigma_3 = 25\sim100$ kPa 时，屈服应变约为 3%～8%(图 8－2)。除了 Kingfish B 砂外，其他海洋钙质砂也表现出同样的特性，如 Leighton buzzard，Dogs Bay，Ballyconneely 和 Bombay Mix. 钙质砂(Golightly & Hyde，1988)也存在屈服应变，在 $\sigma_3 = 5\sim100$ kPa 时，ε_u 为2%～7%。因此，对于钙质砂中的侧向受荷桩，土体同样存在极限抗力。所以，理想弹塑性 $p-y$ 曲线比硬化 $p-y$ 曲线更合理。

尽管表达式不同，通过调整表达式中的参数，上述三种硬化 $p-y$ 模型能给出比较一致的 $p-y$ 曲线。因此，下面只比较采用 CSPY1 模型和理想弹塑性 $p-y$ 模型得到的桩基特性。将 CSPY1 产生的 $p-y$ 曲线输入到程序 COM624P (FHWA，1993)计算得到桩的性状，如图 8－3 所示。同时，采用 GASLFP 和理想弹塑性 $p-y$ 曲线得到的结果也绘于图 8－3。

将 $E_p = 3.0\times10^7$ kPa 和 $G_s = 5.0$ MPa 代入式(2－19)，计算得桩的有效长度 $L_{cr} = 11.33d = 23.57$ m。从图 8－3(c)—(e)也可以看出，桩的变形、土体抗力和弯矩主要发生在 L_{cr} 深度内。

从图 8－3 可见：① 尽管 $p-y$ 曲线不同，上述两种模型能给出一致的桩头变形(图 8－3(b))、变形(图 8－3(c))和弯矩(图 8－3(e))分布；② 土体抗力沿深度分布不同而不同，与所采用的 $p-y$ 模型十分相关(图 8－3(d))。对于 CSPY1

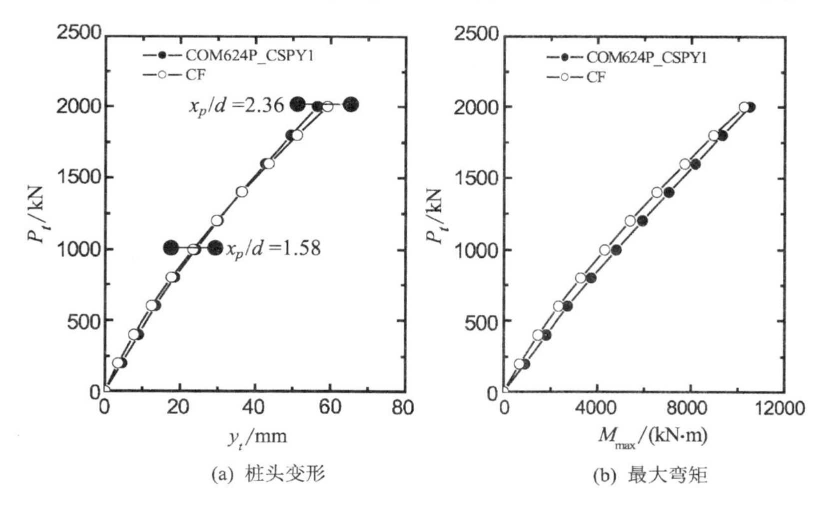

(a) 桩头变形　　(b) 最大弯矩

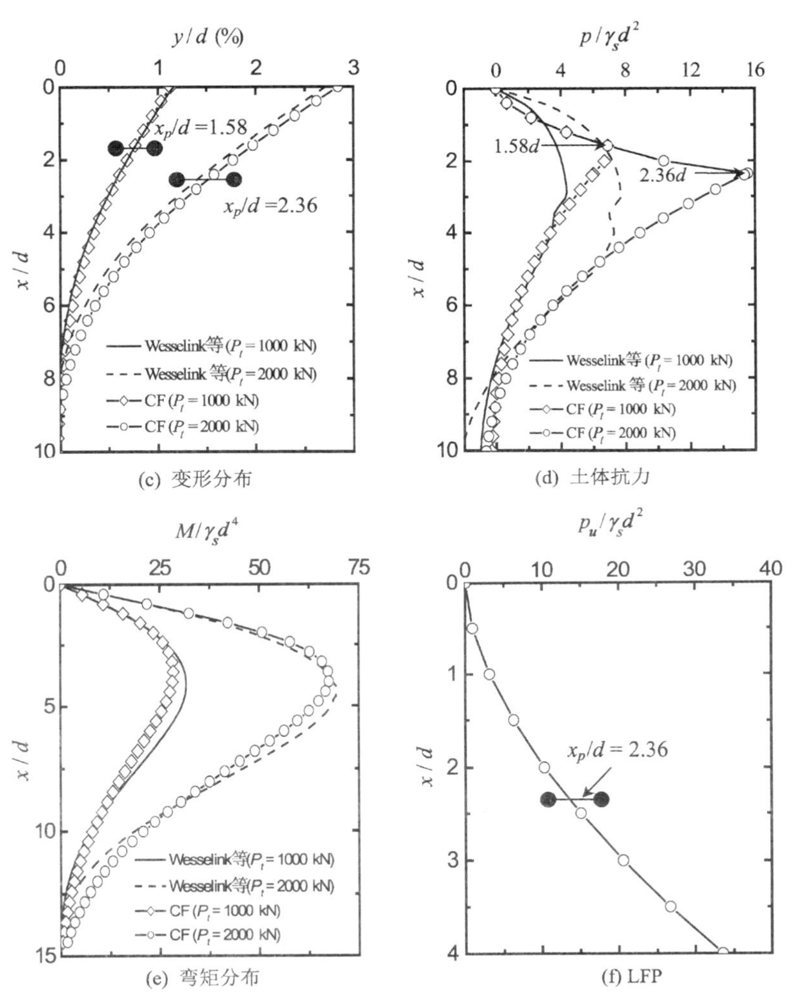

图 8-3　采用理想和硬化 $p-y$ 模型预测桩基性状的比较

模型，土体抗力沿深度缓慢增长；而对于理想弹塑性 $p-y$ 模型，土体抗力从零（地面处）增长到滑移深度 x_p 处的最大值（对于 P_t = 1 000 kN 和 P_t = 2 000 kN，x_p分别为 1.58d 和 2.36d），然后随深度增加而降低。在深度 x_p处出现剧烈变化，主要是由于理想弹塑性 $p-y$ 模型未考虑弹性与塑性之间的过渡段（如第 4 章所述，这对桩的性状影响很小）；(3) 最大弯矩发生深度 x_{max} 也与所采用的 $p-y$ 模型有关（图 8-3e）。如在 P_t = 2 000 kN 时，采用理想 $p-y$ 模型和 CSPY1 模型，x_{max}值分别为 9.3 m(4.47d)和 8.06 m(3.88d)。

根据第 2 章的桩的分析，土体抗力为弯矩的二次导数。因此，由实测离散的弯矩点确定土体抗力会存在很大的不确定性。采用同一组数据，如果采用不同的函数拟合实测弯矩点，然后二次求导将得到显著不同的土体抗力。因此，单纯由实测的桩顶变形或弯矩大小(注意在试验中为离散值)确定 $p-y$ 曲线往往不是唯一的。真实的 $p-y$ 曲线必须与实测的土体抗力相吻合，同时能够反映桩土相互作用性状，如塑性区的存在。

8.3 海洋砂土中桩的静力和循环特性

采用程序 GASLFP，本章对四个不同的钢管桩静力和循环特性进行了分析，并与实测资料进行了对比。桩和土体的特性分别见表 8-2 和表 8-3。砂土的泊松比假定为 0.3。下面对每一实例进行简单的论述。

表 8-2 海洋钙质砂中桩的计算参数

实例	荷载类型	L/m	d/m	e/m	EI/(MN·m²)	E_p/MPa
1,2	静力，循环	5.9	0.356	0.37	24.0	3.044×10^4
3	静力	32.1	2.137	2.4	79 506	7.77×10^4
4	静力	6.0	0.37	0.45	98.0	1.065×10^5
5,6	静力，循环	5.9	0.025 4	0.254	1.035×10^{-3}	5.065×10^4

表 8-3 海洋钙质砂中土的计算参数

实例	砂土类型	γ_s/(kN/m³)	ϕ/(°)	G_s/MPa	α_0	n	N_g/K_p^2	L_{cr}/d
1,2	非胶结	8.04	31	2.2	0	1.7	0.9/1.4*	14.39
3	非胶结	8.04	31	3.45	0	1.7	1.2	16.5
4	非或弱胶结	6.4	30	2.0	0	1.7	1.0	21.1
5,6	胶结	8.45	28	3.4	0.15	1.7	2.4/1.5*	14.7

0.9/1.4*：实例 1 或实例 5 的 N_g 值/实例 2 或实例 6 最终循环的 N_g 值。

8.3.1 Kingfish B 砂——陆上小尺寸试验(实例 1 和实例 2)

Williams 等(1988)报道了两个钢管桩(桩 A 和 B)陆上小尺寸试验。桩长 6.27 m，桩外径 356 mm，壁厚 4.8 mm，截面抗弯刚度 EI 为 24 MN·m²。由于钢管桩的抗拉强度很大,可不考虑桩截面抗弯刚度的结构非线性。

试验在开挖回填坑中进行。坑中回填砂土为饱和、未胶结 Kingfish B 砂。在侧向载荷试验过程中,测定了桩身弯矩、桩头变形、桩头转角、孔隙水压力和地面土体位移等。桩 A 初始施加推力(在每一个荷载水平下只进行一次加卸载循环)到 106 kN,荷载施加在地面上约 0.37 m,然后,再反向施加拉力到桩发生破坏。本文只对推力过程中桩的性状(实例 1)进行讨论。桩 B(实例 2)受到双向循环荷载作用,第一个荷载循环周期为 250 s,然而以 60 s 的周期加载到第 100 个循环,最后一个循环周期为 250 s。由于荷载循环周期较大,可不考虑荷载的加速度效应和孔隙水的累积。

(1) 实例 1:试桩 A(静载)

根据报道的土体室内试验参数(Hudson 等,1988),Kingfish B 砂的最大和最小干容重分别为 15.4 kN/m^3 和 10.9 kN/m^3,对应的最小和最大孔隙比分别为 1.07 和 1.48。由于试坑内砂土的回填密度孔隙比为 1.21,则插值得干容重为12.4 kN/m^3。取砂土的比重为 2.72,计算得砂土的饱和容重为 17.85 kN/m^3,浮重度为 8.04 kN/m^3。在试验过程中,自由水面保持在地面下约 50 mm,故分析时采用浮重度。

根据试坑回填砂的静力触探试验,贯入阻力为 1.5～3 MPa,砂土可能属于很松到松砂,内摩擦角小于 35°(Kulhawy & Mayne,1990)。因此,在分析时采用 Kingfish B 松砂的峰后内摩擦角 31°,而不是峰值内摩擦角 38°(Hudson 等,1988)。由于桩的性状由表层土体控制,孔隙水压力消散很快,砂土的杨氏模量采用固结排水三轴试验中 50%极限偏应力对应的割线模量 $E_{50}=5.6$ MPa(围压 $\sigma_3=50$ kPa)(Hudson 等,1988)。因此,剪切模量 G_s 约为 2.2 MPa。将 G_s 和 $E_p=3.044\times10^4$ MPa($=24/(\pi\times0.356^4/64)$)代入式(2-19),计算得桩的有效长度 L_{cr} 为 14.39d($=5.12$ m <小于桩的嵌入长度 5.9 m)。

对于未胶结砂土,根据第 5 章的分析,$\alpha_0=0$, $n=1.7$。取 $N_g=0.9K_p^2$,由程序 GASLFP 计算得 P_t-y_0(地面处变形)关系和不同荷载水平下弯矩沿深度的分布,如图 8-4。除了 $P_t=106$ kN 时,最大弯矩比实测值大 5.9%外,桩的变形和弯矩与实测结果相当吻合。尽管 $p-y$ 曲线不同(与图 8-1 相似),理想弹塑性 $p-y$ 模型和硬化 $p-y$ 模型(Wesselink 等,1988)都能给出准确的桩基性状预测(图 8-4)。需要说明的是,在靠近桩端时,预测的桩身弯矩比实测值大,是因为选用的 G_s 值比该深度内的实际值低。

在最大试验荷载 $P_t=106$ kN,计算得塑性滑移深度 x_p 为 1.689 m

(4.74d),桩在该深度处的侧向变形为 22.68 mm,则 $y_u/d = 6.37\%$。在 x_p深度处,土体的有效上覆压力为 13.6 kPa(= 1.689×8.04),则围压为 13.6 kPa。从图 8-4 可以看出,在 x_p深度处,达到极限偏应力时的轴向应变约为 2.5%,只有 y_u/d 值的 40%。因此,在 x_p深度内的土体可能已经发生了屈服。因此,采用理想弹塑性 $p-y$ 曲线比采用无极限荷载的硬化 $p-y$ 曲线(Wesselink 等,1988)更合理。

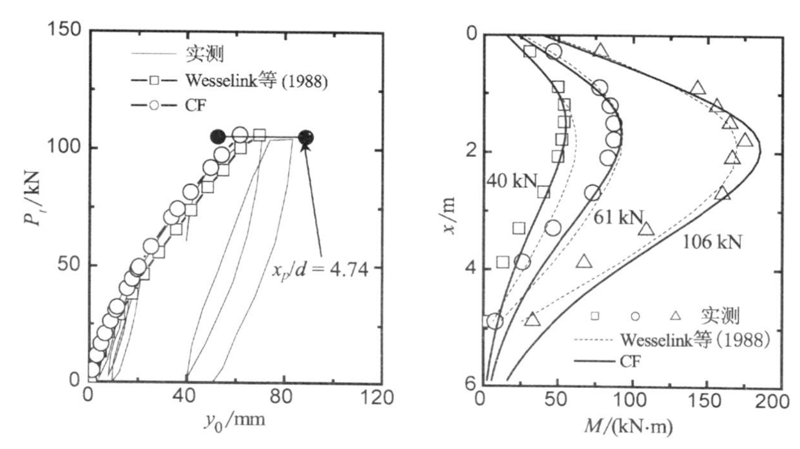

图 8-4 陆上 Kingfish B 砂中试桩 A 的实测与预测性状比较

(2) 实例 2: 试桩 B(循环加载)

采用与试桩 A 相同的土体参数,即 $\nu_s = 0.3$, $G_s = 2.2$ MPa, $n = 1.7$, $\alpha_0 = 0$, $\phi = 31°$,通过拟合地面上 110 mm 处桩的实测变形(图 8-5),对于第一个循环和最终循环(分别为图中"cycle 1"和"terminal cycle"),反分析得 N_g 值分别为 $2.5K_p^2$ 和 $1.4K_p^2$。循环 1 和最终循环的 N_g 值分别比试桩 A 的 N_g 值大 1.78 和 0.56 倍。在循环荷载作用下,较高的 N_g 值可能部分归因于局部砂土的振动加密效应(Wesselink 等,1988)。相应的土体极限抗力分布如图 8-6(b)所示。在最大荷载对应的塑性滑移深度(循环 1 为 2.92d,最终循环为 4.04d)内,循环 1 的 N_g 值约为最终循环的 0.56 倍。因此,随着循环的增长,极限抗力是衰减的,这可能是由于桩土界面处出现裂隙的结果。值得说明的是,这里的裂隙并不一定是真实的物理裂隙,而是土体强度软化区的总称(Randolph 等,1988)。根据 Randolph 等(1988)的假定,即出现裂隙的土体应变与土体屈服应变一致,裂隙发展深度与土体塑性区发生深度一致,则在 $P_t = 110$ kN 时,开裂区从循环 1 的 2.73d 增长到最终循环的 4.04d。

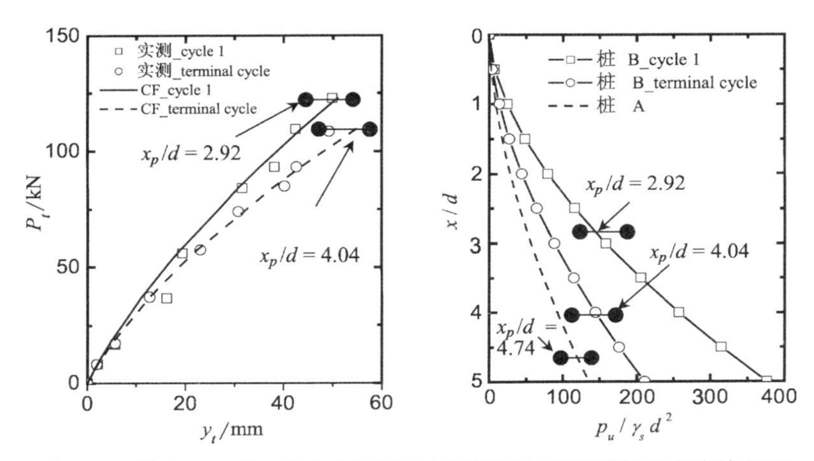

图 8-5　陆上 Kingfish B 砂中试桩 B 的实测与计算性状以及相应的 LFP

8.3.2　Kingfish B 砂——离心机试验(实例 3)

Wesselink 等(1988)报道了一系列 Kingfish B 砂中侧向受荷桩的离心机试验结果。这里只对其中的一个大直径原型桩(实例 3)进行分析。原型桩的直径为 2.137 m,长 34.5 m(包括 2.4 m 的荷载偏心高度),截面抗弯刚度 EI = 79 506.0 MN·m^2,计算得等效杨氏模量 E_p 为 7.77×10^4 MPa。由于钢管桩的抗拉强度很大,可不考虑桩截面抗弯刚度的结构非线性。

由于采用的砂土与陆上小尺寸试验(Williams 等,1988)相近,取浮容重为 8.04 kN/m^3。根据室内固结排水三轴试验结果(Hudson 等,1988),50%极限偏应力割线模量 E_{50} 为 8.0(σ_3 = 25 kPa),5.6(σ_3 = 50 kPa),12.3(σ_3 = 100 kPa)和 10.0 MPa(σ_3 = 200 kPa),相应的 G_s 值为 3.1,2.2,4.7,3.8 MPa。将上述剪切模量的平均值 G_s = 3.45 MPa 和 E_p 值代入式(2-19),计算得桩的有效长度 L_{cr} 为 16.5d(= 35.34 m)。在 L_{cr} 深度内,土体上覆压力可以达到 200 kPa。因此,采用平均值 G_s = 3.45 MPa 是适合的。

与实例 1 和实例 2 的分析方法相似,采用 Kingfish B 松砂峰后摩擦角 31°,α_0 = 0 和 n = 1.7。当 $N_g = 1.2\gamma_s K_p^2$,由 GASLFP 分析得到的桩顶位移和弯矩与实测结果相当一致(图 8-6)。在最大荷载 P_t = 16 030 kN 时,塑性滑移深度 x_p 为 6.59 m(= 3.08d),桩在该深度处的变形为 323.78 mm,即 y_u/d = 15.15%。在 x_p 处有效上覆压力为 53.0 kPa(= 6.59×8.04)。当围压为 53.0 kPa时,从图 8-2 可以看出,达到极限偏应力时的轴向应变约为 6%,约为

y_u/d 值的 40%，所以，在 x_p 深度内的土体应该发生了屈服。因此，尽管 Wesselink 等(1988)提出的 $p-y$ 模型能够给出准确的桩顶变形和弯矩预测(图 8-6)，但并不符合土体的实际应力应变特性。

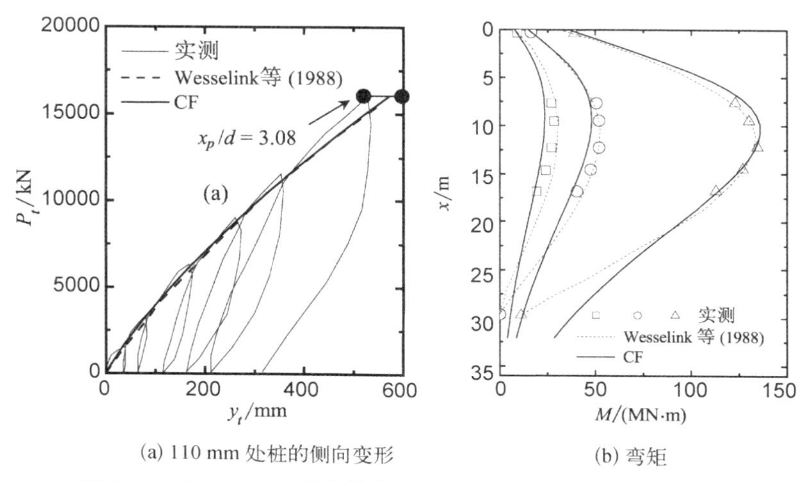

(a) 110 mm 处桩的侧向变形　　(b) 弯矩

图 8-6　Kingfish B 砂中桩的离心机试验实测与计算性状比较

另外，需要指出的是，与实例 1 相比：① 大直径桩的 x_p/d 值比小直径桩大；② 大直径桩的 N_g 增长了 30%，这与第 3 章的分析结论以及其他试验报道结果(如 Stevens & Audibert，1979)是一致的；③ 选用平均的 G_s 值可能引起桩端附近计算弯矩比实测值大，但并不影响桩头变形和最大弯矩。

综合实例 1 和实例 3，对于 Kingfish B 砂土，采用 $n=1.7$，$\alpha_0=0$ 和 $N_g=(0.9\sim1.2)K_p^2$ 可以准确地预测侧向受荷桩的静载特性。

8.3.3　North Rankin B 砂——现场试验(实例 4)

Renfrey 等(1988)报道了一个澳大利亚西北大陆架 North Rankin B 石油平台附近桩头自由桩现场静力侧向载荷试验(实例 4)。桩长 6.0 m，由两截组成，上部为 3.5 m 长，外径为 370 mm、壁厚 30 mm 的钢管桩，下部为 2.35 m 长、外径 340 mm、壁厚 12.5 mm 厚的钢管桩。两部分采用螺栓连接。由于桩的性状主要发生在上部 10d 深度内，因此采用上部的桩参数进行分析。取桩材的杨氏模量为 2.1×10^5 MPa，计算得桩的抗弯刚度 EI 为 98.0 MN·m^2，等效杨氏模量 E_p 为 1.065×10^5 MPa。由于钢管桩的抗拉强度很大，可不考虑桩截面抗弯刚度的结构非线性。

在 North Rankin B 石油平台附近，在地面下 113 m 深度内，土体主要由未胶结或弱胶结的钙质砂组成。在上部 30 m 内，有效容重 $\gamma_s = 6.4\ \mathrm{kN/m^3}$，内摩擦角 $\phi = 30°$(Reese 等，1988)。荷载作用在地面上 0.45 m。

根据实例 1 和实例 3 的分析，取 $\alpha_0 = 0$，$N_g = 1.1K_p^2$ 和 $G_s = 2.0$ MPa，采用 GASLFP 预测了桩的侧向变形和其他性状。图 8－7 只给出了地面上 0.45 m(下千斤顶位置)和 2.95 m(上千斤顶位置)处计算与实测的桩基变形，两者相当吻合。将 E_p 和 G_s 值代入式(2－19)得 $L_{cr} = 7.82$ m($= 21.1d$)。采用式(2－35)计算得 $k = 5.56$ MPa。该值与 Reese 等(1988)采用的值(5.72 MPa)比较一致，比 Renfrey 等(1988)建议的 3～4 MPa 稍大，这是由于 Renfrey 等(1988)采用弹性地基梁模型而本文采用弹塑性模型的缘故。在最大荷载 $P_t = 185$ kN 时，塑性滑移深度 $x_p = 1.97$ m($= 5.32d$)，桩在地面处的变形为 67.1 mm ($= 18.1\%d$)。

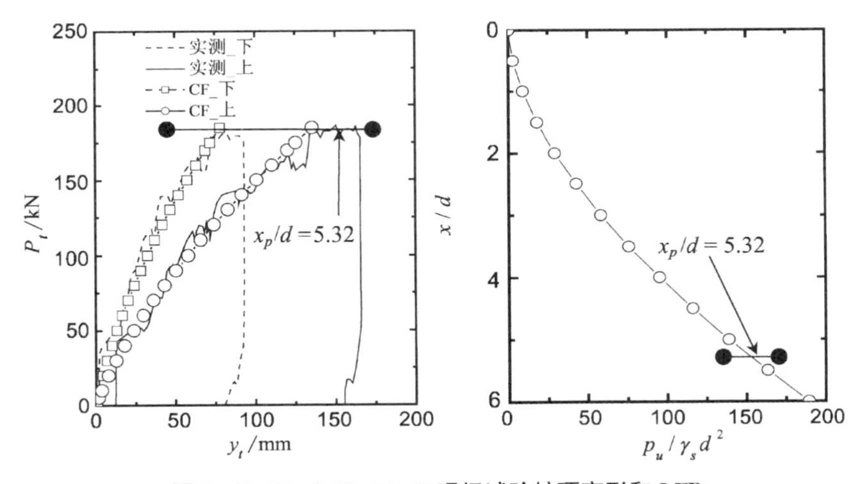

图 8－7　North Rankin B 现场试验桩顶变形和 LFP

8.3.4　Bombay High 砂——室内模型试验(实例 5 和实例 6)

Golait & Katti(1988)报道了一个长径比 $L/d = 50$ 的室内模型桩静力(实例 5)和循环(实例 6)载荷试验。桩和土体的性状见表 8－2 和表 8－3。模型桩为不锈钢钢管，桩外径 25.4 mm，截面抗弯刚度 EI 为 1.035 kN·m²，计算得 $E_p = 5.065 \times 10^4$ MPa。由于钢管桩的抗拉强度很大，可不考虑桩截面抗弯刚度的结构非线性。

砂土为人工钙质砂，强度、塑性和应力应变关系接近 Bombay High 海洋钙质砂。该人工砂由40%的海砂,56%的碳酸钙和2.5%的结晶硅酸钠组成。从该人工砂的固结不排水剪的应力应变关系(Golait & Katti,1987),分析得50%极限偏应力对应的杨氏模量E_{50}约为8.8 MPa($\sigma_3 = 50$ kPa),内摩擦角ϕ约为28°。因此,剪切模量G_s约为3.4 MPa。在1.4 m× 1.0 m × 2.0 m(高)的模型槽中,砂土的孔隙比为1.0±0.05。取砂土的比重为2.72,含水量为37%(由孔隙比为0.7~1.1时对应的含水量为29%~41%插值得到),计算得浮容重$\gamma_s = 8.45$ kN/m^3。将E_p和G_s代入式(2-19),得L_{cr}为14.7d(0.373 m <L)。

取$n = 1.7$,通过比较实测和计算地面处桩的侧向变形(图8-8),反分析得:$\alpha_0 = 0.15$ m;对于静力和循环荷载,N_g分别为2.4K_p^2和1.54K_p^2。因为该砂土为胶结砂,因此表现出与黏土相似的性质(Guo,2002;Guo & Zhu,2004),即α_0大于零。并且静力和循环荷载作用对应的N_g值分别与Kingfish B砂桩的循环载荷试验(实例2)中循环1和最终循环对应的N_g值十分接近。在最大荷载水平时,静力和循环荷载作用对应的塑性滑移深度分别为7.68d和8.32d。在循环荷载作用下发挥的极限抗力约为静力荷载发挥的极限抗力的64%。相应的极限抗力分布如图8-8(b)所示。

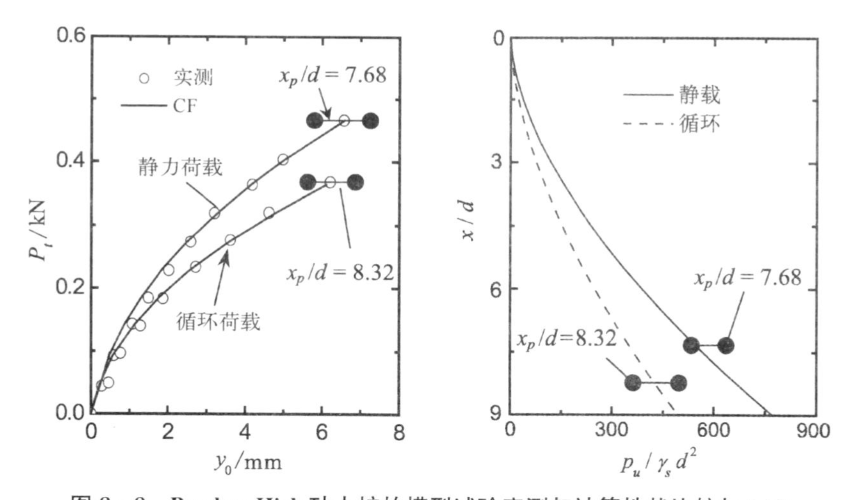

图8-8 Bombay High砂中桩的模型试验实测与计算性状比较与LFP

如果将循环1视为静力加载,Kingfish B砂和Bombay high砂的N_g值在静力和循环荷载作用下对应的N_g值相互比较相近。因此,循环荷载作用下的极限抗力约为静力荷载作用下的56%~64%。上述结论与一般砂土中桩的循环特性是相似的(Zhu & Guo,2005)。

8.4　本章小结

本文通过海洋砂土中不同 $p-y$ 曲线模型的比较，侧向受荷桩小尺寸试验、离心机试验、现场试验和室内模型试验的分析，可以得出如下结论：

（1）理想 $p-y$ 曲线能够准确地预测钙质砂土中侧向受荷桩的性状；

（2）桩的有效长度 L_{cr} 为 $(14\sim21)d$；

（3）对于未胶结海洋钙质砂，$n=1.7$，$\alpha_0=0$；对于胶结钙质砂，$n=1.7$ 但 $\alpha_0>0$；

（4）在静载作用下，$N_g=(0.9\sim2.5)K_p^2$，其中，土体内摩擦角采用峰后内摩擦角；

（5）对于循环荷载，N_g 值为静载时的 56%～64%；

（6）最大塑性滑移深度 x_p 为 $(3\sim8.3)d$，在该深度内土体极限抗力在循环荷载作用下由于桩土界面处出现裂隙而降低。

上述海洋砂土中侧向受荷桩的循环特性也可应用于一般土体中侧向受荷桩的循环特性分析，本文不再论述。

第9章 结论与展望

9.1 概述

根据数值模拟和试验分析表明，侧向受荷桩的性状主要发生在上部 $10d$ 深度内。特别是在($5\sim7d$)深度内，土体发生的侧向变形和应力比深层土体大很多倍，在较小的荷载水平下，就会发生屈服或塑性破坏(Poulos，1971a；Guo，2002)。因此，弹性解答很难准确预测侧向受荷桩的性状。然而，如果没有准确地选定浅层土体的极限抗力分布(Randolph 等，1988；Guo，2002；Guo & Zhu，2004)，弹塑性分析也不可能给出满意的解答。

本书在回顾与讨论了侧向受荷桩现有分析方法、参数选取和极限抗力分布模式的基础上，论证并建议采用基于统一极限抗力分布模式的封闭理论解和分析程序 GASLFP(Guo，2002，2004)，并推导了基于统一极限抗力分布模式的侧向受荷桩差分法统一格式，编制了相应的分析程序 FDLLP。采用上述程序，本论文讨论了影响侧向受荷性状的主要参数，分析了侧向受荷单桩的结构线性和非线性特性。

在侧向受荷单桩的结构线性和非线性研究中，通过大量的实例分析，重点讨论了影响侧向受荷桩性状的主要参数(包括地基反力模量、统一极限抗力分布模式)的确定方法和过程。并且在单桩的分析基础上，本论文还初步研究了群桩的性状、单桩的循环荷载特性。

9.2 地基反力模量与极限抗力分布参数

地基反力模量 k 是采用弹性地基梁法分析侧向受荷桩的重要参数，也是弹塑性（$p-y$ 曲线法）分析方法中，荷载水平较低条件下或深层土体性状分析的重要参数。根据第 2 章的分析，k 值可以采用式(2－35)、式(2－45)或式(2－48)进行理论计算。当采用式(2－45)或式(2－48)进行计算时，应除以系数约 1.3，其中对于土体，剪切模量 G_s 和泊松比 ν_s 可取 $10d$（土体）深度内的平均值；对于岩石，可取 $6d$ 深度内的平均值。k 值随桩土相对刚度的增长而不断降低，但降低的幅度逐渐减小，最后趋于常数。因此，对于相对柔性桩，k 值较大；对于相对刚性桩，k 值较低。

侧向受荷桩的弹性解答相对比较完善，各种弹性解之间的差别不是太大(Poulos，1982)，然而很难准确预测桩的实际性状（往往通过增加或降低地基反力模量能够拟合桩头变形，但很难同时准确预测桩的最大弯矩及其发生深度），因为侧向受荷桩一般在较小的荷载水平条件下浅层土体就会发生屈服甚至破坏(Poulos，1971a；Guo，2002)，并且发生屈服或破坏的浅层土体，如(2～7)d，往往控制着侧向受荷桩的性状。

对于浅层土体的极限抗力，可以采用由三个参数（N_g，α_0 和 n）确定的统一极限抗力分布模式进行描述。统一极限抗力分布模式不仅能够包括现有的所有极限抗力分布模式，而且通过确定合适的 N_g，α_0 和 n 的组合值能够反映特定土体（或岩石）、桩基和荷载条件下（如分层土体、循环荷载作用下桩土间隙形成、群桩效应等）的实际土体极限抗力分布。

侧向受荷桩可视为沿深度方向上连续的“单元”锚锭板组成的杆系结构。根据锚锭板极限拉拔力的试验研究和理论分析，对于砂土中的侧向受荷桩，$\alpha_0 = 0$ 和 $n = 1.7$；对于黏土中的侧向受荷桩，$\alpha_0 = 0 \sim 0.4$ 和 $n = 0.36 \sim 1.0$，可初步选取 $\alpha_0 = 0.2$ 和 $n = 0.7$。对于桩的施工效应（如砂土的振密、黏土的扰动）、“单元”锚锭板之间的相互影响，可通过选取合适的 N_g 得到体现。

在确定了地基反力模量 k 和土体的极限抗力分布后，对于桩头自由或低承台桩头完全固定的侧向受荷桩，可采用基于理想弹塑性 $p-y$ 曲线和统一极限抗力分布模式的理论封闭解和程序 GASLFP(Guo，2002，2004)进行分析。采用基于理想弹塑性 $p-y$ 曲线和统一极限抗力分布模式的差分方程统一解答和程序

FDLLP,则可以分析任何条件下(包括桩头自由、低承台桩头完全固定、高承台桩头完全固定、桩头部分固定以及存在分布荷载等)的侧向受荷桩性状。

与采用复杂 $p-y$ 曲线模型的分析方法进行对比分析表明,桩基性状主要受极限抗力分布模式控制,而不是弹性地基反力模量和荷载传递模型中的弹塑性过渡区。因此,对于侧向受荷桩的分析,关键在于准确确定浅层土体的极限抗力分布,而不是构筑复杂的 $p-y$ 曲线模型。

9.3 单桩的结构线性特性

对于钢管桩、套管混凝土桩或较低荷载水平下的钢筋混凝土桩,可认为桩的抗弯刚度 EI 为常数,即桩表现为结构线性特性。对于结构线性桩,存在如下特性:

(1) 对于砂土中的侧向受荷桩

(a) $k=(2.38\sim3.73)G_s=(0.92\sim1.43)E_s$,平均值为 $3.23G_s$ 或 $1.24E_s$;

(b) $G_s=(0.25\sim0.62)N_{SPT}$(MPa),平均值为 $0.50N_{SPT}$(MPa)。相应的土体杨氏模量 $E_s=(0.65\sim1.6)N_{SPT}$(MPa),平均值为 $1.3N_{SPT}$(MPa);

(c) $N_g=(0.55\sim2.5)K_p^2$,$\alpha_0=0$ m 和 $n=1.7$;对于挤土桩和截面加强桩,$N_g=(1.0\sim2.5)K_p^2$;对于部分挤土桩和钻孔桩,$N_g=(0.4\sim1.6)K_p^2$;

(d) $L_{cr}/d=7.4\sim16.1$,平均值为 10.3。一般选择 $10d$ 深度内的土体平均弹性参数确定地基反力模量 k 是准确的;

(e) 可选取 $5d$ 深度内的土体重度、内摩擦角确定土体的极限抗力;

(f) 可采用增大桩宽的方法提高桩的极限抗力,降低桩的侧向变形;

(g) 土体极限抗力与桩的施工方法、桩头约束条件有关。分析表明,常用的 Reese LFP,Barton LFP 和 Broms LFP 可能只适用于钻孔桩或少量排土桩。

(2) 对于黏土中的侧向受荷桩

(a) $k=(2.7\sim3.92)G_s$,平均值为 $3.04G_s$。该结果与砂土中的侧向受荷桩非常一致;

(b) $G_s/S_u=I_r=25\sim315$,平均值为 $95S_u$;

(c) $N_g=0.7\sim3.2$,$\alpha_0=(0.05\sim0.2)$ m;

(d) 可选取$(5\sim7)d$ 深度内的平均不排水强度确定极限抗力;

(e) 对于$(5\sim7)d$ 深度内相对均质土体,$n=0.7$;对于分层土体,n 值可视土体组成条件而变化，一般的，对于上软下硬土层，n 值较大，对于上硬下软土层，n 值较小。

（3）对于侧向受荷嵌岩桩

（a）$k=(3.72\sim6.2)G_m$，平均值为 $4.54G_m$，该值比黏土中侧向受荷桩的对应值约大 50%；

（b）$G_m=(1.77\sim839.4)q_{ur}$ 或 $E_m=(4.43\sim2\,098.5)q_{ur}$，平均值为 $G_m=170q_{ur}$ 或 $E_m=425q_{ur}$。E_m 值的变化范围较大，选用时需要一定的工程经验。对于重要工程，有必要进行原位测试（如 DMT 试验）确定 E_m 值；

（c）在设计荷载条件下，一般可取 $6d$ 深度内的变形模量和 $2.5d$ 深度内的 LFP；

（d）LFP 可采用如下简单形式，即 $p_u=A_L(\alpha_0+x)^{2.5}$，其中 A_L 与 q_{ur} 在数值上相等，$\alpha_0=(0.11\sim0.45)d$，平均值为 $0.22d$。如果采用 Reese LFP_R 分析嵌岩桩的性状时，$\alpha_r=0.03\sim0.55$。

根据第 5 章的分析还表明，最大荷载发生深度比塑性滑移深度小或比较接近。据此，第五章还推导了土体中侧向受荷桩极限荷载计算方法和方程。因此，本文的弹塑性方法适用于侧向受荷桩的弹性直到塑性破坏阶段。这也表明，桩的变形分析和极限荷载设计本质上是统一的，而不是分离的。

另外，采用理想 $p-y$ 曲线也能准确地预测海洋砂土中侧向受荷桩的性状。值得说明的是，对于未胶结海洋钙质砂，$n=1.7$，$\alpha_0=0$；对于胶结钙质砂，$\alpha_0>0$。在循环荷载作用下，由于桩土界面处发生裂隙或土体强度出现软化，N_g 值为静载时的 56%～64%。

9.4　单桩的结构非线性特性

对于钻孔桩或打入钢筋混凝土桩，由于混凝土的抗拉强度只占其抗压强度很小一部分，桩在较小的弯曲荷载作用下，混凝土就会发生开裂。当混凝土发生开裂后，桩的抗弯刚度急剧降低。在较大的荷载水平条件下，桩开裂后的侧向变形可能比不开裂时的变形增长一倍以上，塑性滑移深度可增长 30%，而弯矩降低幅度一般在 5%以内。因此，在桩的结构非线性分析过程中，可不考虑混凝土开裂对最大弯矩的影响。

在采用式（6-2）确定开裂弯矩 M_{cr} 时，$k_r=16.7\sim62.7$。对于砂土，k_r 一般

较大，为 31.7～62.7；对于黏土和岩石中的灌注桩，k_r = 16.7～30。总的来看，k_r值比 ACI 推荐的 19.7 稍大，这可能是由桩周土体或岩石的约束作用引起的。

在计算钢筋混凝土桩的极限弯矩 M_{ult} 和完全开裂后等效抗弯刚度$(EI)_{cr}$时，可采用简化矩形应力块法。对于一般的灌注桩，$(EI)_{cr}/EI$ =7%～40%。一般情况下，钢筋含量越高，该值越大。本文还给出了圆形截面桩截面内弯矩计算的理论公式，避免采用规范中的计算图表。这对编制表格计算程序非常方便。据此，本文编制了计算极限弯矩 M_{ult} 和完全开裂后等效抗弯刚度$(EI)_{cr}$的计算程序 MUEI。

当混凝土发生开裂后，桩的等效抗弯抗度 E_pI_p 可采用 ACI(1993)推荐的经验公式(6－5)近似计算。采用 E_pI_p 值和程序 GASLFP 或 FDLLP，可计算考虑混凝土开裂后侧向受荷桩的性状。由此得到的桩基变形是准确的或偏于安全的。

9.5 群桩的性状与分析

在实际工程中，大量的桩基都以群桩的形式存在。在群桩的性状分析中，主要解决两个关键问题，即群桩效率系数(或桩-土-桩之间的相互作用)和荷载在各桩之间的分配(桩-承台-桩之间的相互作用)问题。

根据群桩的试验研究表明，群桩存在如下特性：① 群桩的变形和弯矩比单桩大；② 群桩的荷载配表现为“前排桩大，后排桩小”的规律；③ 由于在实际工程中，大量的桩中心距不小于 $3d$，因此，前排桩可视为单桩，带刚性承台的前排桩即为桩头固定的单桩；④ 在桩中心距不小于 $3d$ 条件下，各排内的各桩荷载分配相等。随着荷载水平的增长，群桩的性状可分为：局部弹性压缩阶段、局部塑性滑移阶段、后排桩的“切割”塑性滑移阶段和应力重叠阶段。

不考虑群桩的施工效应，在群桩分析中，土体的地基反力模量与同一场地的单桩分析时相同，而每个桩的土体极限抗力与该桩在桩群中的位置以及桩中心距有关。对于前排边桩，其极限抗力与独立单桩相同。因此，已知分配在前排边桩的荷载大小，就可以按照单桩的分析方法直接进行计算。单桩的极限抗力分布可通过单桩的现场载荷试验确定或根据数据库选用。因此，只要准确确定分布在前排边桩上的荷载大小，就可以确定前排桩的性状以及整个群桩的载荷-变形关系。

对于前排中间桩，如果桩中心距不小于 $3d$，可认为与前排边桩的性状相同；否则，应降低其土体极限抗力。一般的，在相同的变形条件下，中间桩分配的荷载比边桩小。

由于前排桩的遮拦效应，后排桩的极限抗力往往比前排桩或单桩小。因此，可采用极限抗力折减系数法确定后排桩的极限抗力，然后按单桩同样的分析方法计算各单桩的性状。对于后排桩的分析，除了研究分配的荷载大小，还必须考虑极限抗力的折减。目前，这方面的试验和理论研究较少。所以，第 7 章的分析方法还需要更多高质量的试验，特别是现场试验进行验证。

9.6　进一步研究的课题

本书对土体和岩石中的单桩进行了理论和应用分析。对于土体或岩石中的侧向受荷桩，在以下方面还需进一步研究：

(1) 本书分别对砂土、黏土和岩石中的单桩的静力特性进行了线性和非线性分析。对于地面下 $10d$ 深度内同时由砂土和黏土、土体与岩石组成的情况还需进一步讨论；

(2) 对于特殊土体，如膨胀土、海洋钙质砂土中的侧向受荷桩，有必要对土体的性状和极限抗力作更多的理论研究和实例分析；

(3) 本书主要对柔性长桩进行了分析，对于短桩，桩的性状不仅与土体有关，还与桩的嵌入长度有关。第 2 章的分析表明，对于桩土刚度较大的桩，地基反力模量较小，是否适用于刚性短桩尚需进一步的分析和验证。对于短桩的土体极限抗力模式与柔性长桩的差别，还需要大量理论研究和实例对比分析；

(4) 由于室内或现场试验很难控制桩头约束为完全固定，本书进行的实例分析大部分基于桩头自由桩的试验结果。因此，在桩头固定与自由条件下，土体极限抗力的差别还需进一步的研究(Ashour & Norris，2000)；

(5) 本书基于试验现象，提出了群桩的分析模型和极限抗力折减的研究方法。该分析模型还需更多的试验验证(如采用 X 光摄像技术对群桩中土体的位移进行研究)和三维数值模拟分析。群桩中的荷载分配问题还需补充更多的研究和测试资料；

(6) 侧向受荷桩的性状主要由浅层土体极限抗力控制。因此，对于低承台群桩，大尺寸承台的抗力效应对群桩性状的影响尚待研究(Mokwa & Duncan，

2001)；

(7) 在桩-承台-土体相互作用的研究基础上，需要进一步研究上部结构-承台-桩-土体的共同作用；

(8) 在海洋、水利、港口和交通工程中，桩基常常受到循环荷载作用。对于循环荷载作用下，土体极限抗力的折减(Matlock，1970；Reese 等，1974；Reese 等，1975；Long & Reese，1984)和桩土开裂效应(Randolph 等，1988)，本文基于海洋砂土中的侧向受荷桩性状进行了初步研究。更深入的研究，必须引入土体的循环特性、循环荷载作用下的桩土相互作用模型(如 Swane，1983)；

(9) 斜桩或叉桩的分析(如 Rao，1994；Zhang 等，2002)。在桥梁工程中，大量使用斜桩和叉桩。对于这种类型的桩基，需要研究地基极限抗力与桩基倾斜度之间的关系，从而进行优化设计；

(10) 倾斜荷载作用下桩的承载力(Meyerhof & Ranjan，1972；Meyerhof 等，1983)和变形分析。其中，单桩的轴向荷载和侧向荷载的耦合效应、群桩中的荷载分配问题、弯矩分配与平衡问题值得进一步地研究；

本书的理论和方法不仅适用于侧向受荷桩的分析，还可推广应用于如下地埋杆系结构的分析：

(1) 基坑支护、挡土墙结构。在基坑支护和挡土墙结构设计中，一般也可采用 Winkler 地基梁法进行分析。与侧向受荷桩的作用机理相似，这类结构物的性状可能由浅层($5\sim7d$ 深度内)被动侧的土体极限抗力控制。与侧向受荷桩不同的是，支护结构主要承受土体施加的侧向分布荷载。采用本文相似的分析方法，对基坑支护和挡土墙结构的被动侧土体极限抗力进行大量的实例分析；

(2) 受土体位移作用的桩基(被动桩)或抗滑桩。如果已知土体位移或潜在滑坡作用在被动桩或抗滑桩上的侧向荷载(如 Ito & Matsui，1975；沈珠江，1992；Stewart，1992)，就可直接采用本文主动桩的分析结果和方法分析被动桩或抗滑桩。因此，对于被动桩或抗滑桩的分析，关键在于土体位移或滑坡引起的侧向荷载大小和分布；

(3) 地埋管线。对于承受外部侧向荷载作用(如邻近堆载、交通荷载、开挖引起的土体位移等)的竖直地埋管线，可直接采用侧向受荷桩的分析方法进行分析。对于受竖向荷载作用(如土体塌陷、地面堆载、交通荷载等)的水平地埋管线，可采用与侧向受荷桩相似的方法研究沿长度方向上的变形和承载力，其中，关键在于确定荷载作用位置处的约束条件；

(4) 锚杆等。在现有锚杆设计方法中，一般只考虑锚杆的轴向剪切阻力，而没有考虑锚杆的横向(垂直于锚杆轴线方向)抗力。不考虑加固土体对锚杆的横向作用效应,可能导致潜在的不安全或设计的浪费。因此,有必要采用与侧向受荷桩分析相似的方法进行一定的理论分析。

9.7 本章小结

本章对全书的工作进行了总结,并提出了进一步研究的方向。本书讨论的分析方法和研究结论,可推荐应用于侧向受荷桩的分析与设计。

附录 A　程序 GASLFP 界面

GASLFP: Laterally Loaded Fixed & Free-head Piles (Guo, 2001,2004)

(a) Free-head Pile

$(EI)_p$	L = (m)	r_o =	I_p =	
195	3.43	0.045	3.22E-06	
E_p=(kN/m^2)	ν_s =	L/r_o =	t (m)	N_g(Grad.)
60547285	0.3	76.222222	0.0127	2
γ (kN/m^3) =	17	Cu	40	N_{co}(G.L.)
θ (kN/m/m^n	n	G_s=(kN/m^2)	E_p/G	1.505796
38.84747	0.7	**3200**	18921.027	
e (m)	0.28	$\alpha(J)$	0.5	
N =12	ϕ	**0.610865**	β	1.09083
Xp	3.43	$\alpha_o\lambda$		
Xn	0	α_o	0.06	
Load, P(kN) or z_r (m) =		7.5		

(b) Fixed-head Pile

$(EI)_p$	L = (m)	r_o =	I_p =	
3730000	13.3	0.61	0.10869	
E_p=(kN/m^2)	ν_s =	L/r_o =	t (m)	N_g(Grad.)
34317831	0.25	21.803279	0.00075	1.35
γ (kN/m^3) =	18.4	Qur	3450	N_{co}(G.L.)
θ (kN/m/m^n	n	G_s=(kN/m^2)	E_p/G	0.01469
3456.313	2.5	**111384.6**	308.10208	
e (m)	0	$\alpha(J)$	0.5	
N =12	ϕ	**0.610865**	β	1.09083
Xp	13.3	$\alpha_o\lambda$		
Xn	0	α_o	0.2	

Note:

This program, GASLFP was designed by Dr. Guo, W. D.

Definition of all parameters can be found in the reference (2) as described below

The results from this prorgam have been verified in different wayes.

Some of the verifications can be found in the following publications:

(1) Guo, W. D. "On critcal depth and laterally loaded piles."

J. Geotechnical & Geoenvironmental Engrg, ASCE

(2) Guo, W. D. (2004) "laterally loaded fixed-head piles"

Int. J. Numerical & Analytical Method in Geomechnics, under review

Although the program has been verified widely, the author takes no responsibility for misuse of this program. Any unauthorithed use will be against by legal action.

(Updated, March, 2004)

GASLFP: Load dispalcement relationship (Guo, 2001,2004)

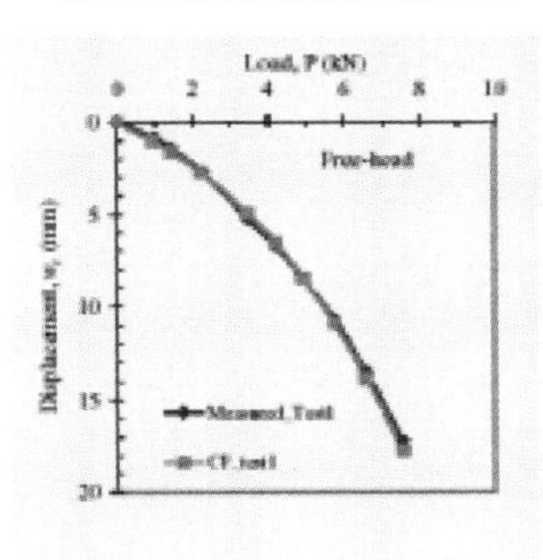

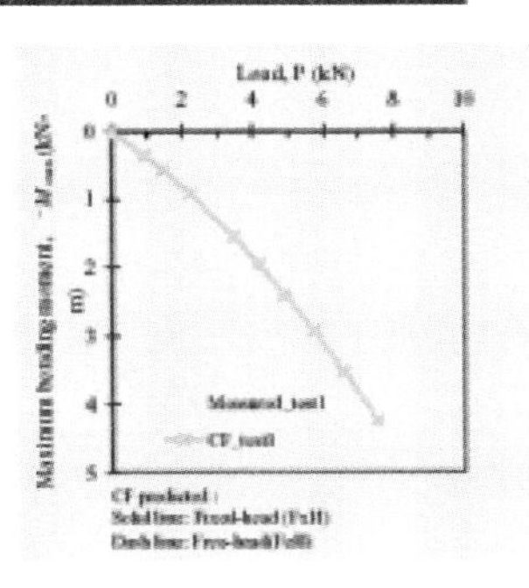

(a) Load-displacement relationship　　(b) Load -moment relationship

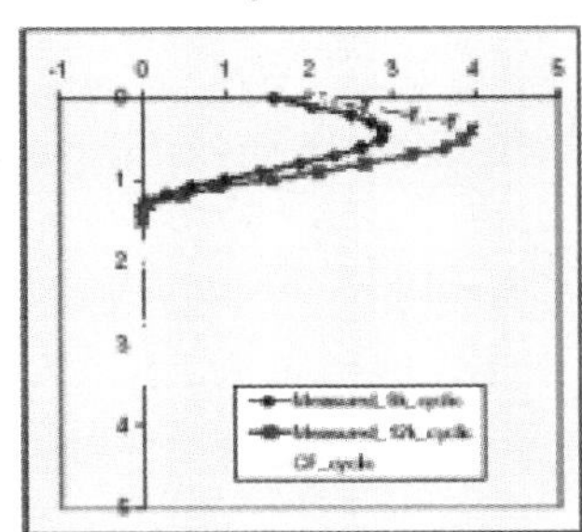

(c) M for static loading　　(d) M for cyclic loading

Pile head response

Raw Measured　　Measured

Displacement at pile head

Load (kips)	Displacement (inc	Load (kN)	Displacement (mm
0	0	0	0
2.972108025	0.962963	0.84507	0.93886667
4.458160494	1.444444	1.502347	1.66927444
6.973021605	2.259259	2.723005	3.025561111
10.74531173	3.481481	5.258216	5.842462222
12.91723785	4.185185	6.666667	7.407407778
15.08916358	4.888889	8.450704	9.389671111
17.71833642	5.740741	10.704225	11.89358333
20.23318753	6.555556	13.521127	15.02347444
23.20530556	7.518519	17.183099	19.09253222

Maximum Bending Moment

	Load (kN)	Displacement (mm	
0	0	0	0
2.871059506	0.930233	0.397190	13.621262
4.478898148	1.451163	0.630841	21.63377915
6.890611111	2.232558	1.004673	34.45380658
10.68044753	3.460465	1.658879	56.8888546
12.86247531	4.167442	2.009346	68.90761317
15.15604568	4.911628	2.453271	84.1313786
17.68980432	5.730233	2.920561	100.1984129
20.32730556	6.586047	3.481308	119.3864198
23.31323457	7.553488	4.135514	141.8214678

ution of pile response

4.0kips

Bending Moment Distribution

Depth (m)	Moment (kN-m)
0	0.551948
0.099217	0.714286
0.198433	0.844156
0.297206	0.876623
0.396423	0.909091
0.48564	0.876623
0.579834	0.811688
0.684073	0.714286
0.778088	0.584416
0.882507	0.454545
0.997589	0.292208
1.086162	0.12987
1.174005	0.032468
1.279573	0
1.383812	0

16kips

Bending Moment Distribution

Depth (m)	Moment (kN-m)
0	1.590909
0.099217	2.045455
0.203656	2.5
0.29765	2.75974
0.386423	2.88961
0.490862	2.857143
0.5863	2.62987
0.694517	2.305195
0.793734	1.883117
0.898172	1.428571
0.992167	1.006494
1.086162	0.584416
1.180157	0.292208
1.283708	0.032468
1.331593	0

20 kips

Bending Moment Distribution

Depth (m)	Moment (kN-m)
0	2.11039
0.109661	2.727273
0.198433	3.311688
0.29765	3.766234
0.391645	3.961039
0.490862	3.863636
0.600522	3.668831
0.689295	3.246753
0.798956	2.662338
0.898172	2.11039
0.992167	1.558442
1.091384	0.909091
1.190601	0.487013
1.300261	0.064935
1.365546	0
1.498695	0

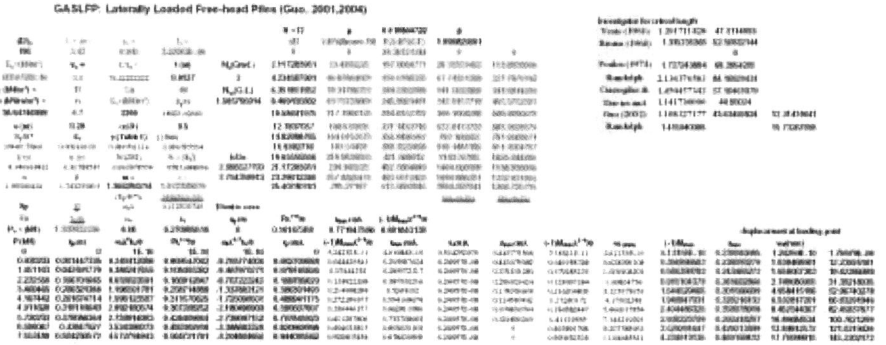

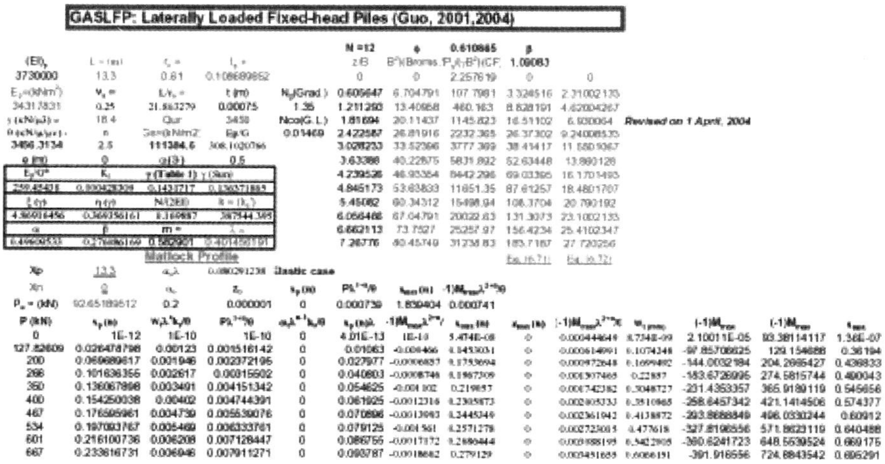

GASLFP: Laterally Loaded Free-head Piles (Guo, 2001,2004)

[illegible]	[illegible]	[illegible]	[illegible]	Ng(Grad.)	[illegible]	[illegible]	[illegible]	[illegible]	[illegible]
[illegible]	[illegible]	[illegible]	[illegible]	Nco(G.L.)	[illegible]	[illegible]	[illegible]	[illegible]	[illegible]
[illegible]	[illegible]	γ(Table 1)	γ(Sun)	[illegible]	[illegible]	[illegible]	[illegible]	[illegible]	[illegible]
Xp	[illegible]	[illegible]	[illegible]	Elastic case					

Investigation for critical length

[illegible]	[illegible]	[illegible]	
[illegible]	[illegible]	[illegible]	
[illegible]	[illegible]	[illegible]	
Randolph	[illegible]	[illegible]	
[illegible]	[illegible]	[illegible]	
[illegible]	[illegible]	[illegible]	
Guo (2003)	[illegible]	[illegible]	[illegible]
Randolph	[illegible]		[illegible]

displacement at loading point

[illegible]

GASLFP: Laterally Loaded Fixed-head Piles (Guo, 2001,2004)

					N =12	φ	0.610865	β					
(EI)p	L=(m)	r0 =	Ip =		z/B	B²(Broms)	Py/(γ'B²)(CF)	1.09083					
3730000	13.3	0.81	0.108689852		0	0	2.257619	0	0				
Ep=(kN/m²)	νs =	L/r0 =	t (m)	Ng(Grad.)	0.605647	6.704791	107.7981	3.324516	2.31002135				
34317831	0.25	21.863279	0.00075	1.35	1.211293	13.40958	460.163	8.828191	4.62004267				
γ(kN/m3) =	18.4	Gur	3458	Nco(G.L.)	1.81694	20.11437	1145.823	16.51102	6.930064	*Revised on 1 April, 2004*			
θ(kN/m³/m)	n	Ge=(kN/m2)	Ep/G	0.01469	2.422587	26.81916	2232.365	26.37302	9.24008535				
3496.3134	2.5	111384.6	308.1020766		3.028233	33.52366	3777.389	38.41417	11.5509367				
e (m)	0	α(3)	0.5		3.63388	40.22875	5831.892	52.63448	13.880128				
Ep/G*	K1	γ(Table 1)	γ(Sun)		4.239526	46.93354	8442.298	69.03395	16.1701495				
259.45401	0.000428309	0.1433717	0.136571883		4.845173	53.63833	11651.35	87.61257	18.4801707				
ξ(γ)	η(γ)	N/(2EI)	k = (k0)		5.45082	60.34312	15498.94	108.3704	20.790192				
4.36916456	0.366356161	8.169887	387544.395		6.056466	67.04791	20022.83	131.3073	23.1002135				
α	β	m =	λ =		6.662113	73.7527	25257.97	156.4234	25.4102347				
0.49908533	0.276086169	0.582901	0.401458191		7.26776	80.45749	31238.83	183.7187	27.720256				
		Matlock Profile						Eq.(6.71)	Eq.(6.72)				
Xp	13.3	$\alpha_o\lambda$	0.0860291238	Elastic case									
Xn	0	α_c	z_0	$x_p(0)$	$P\lambda^{1+n}/\theta$	x_{max}(m)	$-1)M_{max}\lambda^{3+n}/\theta$						
P_e = (kN)	92.65189512	0.2	0.000001	0	0.000739	1.839404	0.000741						
P (kN)	y_p(m)	$w_p\lambda^n k_p/\theta$	$P\lambda^{1+n}/\theta$	$\alpha_o\lambda^{n+1}k_p/\theta$	x_p(m)λ	$-1)M_{max}\lambda^{2+n}/$	x_{max}(m)	x_{max}(m)	$(-1)M_{max}\lambda^{2+n}\chi$	w_1(mm)	$(-1)M_{max}$	$(-1)M_{max}$	ε_{max}
0	1E-12	1E-10	1E-10	0	4.01E-13	1E-10	5.474E-08	0	-0.000444649	8.734E-09	2.10011E-05	93.38114117	1.38E-07
127.82609	0.026478798	0.00123	0.001516142	0	0.01063	-0.000466	0.1453031	0	-0.000614991	0.1074348	-97.85708825	129.154688	0.36194
200	0.069689617	0.001946	0.002372196	0	0.027977	-0.0006857	0.1753694	0	-0.000972648	0.1699482	-144.0032184	204.2665427	0.436833
266	0.101636356	0.002617	0.00315602	0	0.040803	-0.0008746	0.1967309	0	-0.001307465	0.22857	-183.6726995	274.5815744	0.490043
350	0.136067898	0.003491	0.004151342	0	0.054625	-0.001102	0.219857	0	-0.001742382	0.3048727	-231.4353357	365.9189119	0.545656
400	0.154250038	0.00402	0.004744391	0	0.061925	-0.0012316	0.2305873	0	-0.002005332	0.3510965	-258.6457342	421.1414506	0.574377
467	0.176595961	0.004739	0.005539076	0	0.070896	-0.0013993	0.2445349	0	-0.002361942	0.4138872	-293.8688849	496.0330244	0.60912
534	0.197093767	0.005469	0.006333761	0	0.079125	-0.001561	0.2571279	0	-0.002723015	0.477618	-327.8198556	571.8823119	0.640488
601	0.216100736	0.006208	0.007128447	0	0.086755	-0.0017172	0.2686444	0	-0.003088195	0.5422905	-360.6241723	648.5539524	0.669175
667	0.233816731	0.006946	0.007911271	0	0.093787	-0.0018682	0.279129	0	-0.003451655	0.6066191	-391.916556	724.8843542	0.695291

GASLFP: Laterally Loaded Free-head Piles (Guo, 2001,2004)

$(EI)_p$	L = (m)	r_0 =	I_p =	v_s =	E_p=(kN/m²)	L/r_0 =
195	3.43	0.045	3.22062E-06	0.3	60547285.16	76.22222222
CASE (I) *P at Upper end*	Load, P(kN) or z_e (m) =			7.5	z_0 (m)	0.0000001
α_0	n	θ (kPa/m^n) =	G_s=(kN/m²)	N_c(Lower)	Equivalent load	7.5
0.06	0.7	38.84746999	3200	3	Load, P(kN) or z_e (m) =	
e (m)	0.28					
E_p/G	E_p/G^*	K_r	γ (Table 1)	γ (San)	ξ (γ)	η (γ)
18921.02661	15445.73601	0.00016933	0.089701116	0.0867856	8.940618421	0.31783537
N/(2EI)	k = (k_0')	α	β	m =	λ =	P_e = (kN)
0.933378574	9585.68894	1.99306434	1.743251815	1.3662932	1.872329079	**1,359932336**

The Xpsmest is valid to any values of n (limiting stress distribution)

Xn =	0	Xp	3.43	x_p =(m)	0.500661338	
A_1	-25.90915	A_2	-0.853533434	A_3	4.180640714	
			w_s (mm)	165.7751	w_g (mm)	11.78359327
C_1	C_2	C_3	C_4	C_5	C_6	
0.039442691	0.01079103	-0.020531848	0.011783598	0.0035171	-0.002612879	
		C_{5m}	0.011560939	C_{6m}	0.002753621	

Cautions!
In estmating x_p,
Loading case:
1) N >=1
Soil movement case:
2) N = 0

Depth (z')	Depth, z	y(Guo)	θ (Guo)	(-1)M(Guo)	S(Guo)
0	0	11.78359307	-0.020532201	2.1	7.5
0.095277778	0.09527778	9.88164033	-0.019336598	2.7816596	6.727940189
0.190555556	0.19055556	8.108812031	-0.017829472	3.3682297	5.518369915
0.285833333	0.28583333	6.492266588	-0.016066902	3.8213058	3.933059094
0.381111111	0.38111111	5.052964525	-0.014122554	4.1068989	2.007437937
0.476388889	0.47638889	3.804080167	-0.012085978	4.1938032	-0.234225752
0.571666667	0.57166667	2.749556628	-0.010060713	4.0609755	-2.432661979
0.666944444	0.66694444	1.883420433	-0.008145467	3.7564371	-3.837238639
0.762222222	0.76222222	1.191767006	-0.006406355	3.350256	-4.595845144
0.8575	0.8575	0.655894468	-0.00487933	2.8959469	-4.872644004
0.952777778	0.95277778	0.254804677	-0.003577812	2.4326493	-4.805303103
1.048055556	1.04805556	-0.032965068	-0.002499101	1.9876083	-4.506116018
1.143333333	1.14333333	-0.228064646	-0.001629613	1.578498	-4.064104961
1.238611111	1.23861111	-0.349500209	-0.000949037	1.2155149	-3.547685039
1.333888889	1.33388889	-0.414152414	-0.000433527	0.9032037	-3.00757214
1.429166667	1.42916667	-0.436558858	-5.80793E-05	0.6420038	-2.479704261
1.524444444	1.52444444	-0.428888684	0.000201789	0.4295232	-1.988018163
1.619722222	1.61972222	-0.401049979	0.00036891	0.2615597	-1.546980799
1.715	1.715	-0.360882329	0.000463789	0.1328937	-1.163819654
1.810277778	1.81027778	-0.314397498	0.000504256	0.0378852	-0.840429663
1.905555556	1.90555556	-0.266040328	0.000505374	-0.029097	-0.574958449
2.000833333	2.00083333	-0.218949746	0.000479517	-0.07338	-0.36308803
2.096111111	2.09611111	-0.175206073	0.000436572	-0.099805	-0.19904139
2.191388889	2.19138889	-0.13605596	0.0003842	-0.112622	-0.076347842
2.286666667	2.28666667	-0.102110147	0.000328139	-0.115457	0.011596927
2.381944444	2.38194444	-0.073512245	0.000272508	-0.111314	0.07114074
2.477222222	2.47722222	-0.050078773	0.000220101	-0.102616	0.108121598
2.5725	2.5725	-0.031412188	0.000172661	-0.091262	0.12772126
2.667777778	2.66777778	-0.016989466	0.000131116	-0.078688	0.134399652
2.763055556	2.76305556	-0.006229304	9.57923E-05	-0.065942	0.131888033
2.858333333	2.85833333	0.001458841	6.65849E-05	-0.053751	0.1232227
2.953611111	2.95361111	0.006640728	4.30994E-05	-0.04258	0.11080465
3.048888889	3.04888889	0.009835357	2.47649E-05	-0.032696	0.096473859
3.144166667	3.14416667	0.011502411	1.09194E-05	-0.024214	0.081589636
3.239444444	3.23944444	0.01203678	8.73902E-07	-0.017136	0.067110908
3.334722222	3.33472222	0.011768239	-6.04334E-06	-0.011392	0.053672226
3.43	3.43	0.010964648	-1.04564E-05	-0.006863	0.041652841

GASLFP: Laterally Loaded Fixed-head Piles (Guo, 2001,2004)

$(EI)_p$	L=(m)	r_0=	I_p=			
3730000	13.3	0.61	0.108689852		***Revised on 2 April, 2004***	
E_p=(kN/m²)	ν_s=	L/r_0=	l (m)	e(m)		
34317831.3	0.25	21.80327869	0.00075	0		
CASE (I) *P* at *Upper end*			(Thickness)z_s(m	0	(Thick.)z_o(m)	0
α_o	n =	θ (kPa/m^n) =	N_g(Lower)	Fz =	Gave=(kN/m²)	P=? (kN)
0	0	0	3.5	0	0	**0.327**
Lower Layer (Soil Properties)					P=? (kN)	0
α_o	n	θ (kPa/m^n) =	γ (kN/m³) =	K_p^2	Gave=(kN/m²)	E_p/Gs
0.2	2.5	3456.31342	18.4	3450	111384.6154	308.1021
E_p/G	E_p/G*	K_c	**γ (Table 1)**	γ (Sun)	ξ (γ)	η (γ)
308.1020766	259.45438	0.000428309	0.143171717	0.2383534	4.869164556	0.3693562
N/(2EI)	k = (k_s)	α	β	m =	λ =	P_e = (kN)
0.169887	387544.4	0.496095327	0.276086169	0.582901	0.401456191	**92.6519**
Xp =	15	Xp	g	x_p =(m)	**1E-12**	1E-12
A_1	-61.8284	A_2	0.327	A_3	0	
			w_s (mm)	0.000274	w_0 (mm)	0.000274
C_1	C_2	C_3	C_4	C_5	C_6	**Mo (kN-m)**
1.03487E-06	-4.6E-08	1.53083E-09	2.74165E-07	2.74E-07	4.92559E-07	**0**
		C_{ym}	2.74118E-07	$C_{θm}$	4.92559E-07	
Depth (z')	**Depth, z**	**y(Guo)**	**θ (Guo)**	**M(Guo)**	**S(Guo)**	**xλ=**
0		**0.000274118**	**0**	**-0.329669**	**0**	**4.015E-13**
0		0.000274118	0	**-0.329669**	0	**Moλ^{2+q}/θ**
0		0.000274118	0	**-0.329669**	0	**-5.11E-32**
0		0.000274118	0	**-0.329669**	0	**Mo (kN-m)**
0		0.000274118	0	**-0.329669**	0	**-1.07E-26**
0		0.000274118	0	**-0.329669**	0	
0	**0**	**0.000274118**	**0**	-0.32967	**0.327**	
0.369444444	0.369444	0.000268781	-2.71296E-08	-0.22275	0.253632722	
0.738888889	0.738889	0.000255218	-4.49378E-08	-0.14054	0.193472854	
1.108333333	1.108333	0.000236451	-5.56318E-08	-0.0784	0.14467501	
1.477777778	1.477778	0.000214767	-6.10024E-08	-0.03245	0.105543154	
1.847222222	1.847222	0.000191855	-6.24862E-08	0.000585	0.074547017	
2.216666667	2.216667	0.000168934	-6.12215E-08	0.023463	0.050327375	
2.586111111	2.586111	0.000146847	-5.80981E-08	0.038459	0.031693445	
2.955555556	2.955556	0.000126149	-5.38012E-08	0.047441	0.017614891	
3.325	3.325	0.000107174	-4.88485E-08	0.051926	0.007210396	
3.694444444	3.694444	9.00889E-05	-4.36231E-08	0.053129	-0.000265725	
4.063888889	4.063889	7.49408E-05	-3.84004E-08	0.052013	-0.005437786	
4.433333333	4.433333	6.16912E-05	-3.33712E-08	0.049331	-0.008823061	
4.802777778	4.802778	5.02438E-05	-2.86607E-08	0.045661	-0.010845654	
5.172222222	5.172222	4.04655E-05	-2.4344E-08	0.041442	-0.011849525	
5.541666667	5.541667	3.2203E-05	-2.04587E-08	0.036997	-0.012110466	
5.911111111	5.911111	2.52944E-05	-1.70149E-08	0.032558	-0.011846893	
6.280555556	6.280556	1.95776E-05	-1.40035E-08	0.028287	-0.011229446	
6.65	6.65	1.48968E-05	-1.14024E-08	0.024288	-0.010389381	
7.019444444	7.019444	1.11057E-05	-9.18104E-09	0.020625	-0.009425846	
7.388888889	7.388889	8.07055E-06	-7.30447E-09	0.01733	-0.008412093	
7.758333333	7.758333	5.67064E-06	-5.73574E-09	0.014409	-0.007400735	
8.127777778	8.127778	3.79912E-06	-4.43793E-09	0.011856	-0.006428153	
8.497222222	8.497222	2.36252E-06	-3.37553E-09	0.009652	-0.005518139	
8.866666667	8.866667	1.28009E-06	-2.5153E-09	0.00777	-0.004684888	
9.236111111	9.236111	4.82868E-07	-1.82674E-09	0.00618	-0.003935421	
9.605555556	9.605556	-8.74215E-08	-1.28246E-09	0.004851	-0.003271531	
9.975	9.975	-4.79489E-07	-8.58145E-10	0.003752	-0.002691319	
10.34444444	10.34444	-7.33641E-07	-5.32553E-10	0.002853	-0.002190399	
10.71388889	10.71389	-8.82874E-07	-2.87336E-10	0.002125	-0.001762819	
11.08333333	11.08333	-9.53909E-07	-1.06828E-10	0.001542	-0.001401765	
11.45277778	11.45278	-9.68138E-07	2.22049E-11	0.001082	-0.00110007	
11.82222222	11.82222	-9.42471E-07	1.10825E-10	0.000723	-0.00085059	
12.19166667	12.19167	-8.90094E-07	1.68182E-10	0.000448	-0.000646456	
12.56111111	12.56111	-8.21126E-07	2.01764E-10	0.000241	-0.000481244	
12.93055556	12.93056	-7.43188E-07	2.17637E-10	8.81E-05	-0.000349073	
13.3	13.3	-6.61895E-07	2.20651E-10	-2.1E-05	-0.000244652	

附录 B　程序 FDLLP 界面

FINITE DIFFERENCE METHOD FOR LATERALLY LOADED PILES (FDLLP)

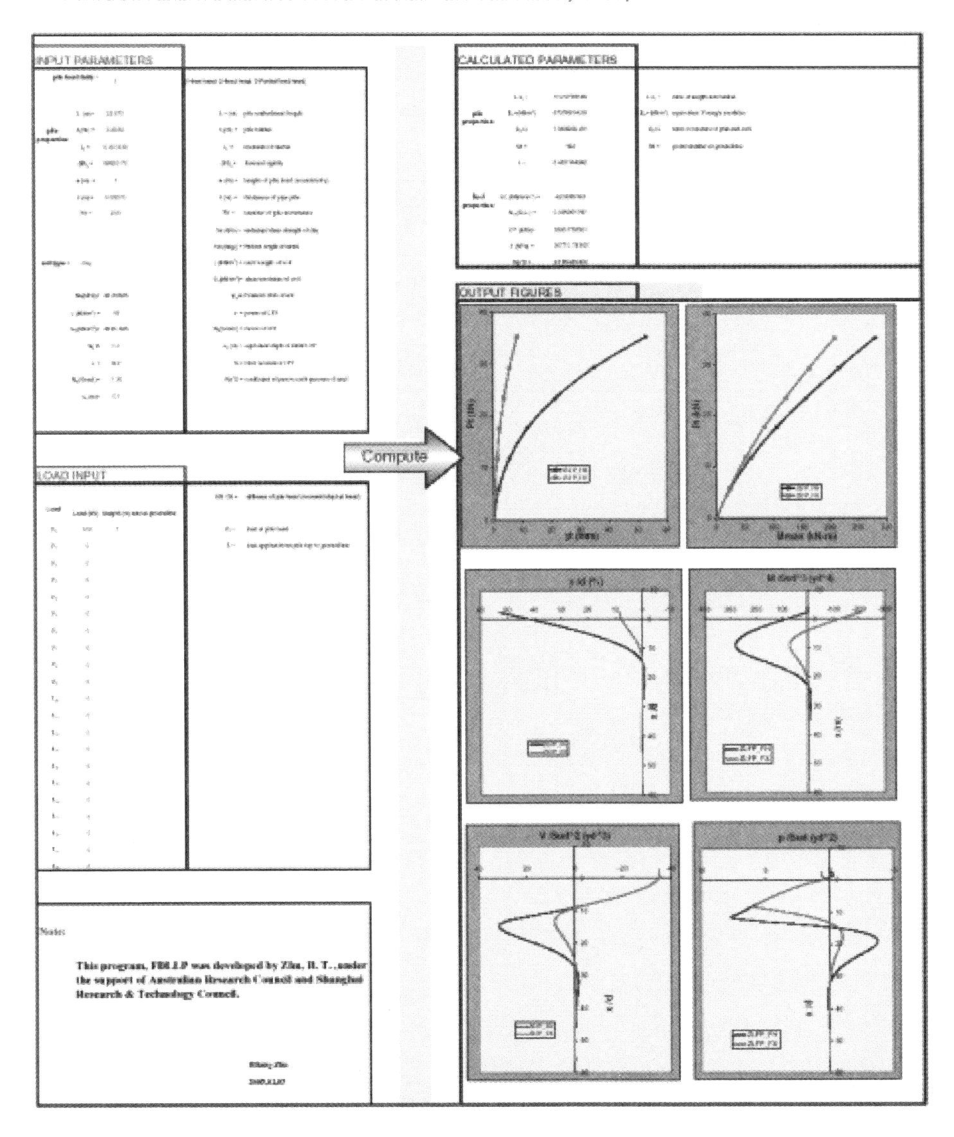

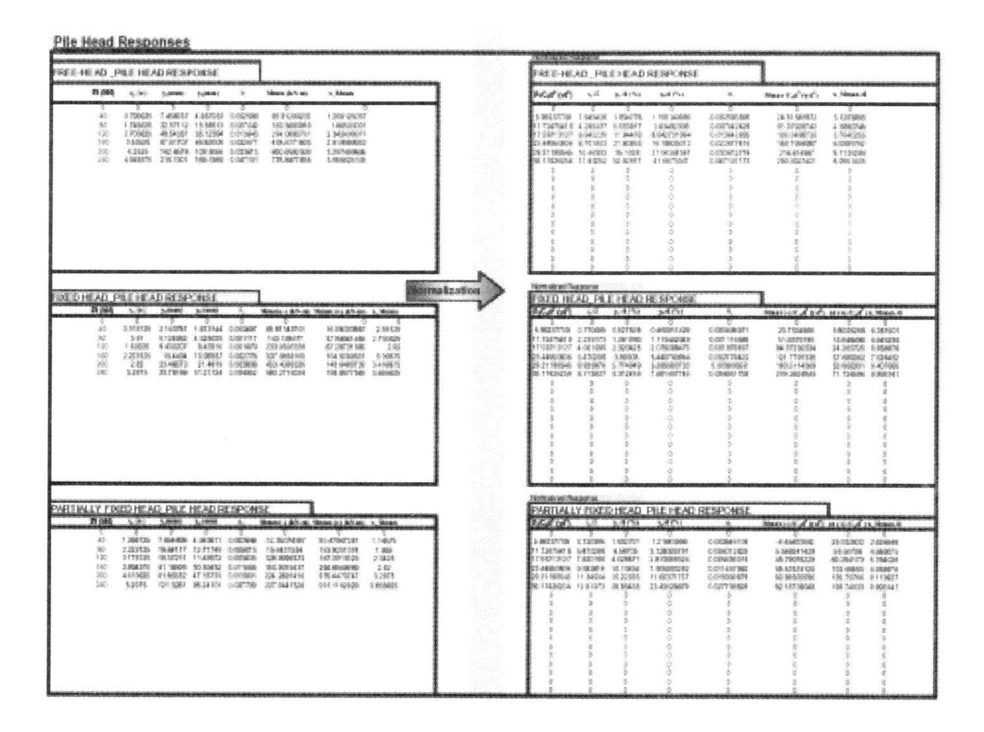
Pile Head Responses
FREE-HEAD _PILE HEAD RESPONSE
FIXED HEAD_PILE HEAD RESPONSE
PARTIALLY FIXED HEAD_PILE HEAD RESPONSE
Normalization
FREE-HEAD _PILE HEAD RESPONSE
FIXED HEAD_PILE HEAD RESPONSE
PARTIALLY FIXED HEAD_PILE HEAD RESPONSE

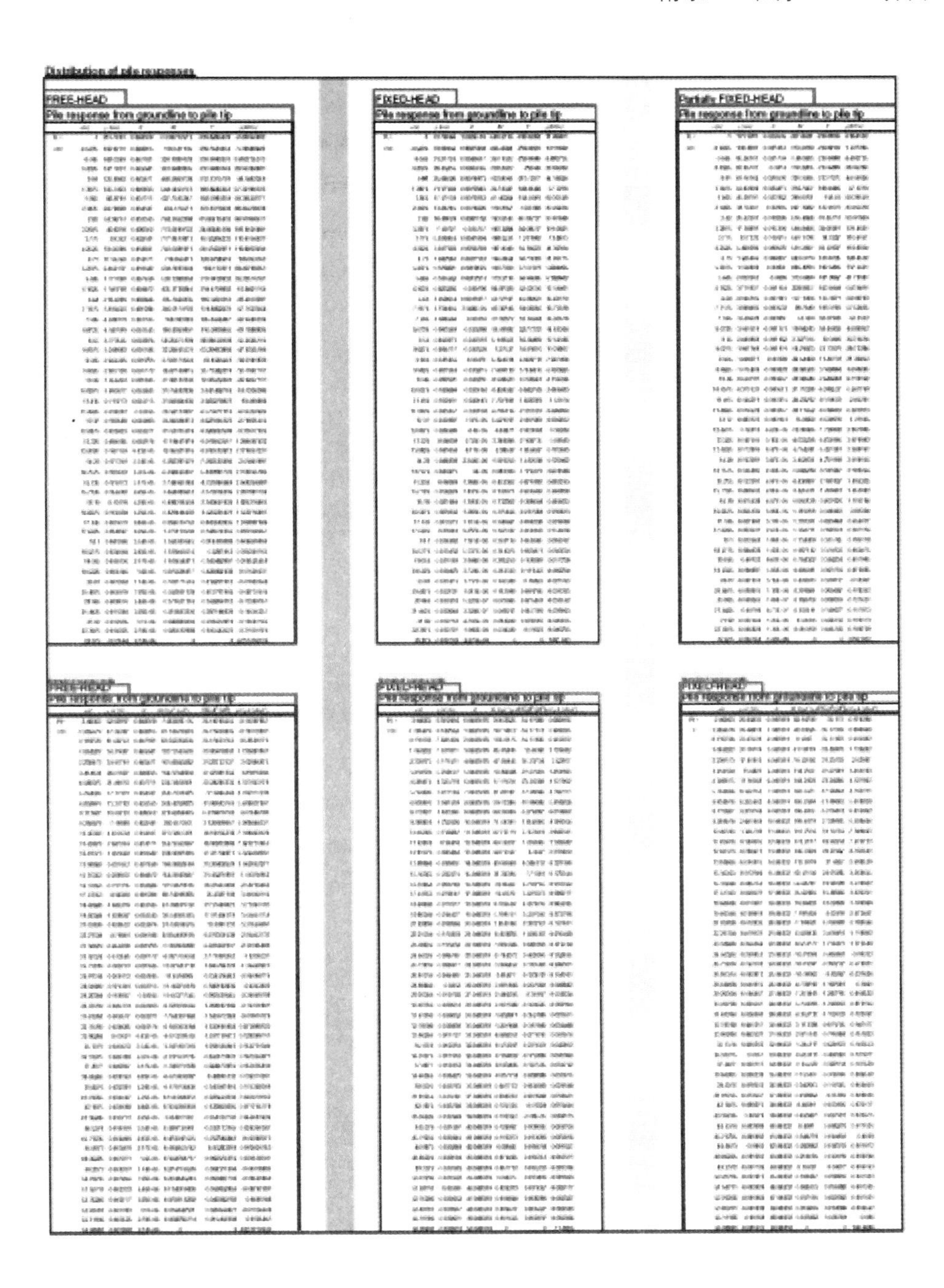
Distribution of pile responses

FREE-HEAD

Pile response from groundline to pile tip

FIXED-HEAD

Pile response from groundline to pile tip

Partially FIXED-HEAD

Pile response from groundline to pile tip

附录C　砂土中线性单桩的静力特性

（图中 Measured—实测，CF—采用 GASLFP 预测值）

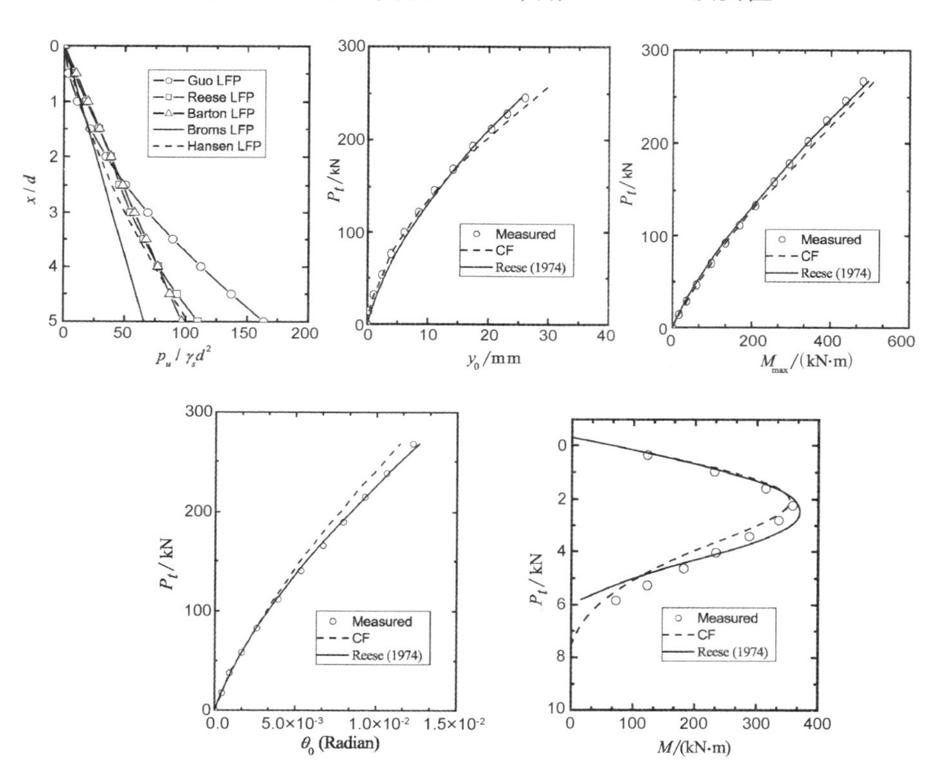

图 C-1　Mustang 现场试验(Cox 等,1974)的 LFP 与桩基性状,SS1

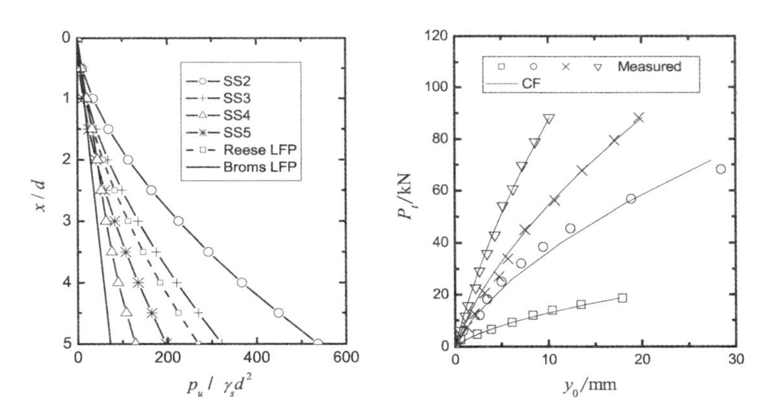

图 C-2　San Francisco 现场试验(Gill, 1969)的 LFP 与桩基性状, SS2-5

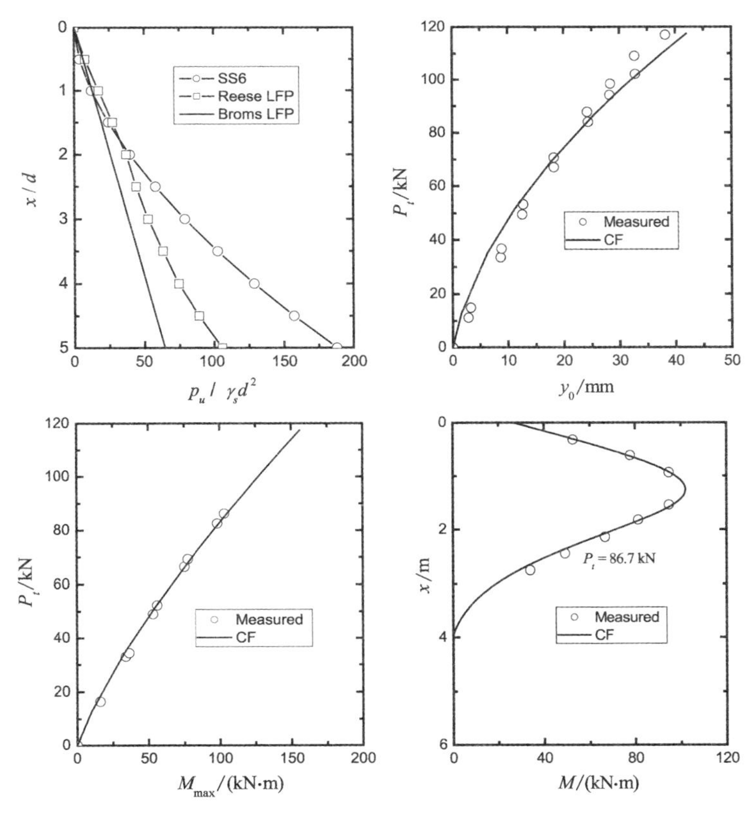

图 C-3　Brown 等(1988)报道的单桩试验 LFP 和性状, SS6

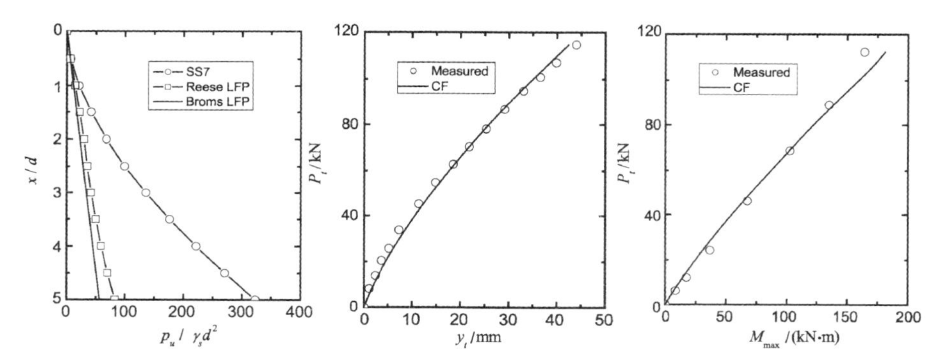

图 C-4　Rollins 等(2005)报道的单桩试验 LFP 和性状,SS7

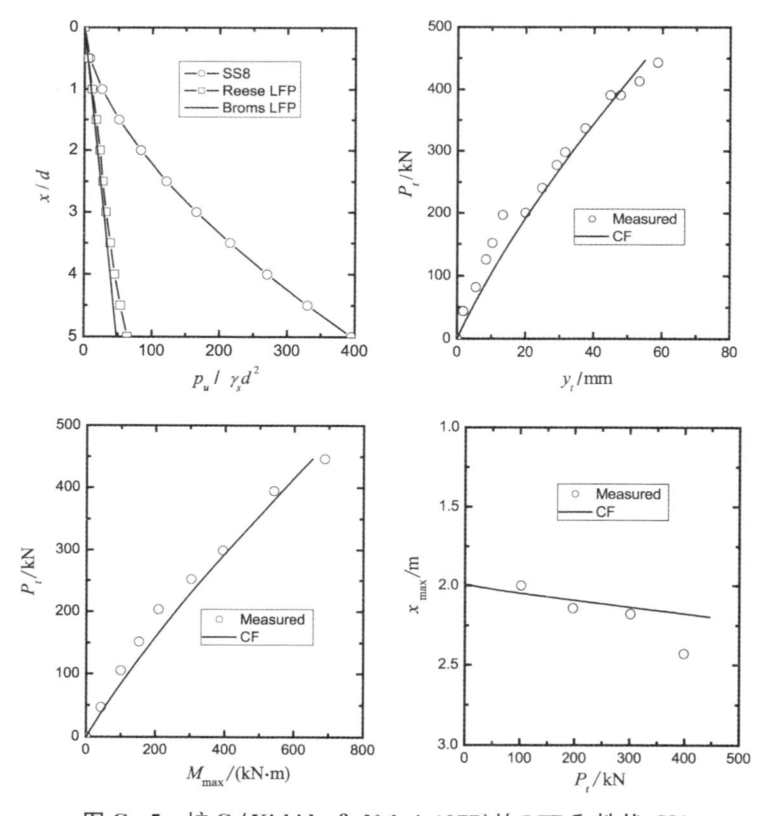

图 C-5　桩 C (Kishida & Nakai,1977)的 LFP 和性状,SS8

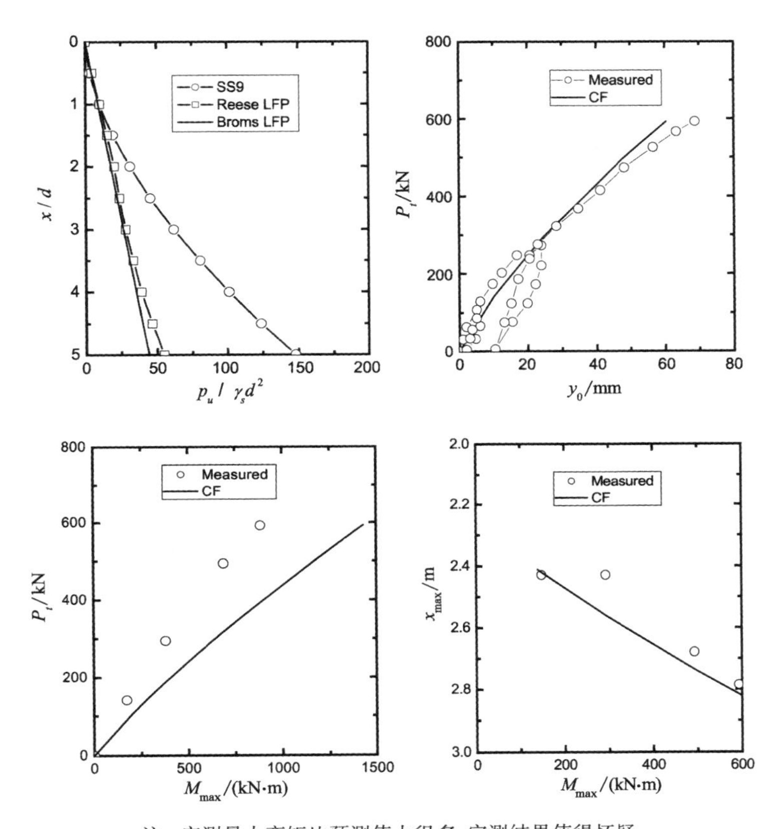

注：实测最大弯矩比预测值大很多，实测结果值得怀疑。

图 C-6 桩 D (Kishida & Nakai, 1977)的 LFP 和性状, SS9

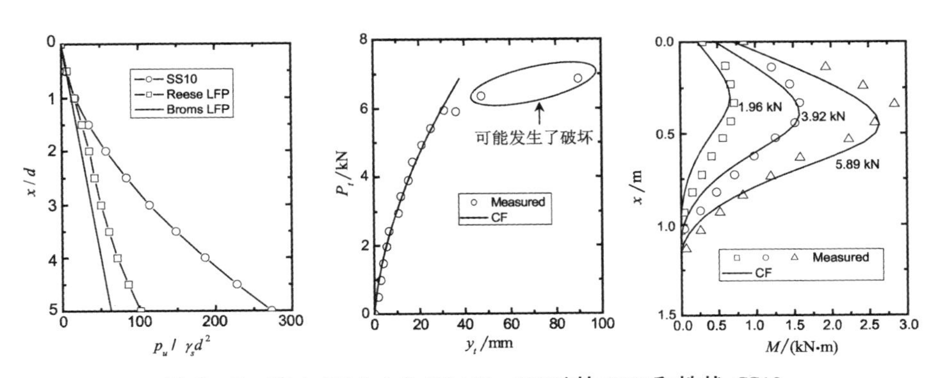

图 C-7 桩 A (Nakai & Kishida, 1982)的 LFP 和性状, SS10

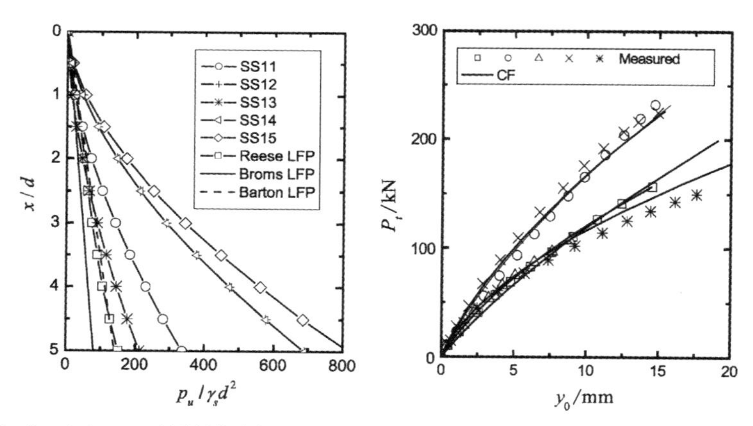

图 C-8 Arkansas 桩基试验(Alizadeh & Davisson,1970)的 LFP 和性状,SS11-15

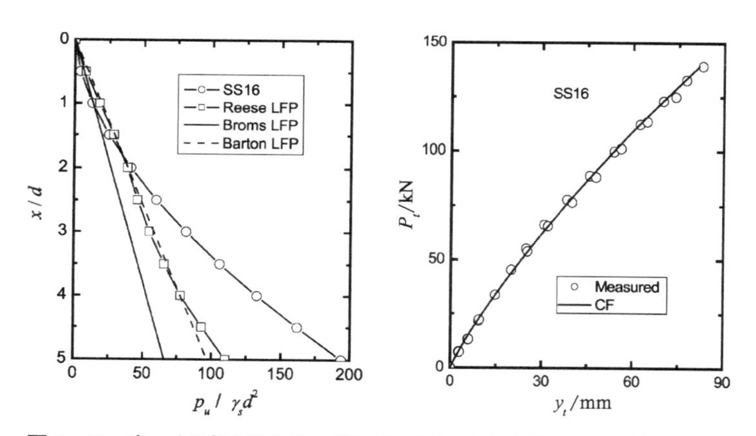

图C-9 离心机试验(McVay 等,1995)密砂中桩的 LFP 和性状,SS16

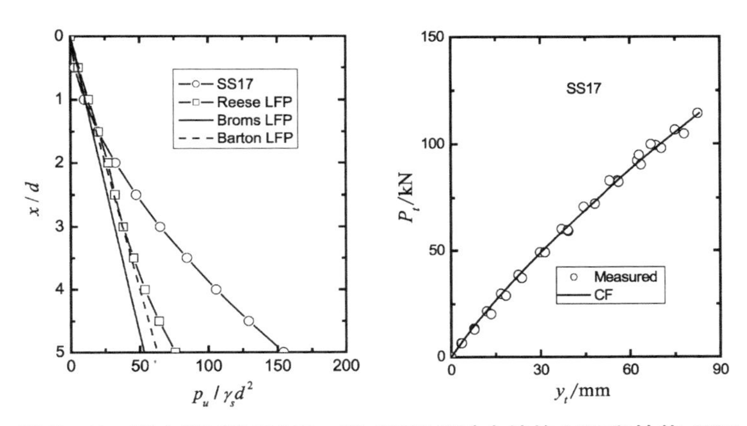

图 C-10 离心机试验(McVay 等,1995)松砂中桩的 LFP 和性状,SS17

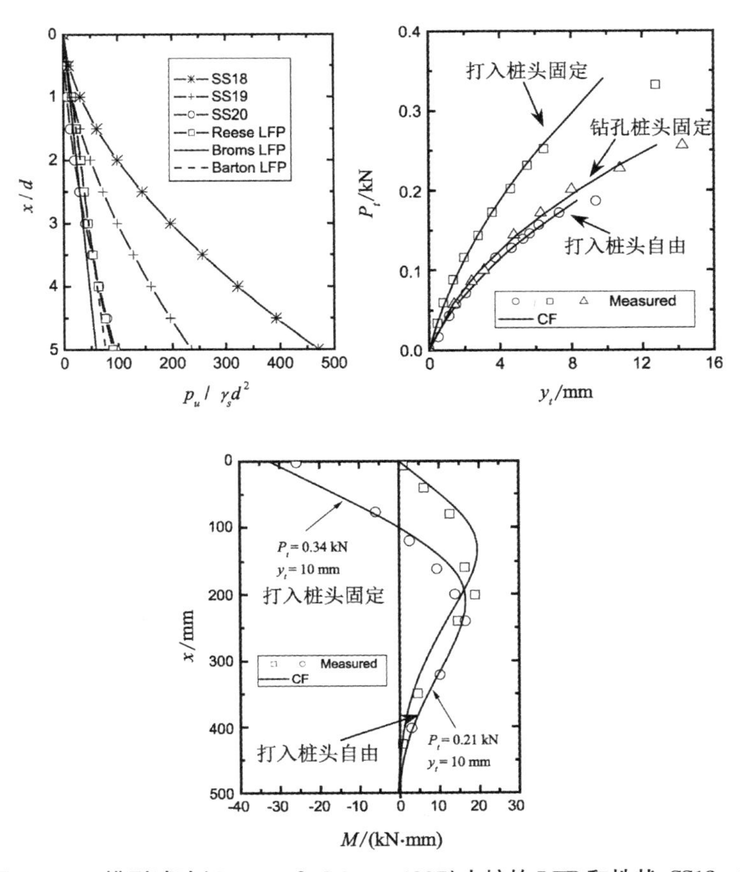

图 C-11 模型试验(Gandhi & Selvam,1997)中桩的 LFP 和性状,SS18-20

附录 D　砂土中桩头自由单桩 $P_t/\gamma_s K_p^2 d^3 \sim M_{max}/\gamma_s K_p^2 d^4$ 关系曲线

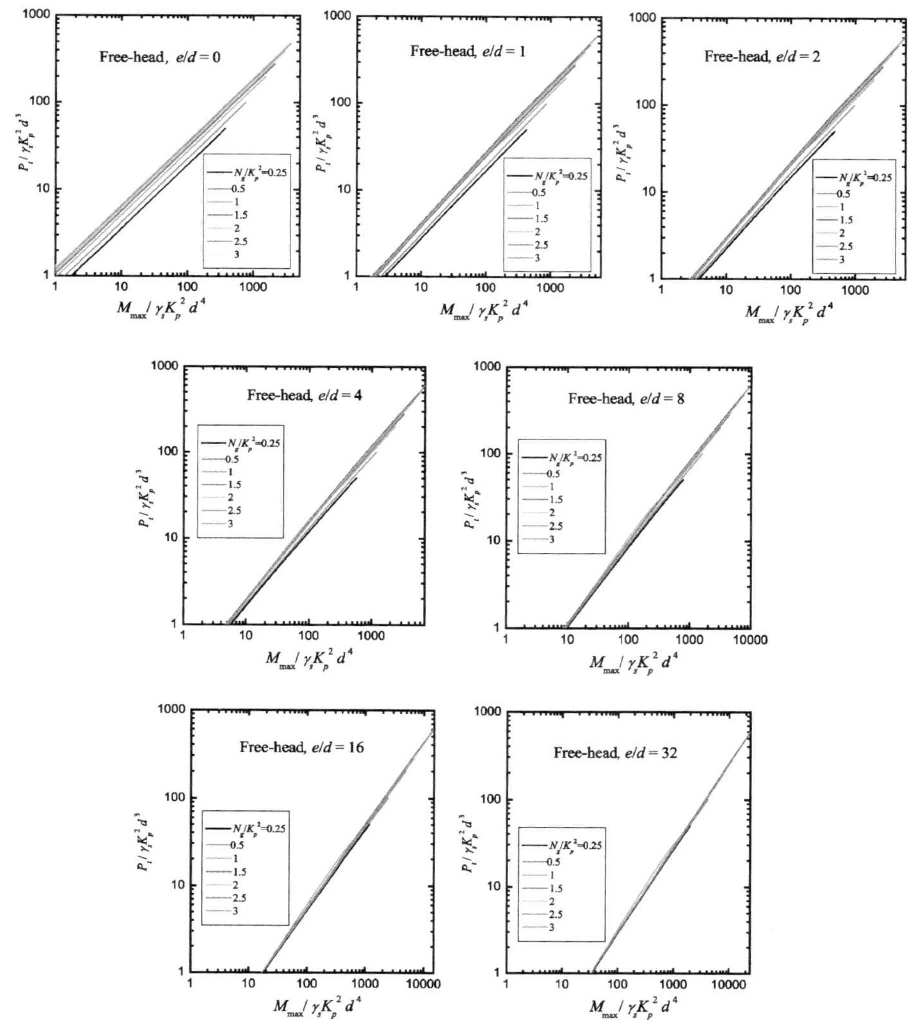

注：图中 Free-head—桩头自由；e/d—荷载偏心高度与桩径之比。

附录 E　砂土中桩头固定单桩 $P_t/\gamma_s K_p^2 d^3 \sim M_{max}/\gamma_s K_p^2 d^4$ 关系曲线

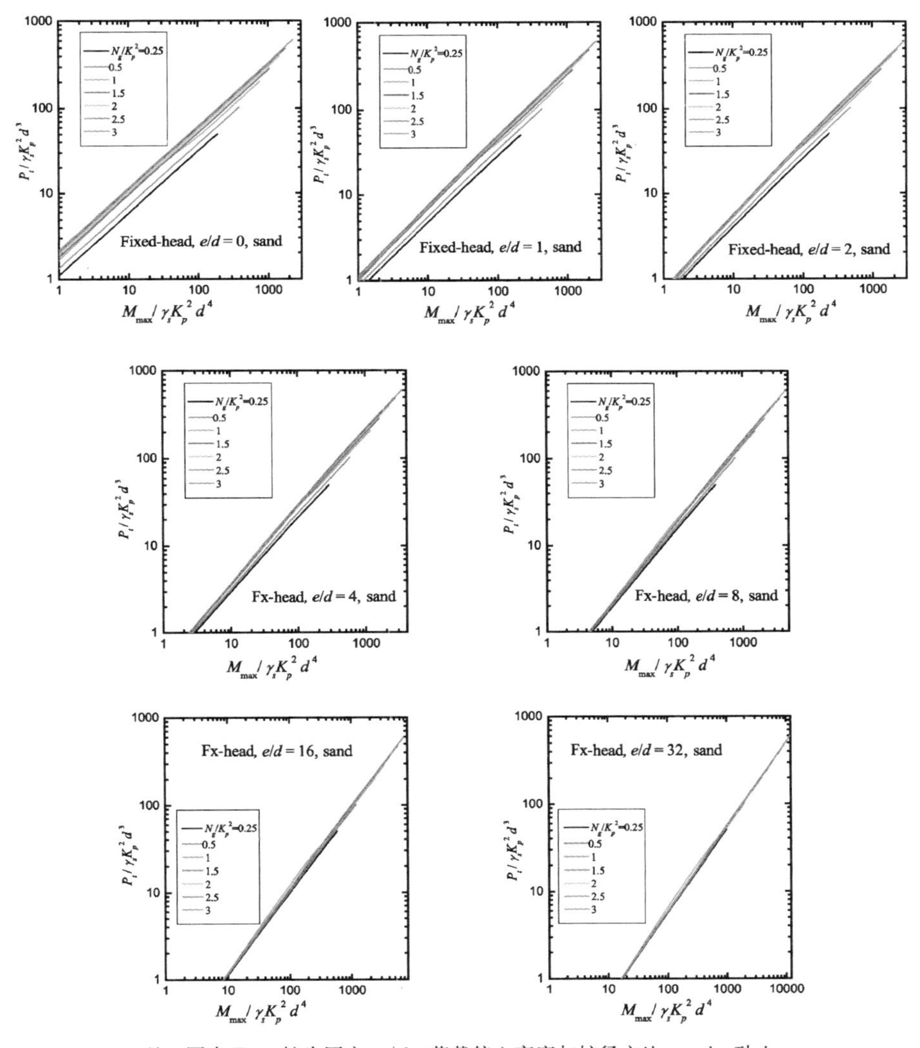

注：图中 Fx—桩头固定；e/d—荷载偏心高度与桩径之比；sand—砂土。

附录 F　黏土中线性单桩的静力特性

（图中 Measured—实测，CF—采用 GASLFP 预测值）

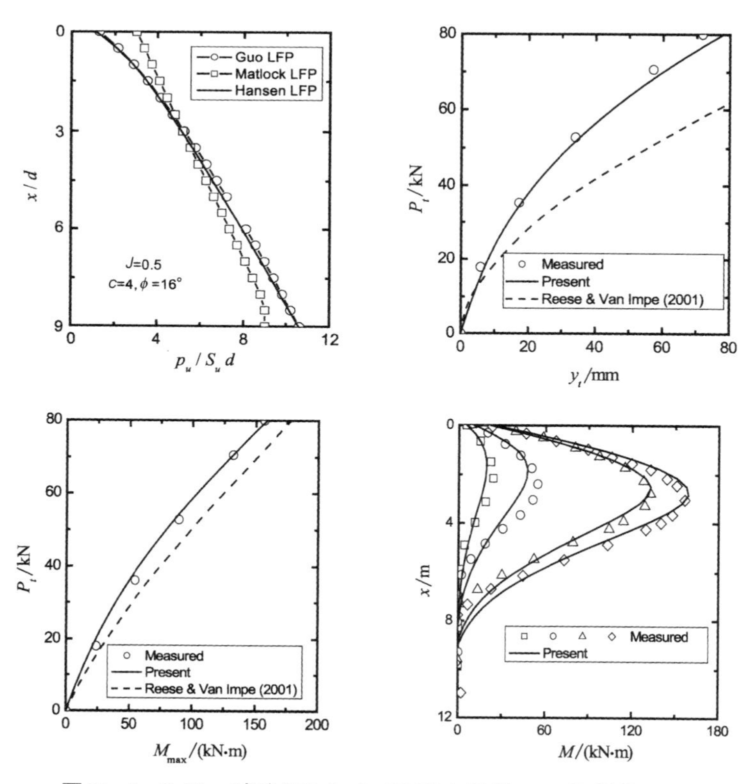

图 F-1　Sabine 试验(Matlock, 1970)中桩的 LFP 和性状, CS1

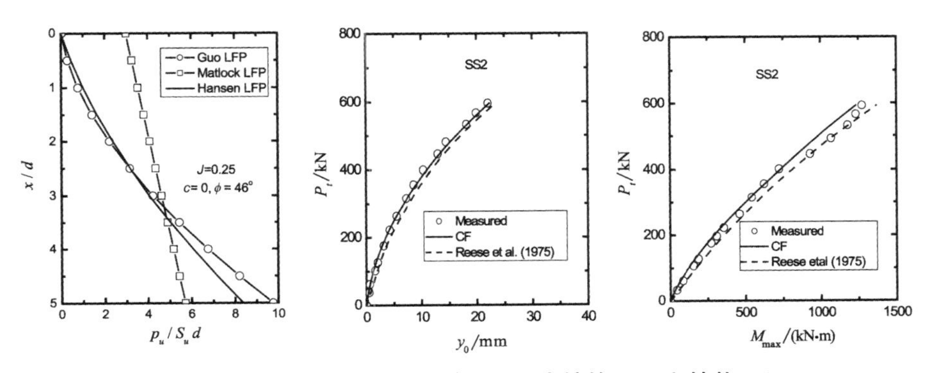

图 F-2　Manor 试验(Reese 等,1975)中桩的 LFP 和性状,CS2

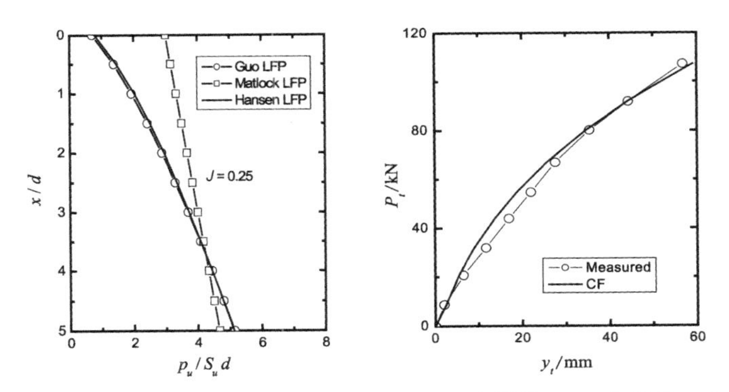

图 F-3　Lake Austin 试验(Matlock,1970)中桩的 LFP 和性状,CS3

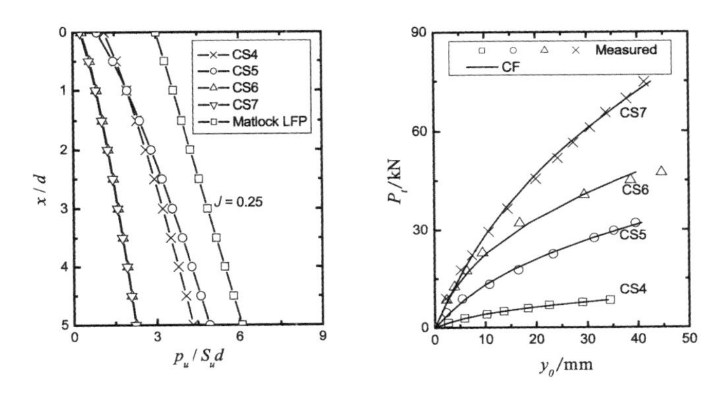

图 F-4　San Francisco 试验(Gill,1969)中桩的 LFP 和性状,CS4-7

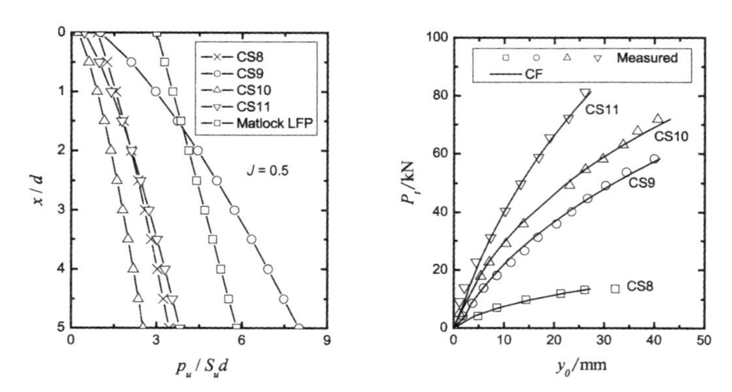

图 F-5　San Francisco 试验(Gill,1969)中桩的 LFP 和性状,CS8-11

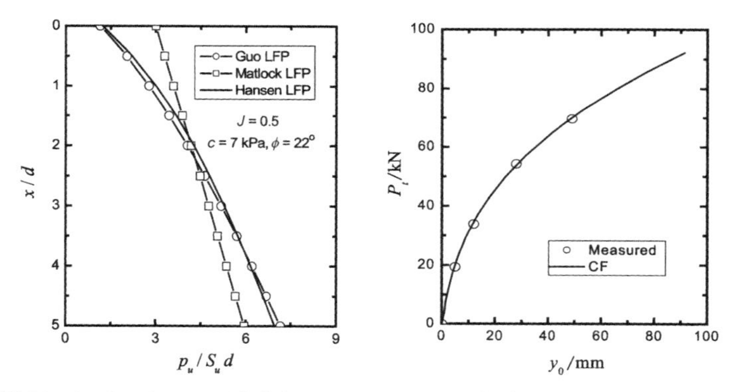

图 F-6　St. Gabriel 试验(Cappozzoli,1968)中桩的 LFP 和性状,CS12

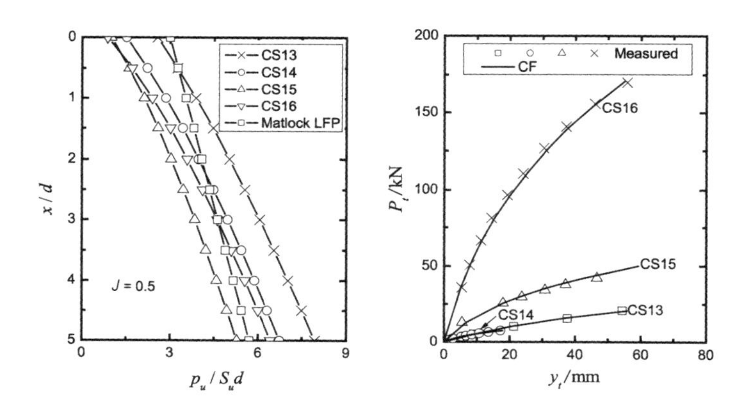

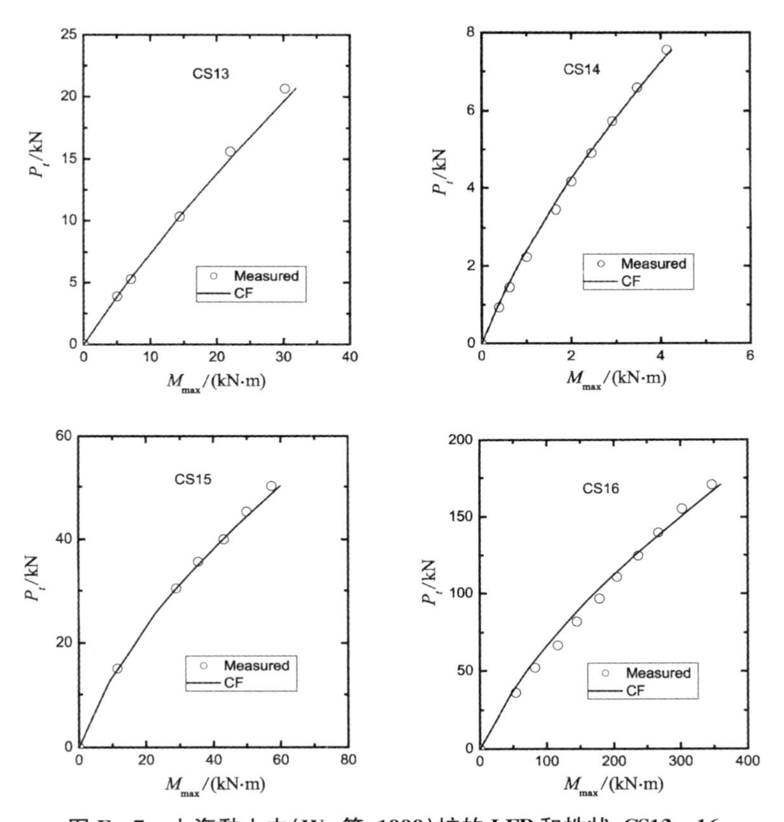

图 F-7　上海黏土中(Wu 等,1999)桩的 LFP 和性状,CS13-16

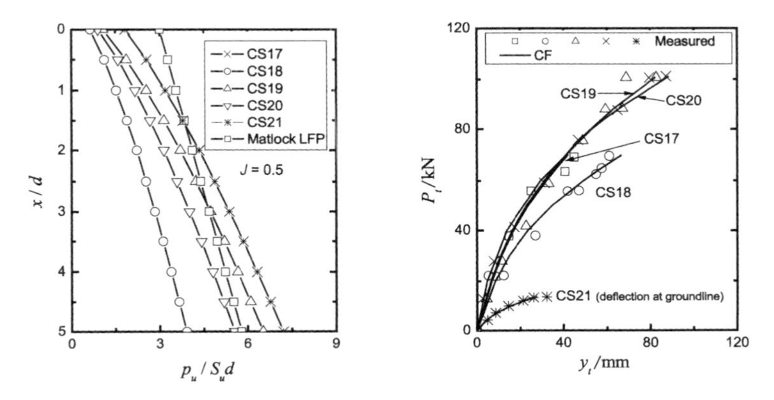

图 F-8　微型桩(Long 等,2004)的 LFP 和性状,CS17-21

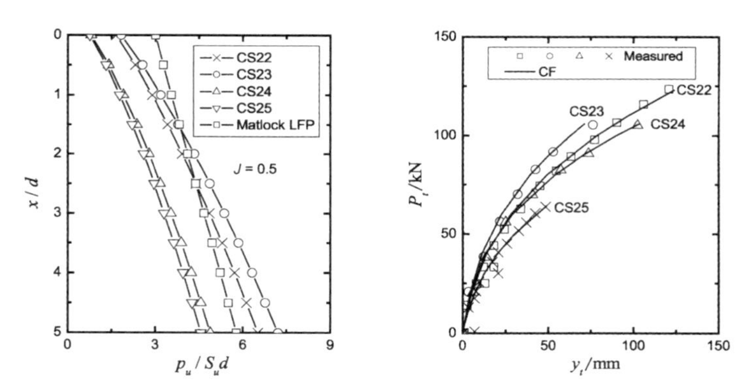

图 F-9 微型桩(Long 等,2004)的 LFP 和性状,CS22-25

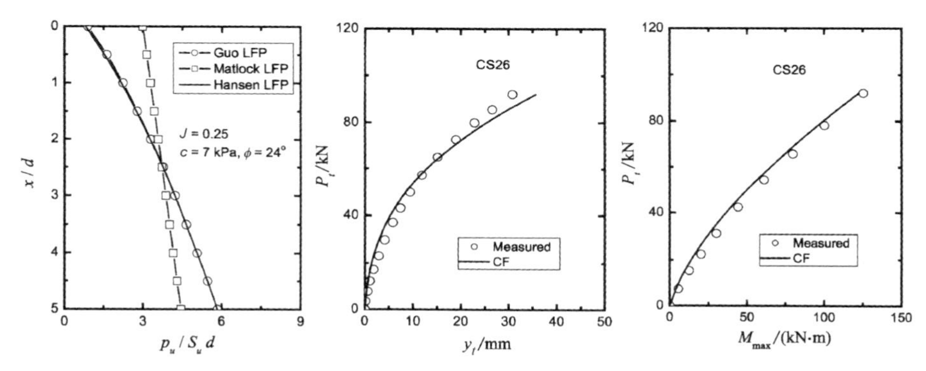

图 F-10 微型桩(Long 等,2004)的 LFP 和性状,CS22-25

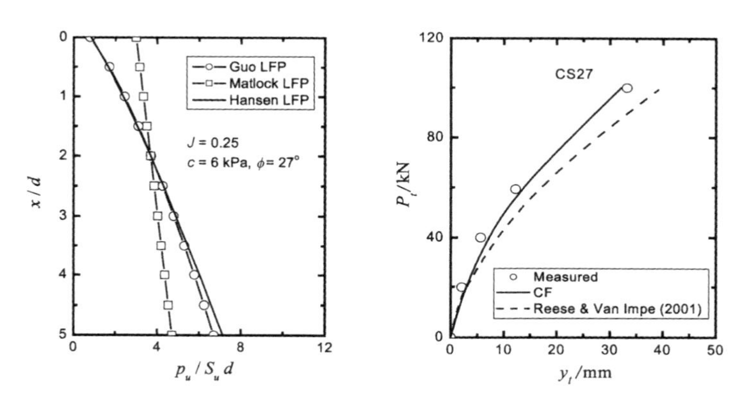

图 F-11 London 黏土(Price & Wardle,1981)中桩的 LFP 和性状,CS27

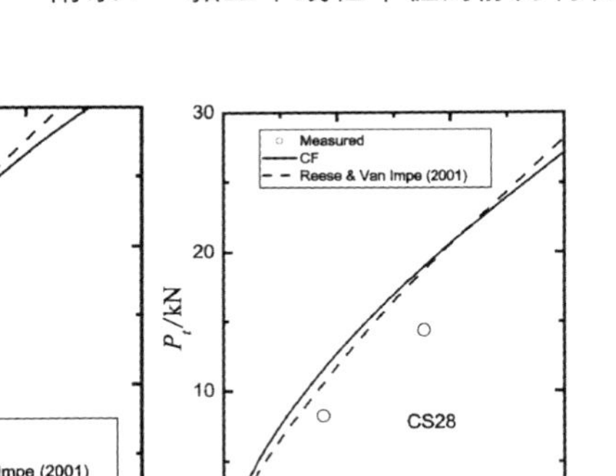

图 F-12 Japan 黏土(Committee on Piles Subjected to Earthquake, 1965)中桩的 LFP 和性状,CS28

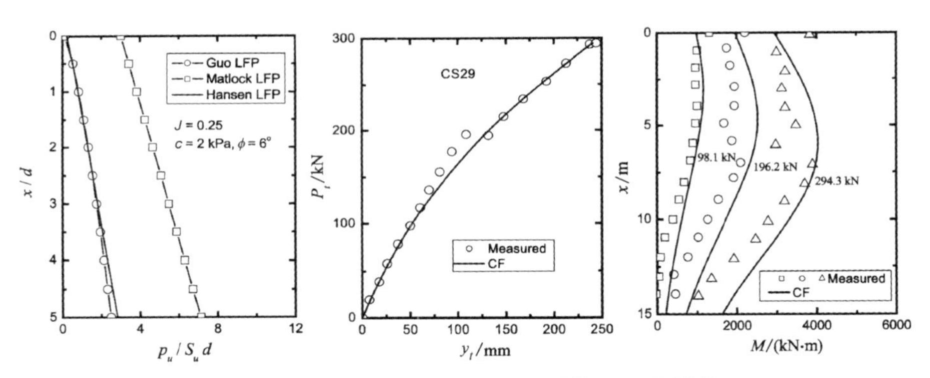

图 F-13 桩 B (Nakai & Kishida, 1982)的 LFP 和性状,CS29

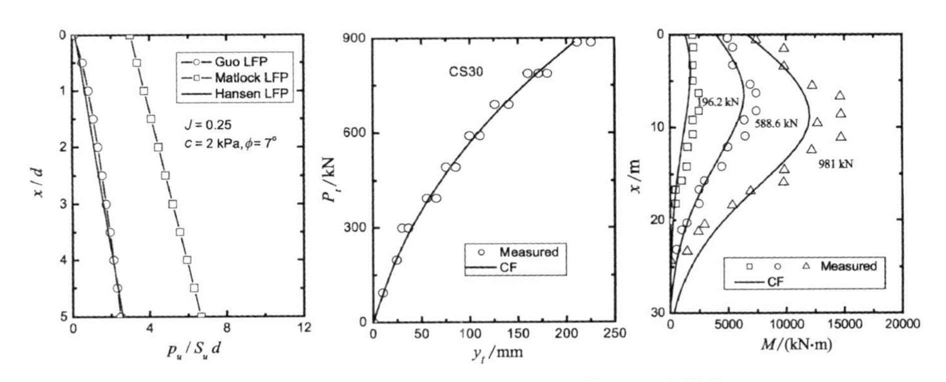

图 F-14 桩 C (Nakai & Kishida, 1982)的 LFP 和性状,CS30

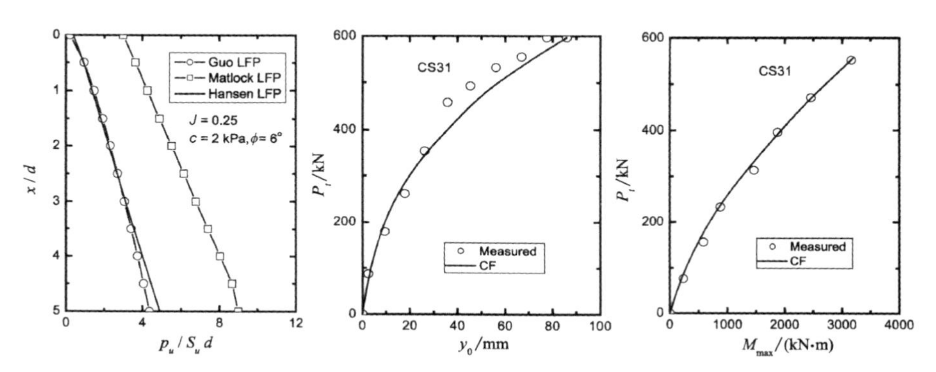

图 F-15　桩 B (Kishida & Nakai, 1977)的 LFP 和性状, CS31

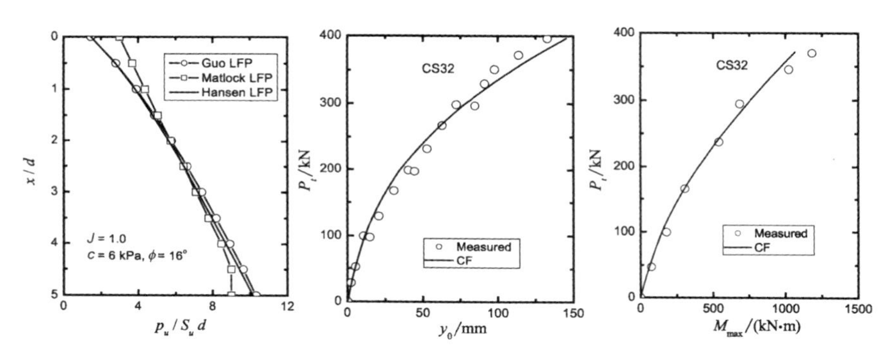

图 F-16　桩 A (Kishida & Nakai, 1977)的 LFP 和性状, CS32

附录G 黏土中桩头自由单桩 $P_t/S_u d^2 \sim n_p$ 或 $M_{max}/S_u d^3$ 关系曲线

(Ⅰ)($\alpha_0 = 0$)

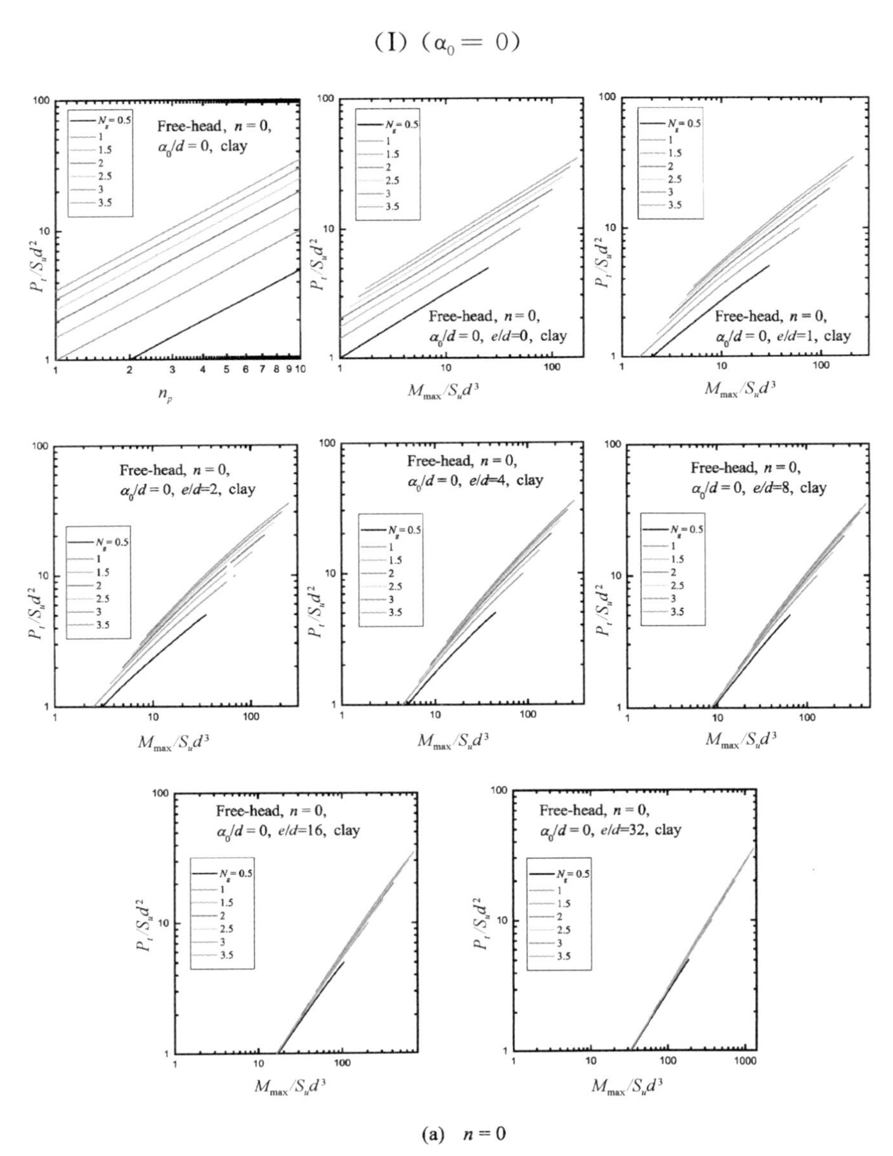

(a) $n = 0$

注：Free-head—桩头自由；e/d—荷载作用高度与桩径之比；clay—黏土。

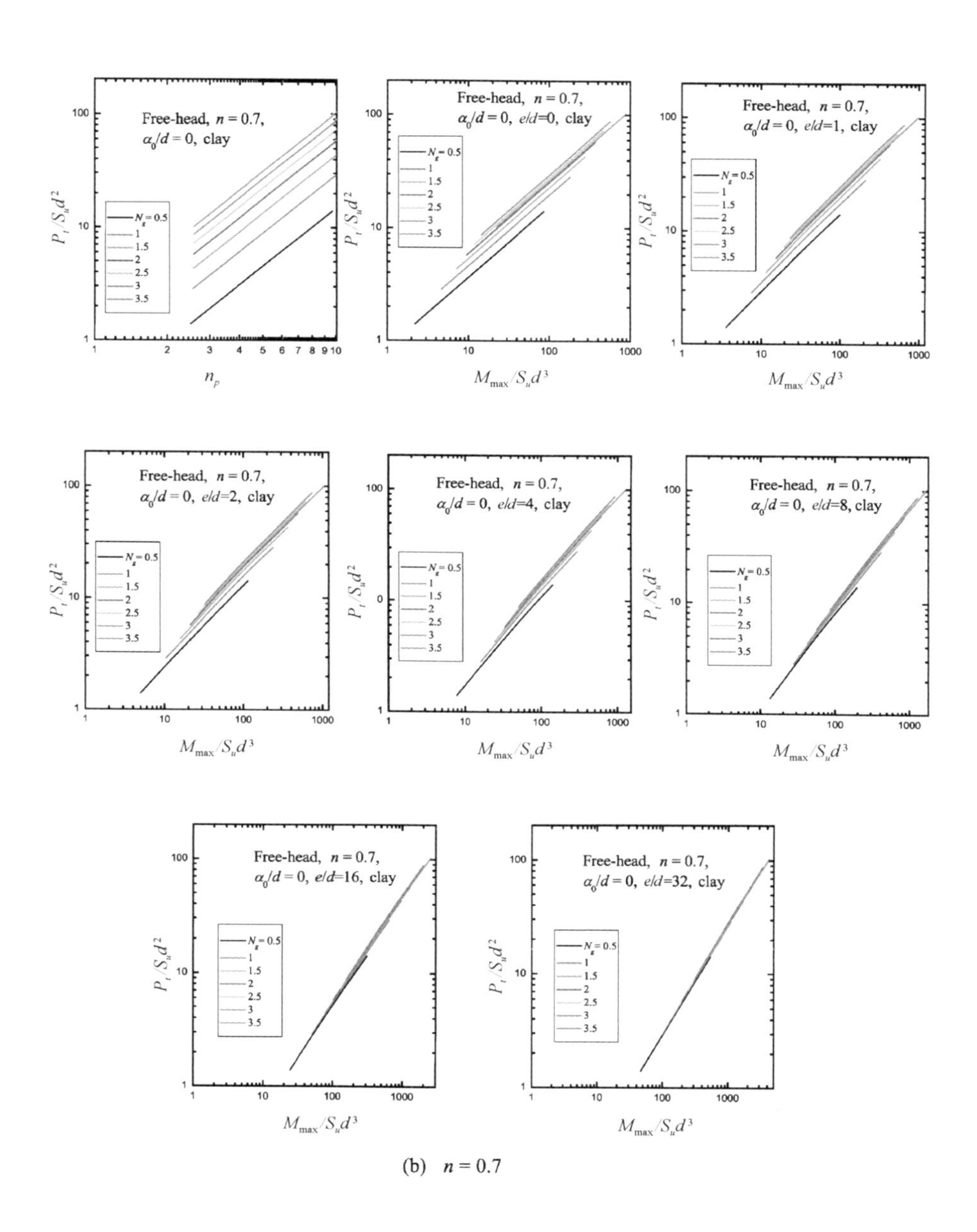
Free-head, n = 0.7,
α0/d = 0, clay
Free-head, n = 0.7,
α0/d = 0, e/d=0, clay
Free-head, n = 0.7,
α0/d = 0, e/d=1, clay
Free-head, n = 0.7,
α0/d = 0, e/d=2, clay
Free-head, n = 0.7,
α0/d = 0, e/d=4, clay
Free-head, n = 0.7,
α0/d = 0, e/d=8, clay
Free-head, n = 0.7,
α0/d = 0, e/d=16, clay
Free-head, n = 0.7,
α0/d = 0, e/d=32, clay
Ng = 0.5
1
1.5
2
2.5
3
3.5
Pt/Sud2
np
Mmax/Sud3

(b) $n = 0.7$

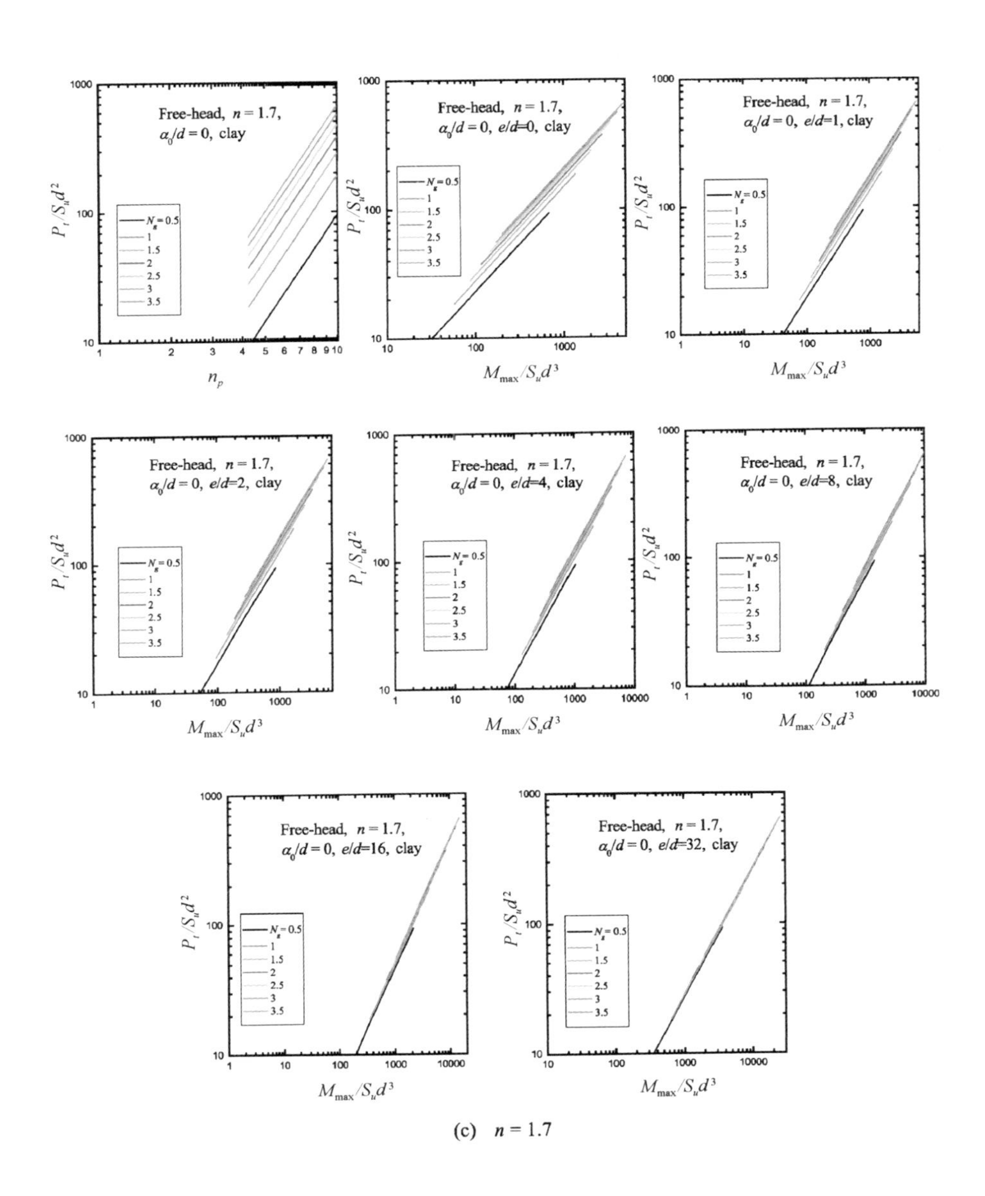

Free-head, n = 1.7, α0/d = 0, clay
Free-head, n = 1.7, α0/d = 0, e/d=0, clay
Free-head, n = 1.7, α0/d = 0, e/d=1, clay
Free-head, n = 1.7, α0/d = 0, e/d=2, clay
Free-head, n = 1.7, α0/d = 0, e/d=4, clay
Free-head, n = 1.7, α0/d = 0, e/d=8, clay
Free-head, n = 1.7, α0/d = 0, e/d=16, clay
Free-head, n = 1.7, α0/d = 0, e/d=32, clay
Ng = 0.5
1
1.5
2
2.5
3
3.5
Pt/Sud2
np
Mmax/Sud3

(c)　$n = 1.7$

(II) ($\alpha_0 = 0.2$)

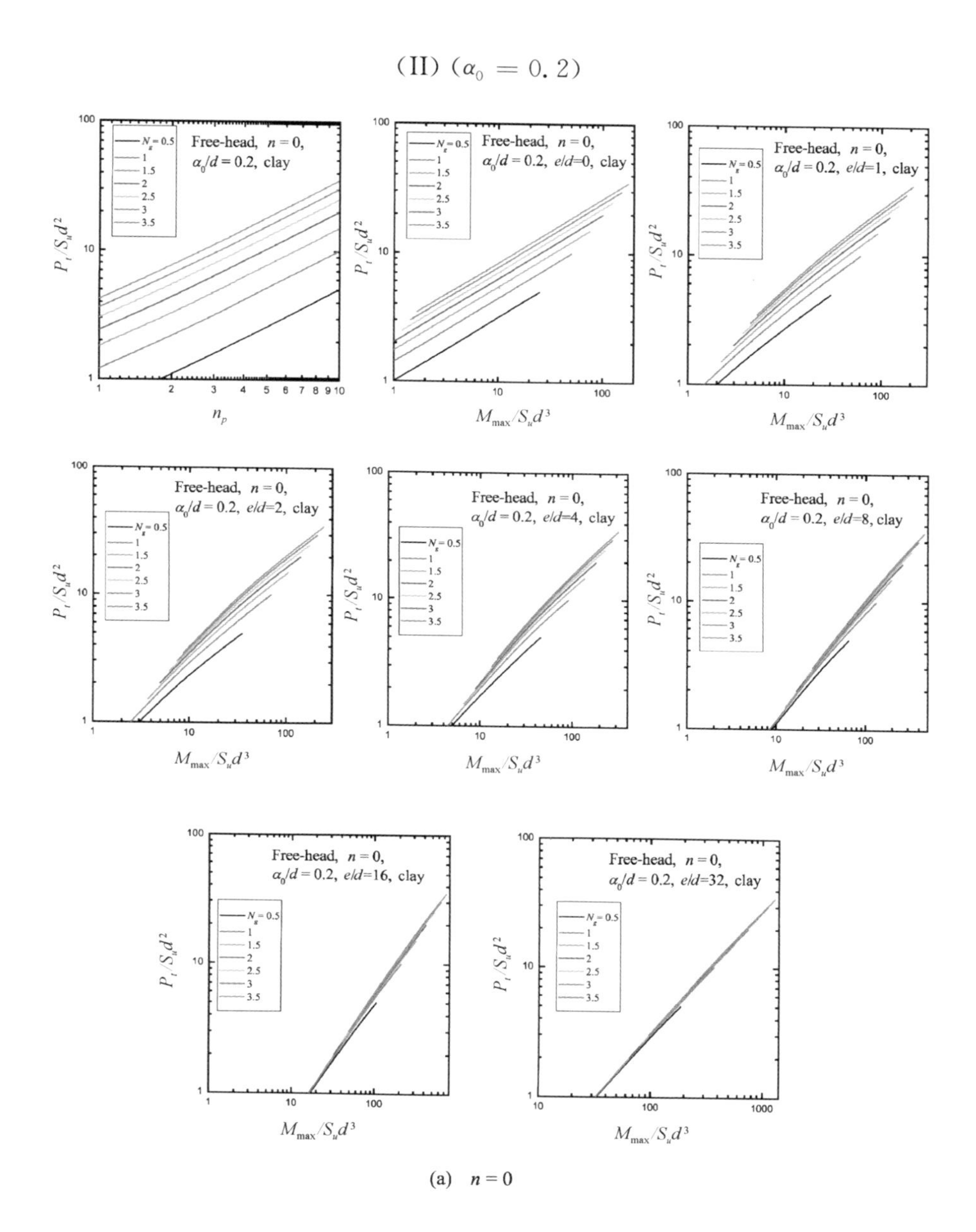

(a) $n = 0$

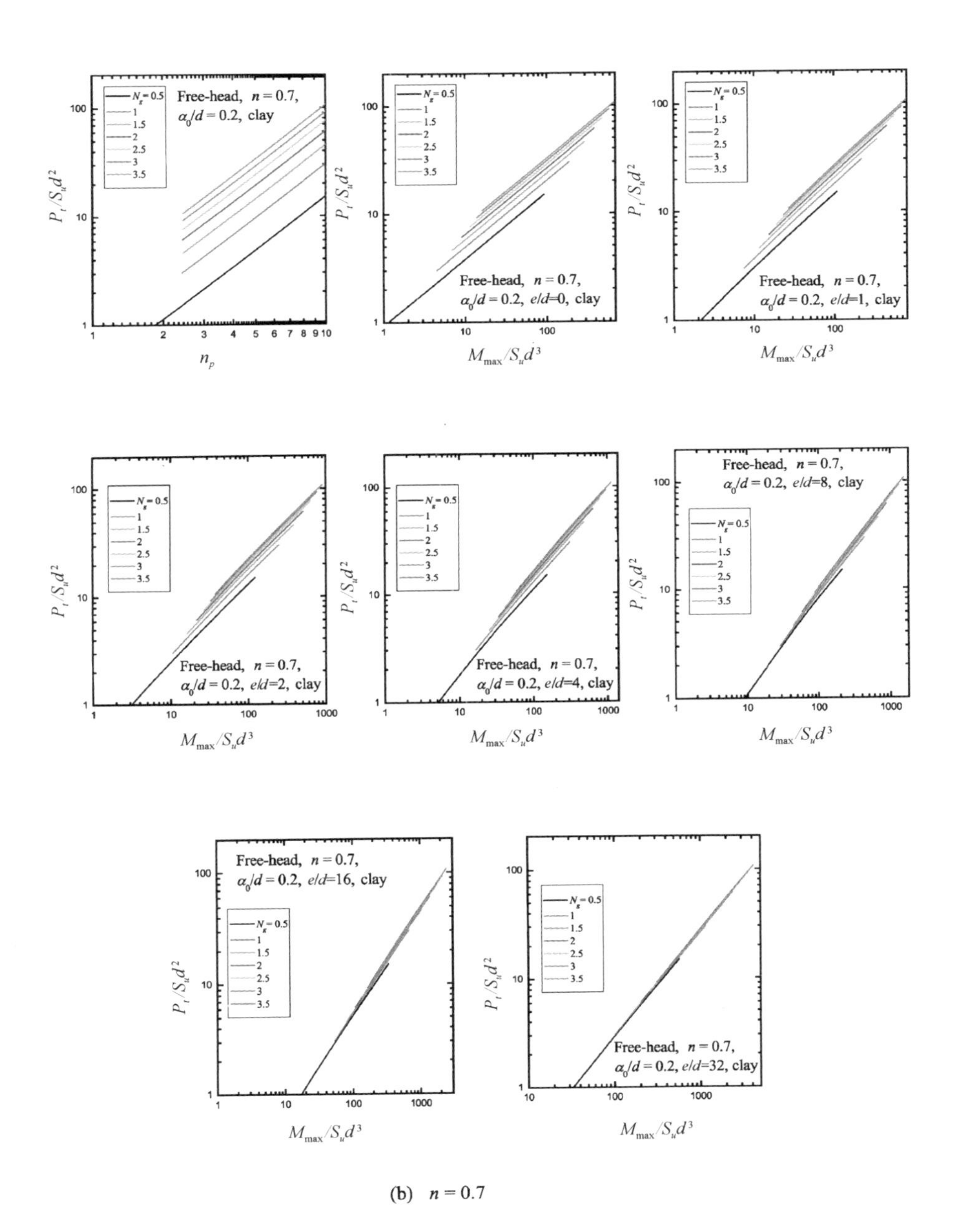
Free-head, n = 0.7,
α0/d = 0.2, clay
Free-head, n = 0.7,
α0/d = 0.2, e/d=0, clay
Free-head, n = 0.7,
α0/d = 0.2, e/d=1, clay
Free-head, n = 0.7,
α0/d = 0.2, e/d=2, clay
Free-head, n = 0.7,
α0/d = 0.2, e/d=4, clay
Free-head, n = 0.7,
α0/d = 0.2, e/d=8, clay
Free-head, n = 0.7,
α0/d = 0.2, e/d=16, clay
Free-head, n = 0.7,
α0/d = 0.2, e/d=32, clay
Ng = 0.5
1
1.5
2
2.5
3
3.5
Pt/Sud2
np
Mmax/Sud3

(b) $n=0.7$

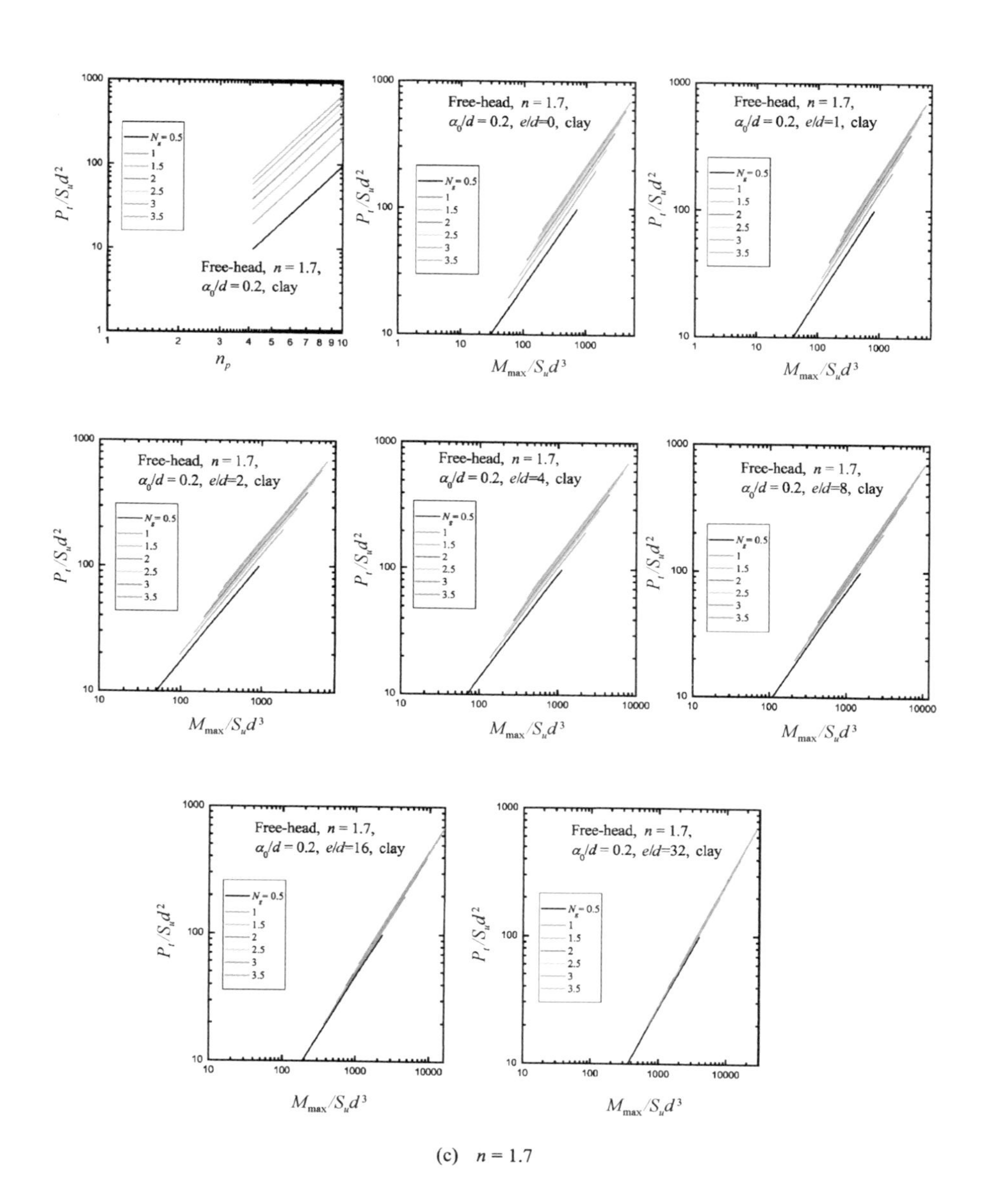
Free-head, n = 1.7,
α0/d = 0.2, clay
Free-head, n = 1.7,
α0/d = 0.2, e/d=0, clay
Free-head, n = 1.7,
α0/d = 0.2, e/d=1, clay
Free-head, n = 1.7,
α0/d = 0.2, e/d=2, clay
Free-head, n = 1.7,
α0/d = 0.2, e/d=4, clay
Free-head, n = 1.7,
α0/d = 0.2, e/d=8, clay
Free-head, n = 1.7,
α0/d = 0.2, e/d=16, clay
Free-head, n = 1.7,
α0/d = 0.2, e/d=32, clay
Ng = 0.5
1
1.5
2
2.5
3
3.5
Pt/Sud2
np
Mmax/Sud3

(c) $n = 1.7$

(III) ($\alpha_0 = 0.4$)

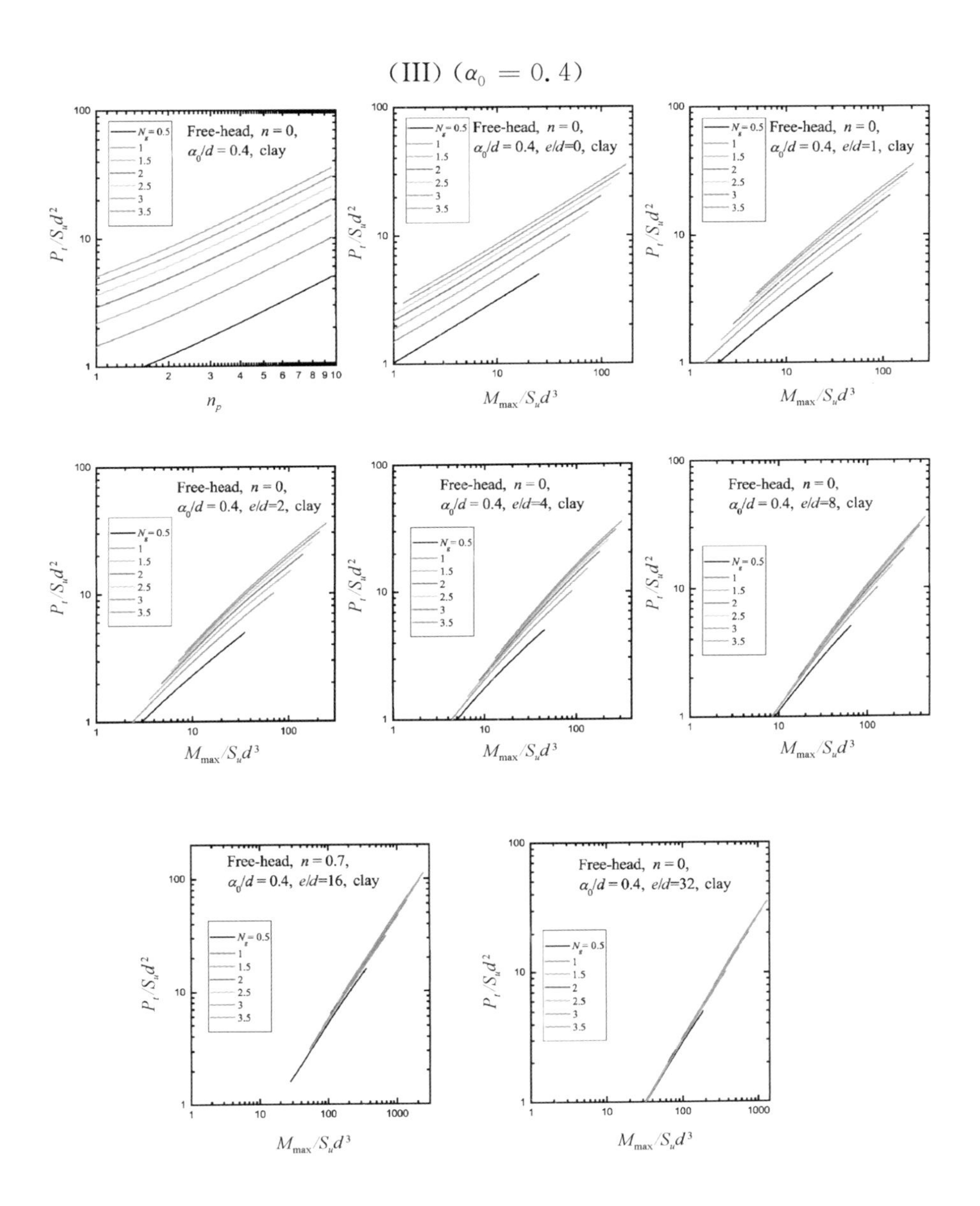

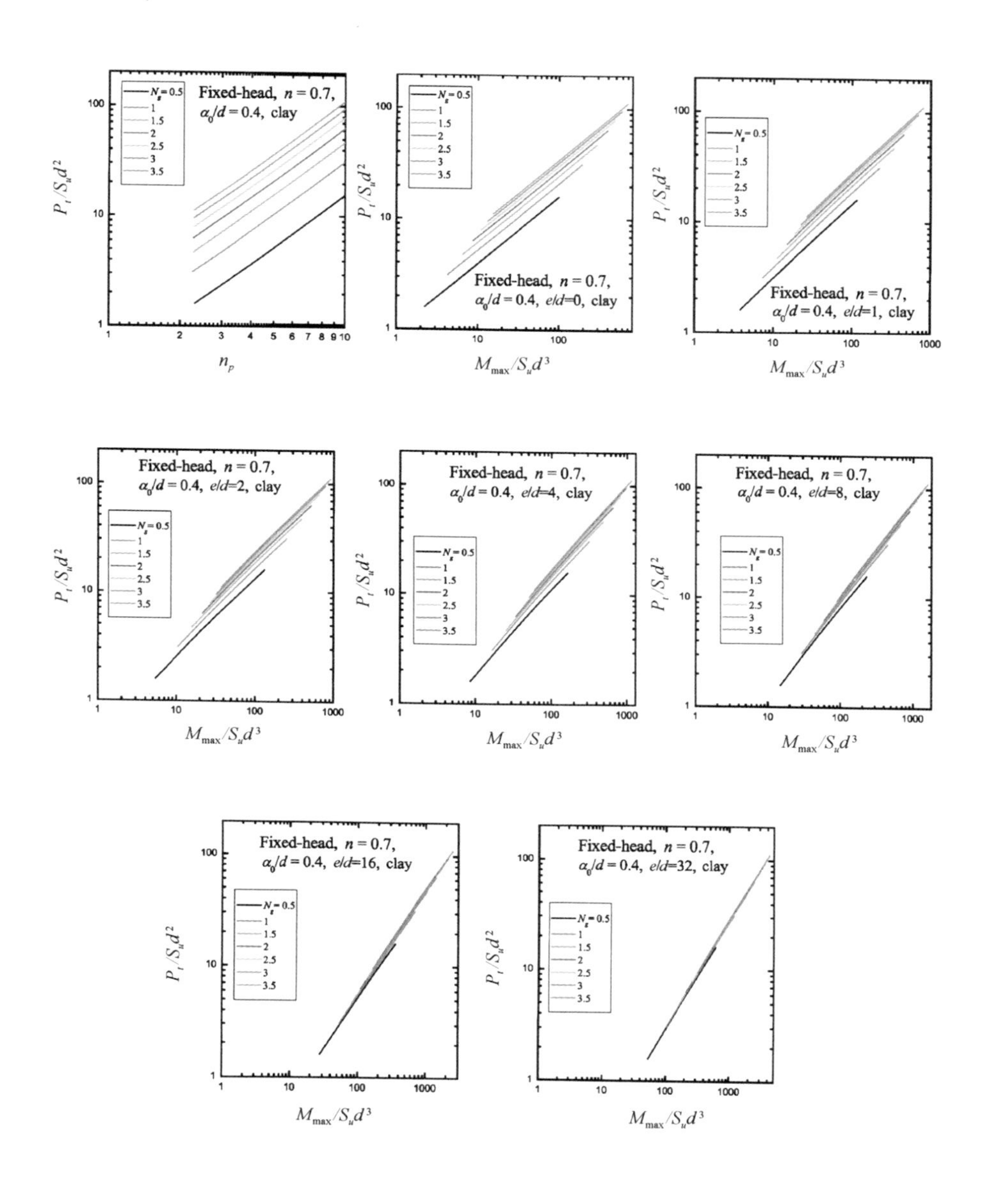
Fixed-head, n = 0.7, α_0/d = 0.4, clay
N_g = 0.5
1
1.5
2
2.5
3
3.5
$P_t/S_u d^2$
n_p
Fixed-head, n = 0.7, α_0/d = 0.4, e/d=0, clay
$M_{max}/S_u d^3$
Fixed-head, n = 0.7, α_0/d = 0.4, e/d=1, clay
Fixed-head, n = 0.7, α_0/d = 0.4, e/d=2, clay
Fixed-head, n = 0.7, α_0/d = 0.4, e/d=4, clay
Fixed-head, n = 0.7, α_0/d = 0.4, e/d=8, clay
Fixed-head, n = 0.7, α_0/d = 0.4, e/d=16, clay
Fixed-head, n = 0.7, α_0/d = 0.4, e/d=32, clay

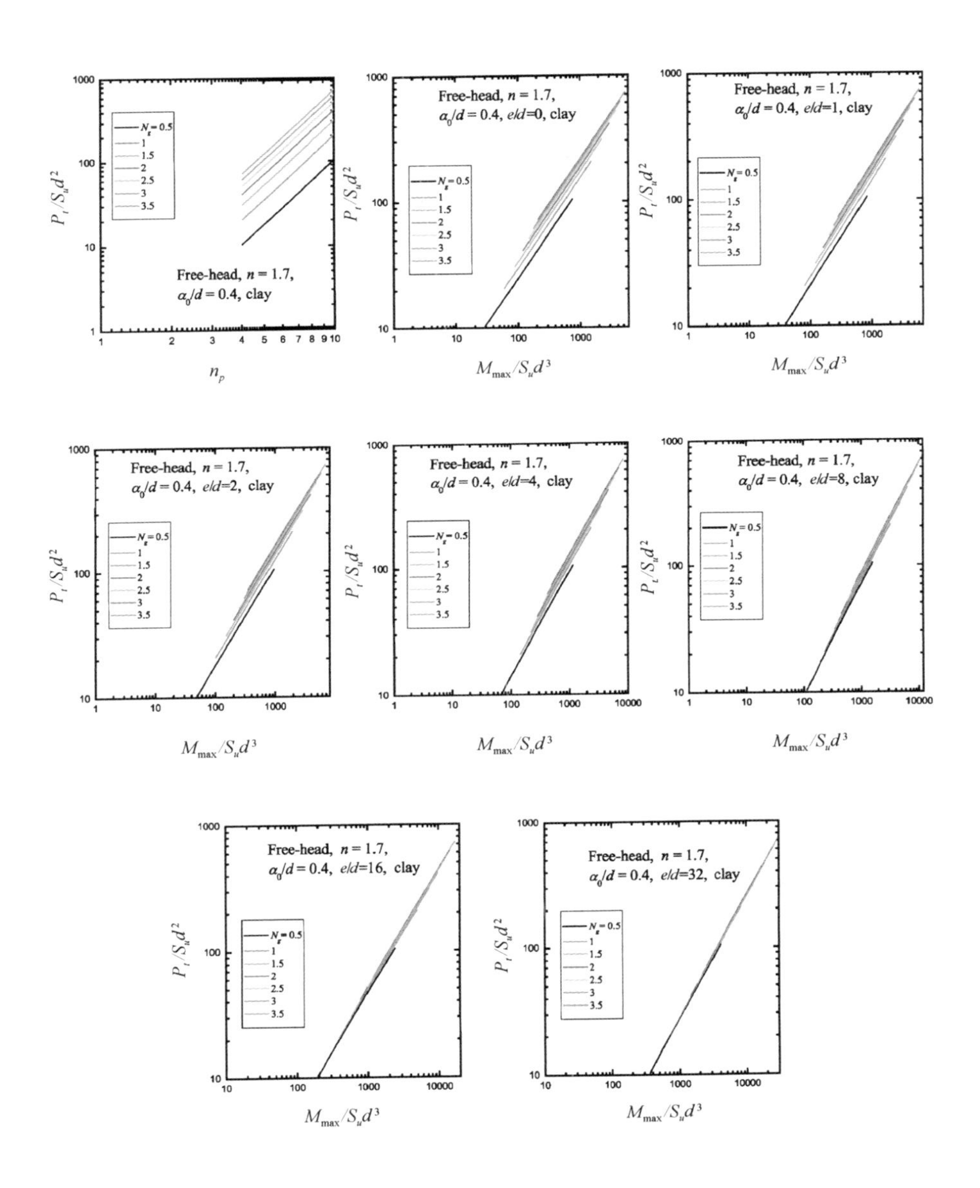
Free-head, n = 1.7,
α0/d = 0.4, clay
Ng = 0.5
1
1.5
2
2.5
3
3.5
Pt/Sud2
np
Free-head, n = 1.7,
α0/d = 0.4, e/d=0, clay
Mmax/Sud3
Free-head, n = 1.7,
α0/d = 0.4, e/d=1, clay
Free-head, n = 1.7,
α0/d = 0.4, e/d=2, clay
Free-head, n = 1.7,
α0/d = 0.4, e/d=4, clay
Free-head, n = 1.7,
α0/d = 0.4, e/d=8, clay
Free-head, n = 1.7,
α0/d = 0.4, e/d=16, clay
Free-head, n = 1.7,
α0/d = 0.4, e/d=32, clay

附录 H　黏土中桩头固定单桩 $P_t/S_u d^2 \sim M_{max}/S_u d^3$ 关系曲线

(Ⅰ)($\alpha_0 = 0$)

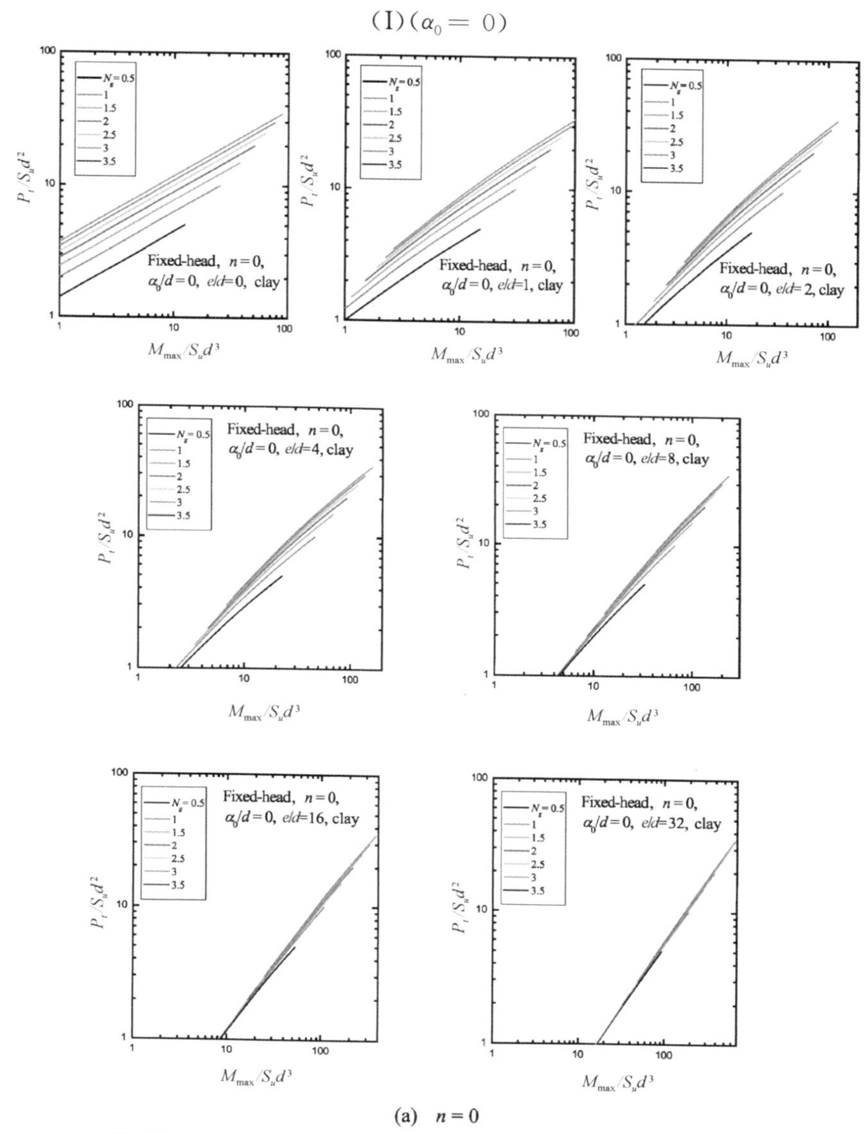

(a)　$n=0$

注：Fixed-head—桩头固定；e/d—荷载作用高度与桩径之比；clay—黏土

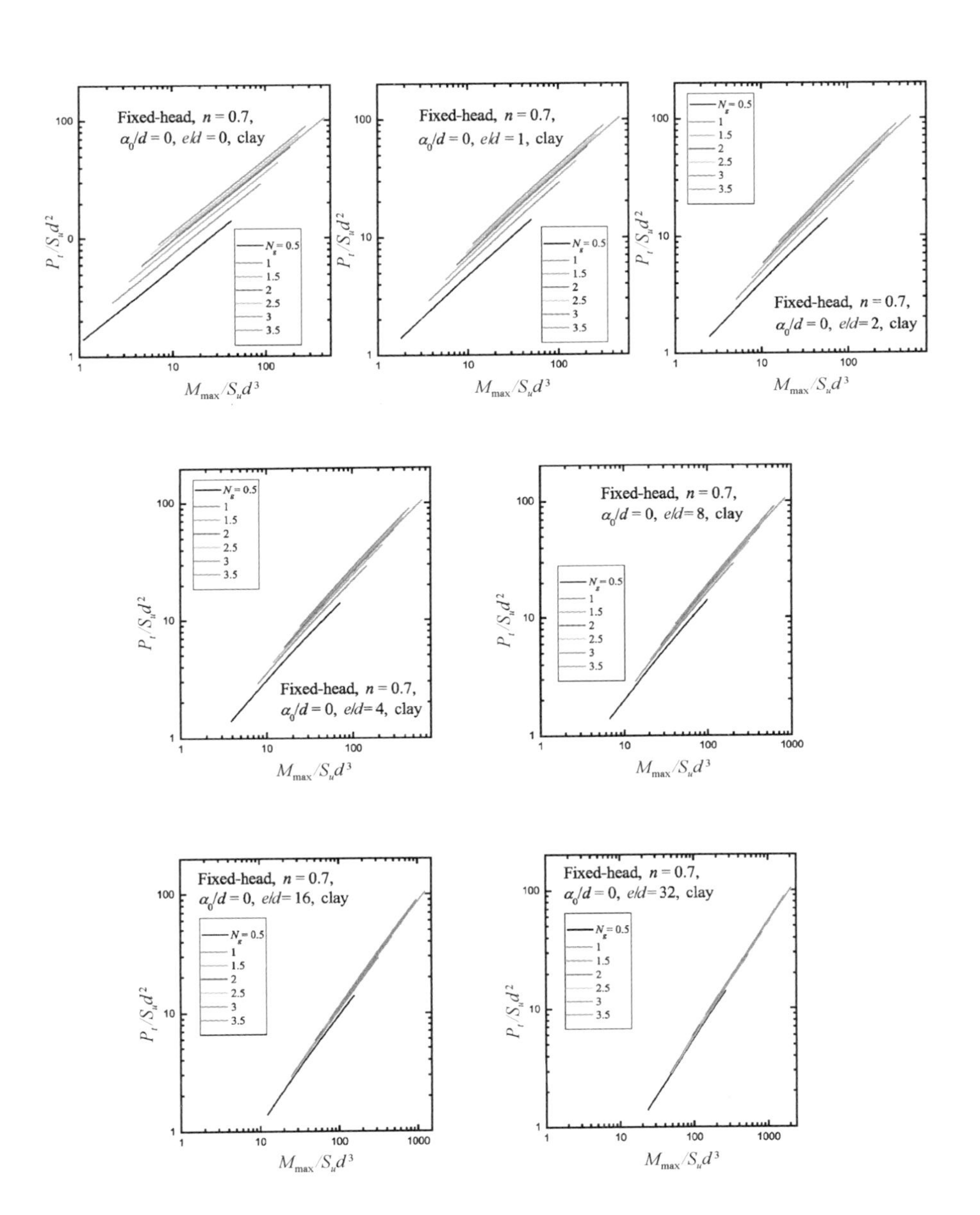

Fixed-head, n = 0.7, α0/d = 0, e/d = 0, clay
Fixed-head, n = 0.7, α0/d = 0, e/d = 1, clay
Fixed-head, n = 0.7, α0/d = 0, e/d= 2, clay
Fixed-head, n = 0.7, α0/d = 0, e/d= 4, clay
Fixed-head, n = 0.7, α0/d = 0, e/d= 8, clay
Fixed-head, n = 0.7, α0/d = 0, e/d= 16, clay
Fixed-head, n = 0.7, α0/d = 0, e/d= 32, clay
Ng = 0.5
1
1.5
2
2.5
3
3.5
Pt/Sud2
Mmax/Sud3

(b)　$n = 0.7$

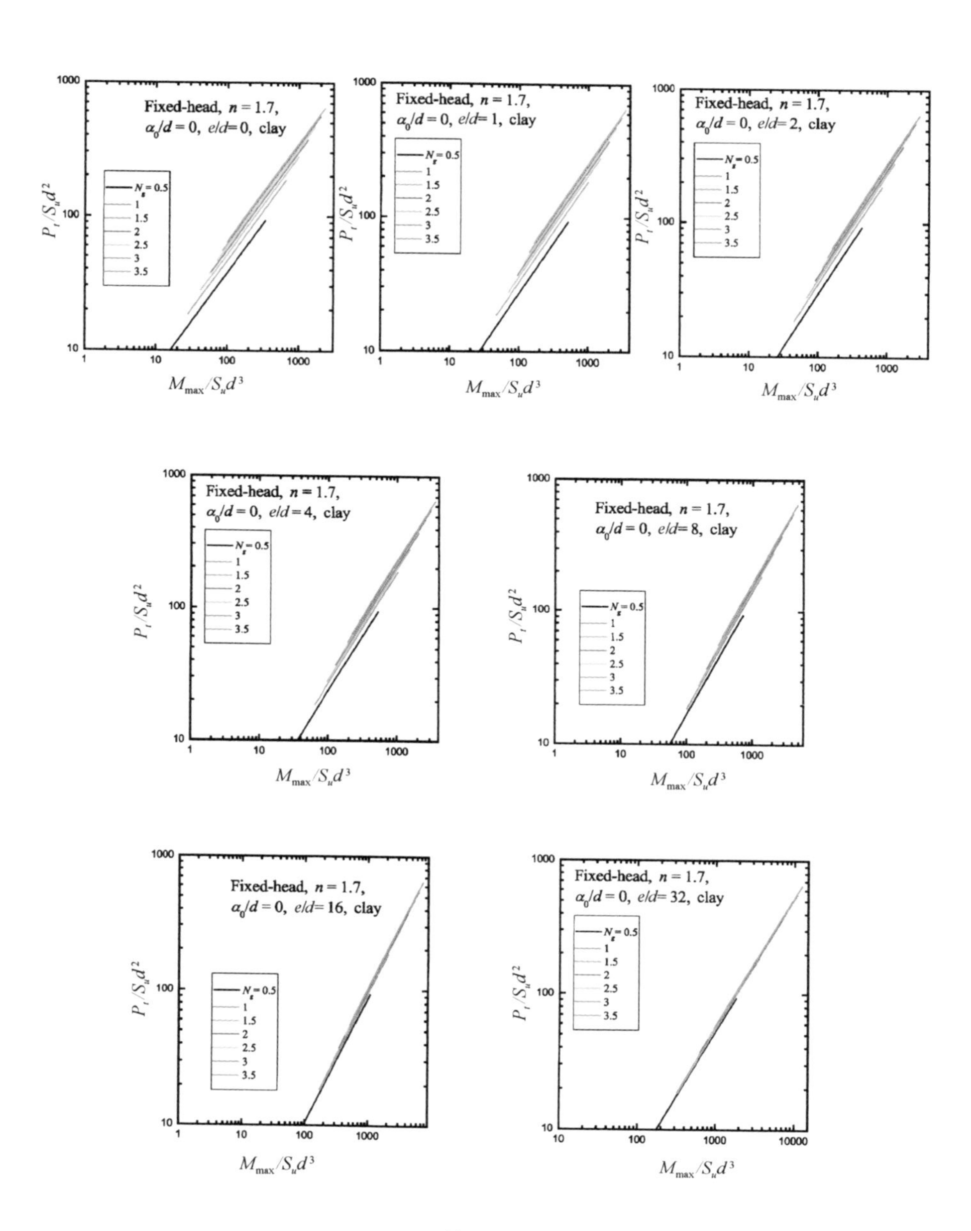
Fixed-head, n = 1.7,
α_0/d = 0, e/d = 0, clay
Fixed-head, n = 1.7,
α_0/d = 0, e/d = 1, clay
Fixed-head, n = 1.7,
α_0/d = 0, e/d = 2, clay
Fixed-head, n = 1.7,
α_0/d = 0, e/d = 4, clay
Fixed-head, n = 1.7,
α_0/d = 0, e/d = 8, clay
Fixed-head, n = 1.7,
α_0/d = 0, e/d = 16, clay
Fixed-head, n = 1.7,
α_0/d = 0, e/d = 32, clay
N_g = 0.5
1
1.5
2
2.5
3
3.5
$P_t/S_u d^2$
$M_{max}/S_u d^3$

(c) $n = 1.7$

(II) ($\alpha_0 = 0.2$)

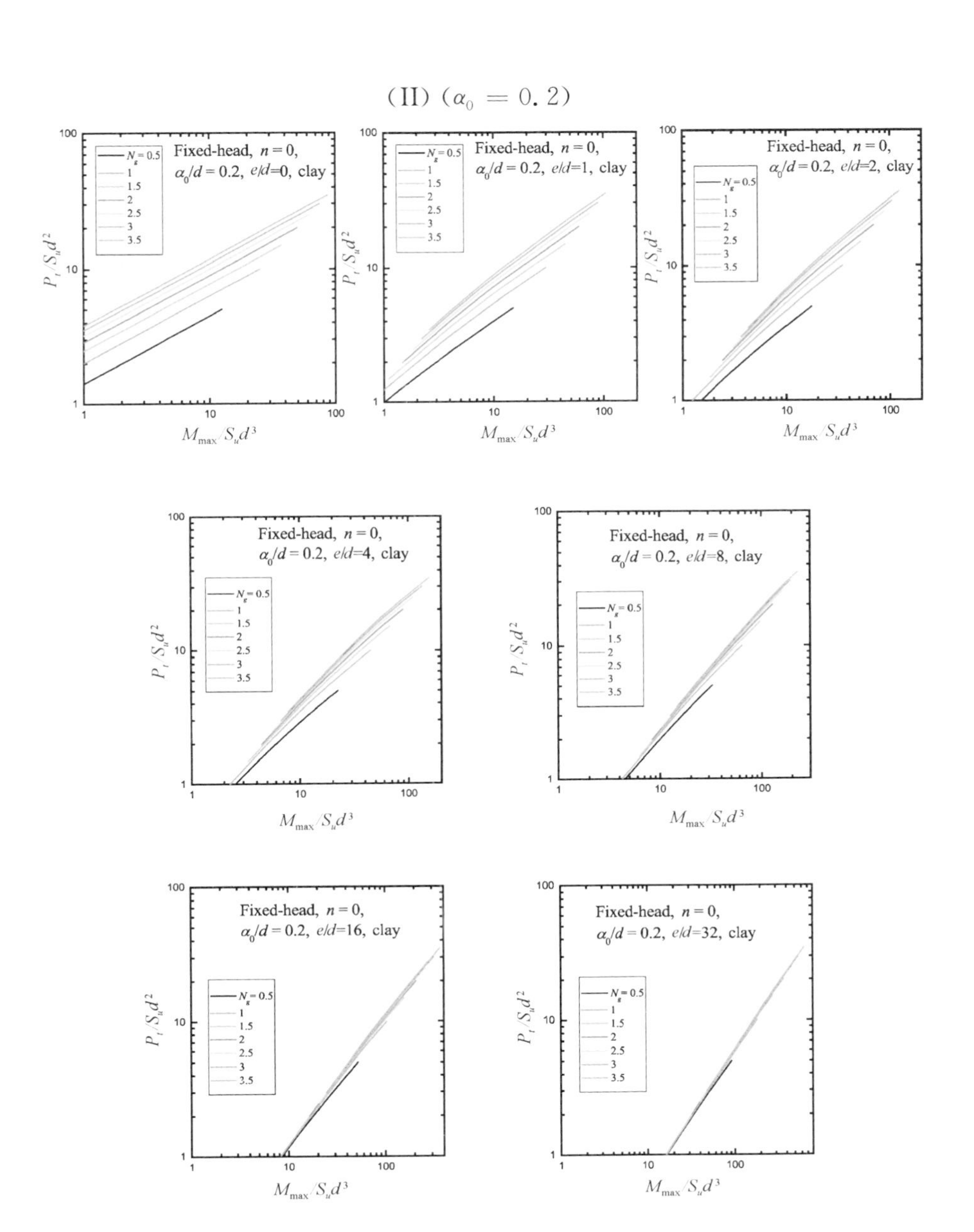

(a) $n = 0$

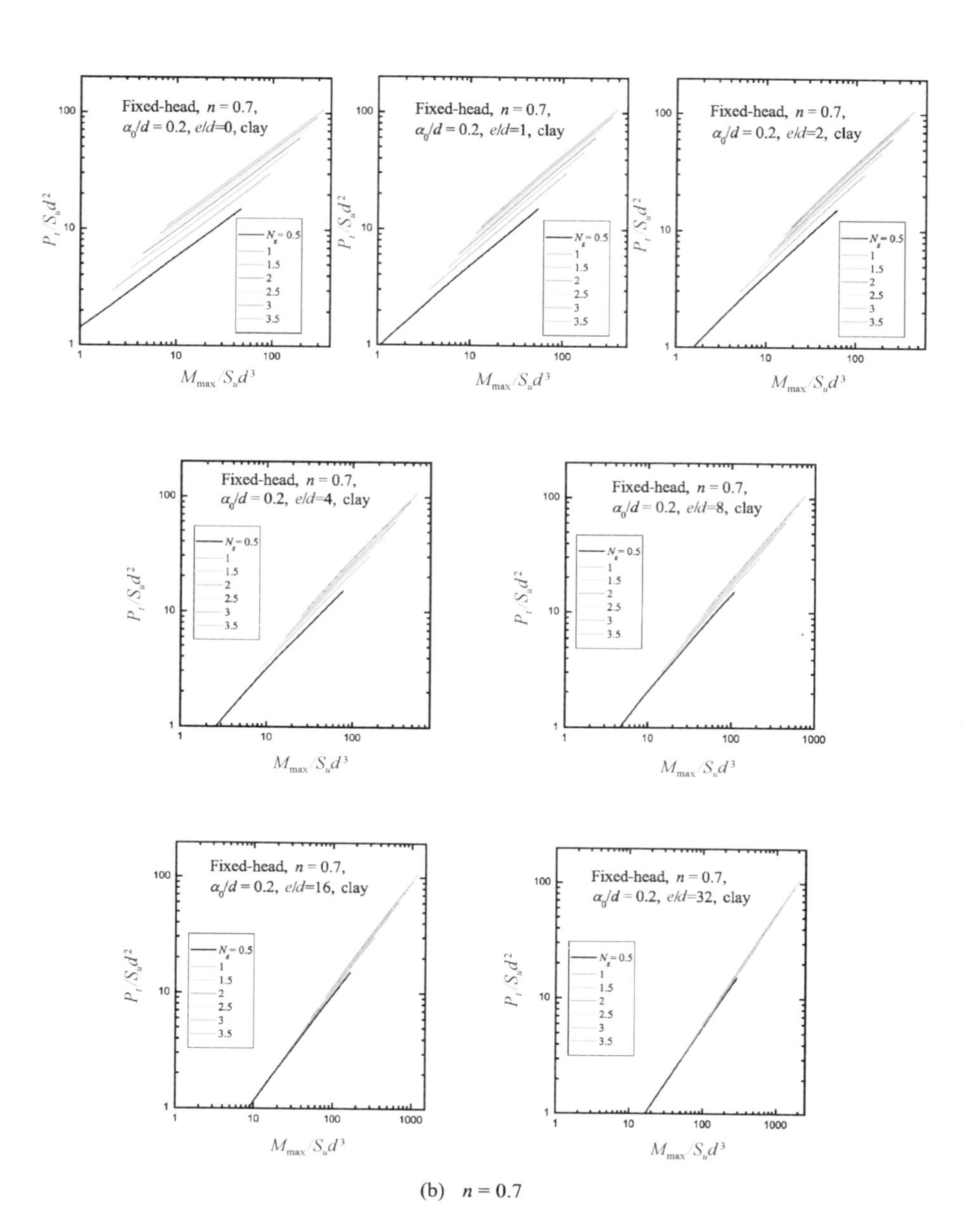

Fixed-head, n = 0.7, α0/d = 0.2, e/d=0, clay
Fixed-head, n = 0.7, α0/d = 0.2, e/d=1, clay
Fixed-head, n = 0.7, α0/d = 0.2, e/d=2, clay
Fixed-head, n = 0.7, α0/d = 0.2, e/d=4, clay
Fixed-head, n = 0.7, α0/d = 0.2, e/d=8, clay
Fixed-head, n = 0.7, α0/d = 0.2, e/d=16, clay
Fixed-head, n = 0.7, α0/d = 0.2, e/d=32, clay
Ng = 0.5
1
1.5
2
2.5
3
3.5
Pt/Sud2
Mmax/Sud3

(b) $n = 0.7$

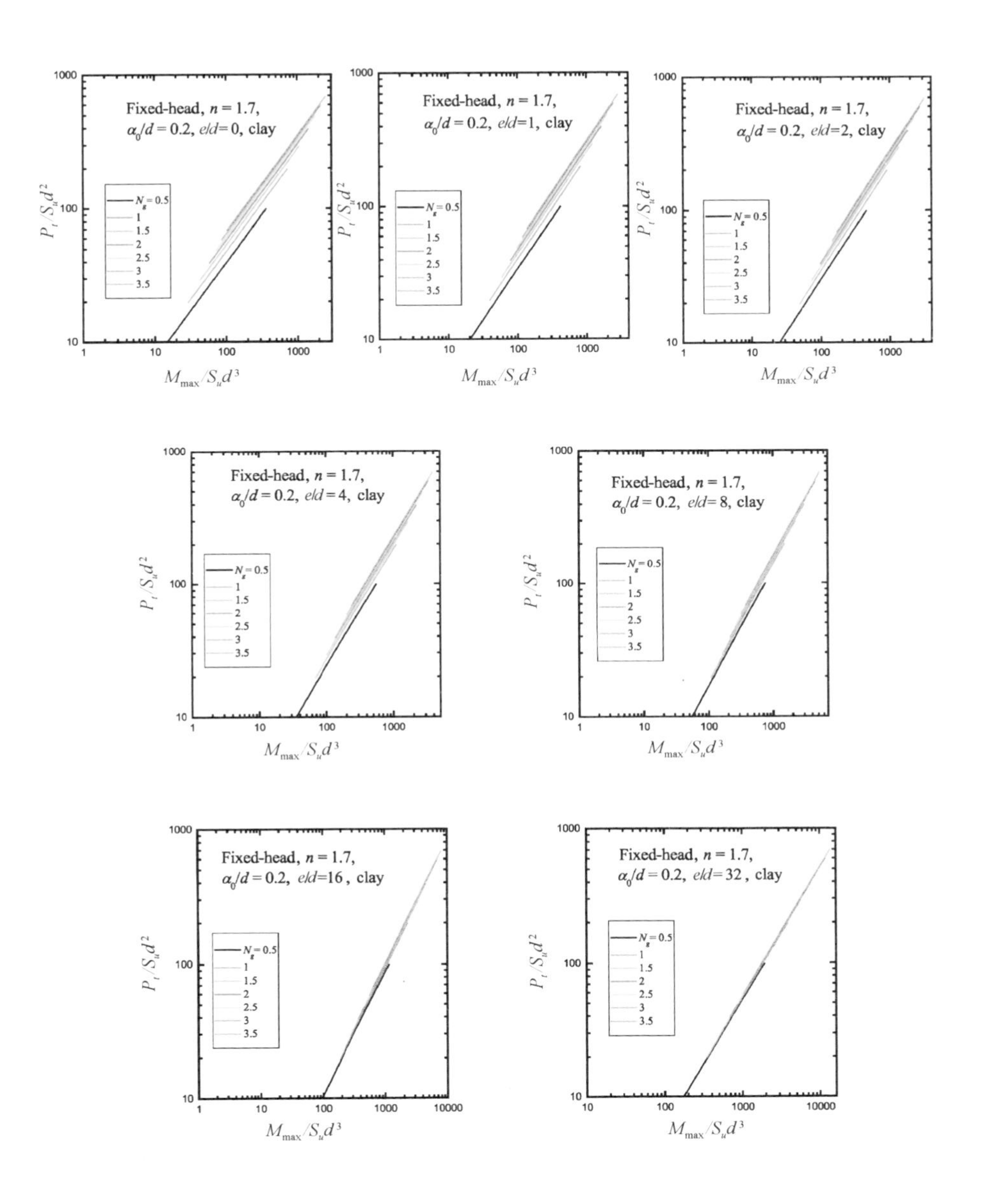
Fixed-head, n = 1.7,
α0/d = 0.2, e/d= 0, clay
Fixed-head, n = 1.7,
α0/d = 0.2, e/d=1, clay
Fixed-head, n = 1.7,
α0/d = 0.2, e/d=2, clay
Fixed-head, n = 1.7,
α0/d = 0.2, e/d = 4, clay
Fixed-head, n = 1.7,
α0/d = 0.2, e/d= 8, clay
Fixed-head, n = 1.7,
α0/d = 0.2, e/d=16 , clay
Fixed-head, n = 1.7,
α0/d = 0.2, e/d= 32 , clay
Ng = 0.5
1
1.5
2
2.5
3
3.5
Pt/Sud2
Mmax/Sud3

(c) $n = 1.7$

(III) ($\alpha_0 = 0.4$)

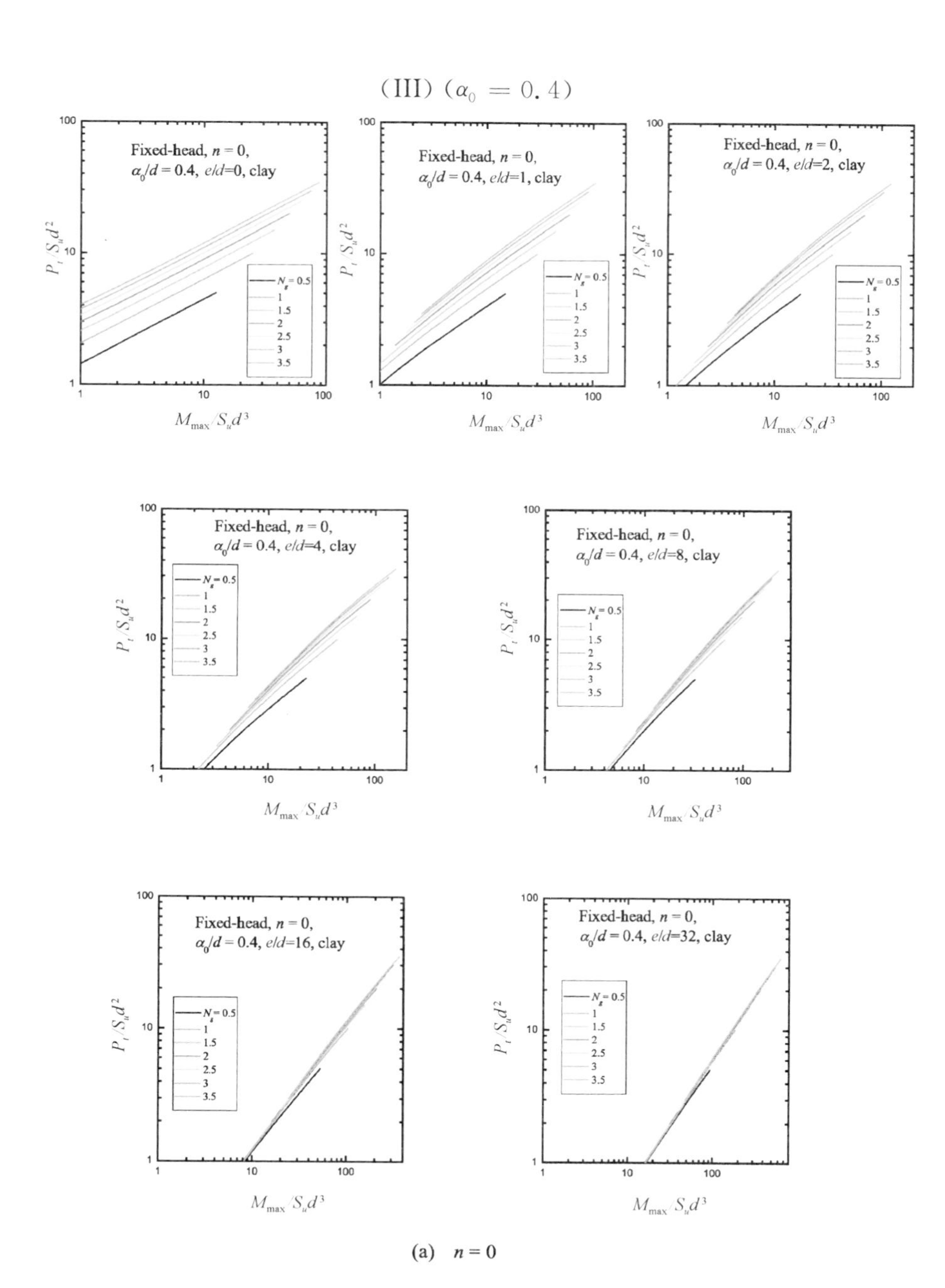

(a) $n = 0$

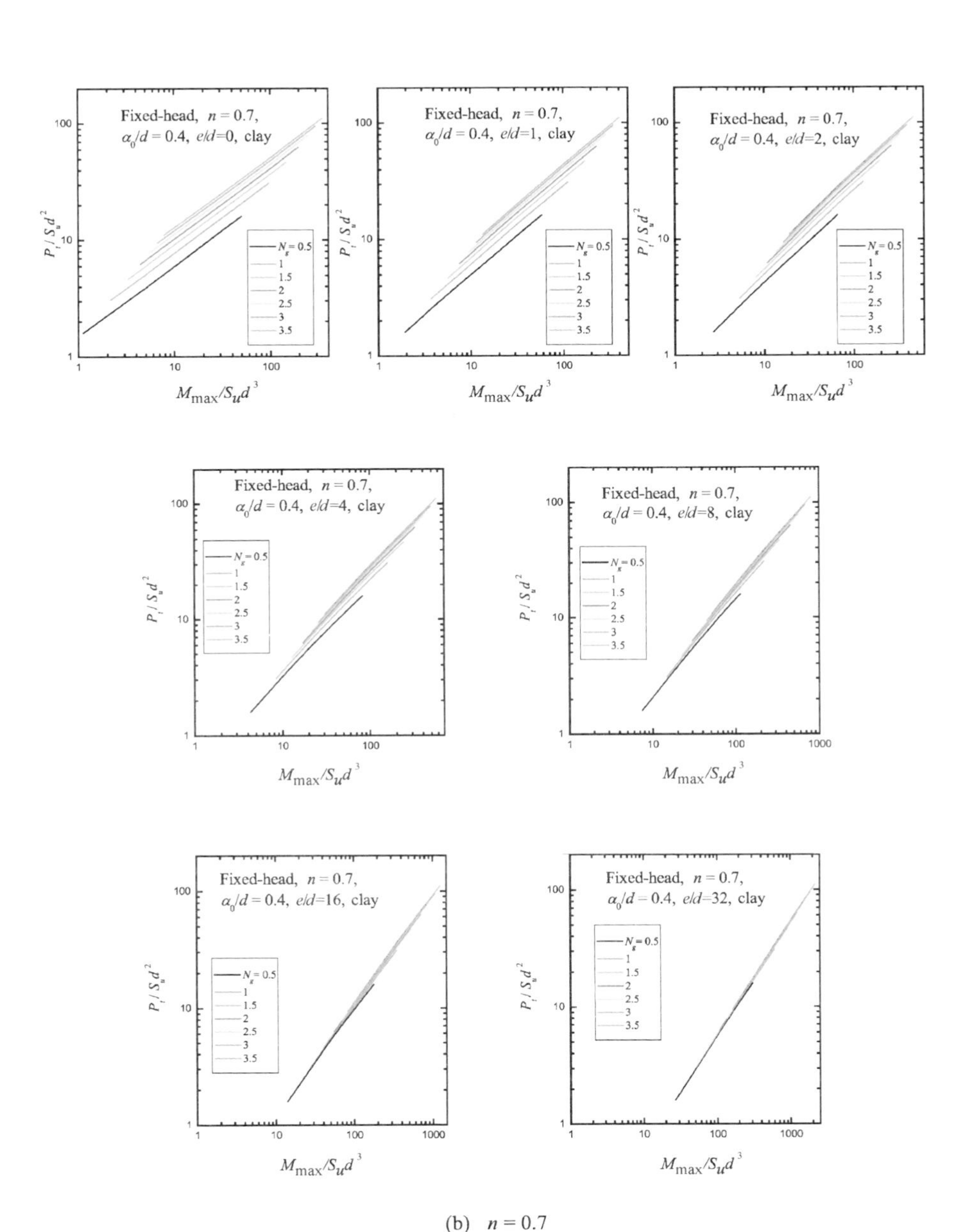
Fixed-head, n = 0.7,
α0/d = 0.4, e/d=0, clay
Fixed-head, n = 0.7,
α0/d = 0.4, e/d=1, clay
Fixed-head, n = 0.7,
α0/d = 0.4, e/d=2, clay
Fixed-head, n = 0.7,
α0/d = 0.4, e/d=4, clay
Fixed-head, n = 0.7,
α0/d = 0.4, e/d=8, clay
Fixed-head, n = 0.7,
α0/d = 0.4, e/d=16, clay
Fixed-head, n = 0.7,
α0/d = 0.4, e/d=32, clay
Ng = 0.5
1
1.5
2
2.5
3
3.5
Pt/Sud2
Mmax/Sud3

(b) $n = 0.7$

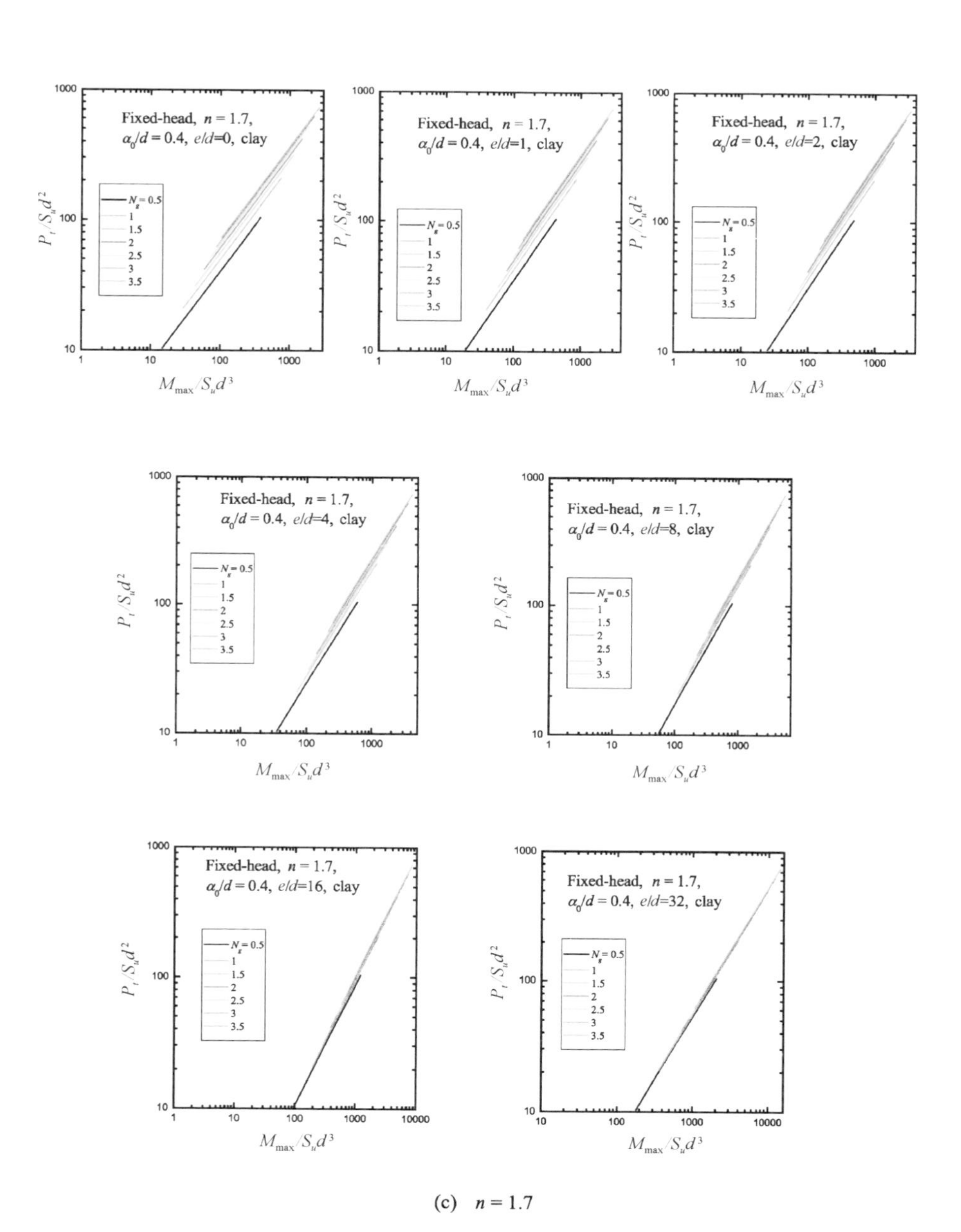
Fixed-head, $n = 1.7$, $\alpha_0/d = 0.4$, e/d=0, clay
Fixed-head, $n = 1.7$, $\alpha_0/d = 0.4$, e/d=1, clay
Fixed-head, $n = 1.7$, $\alpha_0/d = 0.4$, e/d=2, clay
Fixed-head, $n = 1.7$, $\alpha_0/d = 0.4$, e/d=4, clay
Fixed-head, $n = 1.7$, $\alpha_0/d = 0.4$, e/d=8, clay
Fixed-head, $n = 1.7$, $\alpha_0/d = 0.4$, e/d=16, clay
Fixed-head, $n = 1.7$, $\alpha_0/d = 0.4$, e/d=32, clay
$N_g = 0.5$
1
1.5
2
2.5
3
3.5
$P_t/S_u d^2$
$M_{max}/S_u d^3$

(c) $n = 1.7$

附录 I　岩石中线性单桩的静力特性

（图中 Measured—实测，除了 FDLLP 采用程序 FDLLP 分析外，其他均为采用 GASLFP 分析结果）

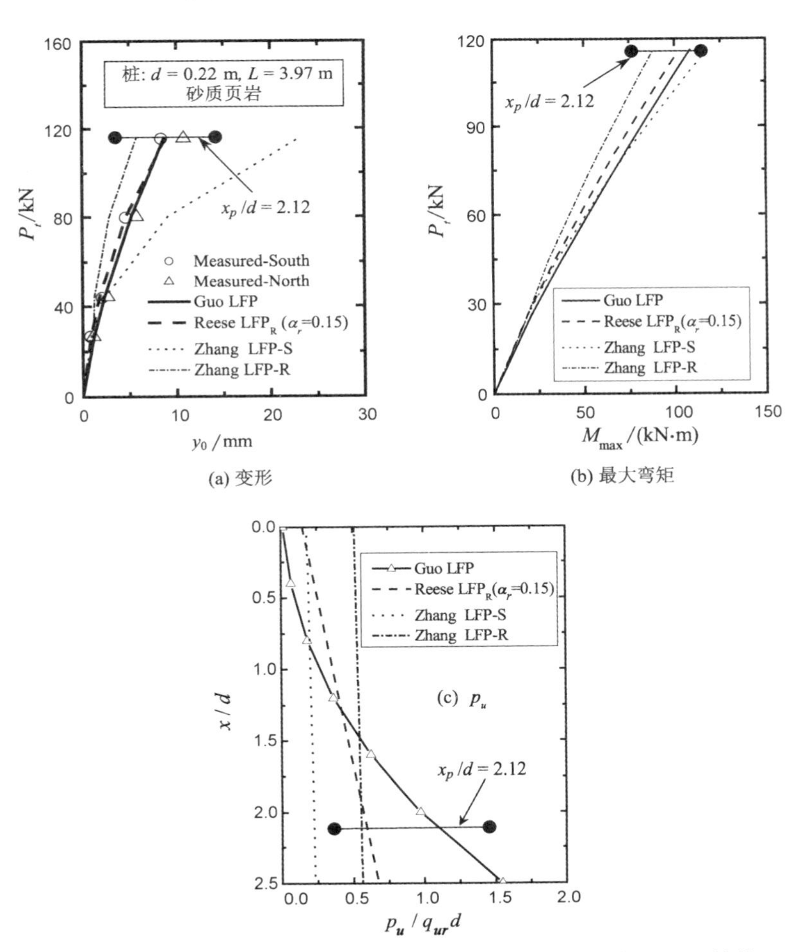

图 I-1　Kansas 砂质页岩(Frantzen & Stratton, 1987)中桩的 LFP 和性状, RS1

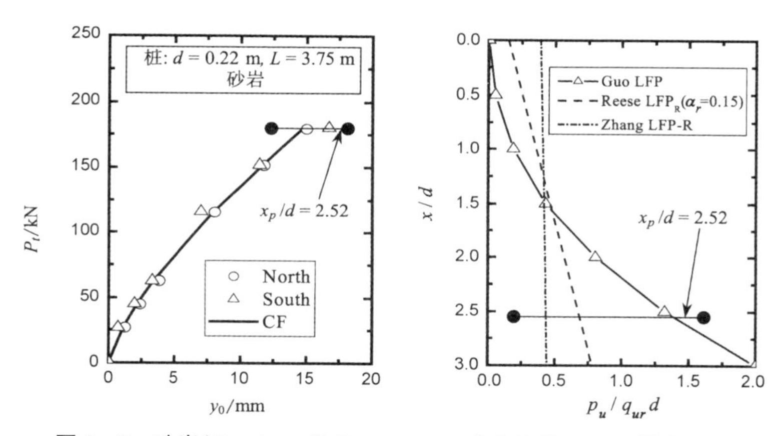

图 I-2　砂岩(Frantzen & Stratton, 1987)中桩的 LFP 和性状, RS2

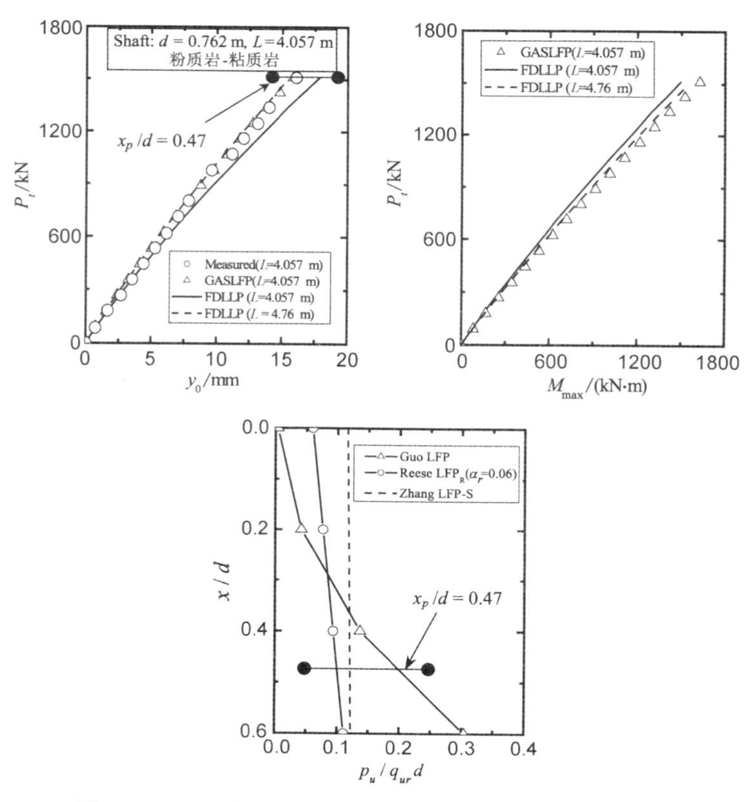

图 I-3　I-40 长桩试验(Nixon, 2002)的 LFP 和性状, RS3

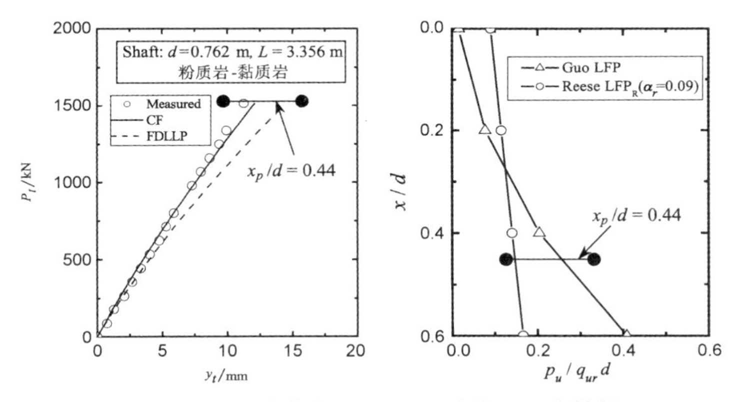

图 I－4　I－40 短桩试验(Nixon,2002)的 LFP 和性状,RS4

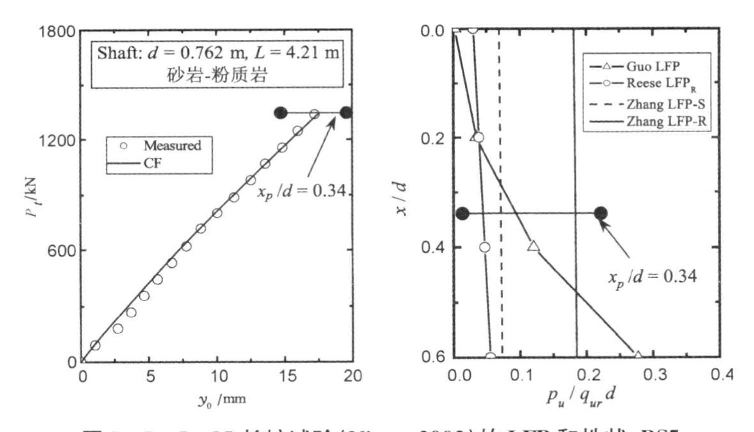

图 I－5　I－85 长桩试验(Nixon,2002)的 LFP 和性状,RS5

注：San Francisco (RS6)和 Islamorada (RS7)(Reese,1997)嵌岩桩试验的 LFP 和性状见第 6 章嵌岩桩非线性分析中的实例 RN1 和 RN2。

附录J 圆形和矩形截面桩 M_c 计算

圆形截面桩

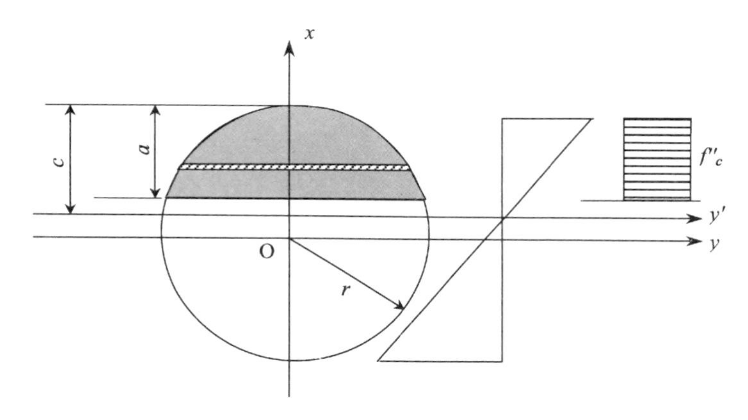

$$x^2 + y^2 = r^2$$

$$y = \sqrt{r^2 - x^2}, \ \mathrm{d}A = 2y\mathrm{d}x = 2\sqrt{r^2 - x^2}\mathrm{d}x,$$

$$dF = f_c''\mathrm{d}A, \ \mathrm{d}M = f_c''\mathrm{d}A \cdot (x - r + c)$$

$$M_c = \int_{r-a}^{r} 2f_c''(x - r + c)\sqrt{r^2 - x^2}\mathrm{d}x = 2f_c''\int_{r-a}^{r}(x - r + c)\sqrt{r^2 - x^2}\mathrm{d}x$$

$$x = r\sin t, \ t = \arcsin(x/r), \ dx = r\cos t\,\mathrm{d}t$$

$$M_c = 2f_c''\int_{r-a}^{r}(r\sin t - r + c)\sqrt{r^2 - (r\sin t)^2}\mathrm{d}x$$

$$= 2f_c''\int_{r-a}^{r}(r\sin t - r + c)\sqrt{r^2 - (r\sin t)^2}\mathrm{d}(r\sin t)$$

$$= 2r^2 f_c''\int_{r-a}^{r}(r\sin t - r + c)\cos^2 t\,\mathrm{d}t$$

$$= 2r^2 f_c'' \int_{r-a}^{r} (r\sin t - r + c)(1 - \sin^2 t)\mathrm{d}t$$

$$= 2r^2 f_c'' \int_{r-a}^{r} [r\sin t - r\sin^3 t + (r-c)\sin^2 t - (r-c)]\mathrm{d}t$$

$$= 2r^2 f_c'' \int_{r-a}^{r} [\sin t - r\sin^3 t + (r-c)\sin^2 t - (r-c)]\mathrm{d}t$$

$$= 2r^2 f_c'' \cdot \left\{ -r\cos t - r\left(-\frac{\sin^2 t\cos t}{3} - \frac{2}{3}\cos t \right) + (r-c)(-\sin t\cos t \right.$$

$$\left. + t)/2 - (r-c)t \right\}$$

$$= 2r^2 f_c'' \cdot \left\{ -r\cos t - r\left(-\frac{\sin^2 t\cos t}{3} - \frac{2}{3}\cos t \right) + (r-c)(-\sin t\cos t \right.$$

$$\left. + t)/2 - (r-c)t \right\}$$

$$= 2r^2 f_c'' \cdot \left\{ -\frac{1}{3}r\cos t + r\sin^2 t\cos t/3 - (r-c)\sin t\cos t/2 - \frac{1}{2}(r-c)t \right\}$$

$$M_c = M_c(t_1 = \pi/2) - M_c(t_2 = \arcsin[(r-a)/r])$$

$$M_c = \frac{1}{3}r\sqrt{1-\left(\frac{r-a}{r}\right)^2} + r\left(\frac{r-a}{r}\right)^2\sqrt{1-\left(\frac{r-a}{r}\right)^2}/3 + (r-c)\frac{r-a}{r}$$

$$\sqrt{1-\left(\frac{r-a}{r}\right)^2}/2 + \frac{r-c}{2}\arcsin\left(\frac{r-a}{r}\right) - \frac{\pi(r-c)}{4}$$

$$= \left[\frac{a}{3r}\left(2-\frac{a}{r}\right) + \frac{1}{2}\left(1-\frac{c}{r}\right)\left(1-\frac{a}{r}\right)\right]\sqrt{2ra-a^2}$$

$$+ \frac{r-c}{2}\arcsin\left(\frac{r-a}{r}\right) - \frac{\pi(r-c)}{4}$$

$$M_c = 2r^2 f_c''\left\{\left[\frac{a}{3r}\left(2-\frac{a}{r}\right) + \frac{1}{2}\left(1-\frac{c}{r}\right)\left(1-\frac{a}{r}\right)\right]\sqrt{2ra-a^2}\right.$$

$$\left. + \frac{r-c}{2}\arcsin\left(\frac{r-a}{r}\right) - \frac{\pi(r-c)}{4}\right\} \tag{6-9}$$

矩形截面桩

$$\mathrm{d}A = b\mathrm{d}x,\ \mathrm{d}F = f_c'' \mathrm{d}A,\ \mathrm{d}M = f_c'' b(x - h/2 + c)\mathrm{d}x$$

$$M_c = \int_{h/2-a}^{h/2} f_c'' b(x - h/2 + c)\mathrm{d}x$$

$$M_c = f_c'' ab(2c - a)/2 \tag{6-10}$$

式中,b 为矩形截面桩的宽度。

参考文献

[1] ACI (American Concrete Institute). ACI manual of concrete practice — Part 4: Bridges, substructures, sanitary, and other special structures-structural properties [Z]. Detroit. 1993.

[2] Akinmusuru J O. Horizontally loaded vertical plate anchors in sand[J]. Journal of the Geotechnical Engineering Division (J. Geotech. Engrg. Div.), 1978, 104(2): 283 - 286.

[3] Allen J D, Reese L C. Small scale tests for the determination of p - y curves in layered soils[M]. Proc. of 12th Offshore Technology Conference 3747. Dallas, Tex., 1980 (2): 109 - 111.

[4] Alizadeh M, Davisson M T. Lateral Load tests on piles — Arkansas river project[J]. Journal of the soil mechanics and foundations division, 1970, 96(5): 1583 - 1604.

[5] Anderson J B, Townsend F C, Grajales B. Case history evaluation of laterally loaded piles[J]. Journal of Geotechnical and Geoenvironmental Engineering, 2003, 129(3): 187 - 196.

[6] API (American Petroleum Institute). Recommended practice for planning, designing and constructing fixed offshore platforms-working stress design[R]. Report RP 2A-WSD, 21th Edition. (美国石油研究所)2000.

[7] AS 3600. Australian standards on concrete structures[S]. Cement and Concrete Association of Australia and Standards Australia, Sydney. 1994.

[8] Ashour M A, Morris G, Pilling P. Lateral loading of a pile in layered soil using the strain wedge model[J]. J. Geotech. Geoenviron. Engrg., 1998, 124(4): 305 - 315.

[9] Ashour M, Norris G. Modeling lateral soil-pile response based on soil-pile interaction [J]. J. Geotech. Geoenviron. Engrg., 2000, 126(5): 420 - 428.

[10] Audibert J M E & Stevens J B. Re-examination of p - y curve formulations[C]. 11th Annual OTC. 1979.

[11] Audibert J M E, Nyman K J. Soil restraint against horizontal motion of pipes[J]. Proceedings of the Geotech. Engrg. Div., 1977, 103(10): 1119 - 1142.

[12] Baguelin F, Franke R, Said Y H. Theoretical study of lateral reaction mechanism of piles[J]. Geotechnique, 1977, 27(3): 405 - 434.

[13] Baguelin F, Frank R, Jezequel J F. Parameters for friction piles in marine soils[C]. Proc., 2nd Int. Conf. Numerical Meth. in Offshore Piling, Inst. Civ. Engrs., and Univ. of Texas, Austin, 1982: 197 - 214.

[14] Banerjee P K, Davies T G. The behaviour of axially and laterally loaded single piles embedded in non-homogeneous soils[J]. Geotechnique, 1978, 28(3): 309 - 326.

[15] Barton Y O. Laterally loaded model piles in sand: centrifuge tests and finite element analyses[D]. University of Cambridge. 1982.

[16] Beckett D, Alexandrou A. Introduction to Eurocode 2 (EC 2): Design of concrete structures[M]. London, E & FN Spon, 1997.

[17] Bhushan K, Askari S. Lateral load tests on drilled pier foundations for solar plant heliostats[J]. Laterally loaded piles, ASTM STP 835, J. A. Langer (ed.), ASTM, 1984: 141 - 155.

[18] Bieniawski Z T. Engineering rock mass classifications[M]. New York: John Wiley & Sons 1989.

[19] Biot M A. Bending of an infinite beam on an elastic foundation[J]. Journal of Applied Mechanics, Trans. Am. Soc. Mech. Engrs., 1937, 59: A1 - A7.

[20] Bowles J E. Foundation analysis and design[M]. New York, Mcgraw-Hill, 4th edn. 1988.

[21] Briaud J L, Tucker L. Coefficient of variation of in situ tests in sand[M]. FHWA-2, Texas A&M University, FHWA, Texas. 1983.

[22] Briaud J L. The pressuremeter. A. A. Balkema, Rotterdam, Netherlands. 1992.

[23] Broms B. Lateral resistance of piles in cohesive soils[J]. J. Soil Mech. and Found. Div., ASCE, 1964a, 90(2): 27 - 63.

[24] Broms B. Lateral resistance of piles in cohesiveless soils[J]. J. Soil Mech. and Found. Div., ASCE, 1964b, 90(3): 123 - 156.

[25] Brown D A, Reese L C. Behavior of a large-scale pile group subjected to cyclic lateral loading[R]. Report to the Minerals Management Services, U. S. Dept. of Interior, Reston, VA. Dept. of Research, FHWA, Washington DC and U. S. Army Engineer Waterways Experiment Station, Vicksburg, Mississippi. 1985.

[26] Brown D A, Reese L C, O'Neill M W. Cyclic lateral loading of a large-scale pile group [J]. Journal of the Geotechnical Engineering Division ASCE, 1987, 113 (11):

1326 - 1343.

[27] Brown D A, Morrison C, Reese L C. Lateral load behavior of pile group in sand[J]. J. Geotech. Engrg. Div., ASCE, 1988, 114(11): 1261 - 1276.

[28] Brown D A, et al. Static and dynamic lateral loading of pile groups[R]. NCHRP Report No. 461, Transportation Research Board, Washington, USA. 2001.

[29] BSI (British Standards Institution) Structural use of concrete[S]. BS 8110, London, Parts 1 - 3. 1985.

[30] Budhu M, Davies T G. Analysis of laterally loaded piles in soft clays[J]. J. Geotech. Engrg. Div., ASCE, 1988, 114(1): 21 - 39.

[31] Canadian Geotechnical Society. Canadian Foundation Engineering Manual[M]. 2nd ed., The Foundations Committee, Canadian Geotechnical Society. 1985.

[32] Cappozzoli L. Pile test program at St. Gabriel, Louisiana[M]. Louis J. Cappozzolli & Associates (unpublished). 1968.

[33] Committee on piles subjected to earthquake. Lateral bearing capacity and dynamic behavior of pile foundation[J]. Architectural institute of Japan (in Japan). 1965: 1 - 69.

[34] Cox W R, Reese L C, Grubbs B R. Field testing of laterally loaded piles in sand[C]. Proceeding 6th Annual OTC, Houston, Tex., 2, 1974: 459 - 472.

[35] Cox W R, Dixon D A, Murphy B S. Lateral-load tests on 25.4mm (1in.) diameter piles in very soft clay in side-by-side and in-line groups[J]. Proc. Laterally Loaded Deep Found.: Anal. and Perf., SPT 835, ASTM, West Conshohochen, Pa., 1984: 122 - 139.

[36] COM624P: Wang S T, Reese L C. COM624P-Laterally loaded pile analysis program for the microcomputer[M]. Federal Highway Administration Publ. No. FHWA-SA-91 - 048, 1993.

[37] D'Appolonia D J, Poulos H G, Ladd C C. Initial settlement of structures on clay[J]. J. Soil Mech. and Found. div., ASCE, 1971, 97(SM10): 1359 - 1377.

[38] Das B M. Pullout resistance of vertical anchors[J]. J. Geotech. Engrg. Div., ASCE, 1975, 101(1): 87 - 91.

[39] Das B M, Seeley G R. Passive resistance of inclined anchors in sand[J]. J. Geotech. Engrg. Div., ASCE, 1975, 101(3): 353 - 356.

[40] Das B M, Moreno R, Dallo K F. Ultimate pullout capacity of shallow vertical anchors in clay[J]. Soils and Foundations (Soils and Found.), Japan, 1985, 25(2): 148 - 152.

[41] Davies T G, Budhu M. Non-linear analysis of laterally loaded piles in heavily

overconsolidated clays[J]. Geotechnique, 1986, 36(4): 527 - 538.

[42] Davisson M, Salley J. Model study of laterally loaded piles[J]. J. Soil Mech. and Found. Div., ASCE, 1970, 96(5): 1605 - 1627.

[43] Davisson M T, Gill H L. Laterally loaded piles in a layered soil system[J]. J. Soil Mech. and Found. Div, ASCE, 1963, 89(SM3): 63 - 94.

[44] Dawson T H. Simplified analysis of offshore piles under cyclic lateral loads[J]. Ocean Engineering, 1980, 7: 553 - 562.

[45] De Beer E E. The effects of horizontal loads on piles due to surcharge or seismic effects [C]. Proc. 9 th ICSMFE, Tokyo, 1977,3: 547 - 558.

[46] Dickin E A, Leung C F. Centrifugal model tests on vertical anchor plates[J]. J. Geotech. Engrg. Div., ASCE, 1983, 109(12): 1503 - 1525.

[47] Dickin E A, Leung C F. Evaluation of design methods for vertical anchor plates[J]. J. Geotech. Engrg., ASCE, 1985, 111(4): 500 - 520.

[48] Duncan J M, Buchignani A L. An engineering manual for settlement studies. Department of civil Engineering, University of California, Berkeley, 1976: 94.

[49] Dunnavant T W, O'Neill M W. Experimental p - y model for submerged stiff clay[J]. J. Geotech. Engrg. Div., ASCE, 1989, 115(1): 95 - 114.

[50] Dyson G J, Randolph M F. Monotonic lateral loading of piles in calcareous sand[J]. J. Geotech. Geoenviron. Engrg., ASCE, 2001, 127(4): 346 - 352.

[51] EC2 (EuroCode 2), Design of concrete structures—Part 1 - 1: General rules and rules for buildings[Z]. ENV 1992 - 1 - 1, Brussels, Belgium. 1992.

[52] Elson W K. Design of laterally-loaded piles[R]. CIRIA report 103, Construction Industry Research and Information Association (CIRIA), London, 86. 1984.

[53] FHWA. COM624P-laterally loaded pile analysis program for the microcomputer[R]. Report No. FHWA-SA-91 - 048, Washington, D. C., USA. 1993.

[54] Fleming W G K, Randolph A J, Elson W K. Piling engineering[M]. London. Surrey University Press, 1992.

[55] Focht J A, Jr, Kock K J. Rational analysis of the lateral performance of offshore pile groups[C]. Proc. of 5 th OTC, Dallas, 1973, 2: 701 - 708.

[56] Focht J A, McClelland B. Analysis of laterally loaded piles by difference equation solution[J]. The Texas Engineer, Texas Section, ASCE. 1955.

[57] FLPIER: McVay M, Hays C & Hiot M. User's manual for Florida Pier, Version 5.0[Z]. Department of Civil Engineering, University of Florida. 1996.

[58] Francis A J. Analysis of pile groups with flexural resistance[J]. J. Soil Mech. and Found. div., ASCE, 1964, 90(SM3): 1 - 32.

[59] Franke E. Group action between vertical piles under horizontal loads[J]. Proc. of the 1st Int. Geotechnical Seminar on Deep Foundations on Bored and Auger Piles, Ghent, Belgium, 1988: 83 - 93.

[60] Frantzen J, Stratten F W. Final report: p - y curve data for laterally loaded piles in shale and sandstone [R]. Report No. FNWA-KS-87-2, Kansas Department of Transportation (DOT), Topeka, Kansas. 1987.

[61] Gabr M A, Borden R H. Analysis of load deflection response of laterally loaded piers using DMT[J]. Int. Symp. Penetration Testing, ISOPT-1, Orlando, Fla., March, 1988: 245 - 253.

[62] Gandhi S R, Selvam S. Group effect on driven piles under lateral load[J]. J. Geotech. Geoenviron. Engrg., ASCE, 1997, 123(8): 702 - 709.

[63] Gazioglu S M, O'Neill M W. Evaluation of p - y relationships in cohesive soils[J]. Analysis and design for pile foundations. ASCE, J. R. Meyer, ed., 1984: 192 - 213.

[64] Ghaly A M. Load-displacement prediction for horizontally loaded vertical plates[J]. J. Geotech. Geoenviron. Engrg., ASCE, 1997, 123(1): 74 - 76.

[65] Gill H L. Soil-pile interaction under lateral loading[C]. In situ investigations in soils and rocks. Proc. of the Conference organized by the British Geotechnical Society in London, 13 - 15, May, 1969: 221 - 227.

[66] Gleser S M. Generalized behaviour of laterally loaded vertical piles[J]. Laterally loaded deep foundations: Analysis and Performance, ASTM STP 835, 1984: 72 - 96.

[67] Gluskov G N. Design of installations embedded in soil [M]. Moscow. Stroiizdat, 1977.

[68] Golait Y S, Katti R K. Stress-strain idealization of Bombay High calcareous soils[C]. Proc. 8th Asian Reg. Conf., ICC 86, 1987, 2: 173 - 177.

[69] Golait Y S, Katti R K. Some aspects of behavior of piles in calcareous soil media under offshore loading conditions[J]. In Jewell and Andrews (eds), Proc. of Engineering for calcareous sediments. Balkema, Rotterdam. 1988: 199 - 207.

[70] Golightly C R, Hyde A F L. Some fundamental properties of carbonate sands[J]. In Jewell and Andrews (eds), Proc. of Engineering for calcareous sediments. Balkema, Rotterdam. 1988: 69 - 78.

[71] Guo W D. Subgrade modulus for laterally loaded piles [C]. Proc. of the 8th International Conference Civil and Structural Engineering Computing, CIVIL-COMP2001, Eisenstadt, nrVienna, Austria. 2001a.

[72] Guo W D. Lateral pile response due to interface yielding [C]. Proc. of the 8th International Conference Civil and Structural Engineering Computing, CIVIL-

COMP2001, Eisenstadt, nrVienna, Austria. 2001b.

[73] Guo W D, Lee F H. Theoretical load transfer approach for laterally loaded piles[J]. International Journal of Numerical and Analytical Methods in Geomechanics, 2001, 25(11): 1101 - 1129.

[74] Guo W D. On critical depth and lateral pile response[J]. J. Geotech. Geoenviron. Engrg., ASCE, New York (tentatively accepted). 2002.

[75] Guo W D. Fixed-head laterally loaded pile[J]. International Journal of Numerical and Analytical Methods in Geomechanics, under review. 2004.

[76] Guo W D, Zhu B T. Laterally Loaded Fixed-head piles in Sand[C]. Proc. of the 9th Australia New Zealand Conference on Geomechanics, 8 - 11 February, 2004 Auckland, New Zealand: 2004: 88 - 94.

[77] Habibagahi K, Langer J A. Horizontal subgrade modulus on Granular soils[J]. Laterally loaded Deep Foundations: Analysis and Performance, ASTM, STP 835, American Society for Testing and Materials, 1984: 21 - 34.

[78] Hansen B J. The ultimate resistance of rigid piles against transversal forces[J]. Bulletin 12. The Danish Geotechnical Institute, Copenhagen, Denmark, 1961: 5 - 9.

[79] Hetenyi M. Beams on elastic foundations[M]. Ann Arbor. University of Michigan Press. 1946.

[80] Hoek E. Citing online sources: Practical Rock engineering [online]. http://www.rockscience.com/hoek/Practical RockEngineering.asp [cited 10 April 2004]. 2000.

[81] Hoek E, Brown E T. The Hoek-Brown criterion - a 1988 update. Proc. 15th Can. Rock Mech. Symp., University of Toronto, Toronto, 1988: 31 - 38.

[82] Hoek E, Kaiser P K, Bawden W F. Support of underground excavations in hard rock [M]. The Netherlands. Balkema, Rotterdam, 1995.

[83] Hsu T C. Unified theory of reinforced concrete[J]. CRC Press, Inc., Boca Raton, Florida, USA. 1993.

[84] Huang A B, O'Neill M W, Chern S, Chen C. Effects of construction on laterally loaded pile groups[J]. J. Geotech. Engrg. Div., ASCE, 2001, 127(5): 385 - 397.

[85] Hudson M J, Mostyn G, Wiltsie E A, Hyden A M. Properties of near surface Bass Strait soils[J]. Proc. of Engineering for calcareous sediments, Jewell and Andrews (eds), Balkema, Rotterdam: 1988: 25 - 34.

[86] Ismael N F. Behavior of laterally loaded bored piles in cemented sands[J]. J. Geotech. Geoenviron. Engrg., ASCE, 1990, 116(11): 1678 - 1699.

[87] Ito T, Matsui T. Methods to estimate lateral force acting on stabilizing piles[J]. Soils and Foundations (Soils and Found.), Japan, 1975, 15(4): 43 - 59.

[88] Jamiolkowski M, Garassino A. Soil modules for laterally loaded piles[C]. Proc. 9th International Conference on Soil Mechanics and Foundation Engineering (ICSMFE), Tokyo, 1977: 41-58.

[89] Jamiolkowski M, Ladd C C, Germaine J T, Lancellotta R. New development in field and laboratory testing of soils[J]. Proc., 11th ICSFME, San Francisco, 1985, 1: 57-154.

[90] Jeong S S, Won J O, Lee J H. Simplified 3D analysis of laterally loaded pile groups [C]. Proc. of 2003 TRB Annual Conference. 2003.

[91] Kishida H, Nakai S. Large deflection of a single pile under horizontal load[C]. Proc. Specialty Session 10, 9th ICSMFE, Tokyo, 1977: 87-92.

[92] Kishida H, Suzuki H, Nakai S. Behaviour of a pile under horizontal cyclic loading[C]. Proc, 11th Inter. Conf. on SMFE, Balkema, Rotterdam, The Netherlands, 1985, 3: 1413-1416.

[93] Kubo K. Experimental study of the behavior of laterally loaded piles[R]. Report 12 (2), Transportation Technology Research Institute, Japan. 1964.

[94] Kubó K. Experimental study of the behavior of laterally loaded piles[C]. Proc. of the 6th ICSMFE, 2, Montreal, Canada. 1965.

[95] Kuhlemeyer R L. Static and dynamic laterally loaded floating piles[J]. J. Geotech. Engrg. Div., ASCE, 1979a, 105(2): 289-304.

[96] Kuhlemeyer R L. Bending element for circular beams and piles[J]. J. Geotech. Engrg. Div., ASCE, 1979b, 105(2): 325-330.

[97] Kulhawy F H, Mayne P W. Manual on estimating soil properties for foundation design [R]. Rep. EL-6800, Electric power Research Institute, Palo Alto, Calif., 1990: 5-1—5-25.

[98] Kulhawy F H, Mayne P W. Load-displacement behavior of laterally loaded rigid drilled shafts in clay[C]. Piling and Deep Foundations, Proc. of the 4th International conference on piling and deep foundations, Stresa, Italy, 7-12, April, 1995, 1991: 409-413.

[99] Levacher D. Laterally loaded pile groups in sands[C]. Piling: European practice and worldwide trends, Proc. of a conference organized by ICE, UK, London 7-9, 1992: 137-141.

[100] Levachev S N, Fedorovsky V G, Kurillo S V & Kolesnikov Y M. Piles in hydrotechnical engineering[J]. A. A. Balkema Publishers, 256 pp. 2002.

[101] Lui E M. Structural steel design[M]//W. F. Chen (ed.). Handbook of structural engineering. New York: CRC Press, 1997.

[102] Long J H, Reese L C. Testing and analysis of two offshore poles subjected to lateral loads[J]. Laterally Loaded Deep Foundations: Analysis and Performance, ASTM, STP 835, American Society for Testing and Materials, Philadelphia, Pa., 1984: 214 - 218.

[103] Long J, Maniaci M, Ball R. Results of lateral load tests on micropiles [J]. Geosupport 2004: Drilled shafts, micropiling, deep mixing, remedial methods, and specialty foundation systems, Geotechnical special publication No. 2004, 124: 122 - 133.

[104] Matlock H M, Reese L C. Generalized solutions for laterally loaded piles[J]. J. Soil Mech. and Found. Div., ASCE, 1960, 86(5): 63 - 91.

[105] Matlock H. Correlations for design of laterally loaded piles in soft clay[C]. Proc. 2nd OTC, OTC 1204, Houston, 1970, 1: 577 - 594.

[106] Mayne P W, Kulhawy F H, Trautmann C H. Laboratory modeling of laterally-loaded drilled shafts in clay [J]. J. Geotech. Engrg. Div., ASCE, 1995, 121(12): 827 - 835.

[107] McClelland B, Focht J A Jr. Soil modulus for laterally loaded piles[J]. Transactions, ASCE, 1958, 123: 1049 - 1086.

[108] McVay M, Bloomquist D, Vanderlinde D and Clausen J. Centrifuge modelling of laterally loaded pile groups in sands[J]. Geotech. Testing J. ASTM, 1994, 17(2): 129 - 137.

[109] McVay M C, Casper R, Shang T. Lateral response of three-row groups in loose to dense sands at 3D and 5D pile spacing[J]. J. Geotech. Engrg. Div., ASCE, 1995, 121(5): 436 - 441.

[110] McVay M C, Hays C, Hiot M. User manual for FLRIDA-PILE program, version 5.0. University of Florida, Gainesville, Fla. 1996.

[111] McVay M, Zhang L M, Molnit T, Lai P. Centrifuge testing of large laterally loaded pile groups in sands[J]. J. Geotech. Geoenviron. Engrg. ASCE, 1998, 124(10): 1016 - 1026.

[112] Meimon Y, Baguelin F, Jezequel J F. Pile group behavior under long time lateral monotonic and cyclic loading[C]. Proc, 3rd Int. Conf. on Num. Meth. on Offshore Piling, Institute Francais Du Petrole, Nantes, France, 1986: 286 - 302.

[113] Menard L. Comportement d'une Fondation Profonde soumise a des efforts de renversement[J]. Sols-Soils, 1962(3): 9 - 23.

[114] Merifield R S, Sloan S W, Yu H S Stability of plate anchors in undrained clay[J]. Geotechnique, 2001, 51(2): 141 - 153.

[115] Meyerhof G G, Ranjan G. The bearing capacity of rigid piles under inclined loads in sand. I: vertical piles[J]. Can. Geotech. J., 1972, 9: 430 - 446.

[116] Meyerhof G G, Yalcin A S, Mathur S K. Ultimate pile capacity for eccentric inclined load[J]. J. Geotech. Engrg. Div., ASCE, 1983, 109(3): 408 - 423.

[117] Mesri G. A re-evaluation of Su(mob) ≈ 0.22'p using laboratory shear tests[J]. Can. Geotech. J., 1989, 26(1): 162 - 164.

[118] Mokwa R L, Duncan J M. Experimental evaluation of lateral-loaded resistance of pile caps[J]. J. Geotech. Engrg. Div., ASCE, 2001, 127(2): 185 - 192.

[119] Morrison C, Reese L C. A lateral load test of full-scale pile group in sand[R]. Rep. No. GR86 - 1, Federal Highway Administration, Washington, D. C. 1986.

[120] Murchison J M, O'Neill M W. Evaluation of p - y relationships in cohesionless soils [J]. Analysis and design of pile foundations. ASCE, J. R. Meyer, ed. National Convention, San Francisco, 1984: 174 - 191.

[121] Nakai S, Kishida H. Nonlinear analysis of a laterally loaded pile[C]. Proc. 4th Int. Conf. on Geomechanics, Edmonton, Canada, 1982: 835 - 843.

[122] NAVFAC-DM7.2. Foundations and earth structures. Design Manual 7.2, Naval Facilities Engineering Command, US Dept. of the Navy, Alexandria, Va.(美国海军设计手册)1982.

[123] Neely W J, Stuart J G, Graham J. Failure loads of vertical anchor plates in sand[J]. J. Soil Mech. and Found. Div., ASCE, 1973, 99(SM9): 669 - 685.

[124] Ng C W W, Zhang L, Nip D C N. Response of laterally loaded large-diameter bored piles groups[J]. J. Geotech. Geoenviron. Engrg., ASCE, 2001, 127(8): 658 - 669.

[125] Nilson A H, Darwin D, Dolan C W. Design of concrete structures[M]. 13th Edition, New York: McGraw Hill, 2004.

[126] Nixon J B. Verification of the weathered rock model for p - y curves[D]. North Carolina State University, North Carolina, USA. 2002.

[127] Novello E A. From static to cyclic p - y data in calcareous sediments[J]. In Al-Shafei (ed.), Proc. of Engineering for calcareous sediments. Balkema, Rotterdam. 1999: 17 - 27.

[128] O'Neill M W, Gazioglu S M. An evaluation of p - y relationships in clays. A report to the American Petroleum Institute, PRAC 82 - 41 - 2[R]. University of Houston, Texas. 1984.

[129] O'Neill M W, Murchison J M. An evaluation of p - y relationships in sands[R]. A report to the American Petroleum Institute, PRAC 82 - 41 - 1. University of Houston, Texas. 1983.

[130] Poulos H G. Behaviour of laterally loaded piles: I-Single Piles[J]. J. Soil Mech. and Found. Div, ASCE, 1971a, 97(SM 5): 711 - 731.

[131] Poulos H G. Behaviour of laterally loaded piles: II-Pile Groups[J]. J. Soil Mech. and Found. Div., ASCE, 1971b, 97(SM 5): 733 - 751.

[132] Poulos H G. Analysis of piles in soil undergoing lateral movement[J]. JSMFD, ASCE, 1973, 99(SM5): 391 - 406.

[133] Poulos H G. Lateral load-deflection prediction for pile groups[J]. Journal of the Soil Mechanics and Foundations Division, ASCE, 101, 1, 1975: pp. 19 - 34.

[134] Poulos H G. Settlement of single piles in nonhomogeneous soil[J]. J. Geotech. Engrg. Div., ASCE, 1979, 105(5): 627 - 641.

[135] Poulos H G. Development in the analysis of static and cyclic lateral response of piles [R]. Research Report, No. R425, University of Sydney, 1982, 41pp.

[136] Poulos H G, Davis E H. Pile foundation analysis and design[M]. New York. Wiley, 1980.

[137] Poulos H G, Hull T S. The role of analytical mechanics in foundation engineering [J]. Foundation Engineering, Current Principals and Practices, Proceedings of the congress sponsored by the Geotech. Engrg. Div., ASCE, Evanston Illinois, 1989 (2): 1578 - 1606.

[138] Prakash S. Behavior of pile groups subjected to lateral loads[D]. University of Illinois, Urbana, Ill. 1962.

[139] Price G, Wardle I F. Horizontal load tests on steel piles in London clay[C]. Proc. 10th ICSMFE, Stockholm, Sweden, 1981: 803 - 808.

[140] Randolph M F. A theoretical study of the performance of piles[D]. University of Cambridge. 1977.

[141] Randolph M F. The response of flexible piles to lateral loading[J]. Geotechnique, 1981, 31(2): 247 - 259.

[142] Randolph M F. PIGLET — a computer program for the analysis and design of pile groups under general loading conditions[R]. Engineering dept. report, university of Cambridge, 1983: 69.

[143] Randolph M F, Houlsby G T. The limiting pressure on a circular pile loaded laterally in cohesive soil[J]. Geotechnique, 1984, 34(4): 613 - 623.

[144] Randolph M F, Jewell R J, Poulos H G. Evaluation of pile lateral load performance [J]. Proc. of Engineering for calcareous sediments, Balkema, Rotterdam: 1988: 639 - 645.

[145] Rao S N, Veeresh C. Influence of pile inclination on the lateral capacity[C]. Proc. of

4th Inc. Offshore and Polar Engineering Conf. 1994: 498 - 503.

[146] Rao S N, Ramakrishna V G S T, Raju G B. Behavior of pile-supported dolphins in marine clay under lateral loading[J]. J. Geotech. Engrg. Div., ASCE, 1996, 122(8): 607 - 612.

[147] Reese L C. Laterally loaded piles: program documentation[J]. J. Geotech. Engrg. Div., ASCE, 1977, 103(4): 287 - 305.

[148] Reese L C. Analysis of laterally loaded shafts in weak rock[J]. J. Geotech. Geoenviron. Engrg., ASCE, 1997, 123(11): 1010 - 1017.

[149] Reese L C, Cox W R. Soil behavior from analysis of tests of uninstrummented piles under lateral loading[J]. Performance of Deep Foundations, ASTM SPT 444, 1968: 161 - 176.

[150] Reese L C, Cox W R, Koop F D. Analysis of laterally loaded piles in sand[C]. Proc., 6th Annual OTC, Houston, Texas, America. 1974: 473 - 485.

[151] Reese L C, Cox W R, Koop F D. Field testing and analysis of laterally loaded piles in stiff clay[C]. Proc., 7th Annual OTC, Houston, Texas, America. 1975: 672 - 690.

[152] Reese L C, Nyman K J. Field load test of instrumented drilled shafts at Islamorada, Florida [R]. A Report to Girdler Foundation and Exploration Corporation (unpublished), Clearwater, Florida. 1978.

[153] Resse L C, Wang S T. LPILE plus 3.0 for Windows technical manual[M]. Texas: Ensoft, Inc, 1997.

[154] Reese L C, Welch R C. Lateral loading of deep foundations in stiff clay[J]. J. Geotech. Engrg. Div., ASCE, 1975, 101(7): 633 - 649.

[155] Reese L C, Wright S G, Roesset J M, et al. Analysis of piles subjected to lateral loading by storm-generated waves[J]. Proc. of Engineering for calcareous sediments: 1988: 647 - 654. Balkema, Rotterdam.

[156] Reese L C, Van Impe W F. Single piles and pile groups under lateral loading[M]. A. A. Balkema Publishers, 2001.

[157] Renfrey G E, Waterton C A, Goudoever P. van. Geotechncial data used for the design of the North Rankin "A" platform foundation[J]. Proc. of Engineering for calcareous sediments: 1988: 343 - 355. Balkema, Rotterdam.

[158] Robertson P K, Davies M P, Campella R G. SPT-CPT design of laterally loaded driven piles using the flat dilatometer[J]. Geotechnical Testing Journal (Geotech. Testing J.), 1989, 12(1): 30 - 38.

[159] Robinson K E. Horizontal subgrade reaction estimated from lateral loading tests on timber piles[J]. Behavior of deep foundations, ASTM, STP 670, 1979: 520 - 536.

[160] Rollins K M, Peterson K T, Weaver T J. Lateral load behavior of full-scale pile group in clay[J]. J. Geotech. Geoenviron. Engrg. ASCE, 1998, 124(6): 468 - 478.

[161] Rollins K M, Lane J D, Gerber T M. Measured and computed lateral response of a pile group in sand[J]. J. Geotech. Engrg. Div., ASCE, 2005, 131(1): 103 - 114.

[162] Rowe P K, Davis E H. The behavior of anchor plates in clay[J]. Geotechnique, 1982a, 32(1): 9 - 23.

[163] Rowe P K, Davis E H. The behavior of anchor plates in sand[J]. Geotechnique, 1982b, 32(1): 25 - 41.

[164] Rowe R K, Armitage H H. The design of piles socketed into weak rock[R]. Research Report GEOT-11 - 84, The University of Western Ontario. 1984.

[165] Ruesta P F, Townsend F C. Evaluation of laterally loaded pile group at Roosevelt bridge[J]. J. Geotech. Geoenviron. Engrg., ASCE, N. Y., 1997, 123 (12): 1153 - 1162.

[166] Sabatini P J, Bachus R C, Mayne P W, et al. Geotechnical Engineering Circular No. 5 -Evaluation of soil and rock properties[R]. Rep. No. FHWA-IF-02 - 034. 2002.

[167] Schmertmann J H. Guidelines for cone penetration test performance and design[R]. Report FHWA-TS-78 - 209, U. S. DOT, Washington, 1978: 145.

[168] Schmidt H G. Group action of laterally loaded bored piles. Proc. 10th ICSMFE, Boulimia Publishers, Stockholm, Sweden, 1981, 2: 833 - 837.

[169] Schmidt H. Horizontal load tests on files of large diameter bored piles[C]. Proc. 11 th ICSMFE, San Francisco, 2, 1985: 1569 - 1573.

[170] Serafim J L, Pereira J P. Considerations of the geomechanics classification of Bieniawski[J]. In Proc., International Symposium on Engineering Geology and Underground Construction, LNEC, Lisbon, Portugal, 1, 1983: II. 33 - II. 42.

[171] Shibata T, Yashima A, Kimura M. Model tests and analyses of laterally loaded pile groups[J]. Soils and Found., 1989, 29(1): 31 - 44.

[172] Simons N E. Normally consolidated and lightly overconsolidated cohesive material [C]. Proc. Conf. Settlement of Structures, Cambridge, 1976: 500 - 530.

[173] Skempton A W. The bearing capacity of clays[J]. Building Research Congress, Division 1, part 3, London. 1951.

[174] Sloan S W. Lower bound limit analysis using finite elements and linear programming[J]. Int. J. Numer. Anal. Methods Geomech., 1988, 12: 61 - 67.

[175] Sloan S W, Kleeman P W. Upper bound limit analysis using discontinuous velocity fields[J]. Comput. Methods Appl. Mech. Engng, 1995, 127: 293 - 314.

[176] Smith J E. Deadman anchorages in sand[R]. Tech. Rep. R. 199, U. S. Naval Civil

Engineering Laboratory, Washington, D. C. 1962.

[177] Smith T D. Pressuremeter design method for single piles subjected to static lateral load[D]. USA. Texas T&M University, 1983.

[178] Stevens J, Audibert J. Re-examination of p - y curve formulations[C]. Proc. 11th Annual OTC, OTC 3402, Dallas, Houston, Vol. 1, 1979: 397 - 403.

[179] Stewart D P. Lateral loading of piled bridge abutments due to embankment construction[D]. Australia Univ. of Western Australia. 1992.

[180] Sullian W R, Reese L C, Fenske C W. Unified method for analysis of laterally loaded piles in stiff clay[J]. Numerical Methods in Offshore Piling. Proc. of a conference organized by the Institution of Civil Engineers, London, England, 1980: 135 - 146.

[181] Sun K. Laterally loaded piles in elastic media[J]. J. Geotech. Engrg. Div., ASCE, 1994, 120(8): 1324 - 1344.

[182] Teng W C. Foundation design[M]. Prentice-hall Inc., 1962.

[183] Terzaghi K. Evaluation of coefficients of subgrade reaction[J]. Geotechnique, 1955, 5(5): 297 - 326.

[184] Terzaghi K, Peck R B. Soil mechanics in engineering practice[M]. New York: Wiley. 1948: 468.

[185] Trochanis A M, Bielak J, Christiano P. Three-dimensional non-linear study of piles [J]. J. Geotech. Engrg., ASCE, 1991a, 117(3): 429 - 447.

[186] Trochanis A M, Bielak J, Christiano P. Simplified model for analysis of one or two piles[J]. J. Geotech. Engrg., ASCE, 1991b, 117(3): 448 - 466.

[187] US Army Corps of Engineers. Design of pile foundations, technical engineering and design guides No. 1[M]. U. S. Army Corps of Engineers, Washington, D. C. (美国陆军工程师手册) 1994.

[188] Vallabhan C V G, Das Y C. Parametric study of beams on elastic foundation[J]. J. Engrg. Mech., ASCE, 1988, 114(12): 2072 - 2082.

[189] Vallabhan C V G, Das Y C. Modified Vlasov Model for beams on elastic foundations [J]. J. Geotech. Engrg. Div., ASCE, 1991a, 117(6): 956 - 966.

[190] Vallabhan C V G, Das Y C. Analysis of circular tank foundations[J]. J. Engrg. Mech., ASCE, 1991b, 117(4): 789 - 797.

[191] Vesic A B. Beams on elastic subgrade and the Winkler's hypothesis[J]. Proc. 5th ICSMFE, Paris, France, 1, 1961: 845 - 851.

[192] Wang S T, Reese L C. Study of design method for vertical drilled shaft retaining walls[R]. Research Report 415 - 2F. Center for Transportation Research, Bureau of Engineering Research. Univ. of Texas, Austin. 1986.

[193] Watkins R K, Spangler M G. Some characteristics of the modulus of passive resistance of soil: a study in similitude[J]. Proc. of Highway Research Board, 1958, 37: 576 - 583.

[194] Welch R C, Reese L C. Laterally loading of deep foundations in stiff clay[J]. J. Geotech. Engrg. Div., ASCE, 1975, 101(7): 633 - 649.

[195] Wesselink B D, Murff J D, Randolph M F, et al. Analysis of centrifuge model test data from laterally loaded piles in calcareous sand[C]. Proc., Inc. Conf. on Calcareous Sediments, Perth, Australia. In Jewell and Andrews (eds), Balkema, Rotterdam, 1988: 261 - 270.

[196] Whitney C S. Design of reinforced concrete members under flexure or combined flexure and direct compression[J]. Journal of ACI, 1937, 33: 483 - 498.

[197] Williams D J. The behavior of model piles in dense sand[D]. University of Cambridge. 1979.

[198] Williams A F, Dunnavant T W, Anderson S, et al. The performance and analysis of lateral load tests on 356 mm dia piles in reconstituted calcareous sand[C]. Proc., Inc. Conf. on Calcareous Sediments, Perth, Australia. Balkema, Rotterdam, 1988: 271 - 280.

[199] Wu D Q, Broms B B, Choa V. Design of laterally loaded piles in cohesive soils using p - y curves[J]. Soils and Found. 1999, 38(2): 17 - 26.

[200] Zhang L-Y, Ernst H, Einstein H H. Nonlinear analysis of laterally loaded rock-socketed shafts[J]. J. Geotech. Geoenviron. Engrg., ASCE, 2000, 126(11): 955 - 968.

[201] Zhang L, Silva F, Grismala R. Ultimate lateral resistance to piles in cohesionless soils [J]. J. Geotech. Geoenviron. Engrg., ASCE, 2005, 131(1): 78 - 83.

[202] Zhang L M, McVay M C, Han S J, et al. Effects of dead loads on the lateral response of battered pile groups[J]. Can. Geotech. J., 2002, 39(3): 561 - 575.

[203] Zhang L M. Behavior of laterally loaded large-section barrettes[J]. J. Geotech. Engrg. Div., ASCE, 2003, 129(7): 639 - 648.

[204] 刘金砺. 群桩横向承载力的分项综合效应系数计算法[J]. 岩土工程学报，1992，14(3): 9 - 19.

[205] 茜平一，刘祖德. 黏性土中水平荷载桩的地基极限水平反力研究[J]. 土木工程学报，1996，29(2)：10 - 18.

[206] 沈珠江. 桩的抗滑阻力和抗滑桩的极限设计[J]. 岩土工程学报，1992，14(1).

[207] 王惠初，武冬青，田平. 黏土中横向静载桩 P-Y 曲线的一种新的统一法[J]. 河海大学学报，1991，19(1): 9 - 17.

[208] 杨敏，赵锡宏. 分层土中的单桩分析法[J]. 同济大学学报，1992，20(4): 421 - 428.

[209] 杨敏,朱碧堂.堆载地基与邻近桩基的相互作用分析[J].水文地质工程地质,2002,29(3):1-5,9.

[210] 杨敏,朱碧堂.堆载引起的土体侧移及其对邻近桩基作用的有限元分析[J].同济大学学报,2003a(7).

[211] 杨敏,朱碧堂.超载软土地基被动加固控制邻近桩基侧向位移的分析[J].建筑结构学报,2003b, 24(4):76-84.

[212] 杨敏,朱碧堂,陈福全.堆载引起某厂房坍塌事故的初步分析[J].岩土工程学报,2002,24(4):446-450.

[213] 杨敏,朱碧堂,魏焕为.超载条件下工业厂房结构可靠性监控研究——勘察与土工试验报告[R].上海同济大学土木工程学院,2001.

[214] 桩基工程手册编写委员会.桩基工程手册[M].中国建筑工业出版社,北京:1995.

后记

本书是根据笔者的博士论文撰写而成。

在本书付梓之际，我不禁又想起了郭蔚东博士常常给我出的一个问题：给你一个工程，你有多大的把握把它算准？如果本文能够给出一个 70%的答卷，才不会辜负老师、朋友和同学们的指导与帮助。

在同济的三年里，我以师从杨敏教授而自豪。杨敏教授敏锐的洞察力、对土木工程深刻的理解、学术上精深的造诣、纵横捭阖的处事能力让我叹为观止。他独到的见解，常常使我茅塞顿开；他理论与实践相结合、化科学为生产力的成果是我学习的榜样；他精心、耐心的五年指导和生活上无微不至的关心，是我一生的财富。

在访问澳大利亚格丽菲斯大学的两年里，我为能得到郭蔚东博士精心的指导而倍感荣幸。郭蔚东博士是岩土工程的专家，精美公式的雕塑家。他对岩土工程的深刻理解、丰富的实践经验以及化疑难问题为富有美感的理论公式的本领，都让我高山仰止。他手把手式的两年指导，使我领会到了岩土工程的可预测性与精妙之处，并将使我终身受益。

在读博期间还得到了我的副导师、中国建筑科学研究院黄强研究员的关心和指导，在此深表谢意。

感谢武汉大学冯国栋教授、刘祖德教授、我的硕士导师刘一亮教授和其他老师和同事们，在武汉大学四年里，对我学术上的栽培、教学方式上的指导以及生活上的关心。

感谢熊巨华博士、师兄和周洪波师弟几年来在学业上和生活上多次为我的琐事而毫无怨言的奔波。感谢张宏鸣副教授、刘全林教授、裴健勇师兄、陈福全博士、王伟师弟等老师或师兄弟们的鼓励和帮助以及在学术交流上的乐趣。感谢钱建固博士在生活上坦诚的鼓励和友谊，在学术上，特别是在土体的流变特性和本构模型上多次讨论和切磋。

感谢澳大利亚格丽菲斯大学博士生 Enghow Ghee 先生为我提供了大量的参考文献和岩土工程室内模型试验技术的大量知识，以及在土力学和侧向受荷桩理论上的讨论和生活上无微不至的关心。

感谢澳大利亚格丽菲斯大学访问学者、河海大学博士生秦红玉先生在岩土工程认识方面的交流和在土体极限分析方面的探讨，以及利用休息时间对我的论文进行了认真的阅读、修正了大量的错误、提出了宝贵的意见。

本人在同济大学期间得到了上海市科委重点基础研究项目“重复堆卸载软土地基与邻近桩基相互作用研究”，上海宝山钢铁集团公司项目“超载地基条件下工业钢结构厂房可靠性监控的研究”和教育部高等学校博士学科点专项科研基金项目“长期反复堆卸载作用下地基土与桩相互作用研究”的资助；在访问澳大利亚期间，得到了澳大利亚科研委（Australian Research Council）Discovery Project “The response of beams subjected to axial load and lateral soil movement”的资助。本人对上述资助表示由衷的感谢。

最后，我要感谢我的父母、妻子、兄弟姐妹们。他们过去是、现在是、将来也永远是我精神的支柱、奋斗的源泉。

朱碧堂